高等学校规划教材·物理学

数学物理方法

姚文静　编著

西北工业大学出版社

【内容简介】 本书内容由复变函数和数学物理方程两部分组成,共17章。主要包括复变积分、无穷级数、解析函数及其局域性展开、二阶线性常微分方程的幂级数解法、留数定理及其应用、积分变换、特殊函数、定解问题的建立、分离变量法、球函数、柱函数、格林函数法等。

本书可作为高等学校物理专业本科生和研究生教材,也可供广大工程技术人员和从事理论物理研究的科研人员学习参考。

图书在版编目(CIP)数据

数学物理方法/姚文静编著. —西安:西北工业大学出版社,2012.12
ISBN 978 - 7 - 5612 - 3551 - 5

Ⅰ.①数… Ⅱ.①姚… Ⅲ.①数学物理方法 Ⅳ.①O411.1

中国版本图书馆 CIP 数据核字(2012)第 312032 号

出版发行:西北工业大学出版社
通信地址:西安市友谊西路 127 号   邮编:710072
电　　话:(029)88493844　88491757
网　　址:www.nwpup.com
印　刷　者:陕西兴平报社印刷厂
开　　本:787 mm×1 092 mm   1/16
印　　张:15
字　　数:362 千字
版　　次:2013 年 1 月第 1 版　　2013 年 1 月第 1 次印刷
定　　价:32.00 元

前　　言

　　数学物理方法是一门介绍如何使用数学语言描述物理现象,以及借用各种数学方法求解物理问题的课程,是物理专业必修的一门专业基础课。

　　笔者在承担数学物理方法课程的教学工作之前,特意前往清华大学、北京大学、北京科技大学、北京航空航天大学,以及西安交通大学、西北大学、西安电子科技大学等校的物理专业,进行了这门课程的调研,了解各校对于这门课的教学安排、学时安排、大纲要求、教学内容等;并且针对教学内容中的部分疑惑,特意请教了给清华大学和北京大学两校讲授数学物理方法的吴崇试先生。综合以上各校的调研结果并结合自身的具体教学现状,对原先分两学期讲授、共 120 学时的数学物理方法课程进行了改革,将其压缩为一学期 90 学时。

　　本书内容分为两大部分,第一部分是这门课程涉及的数学知识:复变函数和特殊函数;第二部分是数学物理方程。全书重点强调这门课程的灵魂内容——如何使用数学语言描述物理现象,以及借用各种数学方法求解物理问题。

　　本书具有以下特色:

　　(1)针对性。本书是针对应用物理系各本科专业开设的专业基础课——数学物理方法——编写的。已有的通用教材分为 120 学时和 48 学时两类,均不适用于 90 学时的课程设置。因此,本书是在综合各类通用教材的基础上,按照后续各个专业课的知识衔接需求,有选择地编写的。

　　(2)科学性。本书重在各章节之间的知识连贯性,注重提高学生的思考能力,培养学生使用数学工具解决物理问题的综合素质。

　　(3)实用性。本书内容选材适合作为物理系各专业本科生必修的专业基础课教材,由复变函数和数学物理方程两部分组成。通过本书的学习,学生可学会由物理现象出发,利用数学语言对提出的物理问题进行描述,然后运用各种数学方法求解,使问题得到合理的物理解释。

　　(4)可读性。本书文字简洁,条理清晰,可读性强,能够激发学生学习与思考的积极性,提高思考能力,建立相应的逻辑思维。

　　在本书编写过程中,笔者得到了北京大学吴崇试先生的悉心指导和建议,在此表示衷心的感谢。

　　在编写过程中,虽然努力做到一丝不苟、正确无误,但由于水平有限,书中不妥之处,请各位同行、读者指正。

编著者

2012 年 9 月

目　录

第一部分　复变函数

第二部分　数学物理方程

第一部分 复变函数

第1章 复数和复变函数

1.1 基 本 概 念

定义 1 设有一对有序实数 (a,b)，遵从

(1) $(a_1,b_1)+(a_2,b_2)=(a_1+a_2,b_1+b_2)$；

(2) $(a,b)(c,d)=(ac-bd,ad+bc)$.

则称这一对有序实数 (a,b) 定义了一个复数 α，且 $\alpha=(a,b)=a(1,0)+b(0,1)$，$a$ 为 α 的实部，b 为 α 的虚部，记作

$$a=\operatorname{Re}\alpha,\quad b=\operatorname{Im}\alpha$$

两个复数相等指这两个复数的实部和虚部分别相等.

复数不能比较大小.

定义 2 实数集 **R** 是复数集 **C** 的一个子集. 实数 a（当然可以称作复数 a）记为

$$a\equiv(a,0)\equiv a(1,0)$$

$$\alpha=(a,b)=a(1,0)+b(0,1)$$

$(1,0)$ 代表实数 1，$(0,1)$ 称作虚单位，记作 i，即 $i=(0,1)$.

复数乘法法则 $(0,1)(0,1)=(-1,0)=-1$，即 $i^2=-1$.

定义 3 $\alpha^*=a-ib$ 与 $\alpha=a+ib$ 互为共轭，$(\alpha^*)^*=\alpha$.

共轭复数相乘，有

$$\alpha\cdot\alpha^*=(a+ib)(a-ib)=(a^2+b^2,-ab+ab)=a^2+b^2$$

在此基础上，有

$$\frac{a+ib}{c+id}=\frac{(a+ib)(c-id)}{(c+id)(c-id)}=\frac{(ac+bd)+i(bc-ad)}{c^2+d^2}=\frac{ac+bd}{c^2+d^2}+i\frac{bc-ad}{c^2+d^2}$$

即为复数除法法则.

定义 4 复数与复平面上的点一一对应.

用矢量表示复数，a，b 分别表示这个矢量在 x，y 轴上的投影，如图 1-1 所示.

复数加法满足平行四边形法则（或称作三角形法则）.

定义 5 α 用极坐标表示为 $\alpha=r(\cos\theta+i\sin\theta)$，$r$ 为 α 的模，θ 为 α 的辐角，即

$$r=|\alpha|,\quad \theta=\arg\alpha$$

有

$$a=r\cos\theta,\quad b=r\sin\theta$$

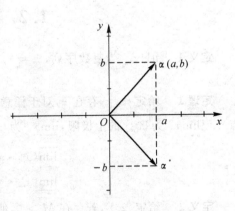

图 1-1

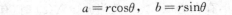

三角函数具有周期性,θ 不是唯一的$(\theta + 2n\pi)$,辐角具有多值性. $(-\pi, \pi]$ 之间的辐角值称为辅角的主值,即

$$\alpha_1 \cdot \alpha_2 = r_1(\cos\theta_1 + i\sin\theta_1)r_2(\cos\theta_2 + i\sin\theta_2) =$$
$$r_1 r_2 [(\cos\theta_1\cos\theta_2 - \sin\theta_1\sin\theta_2) + i(\sin\theta_1\cos\theta_2 + \cos\theta_1\sin\theta_2)] =$$
$$r_1 r_2 [\cos(\theta_1 + \theta_2) + i\sin(\theta_1 + \theta_2)]$$

$$\frac{\alpha_1}{\alpha_2} = \frac{r_1(\cos\theta_1 + i\sin\theta_1)}{r_2(\cos\theta_2 + i\sin\theta_2)} = \frac{r_1(\cos\theta_1 + i\sin\theta_1)r_2(\cos\theta_2 - i\sin\theta_2)}{r_2(\cos\theta_2 + i\sin\theta_2)r_2(\cos\theta_2 - i\sin\theta_2)} =$$
$$\frac{r_1[(\cos\theta_1\cos\theta_2 + \sin\theta_1\sin\theta_2) + i(\cos\theta_1\sin\theta_2 - \sin\theta_1\cos\theta_2)]}{r_2} =$$
$$\frac{r_1}{r_2}[\cos(\theta_1 - \theta_2) + i\sin(\theta_1 - \theta_2)]$$

乘法 —— 模相乘,辐角相加.

除法 —— 模相除,辐角相减.

定义 6 $e^{i\theta} = \cos\theta + i\sin\theta$,即

$$e^{i\theta_1} \cdot e^{i\theta_2} = e^{i(\theta_1 + \theta_2)}$$
$$\alpha = r e^{i\theta}$$
$$\alpha_1 \cdot \alpha_2 = r_1 e^{i\theta_1} \cdot r_2 e^{i\theta_2} = r_1 r_2 e^{i(\theta_1 + \theta_2)}$$
$$\frac{\alpha_1}{\alpha_2} = r_1 e^{i\theta_1} \cdot \frac{1}{r_2} e^{-i\theta_2} = \frac{r_1}{r_2} e^{i(\theta_1 - \theta_2)}$$

复数的表示方法见表 1-1.

表 1-1 复数的表示方法

复数 α 的表示方法	运算	复平面坐标系
$\alpha = a + ib$	加减法	平面直角坐标系
$\alpha = r(\cos\theta + i\sin\theta)$	乘除法	平面直角坐标系、极坐标系
$\alpha = r e^{i\theta}$	乘除法	平面直角坐标系、极坐标系

1.2 复数序列

定义 1 记 $\{z_n\}$ 为复数序列,$z_n = x_n + iy_n$,$n = 1, 2, 3, \cdots$ 它等价于两个实数序列 $\{x_n\}$,$\{y_n\}$.

定理 1 给定 $\{z_n\}$,存在 z,对于任意 $\varepsilon > 0$,满足 $|z_n - z| < \varepsilon$,则 z 为 $\{z_n\}$ 的聚点(极限点). 记 $\varlimsup\limits_{n\to\infty} x_n$ 为 $\{x_n\}$ 的上极限,$\varliminf\limits_{n\to\infty} x_n$ 为 $\{x_n\}$ 的下极限,有

$$\varlimsup_{n\to\infty}(x_n \cdot y_n) \leqslant \varlimsup_{n\to\infty} x_n \cdot \varlimsup_{n\to\infty} y_n$$
$$\varliminf_{n\to\infty}(x_n \cdot y_n) \geqslant \varliminf_{n\to\infty} x_n \cdot \varliminf_{n\to\infty} y_n$$

定义 2 给定 $\{z_n\}$,若存在 $M > 0$,使任意 n 都满足 $|z_n| < M$,则 $\{z_n\}$ 有界,否则无界.

定义 3 给定 $\{z_n\}$,若存在复数 z,对于任意 $\varepsilon > 0$,存在 $N(\varepsilon) > 0$,使当 $n > N(\varepsilon)$ 时,有

$|z_n - z| < \varepsilon$,称 $\{z_n\}$ 收敛于 z,记作 $\lim\limits_{n \to \infty} z_n = z$.

一个序列的极限必然是此序列的聚点,而且是唯一的聚点.

定理 2 序列极限存在(序列收敛)的柯西充要条件:对于任意 $\varepsilon > 0$,存在正整数 $N(\varepsilon)$,使对于任意正整数 P,有 $|z_{N+P} - z_N| < \varepsilon$.

思考 一个无界序列能收敛吗?试证明之.

1.3 复 变 函 数

定义 1 若以某一点为圆心作一个圆,只要半径足够小,使圆内所有点属于该点集,称此点为点集的内点.

定义 2 区域 —— 同时满足下列两个条件的点集.

(1) 全部都由内点组成;

(2) 具有连通性,点集中任意两点都可以用一条折线连接起来,这线上的点全都属于此点集.

例 1 判断图 1-2 中阴影部分是否为区域.

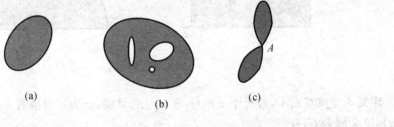

$$\text{(a)} \qquad\qquad \text{(b)} \qquad\qquad \text{(c)}$$

图 1-2

图 1-2(a) 和图 1-2(b) 是区域,图 1-2(c) 不是区域,因为点 A 不是内点.

相关概念:(1) 边界点:不属于区域,但以它为圆心作圆,不论半径如何小,圆内总含有区域的点.

(2) 边界:边界点的全体.

(3) 边界的方向:区域恒保持在边界的左方,此走向为边界的正向.

例 2 图示下列复数 z 的取值范围,指明边界的正方向,并判断其是否为区域.

(1) $|z| < R$;　　　　(2) $|z| > r$;　　　　(3) $R_1 < |z| < R_2$;

(4) $\theta_1 < \arg z < \theta_2$;　　(5) $\operatorname{Im} z > 0$;　　(6) $|z| < R$, $\operatorname{Im} z > 0$.

解 (1) $|z| < R$,如图 1-3 斜线部分所示,是区域,边界方向为逆时针.

(2) $|z| > r$,如图 1-4 阴影部分所示,是区域,边界方向为顺时针.

(3) $R_1 < |z| < R_2$,如图 1-5 斜线部分所示,不是区域,内边界方向为顺时针,外边界方向为逆时针.

(4) $\theta_1 < \arg z < \theta_2$,如图 1-6 斜线部分所示,是区域.

(5) $\operatorname{Im} z > 0$,如图 1-7 阴影部分所示,是区域,边界方向为横轴正向.

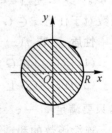

图 1-3

(6) $|z| < R$，$\text{Im} z > 0$，如图 1-8 阴影部分所示，是区域，边界方向为逆时针.

区域 $G +$ 边界 $c =$ 闭区域 $\overline{G}$.

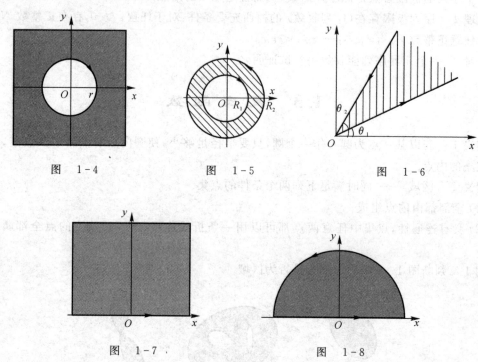

图 1-4　　　　图 1-5　　　　图 1-6

图 1-7　　　　　　图 1-8

定义 3 设 $G \in \mathbf{C}$，若对于 $z \in G$，$\exists w$ 与之对应，w 为 z 的函数 —— 复变函数. 记为 $w = f(z)$，定义域为 G，有

$$z = x + \mathrm{i}y, \quad w = f(z) = u(x, y) + \mathrm{i}v(x, y)$$

1.4　复变函数的极限和连续

定义 1 设函数 $f(z)$ 在点 z_0 的邻域内有意义，若存在复数 A，对于任意 $\varepsilon > 0$，存在 $\delta(\varepsilon) > 0$，使当 $0 < |z - z_0| < \delta$ 时，恒有 $|f(z) - A| < \varepsilon$，则称当 $z \to z_0$ 时，$f(z)$ 存在极限 A，记作 $\lim\limits_{z \to z_0} f(z) = A$.

定义 2 设函数 $f(z)$ 在点 z_0 的邻域内有意义，且 $\lim\limits_{z \to z_0} f(z) = f(z_0)$，即对于任意 $\varepsilon > 0$，存在 $\delta(\varepsilon) > 0$，使当 $0 < |z - z_0| < \delta$ 时，恒有 $|f(z) - f(z_0)| < \varepsilon$，则称 $f(z)$ 在 z_0 点连续. 若函数对于任意 $z \in G$ 连续，称 $f(z)$ 在区域 G 内连续.

性质 若 $f(z)$ 区域 $\overline{G}$ 上连续，则

(1) $|f(z)|$ 在 $\overline{G}$ 上有界，并达到它的上、下界；

(2) $f(z)$ 在 $\overline{G}$ 上一致连续(对于任意 $\varepsilon > 0$，存在与 z 无关的 $\delta(\varepsilon) > 0$，使对于任意 $z_1, z_2 \in \overline{G}$，只要满足 $z_1 - z_2 < \delta$，就有 $|f(z_1) - f(z_2)| < \varepsilon$).

连续函数的和、差、积、商(分母不为零的点)仍为连续函数.

连续函数的复合函数仍为连续函数.

1.5　无穷远点

定义 1　无界序列的聚点 —— 无穷远点"∞"(模大于任何正数,辐角不定).

定义 2　$\overline{\mathbf{C}}$,扩充了的复平面＝复平面 $\mathbf{C}$＋∞,复平面上只有一个无穷远点.

定义 3　复数球面,过 $\overline{\mathbf{C}}$ 上 $(0,0)$ 点作 $R=1$ 的球面与 $\overline{\mathbf{C}}$ 相切,切点称为南极,过南极的直径另一端为北极,此球面为复数球面.

第 2 章 解 析 函 数

2.1 可导与可微

定义 1 设单值函数 $w = f(z) \in G$,存在 $z \in G$,满足

$$\lim_{\Delta z \to 0} \frac{\Delta w}{\Delta z} = \lim_{\Delta z \to 0} \frac{f(z + \Delta z) - f(z)}{\Delta z}$$

则称 $f(z)$ 在 z 点可导,此极限称为 $f(z)$ 在 z 点的导数,记作 $f'(z)$.

定义 2 若 $w = f(z)$ 在 z 点的改变量 $\Delta w = f(z + \Delta z) - f(z)$ 可写为 $\Delta w = A(z)\Delta z + \rho(\Delta z)$,其中 $\lim_{\Delta z \to 0} \frac{\rho(\Delta z)}{\Delta z} = 0$,则称 $w = f(z)$ 在 z 点可微,$A(z)\Delta z$ 称为 w 在 z 点的微分,记作 $\mathrm{d}w = A(z)\mathrm{d}z$.

定理 1 $w = f(z)$ 在 z 点可导,则一定在该点可微,反之亦然,且 $A(z) = f'(z)$.

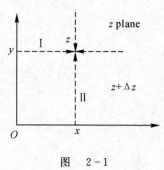

图 2-1

函数可导的必要条件——柯西-黎曼方程(C-R 条件).

若函数 $f(z)$ 在 $z = x + \mathrm{i}y$ 点可导,Δz 以任意方式趋近于 0,则 $\frac{\Delta w}{\Delta z}$ 趋近于同样值.

特殊路经一:$\Delta x \to 0$,$\Delta y = 0$(平行于实轴),如图 2-1 所示.

$$\Delta z = \Delta x \to 0$$

$$f'(z) = \lim_{\Delta z \to 0} \frac{f(z + \Delta z) - f(z)}{\Delta z} = \qquad \text{(函数按虚部、实部分开)}$$

$$\lim_{\Delta x \to 0} \frac{u(x + \Delta x, y) + \mathrm{i}v(x + \Delta x, y) - u(x,y) - \mathrm{i}v(x,y)}{\Delta x} = \qquad \text{(极限按虚部、实部分开)}$$

$$\frac{\partial u(x,y)}{\partial x} + \mathrm{i}\frac{\partial v(x,y)}{\partial x}$$

特殊路经二:$\Delta x = 0$,$\Delta y \to 0$(平行于虚轴),如图 2-1 所示.

$$\Delta z = \mathrm{i}\Delta y \to 0$$

$$f'(z) = \lim_{\Delta z \to 0} \frac{f(z + \Delta z) - f(z)}{\Delta z} = \qquad \text{(函数按虚部、实部分开)}$$

$$\lim_{\Delta y \to 0} \frac{u(x, y + \Delta y) + \mathrm{i}v(x, y + \Delta y) - u(x,y) - \mathrm{i}v(x,y)}{\mathrm{i}\Delta y} = \qquad \text{(分子、分母同乘以 } -\mathrm{i})$$

$$\lim_{\Delta y \to 0} \frac{-\mathrm{i}u(x, y + \Delta y) + v(x, y + \Delta y) + \mathrm{i}u(x,y) - v(x,y)}{\Delta y} = \qquad \text{(极限按虚部、实部分开)}$$

$$\frac{\partial v(x,y)}{\partial y} - \mathrm{i}\,\frac{\partial u(x,y)}{\partial y}$$

则有

$$\begin{cases} \dfrac{\partial u(x,y)}{\partial x} = \dfrac{\partial v(x,y)}{\partial y} \\[2mm] \dfrac{\partial v(x,y)}{\partial x} = -\dfrac{\partial u(x,y)}{\partial y} \end{cases}$$

此即为 C - R 条件,函数可导的必要而非充分条件.

定理 2　若 u,v 的偏导数存在且连续,C - R 条件是函数可导的充要条件.

证明　(1) 必要性:由推理过程已证.

(2) 充分性:因为 $\dfrac{\partial u}{\partial x},\dfrac{\partial v}{\partial x},\dfrac{\partial u}{\partial y},\dfrac{\partial v}{\partial y}$ 存在且连续,所以 $u(x,y)$ 和 $v(x,y)$ 可微,即

$$\Delta u = u(x+\Delta x,y+\Delta y) - u(x,y) = \frac{\partial u}{\partial x}\Delta x + \frac{\partial u}{\partial y}\Delta y + o\!\left(\sqrt{(\Delta x)^2+(\Delta y)^2}\right)$$

$$\Delta v = v(x+\Delta x,y+\Delta y) - v(x,y) = \frac{\partial v}{\partial x}\Delta x + \frac{\partial v}{\partial y}\Delta y + o\!\left(\sqrt{(\Delta x)^2+(\Delta y)^2}\right)$$

因为高阶无穷小量 $o(\varepsilon)$ 有 $\lim\limits_{\varepsilon\to 0}\dfrac{o(\varepsilon)}{\varepsilon}=0$,所以

$$\lim_{\Delta z\to 0}\frac{f(z+\Delta z)-f(z)}{\Delta z} = \lim_{\substack{\Delta x\to 0\\ \Delta y\to 0}} \frac{\left(\dfrac{\partial u}{\partial x}\Delta x + \dfrac{\partial u}{\partial y}\Delta y\right) + \mathrm{i}\left(\dfrac{\partial v}{\partial x}\Delta x + \dfrac{\partial v}{\partial y}\Delta y\right) + o\!\left(\sqrt{(\Delta x)^2+(\Delta y)^2}\right)}{\Delta x + \mathrm{i}\Delta y} =$$

（根据 C - R 条件）

$$\lim_{\substack{\Delta x\to 0\\ \Delta y\to 0}} \frac{\left(\dfrac{\partial u}{\partial x}\Delta x - \dfrac{\partial v}{\partial x}\Delta y\right) + \mathrm{i}\left(\dfrac{\partial v}{\partial x}\Delta x + \dfrac{\partial u}{\partial x}\Delta y\right)}{\Delta x + \mathrm{i}\Delta y} =$$

$$\lim_{\substack{\Delta x\to 0\\ \Delta y\to 0}} \frac{\dfrac{\partial u}{\partial x}(\Delta x + \mathrm{i}\Delta y) + \dfrac{\partial v}{\partial x}(-\Delta y + \mathrm{i}\Delta x)}{\Delta x + \mathrm{i}\Delta y} =$$

$$\lim_{\substack{\Delta x\to 0\\ \Delta y\to 0}} \frac{\dfrac{\partial u}{\partial x}(\Delta x + \mathrm{i}\Delta y) + \mathrm{i}\dfrac{\partial v}{\partial x}(\mathrm{i}\Delta y + \Delta x)}{\Delta x + \mathrm{i}\Delta y} =$$

$$\lim_{\substack{\Delta x\to 0\\ \Delta y\to 0}} \frac{\left(\dfrac{\partial u}{\partial x} + \mathrm{i}\dfrac{\partial v}{\partial x}\right)(\Delta x + \mathrm{i}\Delta y)}{\Delta x + \mathrm{i}\Delta y} =$$

$$\frac{\partial u}{\partial x} + \mathrm{i}\frac{\partial v}{\partial x}$$

故 $f(z)$ 可导.

导数的几何意义(见图 2 - 2):

$$|\mathrm{d}w| = |f'(z)| \cdot |\mathrm{d}z|$$
$$\arg \mathrm{d}w = \arg f'(z) + \arg \mathrm{d}z$$

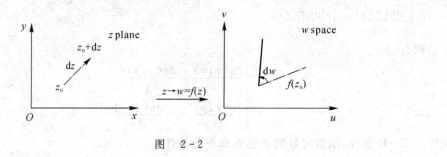

图 2-2

2.2 解析函数

定义 1 区域 G 内每一点都可导的函数称为 G 内的解析函数.

$$\boxed{f(z) \subset G, \text{处处可导}, f(z) \text{ 为 } G \text{ 的解析函数}}$$

$$\boxed{\text{柯西-黎曼方程}}$$

$$\boxed{f(z) = u(x,y) + iv(x,y), u, v \text{ 不是相互独立的}, u \leftrightarrow v}$$

例 1 已知 $f(z) = u(x,y) + iv(x,y)$,求 $v(x,y)$.

解 涉及的高数知识:①$y = f[u(x)], \dfrac{dy}{dx}\Big|_{x=x_0} = f'(u_0)u'(x_0)$;②反函数的导数=(直接

函数的导数)$^{-1}$;③$\left(\dfrac{u}{v}\right)' = \dfrac{u'v - uv'}{v^2}$.

因为

$$\frac{\partial u}{\partial x} = \frac{2x(x^2+y^2)^2 - (x^2-y^2) \times 2(x^2+y^2) \times 2x}{(x^2+y^2)^3} = \quad (\text{分子提取 } 2x(x^2+y^2) \text{ 后})$$

$$\cdot \frac{2x(x^2+y^2)[(x^2+y^2) - 2(x^2-y^2)]}{(x^2+y^2)^3} =$$

$$\frac{-2x(x^2-3y^2)}{(x^2+y^2)^2}$$

且

$$\frac{\partial u}{\partial y} = \frac{-2y(x^2+y^2)^2 - (x^2-y^2) \times 2(x^2+y^2) \times 2y}{(x^2+y^2)^3} =$$

$$\frac{-2y(x^2+y^2)[(x^2+y^2) + 2(x^2-y^2)]}{(x^2+y^2)^3} =$$

$$\frac{-2y(3x^2-y^2)}{(x^2+y^2)^2}$$

由 C-R 方程,有

$$\begin{cases} \dfrac{\partial u}{\partial x} = \dfrac{\partial v}{\partial y} \\[2mm] \dfrac{\partial v}{\partial x} = -\dfrac{\partial u}{\partial y} \end{cases}, \quad \mathrm{d}v = \dfrac{\partial v}{\partial x}\mathrm{d}x + \dfrac{\partial v}{\partial y}\mathrm{d}y = -\dfrac{\partial u}{\partial y}\mathrm{d}x + \dfrac{\partial u}{\partial x}\mathrm{d}y$$

所以

$$v(x,y) = \int_{(x_0,y_0)}^{(x,y)} \left(-\dfrac{\partial u}{\partial y}\mathrm{d}x + \dfrac{\partial u}{\partial x}\mathrm{d}y \right) + C$$

当 $z_0 = 1$，并取积分路经为 $(1,0) \rightarrow (x,0) \rightarrow (x,y)$ 时，有

$$v(x,y) = \int_{(1,0)}^{(x,y)} \left(-\dfrac{\partial u}{\partial y}\mathrm{d}x + \dfrac{\partial u}{\partial x}\mathrm{d}y \right) + C$$

代入 $\dfrac{\partial u}{\partial x}$ 和 $\dfrac{\partial u}{\partial y}$，得

$$v(x,y) = \int_1^x \left. \dfrac{-2y(3x^2 - y^2)}{(x^2 + y^2)^2} \right|_{y=0} \mathrm{d}x + \int_0^y \left. \dfrac{-2x(x^2 - 3y^2)}{(x^2 + y^2)^2} \right|_{x=\mathrm{cons}} \mathrm{d}y + C = \quad (\diamondsuit\ y = x\cot\varphi)$$

$$0 + \int_{\frac{\pi}{2}}^{\mathrm{arccot}\frac{y}{x}} \dfrac{-2x(x^2 - 3x^2\cot^2\varphi)}{(x^2 + x^2\cot^2\varphi)^2} x\mathrm{d}\cot\varphi + C =$$

$$-\dfrac{2}{x^2} \left(\dfrac{1}{4}\sin2\varphi - \dfrac{1}{8}\sin4\varphi \right) \Bigg|_{\varphi=\frac{\pi}{2}}^{\varphi=\mathrm{arccot}\frac{y}{x}} + C =$$

$$\dfrac{2xy}{(x^2 + y^2)^2} + C$$

例 2　已知 $u(x,y) = x^2 - y^2$，求 $f(z)$.

解　方法一：
$$\mathrm{d}v = -\dfrac{\partial u}{\partial y}\mathrm{d}x + \dfrac{\partial u}{\partial x}\mathrm{d}y = 2y\mathrm{d}x + 2x\mathrm{d}y$$

当 $z_0 = 1$，并取积分路经为 $(1,0) \rightarrow (x,0) \rightarrow (x,y)$ 时，得

$$v(x,y) = \int_1^x 2y \Big|_{y=0} \mathrm{d}x + \int_0^y 2x \Big|_{x=\mathrm{cons}.} \mathrm{d}y + C$$

$$v(x,y) = 2xy + C$$

$$f(z) = u(x,y) + \mathrm{i}v(x,y) = x^2 - y^2 + \mathrm{i}(2xy + C) =$$

$$x^2 + 2\mathrm{i}xy + (\mathrm{i}y)^2 + C = (x + \mathrm{i}y)^2 + C = z^2 + C$$

方法二：将 $x = \dfrac{z + z^*}{2}, y = \dfrac{z - z^*}{2}$ 代入 $u(x,y)$，有

$$u(x,y) = \left(\dfrac{z + z^*}{2} \right)^2 - \left(\dfrac{z - z^*}{2} \right)^2 = \dfrac{1}{2}\left[z^2 + (z^2)^* \right]$$

而

$$u(x,y) = \dfrac{f(z) + f^*(z)}{2}$$

故得

$$f(z) = z^2$$

定理　解析函数的实部和虚部的二阶导数一定存在并且连续（以后证明）. 即满足 u,v 二维拉普拉斯方程：

$$\dfrac{\partial^2 u}{\partial x^2} + \dfrac{\partial^2 u}{\partial y^2} = 0, \quad \dfrac{\partial^2 v}{\partial x^2} + \dfrac{\partial^2 v}{\partial y^2} = 0$$

其中，u,v 都是调和函数.

定义 2　若符合以下 3 条之一：①$f(z)$ 在 z_0 处无定义；②$f(z)$ 在 z_0 处不可导；③$f(z)$ 在 z_0 处不解析，则 z_0 是 $f(z)$ 的奇点.

2.3　初　等　函　数

1. 幂函数

当 $n=0,1,2,\cdots$ 时，z^n 在复平面 **C** 上解析，$z=\infty$ 为奇点；

当 $n=-1,-2,-3,\cdots$ 时，z^n 在 $\overline{\mathbf{C}}\backslash 0$ 上（包括 ∞ 点）处处解析，有
$$(z^n)'=nz^{n-1}$$

2. 指数函数
$$e^z=e^{x+iy}=e^x(\cos y+i\sin y)$$

可知
$$e^{z_1}\cdot e^{z_2}=e^{z_1+z_2}$$

e^z 在复平面 **C** 上解析，$z=\infty$ 为奇点，周期为 $2\pi i$.

3. 三角函数

复指数函数
$$\sin z=\frac{e^{iz}-e^{-iz}}{2i},\quad \cos z=\frac{e^{iz}+e^{-iz}}{2}$$

由于 e^{iz} 与 e^{-iz} 在复平面 **C** 上解析，故 $\sin z,\cos z,\cdots$ 在复平面 **C** 上解析，周期为 2π，模可以大于 1.

实三角函数的各种恒等式对复三角函数仍然成立.

4. 双曲函数

与三角函数是互化的：$\sinh z=\dfrac{e^z-e^{-z}}{2}=-i\sin(ix)$

$$\cosh z=\frac{e^z+e^{-z}}{2}=\cos(ix)$$

周期：$\sinh z,\cosh z,\operatorname{csch} z$ 为 $2\pi i$；$\tanh z,\coth z$ 为 πi.

导数公式：$(\sinh z)'=\cosh z$，$(\cosh z)'=\sinh z$，$(\tanh z)'=\operatorname{sech}^2 z$.

例　求证 $\cosh^2 z-\sinh^2 z=1$.

证明
$$\cosh^2 z-\sinh^2 z=\left(\frac{e^{iz}+e^{-iz}}{2}\right)^2-\left(\frac{e^{iz}-e^{-iz}}{2i}\right)^2=$$
$$\frac{e^{2iz}+2+e^{-2iz}}{4}-\frac{e^{2iz}-2+e^{-2iz}}{4}=1$$

5. 对数函数
$$\ln z=\ln|z|+i\arg z$$
$$(\ln z)'=\frac{1}{z}$$
$$\ln(z_1\cdot z_2)=\ln z_1+\ln z_2$$
$$\ln\left(\frac{z_1}{z_2}\right)=\ln z_1-\ln z_2$$

2.4　多　值　函　数

根式函数 $\sqrt{z-a}=w$，令 $w^2=z$，w 是 $\sqrt{z}$ 的反函数，故 $\sqrt{z-a}=w$ 时，有

$$w = \rho e^{i\varphi} = \sqrt{z-a} \atop z - a = re^{i\theta}} \Rightarrow \begin{cases} \rho = \sqrt{r} \\ \varphi = \dfrac{\theta}{2} + n\pi, \quad n = 0, \pm 1, \pm 2, \cdots \end{cases}$$

对于 z,存在两个 w 与之对应,即

$$w_1(z) = \sqrt{r} e^{i\frac{\theta}{2}}$$

$$w_2(z) = \sqrt{r} e^{i(\frac{\theta}{2}+\pi)} = -\sqrt{r} e^{i\frac{\theta}{2}}$$

函数的多值性来源于辐角的多值性.

定义 1 对于多值函数 $w = f(z)$,若存在 $z = z_0$,使在 z_0 的邻域内当 z 的辐角改变 2π 时,w 的值并不还原,则 z_0 为 w 的支点.

也就是说,对于自变量 z 的每一个值,若有两个或两个以上的函数值 w 与之对应,则 $w = f(z)$ 称为 z 的多值函数. 在复平面上,若 z 绕某点 z_0 一周回到原处时,对应的多值函数值不还原,则 z_0 称为该多值函数的支点. 若 z 绕 z_0 转 n 周后对应的函数值还原,z_0 就称为该多值函数的 $n-1$ 阶支点,支点必为奇点.

思考 $z_0 = 0$ 是 $\sqrt{z}$ 和 $\sqrt[3]{z}$ 的支点吗?有什么不同?

$z_0 = 0$ 是 $\sqrt{z}$ 和 $\sqrt[3]{z}$ 的支点,如图 2-3(a) 所示,不同之处在于:

$z_0 = 0$ 是 $\sqrt{z}$ 的一阶支点,当 $z = re^{i\theta}$ 绕 $z_0 = 0$ 一周时,如图 2-3(a) 所示($\theta \to \theta + 2\pi$),$w_1(z) = \sqrt{r} e^{i\frac{\theta}{2}}$,$w_2(z) = \sqrt{r} e^{i(\frac{\theta}{2}+\pi)} = -\sqrt{r} e^{i\frac{\theta}{2}}$ 与之对应,如图 2-3(b) 所示,当 z 绕 $z_0 = 0$ 由 $\theta + 2\pi \to \theta + 4\pi$ 时,$\sqrt{z}$ 又恢复到 $\sqrt{r} e^{i\frac{\theta}{2}}$.

$z_0 = 0$ 是 $\sqrt[3]{z}$ 的二阶支点,当 $z = re^{i\theta}$ 绕 $z_0 = 0$ 一周时,如图 2-3(a) 所示($\theta \to \theta + 2\pi$),$w_1(z) = \sqrt{r} e^{i\frac{\theta}{3}}$,$w_2(z) = \sqrt{r} e^{i\frac{\theta+2\pi}{3}}$,$w_3(z) = \sqrt{r} e^{i\frac{\theta+4\pi}{3}}$ 与之对应,如图 2-3(c) 所示,当 z 绕 $z_0 = 0$ 由 $\theta + 2\pi \to \theta + 6\pi$ 时,$\sqrt[3]{z}$ 又恢复到 $\sqrt{r} e^{i\frac{\theta}{3}}$.

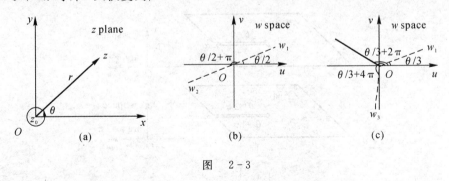

图 2-3

类似地,$z_0 = 0$ 是 $|w| = \sqrt{|z-1|}$ 的 $n-1$ 阶支点. $z_0 = a$ 是 $\sqrt[n]{z-a}$ 的 $n-1$ 阶支点.

例 1 若 $w = \sqrt{z-1}$,规定 $0 \leqslant \arg(z-1) < 2\pi$,求 $w(2), w(i), w(0), w(-i)$.

解 如图 2-4 所示,有

$$w = |w| \cdot e^{i\arg w}$$

$$\arg w = \frac{1}{2}\arg(z-1), \quad |w| = \sqrt{|z-1|}$$

$$\arg[w(2)] = \frac{1}{2}\arg(2-1) = 0, \quad |w(2)| = \sqrt{|2-1|} = 1, \quad w(2) = 1$$

$$\arg[w(\mathrm{i})]=\frac{1}{2}\arg(\mathrm{i}-1)=\frac{3}{8}\pi, \quad |w(\mathrm{i})|=\sqrt{|\,\mathrm{i}-1\,|}=\sqrt[4]{2}, \quad w(\mathrm{i})=\sqrt[4]{2}\,\mathrm{e}^{\mathrm{i}\frac{3}{8}\pi}$$

$$\arg[w(0)]=\frac{1}{2}\arg(-1)=\pi, \quad |w(0)|=\sqrt{|0-1|}=1, \quad w(0)=\mathrm{e}^{\mathrm{i}\pi}=\mathrm{i}$$

$$\arg[w(-\mathrm{i})]=\frac{1}{2}\arg(-\mathrm{i}-1)=\frac{5}{8}\pi$$

$$|w(-\mathrm{i})|=\sqrt{|-\mathrm{i}-1|}=\sqrt[4]{2}, \quad w(-\mathrm{i})=\sqrt[4]{2}\,\mathrm{e}^{\mathrm{i}\frac{5}{8}\pi}$$

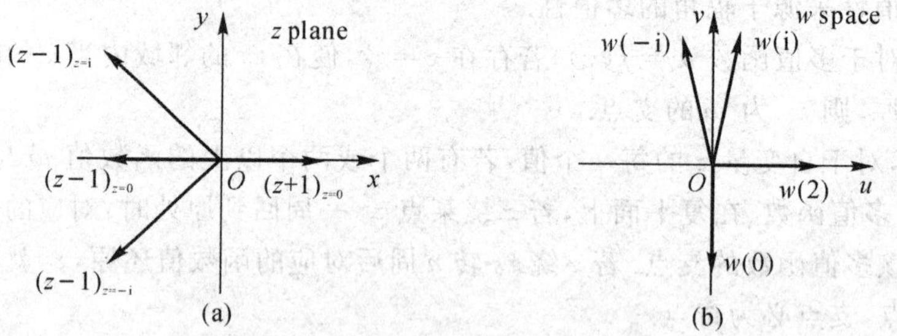

图 2-4

规定辐角的变化范围 → 多值函数单值化,实质是限制 z 的变化方式.

定义 2 限制多值函数的自变量的取值范围后,多值函数被划分为若干个单值函数,其中的每一个单值函数称为多值函数的单值分支.

多值函数＝单值分支 1＋单值分支 2＋单值分支 3＋…＋单值分支 $n,n=\infty$

定义 3 连接多值函数的两支点割开平面的线称为割线.

$\sqrt{z-a}$ 是支点为 a 和 ∞ 的二值函数,其单值分支 Ⅰ $(\arg(z-a)=0$ 的割线上岸)和单值分支 Ⅱ $(\arg(z-a)=2\pi$ 的割线上岸)如图 2-5 所示.

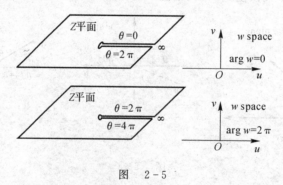

图 2-5

辐角变化范围的规定不唯一,如:

$$-\pi \leqslant \arg(z-a) < \pi \text{ 和 } \pi \leqslant \arg(z-a) < 3\pi$$

或

$$-\frac{3}{2}\pi \leqslant \arg(z-a) < \frac{1}{2}\pi \text{ 和 } \frac{1}{2}\pi \leqslant \arg(z-a) < \frac{5}{2}\pi$$

割线的作法多种多样,只要连接分支点,并适当规定割线一侧相关宗量的辐角值.

多值函数单值化优点为等分于单值函数,可以讨论解析性.缺点为支点为奇点,为各个单值分支所共有,支点附近的邻域分属多个单值分支,不能讨论复杂问题.解决办法:规定 w 在

某一点 z_0 的值,明确 z 的连续变化路线.

例 2 $w = \sqrt{z-1}$,规定 $w(2)=1$,讨论 z 沿 C_1 或 C_2 连续变化到原点时,函数 w 的值. C_1,C_2 为以 $z=1$ 为圆心,1 为半径的上半圆周和下半圆周.

解 如图 2-6 所示.

(1) 当 z 沿 C_1 连续变化时,有

$$\Delta \arg(z-1) = \pi$$

$$\Delta \arg w = \frac{1}{2} \Delta \arg(z-1) = \frac{\pi}{2}$$

$$w(0) = e^{i\frac{\pi}{2}} = i$$

(2) 当 z 沿 C_1 连续变化时,有

$$\Delta \arg(z-1) = -\pi$$

$$\Delta \arg w = \frac{1}{2} \Delta \arg(z-1) = -\frac{\pi}{2}$$

$$w(0) = e^{-i\frac{\pi}{2}} = -i$$

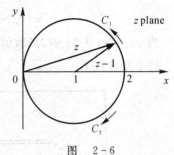

图 2-6

理解 z 的路线不受限制,可以从一个单值分支到另一个单值分支. 相当于两个 z 平面相连接,第一个面的割线下岸($\arg(z-1)=2\pi$)和第二个面的割线上岸($\arg(z-1)=2\pi$)相连,同时第一个面的割线上岸($\arg(z-1)=0$)和第二个割线的下岸($\arg(z-1)=4\pi$)相连,构成二叶黎曼面.

黎曼面:使多值函数划分为单值函数的若干叶割破的互相黏合的复 z 平面.

例 3 试讨论函数 $w(z) = \sqrt{z^2-1}$ 的多值性.

解 $w(z) = \sqrt{z^2-1} = \sqrt{z+1} \cdot \sqrt{z-1}$,可能的支点有:$\pm 1, 0, \infty$,分别进行讨论.

(1) $z=1$ 的情况. 在 $z=1$ 的邻域内取 $z_1 = 1 + \rho_1 e^{i\varphi_1}$,其中 $\rho_1 \ll 1, 0 < \varphi_1 < 2\pi$.

则

$$w(z_1) = \sqrt{(2 + \rho_1 e^{i\varphi_1})\rho_1 e^{i\varphi_1}} = $$
$$\sqrt{\rho_1(\cos\varphi_1 + i\sin\varphi_1)(2 + \rho_1\cos\varphi_1 + i\rho_1\sin\varphi_1)}$$

因为 $\rho_1 \ll 1$,所以

$$2 + \rho_1\cos\varphi_1 + i\rho_1\sin\varphi_1 \approx 2 + i\rho_1\sin\varphi_1$$

$$w(z_1) = \sqrt{\rho_1(\cos\varphi_1 + i\sin\varphi_1)(2 + i\rho_1\sin\varphi_1)}$$

虚实合并后,有

$$w(z_1) = \sqrt{\rho_1[(2\cos\varphi_1 - \rho_1\sin^2\varphi_1) + i(2\sin\varphi_1 + \rho_1\sin\varphi_1\cos\varphi_1)]} \approx$$
$$\sqrt{\rho_1(2\cos\varphi_1 + 2i\sin\varphi_1)} = \sqrt{2\rho_1}\, e^{i\frac{\varphi_1}{2}}$$

当 $\varphi_1 \to \varphi_1 + 2\pi$ 即 z_1 绕 $z=1$ 一周时,有

$$w(z_1) = \sqrt{2\rho_1}\, e^{i\frac{\varphi_1 + 2\pi}{2}} = -\sqrt{2\rho_1}\, e^{i\frac{\varphi_1}{2}} \neq \sqrt{2\rho_1}\, e^{i\frac{\varphi_1}{2}}$$

当 $\varphi_1 \to \varphi_1 + 4\pi$ 时,w 恢复到辐角为 φ_1 时的值.

可见,$z=1$ 是 $w(z) = \sqrt{z^2-1}$ 的一阶支点.

(2) $z=-1$ 的情况. 类似 $z=1$ 的讨论,可知 $z=-1$ 也是一阶支点.

(3) $z=0$ 的情况. 在 $z=0$ 的邻域内取 $z_2 = \rho_2 e^{i\varphi_2}$,其中 $\rho_2 \ll 1, 0 < \varphi_2 < 2\pi$.

则

$$w(z_2) = \sqrt{(\rho_2 e^{i\varphi_2} + 1)(\rho_2 e^{i\varphi_2} - 1)} \approx \sqrt{-1}$$

与辐角无关.

当 $\varphi_2 \to \varphi_2 + 2\pi$ 时,函数值不变,因此 $z = 0$ 不是 $w(z) = \sqrt{z^2 - 1}$ 的支点.

(4)$z = \infty$ 的情况. 在 $z = \infty$ 的邻域内取 $z_3 = \rho_3 e^{i\varphi_3}$,其中 $\rho_3 \gg 1, 0 < \varphi_3 < 2\pi$.

则
$$w(z_3) = \sqrt{(\rho_3 e^{i\varphi_3} + 1)(\rho_3 e^{i\varphi_3} - 1)} \approx \rho_3 e^{i\varphi_3}$$

当 $\varphi_3 \to \varphi_3 + 2\pi$ 时,函数值不变,可知 $z = \infty$ 不是 $w(z) = \sqrt{z^2 - 1}$ 支点.

综上所述,$w(z) = \sqrt{z^2 - 1}$ 有两个一阶支点 $z = \pm 1$,其黎曼面如图 2-7 所示.

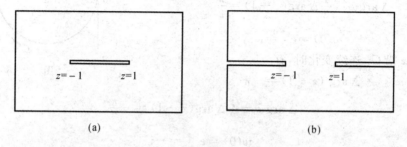

图 2-7

(a) 割线为 $z = -1$ 到 $z = 1$ 的连线;(b) 割线为 $z = -1$ 沿负实轴到 $z = \infty$ 后沿正实轴到 $z = 1$

2.5 解析函数的物理解释 —— 复势

已知解析函数 $w = f(z)$ 的实部 $u(x, y)$ 和虚部 $v(x, y)$ 满足 C-R 条件:

$$\begin{cases} \dfrac{\partial u}{\partial x} = \dfrac{\partial v}{\partial y} \\ -\dfrac{\partial u}{\partial y} = \dfrac{\partial v}{\partial x} \end{cases}$$

分别求 x, y 的偏导,有

$$\begin{cases} \dfrac{\partial^2 u}{\partial x^2} = \dfrac{\partial^2 v}{\partial x \partial y} \\ -\dfrac{\partial^2 u}{\partial^2 y} = \dfrac{\partial^2 v}{\partial x \partial y} \end{cases}, \quad \text{两式相减} \Rightarrow \dfrac{\partial^2 u}{\partial x^2} + \dfrac{\partial^2 u}{\partial y^2} = 0$$

同理有
$$\dfrac{\partial^2 v}{\partial x^2} + \dfrac{\partial^2 v}{\partial y^2} = 0$$

由电荷产生的静电场其电势 $\Phi(x, y, z)$ 在空间的无源(无电荷)区域内满足拉普拉斯方程:

$$\mathbf{\nabla}^2 \Phi(x, y, z) = \dfrac{\partial^2 \Phi}{\partial x^2} + \dfrac{\partial^2 \Phi}{\partial y^2} + \dfrac{\partial^2 \Phi}{\partial z^2} \equiv 0$$

若电荷沿三维空间某一方向均匀分布,取该方向为 z 轴,则有平面静电场:

$$\mathbf{\nabla}^2 \Phi(x, y) = \dfrac{\partial^2 \Phi}{\partial x^2} + \dfrac{\partial^2 \Phi}{\partial y^2} \equiv 0$$

可见,解析函数的实部(或虚部)可以解释为平面静电场的势.

此外,将 C-R 条件两式相乘并移项,得

$$\frac{\partial u}{\partial x} \cdot \frac{\partial v}{\partial x} + \frac{\partial u}{\partial y} \cdot \frac{\partial v}{\partial y} = 0$$

即

$$\nabla u \cdot \nabla v = \left(\frac{\partial u}{\partial x}\mathbf{i} + \frac{\partial u}{\partial y}\mathbf{j}\right) \cdot \left(\frac{\partial v}{\partial x}\mathbf{i} + \frac{\partial v}{\partial y}\mathbf{j}\right) = \frac{\partial u}{\partial x} \cdot \frac{\partial v}{\partial x} + \frac{\partial u}{\partial y} \cdot \frac{\partial v}{\partial y} = 0$$

即在 xOy 平面上 $u(x,y)$ 的等值线族与 $v(x,y)$ 的等值线族处处相互正交. $u(x,y)$ 或 $v(x,y)$ 为平面静电场的复势.

若 $u(x,y)$ 是平面静电场的等势线族(等势面),则 $v(x,y)$ 是平面静电场的电场线族(电力线).反之亦然.

第3章　复变积分

3.1　复变积分

定义　如图 $3-1$ 所示,设曲线 $l \subset \mathbf{C}$ 复平面,函数 $f(z)$ 在 l 上有意义,将曲线 l 任意分割为 n 段,分点为 $z_0 = A, z_1, z_2, \cdots, z_n = B, \xi_k$ 是 $z_{k-1} \rightarrow z_k$ 段上任意一点,作和数

$$\sum_{k=1}^{n} f(\xi_k)(z_k - z_{k-1}) = \sum_{k=1}^{n} f(\xi_k) \Delta z_k$$

当 $n \rightarrow \infty, \max |\Delta z_k| \rightarrow 0$ 时,此和数的极限存在,且与 ξ_k 的选取无关,则称此极限值为函数 $f(z)$ 沿曲线 l 的积分,记为

$$\int_l f(z) \mathrm{d}z = \lim_{\max |\Delta z_k| \rightarrow 0} \sum_{k=1}^{n} f(\xi_k) \Delta z_k$$

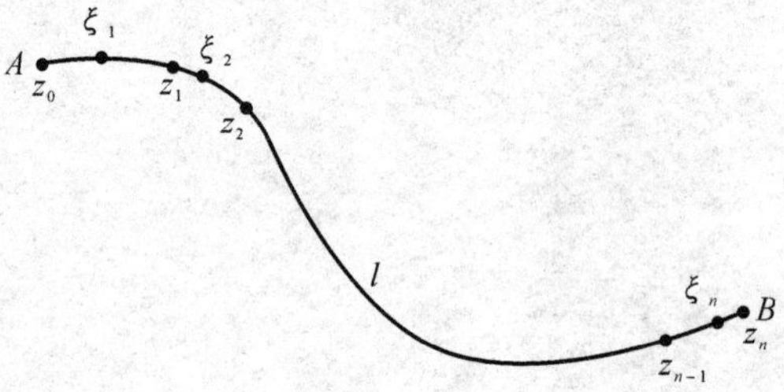

图　$3-1$

一个复变积分是两个实变积分的有序组合:

$$\int_l f(z) \mathrm{d}z = \int_l (u + \mathrm{i}v)(\mathrm{d}x + \mathrm{i}\mathrm{d}y) = \int_l (u\mathrm{d}x - v\mathrm{d}y) + \mathrm{i}\int_l (v\mathrm{d}x + u\mathrm{d}y)$$

由实变积分知识可知下述定理.

定理　$f(z)$ 是分段光滑曲线 l 上的连续函数, $f(z)$ 的复变积分一定存在.

复变积分的基本性质:

(1) 若存在 $\int_l f_1(z)\mathrm{d}z, \int_l f_2(z)\mathrm{d}z, \cdots, \int_l f_n(z)\mathrm{d}z$,则

$$\int_l [f_1(z) + f_2(z) + \cdots + f_n(z)] \mathrm{d}z = \int_l f_1(z)\mathrm{d}z + \int_l f_2(z)\mathrm{d}z + \cdots + \int_l f_n(z)\mathrm{d}z$$

从复变积分的定义出发,利用极限和求和的性质可证.

(2) 若 $l = l_1 + l_2 + \cdots + l_n$,则

$$\int_l f(z)\mathrm{d}z = \int_{l_1} f(z)\mathrm{d}z + \int_{l_2} f(z)\mathrm{d}z + \cdots + \int_{l_n} f(z)\mathrm{d}z$$

从复变积分的定义出发,利用极限和求和的性质可证.

(3) 若 l^- 是 l 的逆向,则

$$\int_{l^-} f(z)\mathrm{d}z = -\int_l f(z)\mathrm{d}z$$

证明 由复变积分的定义可知:

$$\int_{l^-} f(z)\mathrm{d}z = \lim_{\max|\Delta z_k|\to 0}\sum_{k=1}^n f(\xi_k)(z_{k-1}-z_k) = \lim_{\max|\Delta z_k|\to 0}\sum_{k=1}^n f(\xi_k)(-\Delta z_k) =$$

$$-\lim_{\max|\Delta z_k|\to 0}\sum_{k=1}^n f(\xi_k)\Delta z_k = -\int_l f(z)\mathrm{d}z$$

(4) 对常数 a,有

$$\int_l af(z)\mathrm{d}z = a\int_l f(z)\mathrm{d}z$$

由复变积分定义易证.

(5) $\left|\int_l f(z)\mathrm{d}z\right| \leqslant \int_l |f(z)||\mathrm{d}z|$.

证明 由复变函数的定义知:

$$\left|\sum_{k=1}^n f(\xi_k)\Delta z_k\right| \leqslant \sum_{k=1}^n |f(\xi_k)||\Delta z_k| = \sum_{k=1}^n |f(\xi_k)|\sqrt{(\Delta x_k)^2+(\Delta y_k)^2}$$

两端取极限 $\max|\Delta z_k|\to 0$,得

$$\left|\int_l f(z)\mathrm{d}z\right| \leqslant \int_l |f(z)||\mathrm{d}z|$$

(6) $\left|\int_l f(z)\mathrm{d}z\right| \leqslant ML$,$M$ 为 $|f(z)|$ 在 l 上的上界,L 为 l 的长度.

证明 由复变函数的定义知:

$$\left|\sum_{k=1}^n f(\xi_k)\Delta z_k\right| \leqslant \sum_{k=1}^n |f(\xi_k)||\Delta z_k| = \sum_{k=1}^n |f(\xi_k)|\sqrt{(\Delta x_k)^2+(\Delta y_k)^2}$$

两端取极限 $\max|\Delta z_k|\to 0$,得

$$\left|\int_l f(z)\mathrm{d}z\right| \leqslant \int_l |f(z)||\mathrm{d}z| \leqslant \int_l M|\mathrm{d}z| = M\int_l |\mathrm{d}z| = ML$$

例 1 求 $\int_l \mathrm{Re}z\mathrm{d}z$,$l$ 为:

(1) 沿实轴 $0\to 1$,再平行于虚轴 $1\to 1+\mathrm{i}$;

(2) 沿虚轴 $0\to\mathrm{i}$,再平行于实轴 $\mathrm{i}\to 1+\mathrm{i}$;

(3) 沿直线 $0\to 1+\mathrm{i}$.

解 (1) 如图 3-2(a) 所示.

$$\int_l \mathrm{Re}z\mathrm{d}z = \int_l x\,\mathrm{d}(x+\mathrm{i}y) = \int_l (x\mathrm{d}x+x\mathrm{i}\mathrm{d}y) = \int_0^1 x\mathrm{d}x + \int_0^1 1\times\mathrm{i}\mathrm{d}y = \frac{1}{2}+\mathrm{i}$$

(2) 如图 3-2(b) 所示.

$$\int_l \mathrm{Re}z\mathrm{d}z = \int_l x\,\mathrm{d}(x+\mathrm{i}y) = \int_l (x\mathrm{d}x+x\mathrm{i}\mathrm{d}y) = \int_0^1 0\times\mathrm{i}\mathrm{d}y + \int_0^1 x\mathrm{d}x = \frac{1}{2}$$

(3) 如图 3-2(c) 所示.

$$\int_l \mathrm{Re}z\mathrm{d}z = \int_l \mathrm{Re}\big[(1+\mathrm{i})t\big]\mathrm{d}\big[(1+\mathrm{i})t\big] = \int_0^1 t(1+\mathrm{i})\mathrm{d}t = (1+\mathrm{i})\int_0^1 t\mathrm{d}t = \frac{1}{2}(1+\mathrm{i})$$

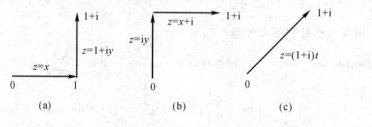

图　3-2

例 2　试证 $\displaystyle\int_l \frac{\mathrm{d}z}{(z-a)^n} = \begin{cases} 2\pi\mathrm{i} & (n=1) \\ 0 & (n\neq 1 \text{ 的整数}) \end{cases}$，$l$ 是以 a 为圆心，ρ 为半径的圆周.

解　当 $n=1$ 时，令 $z-a=\rho\mathrm{e}^{\mathrm{i}\theta}(0<\theta\leqslant 2\pi)$，则

$$\int_l \frac{\mathrm{d}z}{(z-a)^n} = \int_l \frac{\mathrm{d}(\rho\mathrm{e}^{\mathrm{i}\theta})}{\rho\mathrm{e}^{\mathrm{i}\theta}} = \int_0^{2\pi} \frac{\rho\mathrm{e}^{\mathrm{i}\theta}\mathrm{i}\mathrm{d}\theta}{\rho\,\mathrm{e}^{\mathrm{i}\theta}} = \mathrm{i}\int_0^{2\pi}\mathrm{d}\theta = 2\pi\mathrm{i}$$

当 $n\neq 1$ 的整数时，有

$$\int_l \frac{\mathrm{d}z}{(z-a)^n} = \int_l \frac{\mathrm{d}(\rho\mathrm{e}^{\mathrm{i}\theta})}{\rho^n\mathrm{e}^{\mathrm{i}n\theta}} = \int_0^{2\pi}\frac{\rho\mathrm{e}^{\mathrm{i}\theta}\mathrm{i}\mathrm{d}\theta}{\rho^n\mathrm{e}^{\mathrm{i}n\theta}} = \frac{\mathrm{i}}{\rho^{n-1}}\int_0^{2\pi}\frac{\mathrm{d}\theta}{\mathrm{e}^{\mathrm{i}(n-1)\theta}} = \frac{\mathrm{i}}{\rho^{n-1}}\int_0^{2\pi}\mathrm{e}^{\mathrm{i}(1-n)\theta}\mathrm{d}\theta = 0$$

3.2　单连通区域的柯西定理

定义 1　在区域内作任何简单的闭合围道，围道内的点都属于该区域，如图 3-3(a) 所示，则此区域称为单连通区域. 反之，为复连通区域（多连通区域），如图 3-3(b) 所示.

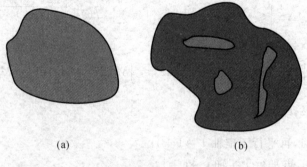

图　3-3

定理　（单连通区域的柯西定理）若函数 $f(z)$ 在单连通区域 $\overline{G}$ 内解析，则沿 $\overline{G}$ 内任何一个分段光滑的闭合围道 l 有 $\displaystyle\oint_l f(z)\mathrm{d}z = 0$，$l$ 可以是 $\overline{G}$ 的边界.

证明　现仅在 $f'(z)$ 在 $\overline{G}$ 中连续的前提下证明这个定理.

利用格林定理，有

$$\oint_l [P(x,y)\mathrm{d}x + Q(x,y)\mathrm{d}y] = \iint_S \left(\frac{\partial Q}{\partial x} - \frac{\partial P}{\partial y}\right)\mathrm{d}x\mathrm{d}y \qquad (P,Q \subset \overline{G},\text{且有连续偏导数})$$

于是

$$\oint_l f(z)\mathrm{d}z = \oint_l [u(x,y) + \mathrm{i}v(x,y)]\mathrm{d}(x+\mathrm{i}y) =$$

$$\oint_l [(u\mathrm{d}x - v\mathrm{d}y) + \mathrm{i}(v\mathrm{d}x + u\mathrm{d}y)] =$$

$$\oint_l (u\mathrm{d}x - v\mathrm{d}y) + \mathrm{i}\oint_l (v\mathrm{d}x + u\mathrm{d}y) = \qquad (f'(z) \subset \overline{G} \text{ 连续},\frac{\partial u}{\partial x},\frac{\partial u}{\partial y},\frac{\partial v}{\partial x},\frac{\partial v}{\partial x} \text{ 连续})$$

$$-\iint_S \left(\frac{\partial v}{\partial x} + \frac{\partial u}{\partial y}\right)\mathrm{d}x\mathrm{d}y + \mathrm{i}\iint_S \left(\frac{\partial u}{\partial x} - \frac{\partial v}{\partial y}\right)\mathrm{d}x\mathrm{d}y = 0 \qquad (C\text{-}R\text{ 条件})$$

在单连通区域中,解析函数的积分值与积分路径无关.

推论 若函数 $f(z)$ 在单连通区域 $\overline{G}$ 内解析,则 $F(z) = \int_{z_0}^{z} f(z)\mathrm{d}z$ 也在 $\overline{G}$ 内解析,且

$$F'(z) = \frac{\mathrm{d}}{\mathrm{d}z}\int_{z_0}^{z} f(z)\mathrm{d}z = f(z)$$

证明 对 $F(z)$ 求导即可.

如图 $3-4$ 所示,设 $z \in G$ 内一点,$z + \Delta z$ 为邻点,则

$$F(z) = \int_{z_0}^{z} f(\xi)\mathrm{d}\xi, \quad F(z + \Delta z) = \int_{z_0}^{z+\Delta z} f(\xi)\mathrm{d}\xi$$

因为积分与路径无关,所以

$$\frac{\Delta F}{\Delta z} = \frac{F(z+\Delta z) - F(z)}{\Delta z} = \frac{1}{\Delta z}\int_{z}^{z+\Delta z} f(\xi)\mathrm{d}\xi$$

图 3-4

可得

$$\left|\frac{\Delta F}{\Delta z} - f(z)\right| = \left|\frac{1}{\Delta z}\int_{z}^{z+\Delta z} f(\xi)\mathrm{d}\xi - f(z)\right| =$$

$$\left|\frac{1}{\Delta z}\int_{z}^{z+\Delta z} [f(\xi) - f(z)]\mathrm{d}\xi\right| \leqslant$$

$$\frac{1}{|\Delta z|}\int_{z}^{z+\Delta z} |f(\xi) - f(z)||\mathrm{d}\xi| \qquad (\text{复变积分性质})$$

因为 $f(z)$ 连续,对于任意 $\varepsilon > 0$,存在 $\delta > 0$,使当 $|\xi - z| < \delta$ 时,$|f(\xi) - f(z)| < \varepsilon$,所以

$$\left|\frac{\Delta F}{\Delta z} - f(z)\right| \leqslant \frac{1}{|\Delta z|}\int_{z}^{z+\Delta z}\varepsilon|\mathrm{d}\xi| = \frac{1}{|\Delta z|}\varepsilon|\Delta z| = \varepsilon$$

故

$$F'(z) = \frac{\mathrm{d}}{\mathrm{d}z}\int_{z_0}^{z} f(z)\mathrm{d}z = f(z)$$

定义 2 (原函数)若 $\Phi'(z) = f(z)$,则 $\Phi(z)$ 为 $f(z)$ 的原函数.原函数不唯一,任意两个原函数相差一个常数.

例 1 计算积分 $\int_a^b z^n \mathrm{d}z$,n 为整数.

解 当 n 为自然数时,z^n 在 **C** 上解析,$\frac{1}{n+1}z^{n+1}$ 是它的一个原函数,对于任意 **C** 上的积分路线,有

$$\int_a^b z^n \mathrm{d}z = \frac{1}{n+1}(b^{n+1} - a^{n+1})$$

当 $n = -2, -3, -4, \cdots$ 时，z^n 在 $\mathbf{C}/0$ 上解析，原函数仍可取为 $\frac{1}{n+1}z^{n+1}$，在不包含 $z=0$ 的任一单连通区域内，有

$$\int_a^b z^n \mathrm{d}z = \frac{1}{n+1}(b^{n+1} - a^{n+1})$$

当 $n = -1$ 时，z^{-1} 在 $\mathbf{C}/0$ 上解析，原函数为 $\ln z$，故在不包含 $z=0$ 的任一单连通区域内，得

$$\int_a^b z^n \mathrm{d}z = \ln b - \ln a$$

例 2 计算围道积分 $\oint_{|z|=1} \frac{\mathrm{e}^z}{z^2 + 5z + 6} \mathrm{d}z$.

解 令 $z^2 + 5z + 6 = 0$，得 $z_1 = 2, z_2 = 3$，即被积函数有奇点 $z_1 = 2, z_2 = 3$，均不在积分围道 $|z| = 1$ 内，在 $|z| < 1$ 中，被积函数仍解析，由单连通区域的柯西定理，可知

$$\oint_{|z|=1} \frac{\mathrm{e}^z}{z^2 + 5z + 6} \mathrm{d}z = 0$$

如果所求积分的围道是 $|z| = 4$，也就是说，被积函数在围道包围的区域内有奇点，这时单连通区域的柯西定理不再适用.

3.3 复连通区域的柯西定理

定理 （复连通区域的柯西定理）若 $f(z)$ 是复连通区域 $\overline{G}$ 内的单值解析函数，则

$$\oint_{l_0} f(z)\mathrm{d}z = \sum_{i=1}^n \oint_{l_i} f(z)\mathrm{d}z$$

其中，$l_0, l_1, l_2, \cdots, l_n$ 是构成复连通区域 $\overline{G}$ 的边界的各个分段光滑闭合曲线，$l_1, l_2, \cdots, l_n$ 都包含在 l_0 的内部，所有积分路径走向相同，如图 $3-5$ 所示.

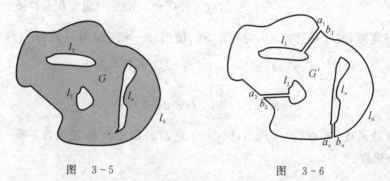

图 3-5 　　　　　　　图 3-6

证明 如图 $3-6$ 所示，取 $l_0, l_1, l_2, \cdots, l_n$ 均为逆时针方向，作割线将 $l_1, l_2, \cdots, l_n$ 与 l_0 连接起来，得到单连通区域 $\overline{G'}$，应用单连通区域的柯西定理 $\oint_{\overline{G'} \text{的边界}} f(z)\mathrm{d}z = 0$，即

$$\oint_{l_0} f(z)\mathrm{d}z + \int_{a_1}^{b_1} f(z)\mathrm{d}z + \int_{l_1^-} f(z)\mathrm{d}z + \int_{b_1}^{a_1} f(z)\mathrm{d}z + \int_{a_2}^{b_2} f(z)\mathrm{d}z + \int_{l_2^-} f(z)\mathrm{d}z +$$

$$\int_{b_2}^{a_2} f(z)\mathrm{d}z + \cdots + \int_{a_n}^{b_n} f(z)\mathrm{d}z + \int_{l_n^-} f(z)\mathrm{d}z + \int_{b_n}^{a_n} f(z)\mathrm{d}z = 0$$

因为 $f(z) = \overline{G'}$ 的单值,有

$$\int_{a_i}^{b_i} f(z)\mathrm{d}z + \int_{b_i}^{a_i} f(z)\mathrm{d}z = 0$$

所以

$$\oint_{l_0} f(z)\mathrm{d}z + \sum_{i=1}^{n} \oint_{l_i^-} f(z)\mathrm{d}z = 0$$

得

$$\oint_{l_0} f(z)\mathrm{d}z = -\sum_{i=1}^{n} \oint_{l_i^-} f(z)\mathrm{d}z = \sum_{i=1}^{n} \oint_{l_i} f(z)\mathrm{d}z$$

例   计算积分 $\oint_l z^n \mathrm{d}z$,n 为整数,l 为逆时针方向.

解   当 n 为自然数时,显然,z^n 在整个复平面解析,l 围道包含的区域为单连通区域,由单连通区域柯西定理可知 $\oint_l z^n \mathrm{d}z = 0$.

当 n 为负整数时,z^n 在 **C**$/0$ 内解析,若 l 围道内不包含 $z = 0$,则也有 $\oint_l z^n \mathrm{d}z = 0$.

若 l 围道内含有 $z = 0$,由复连通区域的柯西定理可知:

$$\oint_l z^n \mathrm{d}z = \oint_{|z|=1} z^n \mathrm{d}z = \int_0^{2\pi} \mathrm{e}^{\mathrm{i}n\theta} \mathrm{e}^{\mathrm{i}\theta} \mathrm{i}\mathrm{d}\theta = \mathrm{i}\int_0^{2\pi} \mathrm{e}^{\mathrm{i}(+1)n\theta} \mathrm{d}\theta = \begin{cases} 2\pi\mathrm{i}, & n = -1 \\ 0, & n = -2, -3, -4, \cdots \end{cases}$$

综上,即

$$\oint_l z^n \mathrm{d}z = \begin{cases} 2\pi\mathrm{i}, & n = -1,\text{且 } l \text{ 内含有 } z = 0 \\ 0, & \text{其他} \end{cases}$$

一般地

$$\oint_l (z-a)^n \mathrm{d}z = \begin{cases} 2\pi\mathrm{i}, & n = -1,\text{且 } l \text{ 内含有 } z = a \\ 0, & \text{其他} \end{cases}$$

3.4   两个有用的引理

引理一   如图 3-7 所示,若函数 $f(z)$ 在 $z = a$ 点的空心邻域内连续,且当 $\theta_1 \leqslant \arg(z-a) \leqslant \theta_2$,$|z-a| \to 0$ 时,$(z-a)f(z)$ 一致地趋近于 k,则

$$\lim_{\delta \to 0} \int_{C_\delta} f(z)\mathrm{d}z = \mathrm{i}k(\theta_2 - \theta_1)$$

其中,C_δ 是以 a 为圆心,δ 为半径,夹角为 $\theta_2 - \theta_1$ 的圆弧,$|z-a| = \delta$,$\theta_1 \leqslant \arg(z-a) \leqslant \theta_2$.

证明   因为

$$\int_{C_\delta} \frac{\mathrm{d}z}{z-a} = \ln(\delta \mathrm{e}^{\mathrm{i}\theta}) \Big|_{\theta_2}^{\theta_1} = (\ln\delta + \mathrm{i}\theta) \Big|_{\theta_2}^{\theta_1} = \mathrm{i}(\theta_2 - \theta_1)$$

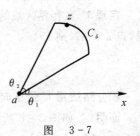

图   3-7

所以

$$\left|\int_{C_\delta} f(z)\mathrm{d}z - \mathrm{i}k(\theta_2-\theta_1)\right| = \left|\int_{C_\delta}\left[f(z)-\frac{k}{z-a}\right]\mathrm{d}z\right| \leqslant \int_{C_\delta}\left|(z-a)f(z)-k\right|\frac{|\mathrm{d}z|}{|z-a|}$$

当 $\theta_1 \leqslant \arg(z-a) \leqslant \theta_2$，$|z-a|\to 0$ 时，$(z-a)f(z)$ 一致地趋近于 k，这意味着，对于任意 $\varepsilon > 0$，存在（与 $\arg(z-a)$ 无关的）$r(\varepsilon) > 0$，使当 $|z-a|=\delta < r$ 时，$|(z-a)f(z)-k| < \varepsilon$，有

$$\left|\int_{C_\delta} f(z)\mathrm{d}z - \mathrm{i}k(\theta_2-\theta_1)\right| \leqslant \varepsilon(\theta_2-\theta_1)$$

故

$$\lim_{\delta\to 0}\int_{C_\delta} f(z)\mathrm{d}z = \mathrm{i}k(\theta_2-\theta_1)$$

引理二 设函数 $f(z)$ 在 ∞ 点的邻域内连续，当 $\theta_1 \leqslant \arg z \leqslant \theta_2$，$z\to\infty$ 时，$zf(z)$ 一致地趋近于 K，则

$$\lim_{R\to\infty}\int_{C_R} f(z)\mathrm{d}z = \mathrm{i}K(\theta_2-\theta_1)$$

其中，C_R 是以原点为圆心，R 为半径，夹角为 $\theta_2-\theta_1$ 的圆弧，$|z|=R, \theta_1 \leqslant \arg z \leqslant \theta_2$.

证明 因为

$$\int_{C_R}\frac{\mathrm{d}z}{z} = \mathrm{i}(\theta_2-\theta_1)$$

所以

$$\left|\int_{C_R} f(z)\mathrm{d}z - \mathrm{i}K(\theta_2-\theta_1)\right| = \left|\int_{C_R}\left[f(z)-\frac{K}{z}\right]\mathrm{d}z\right| \leqslant \int_{C_R}\left|zf(z)-K\right|\frac{|\mathrm{d}z|}{|z|}$$

当 $\theta_1 \leqslant \arg z \leqslant \theta_2$，$z\to\infty$ 时，$zf(z)$ 一致地趋近于 K，这意味着，对于任意 $\varepsilon > 0$，存在（与 $\arg z$ 无关的）$M(\varepsilon) > 0$，使当 $|z|=R > M$ 时 $|zf(z)-K| < \varepsilon$ 成立，有

$$\left|\int_{C_R} f(z)\mathrm{d}z - \mathrm{i}K(\theta_2-\theta_1)\right| \leqslant \varepsilon(\theta_2-\theta_1)$$

故

$$\lim_{R\to\infty}\int_{C_R} f(z)\mathrm{d}z = \mathrm{i}K(\theta_2-\theta_1)$$

3.5 柯西积分公式

柯西定理从一个侧面反映了解析函数的基本特性：解析函数在它的解析区域内各点的函数值是密切相关的 —— 处处可导.

C-R 方程是这种关联的微分形式；柯西定理是这种关联的积分形式. 同样，下面的柯西积分公式也清楚地表现出这种关联性.

定理 1 （有界区域的柯西积分公式）设 $f(z) \subset \overline{G}$ 的单值函数，$\overline{G}$ 的边界 C 是分段光滑曲线，点 $a \in G$，则

$$f(a) = \frac{1}{2\pi\mathrm{i}}\oint_C \frac{f(z)}{z-a}\mathrm{d}z$$

积分路线沿 C 的正向（逆时针方向）.

证明 如图 3-8 所示，在 G 内作圆 $|z-a| < r$，保持 $|z-a| < r \subset G$，积分路线沿 C 的正向（逆时针方向）.

由复连通区域的柯西定理，有

$$\oint_C \frac{f(z)}{z-a}\mathrm{d}z = \oint_{|z-a|=r} \frac{f(z)}{z-a}\mathrm{d}z$$

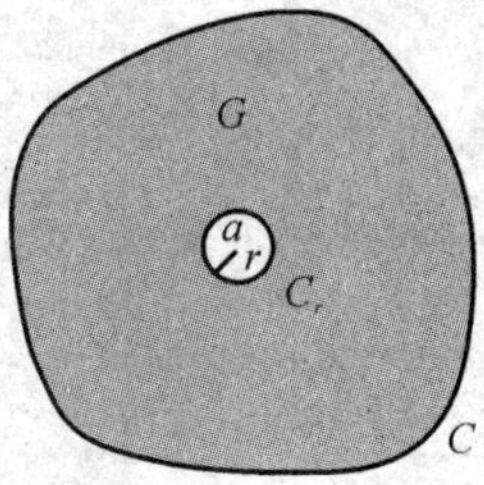

此结果与 r 的大小无关，故令 $r \to 0$，因为

$$\lim_{z \to a}(z-a)\frac{f(z)}{z-a} = f(a)$$

令　　　　　　　　$F(z) = \frac{f(z)}{z-a}, \quad f(a) = k$

则　　　　　　　$\lim_{z \to a}(z-a)F(z) = k \quad （一致趋近）$

由引理一 $\left(\displaystyle\int F(z)\mathrm{d}z = \mathrm{i}k(\theta_2 - \theta_1) \right)$ 可得，所以

$$\lim_{z \to a}\oint_C \frac{f(z)}{z-a}\mathrm{d}z = \mathrm{i} \times f(a) \times 2\pi$$

得

$$f(a) = \frac{1}{2\pi\mathrm{i}}\oint_C \frac{f(z)}{z-a}\mathrm{d}z$$

例 1　计算围道积分 $\displaystyle\oint_{|z-\mathrm{i}|=1} \frac{\mathrm{e}^{\mathrm{i}z}}{z^2+1}\mathrm{d}z$.

解　如图 3-9 所示.

$$\oint_{|z-\mathrm{i}|=1} \frac{\mathrm{e}^{\mathrm{i}z}}{z^2+1}\mathrm{d}z = \oint_{|z-\mathrm{i}|=1} \frac{\mathrm{e}^{\mathrm{i}z}}{(z+\mathrm{i})(z-\mathrm{i})}\mathrm{d}z =$$

$$\oint_{|z-\mathrm{i}|=1} \frac{\left(\dfrac{\mathrm{e}^{\mathrm{i}z}}{z+\mathrm{i}}\right)}{z-\mathrm{i}}\mathrm{d}z = \quad （有界区域柯西积分公式）$$

$$\frac{\mathrm{e}^{\mathrm{i}z}}{z+\mathrm{i}}\bigg|_{z=\mathrm{i}} \times 2\pi\mathrm{i} = \frac{\pi}{\mathrm{e}}$$

图　3-8

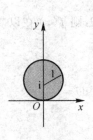

图　3-9

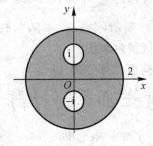

图　3-10

例 2　计算围道积分 $\displaystyle\oint_{|z|=2} \frac{\mathrm{e}^{\mathrm{i}z}}{z^2+1}\mathrm{d}z$.

解　如图 3-10 所示.

$$\oint_{|z|=2} \frac{\mathrm{e}^{\mathrm{i}z}}{z^2+1}\mathrm{d}z = \oint_{|z-\mathrm{i}|=\varepsilon} \frac{\mathrm{e}^{\mathrm{i}z}}{z^2+1}\mathrm{d}z + \oint_{|z+\mathrm{i}|=\varepsilon} \frac{\mathrm{e}^{\mathrm{i}z}}{z^2+1}\mathrm{d}z = \quad （复连通区域柯西定理）$$

$$\oint_{|z-\mathrm{i}|=\varepsilon}\frac{\left(\dfrac{\mathrm{e}^{\mathrm{i}z}}{z+\mathrm{i}}\right)}{z-\mathrm{i}}\mathrm{d}z+\oint_{|z+\mathrm{i}|=\varepsilon}\frac{\left(\dfrac{\mathrm{e}^{\mathrm{i}z}}{z-\mathrm{i}}\right)}{z+\mathrm{i}}\mathrm{d}z=\quad(\text{有界区域柯西积分公式})$$

$$\frac{\mathrm{e}^{\mathrm{i}z}}{z+\mathrm{i}}\bigg|_{z=\mathrm{i}}\times2\pi\mathrm{i}+\frac{\mathrm{e}^{\mathrm{i}z}}{z-\mathrm{i}}\bigg|_{z=-\mathrm{i}}\times2\pi\mathrm{i}=$$

$$\frac{\pi}{\mathrm{e}}-\pi=\pi(\mathrm{e}^{-1}-\mathrm{e})=-2\pi\sinh 1$$

例 3 计算围道积分 $\oint_C\dfrac{\mathrm{e}^{\mathrm{i}z}}{z^2+1}\mathrm{d}z$，$C$ 为闭合曲线 $r=3-\sin^2\dfrac{\theta}{4}$.

解 $r=3-\sin^2\dfrac{\theta}{4}=\dfrac{5}{2}+\dfrac{1}{2}\cos\dfrac{\theta}{2}$，周期为 4π（见下表）.

θ	0	$\pi/2$	π	$3\pi/2$	2π	$5\pi/2$	3π	$7\pi/2$	4π
r	3	2.85	2.5	2.15	2	2.15	2.5	2.85	3

$$\oint_C\frac{\mathrm{e}^{\mathrm{i}z}}{z^2+1}\mathrm{d}z=2\oint_{|z-\mathrm{i}|=\varepsilon}\frac{\mathrm{e}^{\mathrm{i}z}}{z^2+1}\mathrm{d}z+2\oint_{|z+\mathrm{i}|=\varepsilon}\frac{\mathrm{e}^{\mathrm{i}z}}{z^2+1}\mathrm{d}z=\quad(\text{复连通区域柯西定理})$$

$$2\oint_{|z-\mathrm{i}|=\varepsilon}\frac{\left(\dfrac{\mathrm{e}^{\mathrm{i}z}}{z+\mathrm{i}}\right)}{z-\mathrm{i}}\mathrm{d}z+2\oint_{|z+\mathrm{i}|=\varepsilon}\frac{\left(\dfrac{\mathrm{e}^{\mathrm{i}z}}{z-\mathrm{i}}\right)}{z+\mathrm{i}}\mathrm{d}z=\quad(\text{有界区域柯西积分公式})$$

$$2\frac{\mathrm{e}^{\mathrm{i}z}}{z+\mathrm{i}}\bigg|_{z=\mathrm{i}}\times2\pi\mathrm{i}+2\frac{\mathrm{e}^{\mathrm{i}z}}{z-\mathrm{i}}\bigg|_{z=-\mathrm{i}}\times2\pi\mathrm{i}=$$

$$2\left(\frac{\pi}{\mathrm{e}}-\mathrm{e}\pi\right)=2\pi(\mathrm{e}^{-1}-\mathrm{e})=-4\pi\sinh 1$$

定理 2 （柯西积分公式的特殊形式——均值定理）解析函数 $f(z)$ 在解析区域 G 内任意一点 a 的函数值 $f(a)$，等于（完全位于 G 内的）以 a 为圆心的任一圆周上的函数值的平均，即

$$f(a)=\frac{1}{2\pi}\int_0^{2\pi}f(a+R\mathrm{e}^{\mathrm{i}\theta})\mathrm{d}\theta$$

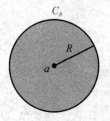

图 3-11

证明 如图 3-11 所示，令 $z=a+R\mathrm{e}^{\mathrm{i}\theta}$，$\mathrm{d}z=R\mathrm{i}\mathrm{e}^{\mathrm{i}\theta}\mathrm{d}\theta$，则 $f(z)$ 在以 a 为圆心 R 为半径的区域内解析.

由单连通区域的柯西积分公式，得

$$f(a)=\frac{1}{2\pi\mathrm{i}}\oint_C\frac{f(z)}{z-a}\mathrm{d}z=\frac{1}{2\pi\mathrm{i}}\int_0^{2\pi}\frac{f(a+R\mathrm{e}^{\mathrm{i}\theta})}{a+R\mathrm{e}^{\mathrm{i}\theta}-a}R\mathrm{i}\mathrm{e}^{\mathrm{i}\theta}\mathrm{d}\theta=$$

$$\frac{1}{2\pi}\int_0^{2\pi}f(a+R\mathrm{e}^{\mathrm{i}\theta})\mathrm{d}\theta$$

无界区域的柯西积分公式：

对无界区域，需要假设 $f(z)$ 在简单闭合围道 C 上及 C 外（包括无穷远点）单值解析. a 为 C 外一点，积分路线 C 的走向是绕无穷远点的正向，即顺时针方向（左侧法则）.

在 C 外作一个以原点为圆心，R 为半径的圆 C_R，对于 C 和 C_R 包围的复连通区域，根据单连通区域的柯西积分公式，有

$$f(a)=\frac{1}{2\pi\mathrm{i}}\left[\oint_{C_R}\frac{f(z)}{z-a}\mathrm{d}z+\oint_C\frac{f(z)}{z-a}\mathrm{d}z\right]\tag{3.1}$$

C_R 的走向是逆时针方向,只要 R 足够大,结果与 R 无关,令 $R \to \infty$,若

$$\lim_{z \to \infty} z \cdot \frac{f(z)}{z-a} = f(\infty) = K$$

由引理二知:

$$\lim_{R \to \infty} \left[\frac{1}{2\pi i} \oint_{C_R} \frac{f(z)}{z-a} dz \right] = K$$

代入式(3.1),得

$$\frac{1}{2\pi i} \oint_C \frac{f(z)}{z-a} dz = f(a) - K$$

当 $K = 0$ 时,即得无界区域的柯西积分公式.

定理 3　(无界区域的柯西积分公式) 若 $f(z)$ 在简单闭合围道 C 上及 C 外解析,且当 $z \to \infty$ 时,一致地趋于 0,则

$$f(a) = \frac{1}{2\pi i} \oint_{C^-} \frac{f(z)}{z-a} dz$$

其中,a 为 C 外一点,积分路线为顺时针方向.

证明　如图 $3-12$ 所示.

$$\lim_{z \to \infty} f(z) = f(\infty)$$

$$\lim_{z \to \infty} z \frac{f(z)}{z-a} = f(\infty)$$

图　$3-12$

令 $F(z) = \dfrac{f(z)}{z-a}$,$f(\infty) = K$,由引理二知:

$$\lim_{z \to \infty} \oint_{C_R} \frac{f(z)}{z-a} dz = 2\pi i f(\infty)$$

由单连通区域的柯西定理知:

$$f(a) = \frac{1}{2\pi i} \left[\oint_{C_R} \frac{f(z)}{z-a} dz + \oint_C \frac{f(z)}{z-a} dz \right] = f(\infty) + \frac{1}{2\pi i} \oint_C \frac{f(z)}{z-a} dz$$

得

$$\oint_C \frac{f(z)}{z-a} dz = 2\pi i [f(a) - f(\infty)]$$

其中,$f(\infty) = 0$,即 $f(a) = \dfrac{1}{2\pi i} \oint_C \dfrac{f(z)}{z-a} dz$.

3.6　解析函数的高阶导数

柯西积分公式　$f(z) \subset \overline{G}$ 解析,在 G 内 $f(z)$ 的任何阶导数 $f^{(n)}(z)$ 均存在,且

$$f^{(n)}(z) = \frac{n!}{2\pi i} \oint_C \frac{f(\xi)}{(\xi-z)^{n+1}} d\xi$$

C 是 $\overline{G}$ 的正向边界,对于任意 $z \in G$.

证明　$$\frac{f(z+h) - f(z)}{h} = \frac{1}{2\pi i} \frac{1}{h} \oint_C \left[\frac{f(\xi)}{\xi-(z+h)} - \frac{f(\xi)}{\xi-z} \right] d\xi =$$

$$\frac{1}{2\pi i}\oint \frac{f(\xi)}{(\xi-z-h)(\xi-z)}d\xi$$

$$f'(z)=\lim_{h\to 0}\frac{1}{2\pi i}\oint_C \frac{f(\xi)}{(\xi-z-h)(\xi-z)}d\xi=\frac{1}{2\pi i}\oint_C \frac{f(\xi)}{(\xi-z)^2}d\xi$$

$$f''(z)=\lim_{h\to 0}\frac{f'(z+h)-f'(z)}{h}=\lim_{h\to 0}\frac{1}{2\pi i}\cdot\frac{1}{h}\oint_C\left[\frac{f(\xi)}{(\xi-z-h)^2}-\frac{f(\xi)}{(\xi-z)^2}\right]d\xi=$$

$$\lim_{h\to 0}\frac{1}{2\pi i}\oint_C \frac{2\xi-2z-h}{(\xi-z-h)^2\,(\xi-z)^2}f(\xi)d\xi=$$

$$\frac{2!}{2\pi i}\oint_C \frac{f(\xi)}{(\xi-z)^3}d\xi$$

以此类推,可得

$$f^{(n)}(z)=\frac{n!}{2\pi i}\oint_C \frac{f(\xi)}{(\xi-z)^{n+1}}d\xi$$

$$\oint_C \frac{f(\xi)}{(\xi-z)^{n+1}}d\xi=\frac{2\pi i}{n!}f^{(n)}(z)$$

一个复变函数,在一个区域内只要一阶导数存在,则它的任何阶导数都存在,且都是这个区域的解析函数.

例　计算积分 $\oint_{|z|=2}\frac{\sin z}{z^4}dz$.

解　由解析函数的高阶导数公式知:

$$f^{(n)}(z)=\frac{n!}{2\pi i}\oint_C \frac{f(\xi)}{(\xi-z)^{n+1}}d\xi$$

$$\oint_{|z|=2}\frac{\sin z}{z^4}dz=2\pi i\frac{1}{3!}(\sin z)'''\big|_{z=0}=\frac{2\pi i}{3!}(-\cos z)_{z=0}=-\frac{\pi i}{3}$$

3.7　柯西型积分和含参量积分的解析性

定义　在一段分段光滑的(闭合或不闭合)曲线 C 上连续的函数 $\Phi(\xi)$ 所构成的积分

$$f(z)=\frac{1}{2\pi i}\int_C \frac{\Phi(\xi)}{\xi-z}d\xi$$

称为柯西型积分.它是曲线外点 z 的函数,且 $f'(z)$ 可通过积分号下求导得到,即

$$f^{(n)}(z)=\frac{n!}{2\pi i}\int_C \frac{\Phi(\xi)}{(\xi-z)^{n+1}}d\xi$$

例1　a 取何值时,函数 $F(z)=\int_{z_0}^{z}e^{iz}\left(\frac{1}{z}+\frac{a}{z^3}\right)dz$ 是单值的?

解　要使 $F(z)=\int_{z_0}^{z}e^{iz}\left(\frac{1}{z}+\frac{a}{z^3}\right)dz$ 是单值的,则被积函数 $e^{iz}\left(\frac{1}{z}+\frac{a}{z^3}\right)$ 在全平面解析,即
$\oint_C e^{iz}\left(\frac{1}{z}+\frac{a}{z^3}\right)dz=0$,当 C 中不包含 $z=0$ 时成立.

当 C 中包含 $z=0$ 时,有

$$\oint_C e^{iz}\left(\frac{1}{z}+\frac{a}{z^3}\right)dz=\oint_{|z|=1}\frac{e^z(z^2+a)}{z^3}dz=\frac{2\pi i}{2!}\left[e^z(z^2+a)\right]''\Big|_{z=0}=\pi ie^z(2+a)=0$$

则 $a = -2$.

例 2 计算积分 $f(z) = \dfrac{1}{2\pi i} \oint_{|\xi|=1} \dfrac{\xi^*}{\xi-z} d\xi, \; |z| \neq 1$.

解 所求积分为柯西型积分,且在 $|\xi|=1$ 上,$z^* = \dfrac{1}{z}$,有

$$f(z) = \frac{1}{2\pi i} \oint_{|\xi|=1} \frac{1}{\xi(\xi-z)} d\xi$$

当 $|z| > 1 (z$ 在 $|\xi|=1$ 外$)$ 时,有

$$f(z) = \frac{1}{2\pi i} \oint_{|\xi|=1} \frac{1}{\xi} \frac{d\xi}{\xi-z} = \qquad \text{(无界区域的柯西公式)}$$

$$-\frac{1}{\xi} \bigg|_{\xi=z} = \qquad \text{(积分围道为顺时针方向)}$$

$$-\frac{1}{z}$$

当 $0 \leqslant |z| < 1 (z$ 在 $|\xi|=1$ 内$)$ 时,应用复连通区域的柯西定理,有

$$f(z) = \frac{1}{2\pi i} \oint_{|\xi|=1} \frac{1}{z} \left[\frac{1}{\xi-z} - \frac{1}{\xi} \right] d\xi =$$

$$\frac{1}{2\pi i} \frac{1}{z} \left(\oint_{|\xi|=1} \frac{1}{\xi-z} d\xi - \oint_{|\xi|=1} \frac{1}{\xi} d\xi \right) = 0$$

视 $f(\xi) = 1$,得

$$f(z) = \frac{1}{2\pi i} \oint_{|\xi|=1} \frac{\xi^*}{\xi-z} d\xi = \begin{cases} -\dfrac{1}{z}, & |z| > 1 \\[2mm] 0, & |z| < 1 \end{cases}$$

例 3 计算积分 $\oint_{|z+1|=1} \dfrac{dz}{(z+1)^2(z-2)}$.

解 因为 $z = -1$ 是 $|z+1| < 1$ 内的一个奇点,$\dfrac{1}{z-2}$ 在 $|z+1| < 1$ 内解析,由柯西导数公式,有

$$\oint_C \frac{f(\xi)}{(\xi-z)^{n+1}} d\xi = \frac{2\pi i}{n!} f^{(n)}(z)$$

故得

$$\oint_{|z+1|=1} \frac{\dfrac{1}{z-2}}{(z+1)^2} dz = 2\pi i \left(\frac{1}{z-2} \right)' \bigg|_{z=-1} = -\frac{2}{9}\pi i$$

例 4 计算积分 $\oint_{|z|=1} \sin z \, dz$.

解 $\sin z$ 在复平面内解析,由单连通区域的柯西定理可知,$\oint_{|z|=1} \sin z \, dz = 0$.

例 5 计算积分 $\oint_C \dfrac{\cos \pi z}{(z-1)^5} dz$, $\quad C: |z| = a, \quad a > 1$.

解 奇点 $z = 1$ 在 C 内,得

$$\oint_C \frac{\cos \pi z}{(z-1)^5} dz = \frac{2\pi i}{4!} \frac{d^4}{dz^4}[\cos \pi z]_{z=1} = \frac{2\pi i}{4!}\pi^4(-1)^2 \cos\pi = -\frac{\pi^5}{12}i$$

例 6 计算积分 $\oint\limits_{|z|=4} \frac{3z-1}{(z+1)(z-3)}dz.$

解 方法一:如图 3-13 所示,奇点 $z_1=-1, z_2=3$ 均在 $|z|=4$ 内,作补充围道 C_1 和 C_2,由柯西定理可知:

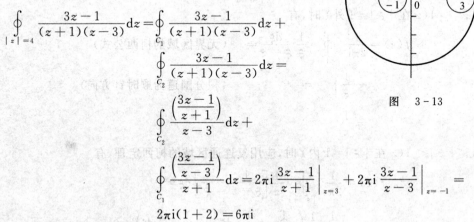

图   3-13

$$\oint\limits_{|z|=4} \frac{3z-1}{(z+1)(z-3)}dz = \oint\limits_{C_1} \frac{3z-1}{(z+1)(z-3)}dz + $$
$$\oint\limits_{C_2} \frac{3z-1}{(z+1)(z-3)}dz = $$
$$\oint\limits_{C_2} \frac{\left(\dfrac{3z-1}{z+1}\right)}{z-3}dz + $$
$$\oint\limits_{C_1} \frac{\left(\dfrac{3z-1}{z-3}\right)}{z+1}dz = 2\pi i \left.\frac{3z-1}{z+1}\right|_{z=3} + 2\pi i \left.\frac{3z-1}{z-3}\right|_{z=-1} = $$
$$2\pi i(1+2) = 6\pi i$$

方法二:被积函数可化为

$$\frac{3z-1}{(z+1)(z-3)} = \frac{3(z+1)-4}{(z+1)(z-3)} = \frac{3}{z-3} - \left(\frac{1}{z-3} - \frac{1}{z+1}\right) = $$
$$\frac{2}{z-3} - \frac{1}{z+1}$$

$$\oint\limits_{|z|=4} \frac{3z-1}{(z+1)(z-3)}dz = \oint\limits_{|z|=4} \frac{2}{z-3}dz + \oint\limits_{|z|=4} \frac{1}{z+1}dz = $$
$$2\pi i \times 2 + 2\pi i \times 1 = 6\pi i$$

其中应用到

$$\oint_C \frac{dz}{(z-a)^n} = \begin{cases} 2\pi i, & n=1 \\ 0, & n \neq 1 \end{cases}$$

定理 (含参量积分的解析性)设 ① $f(t,z)$ 是 t,z 的连续函数,$t\in[a,b], z\in\overline{G}$;② 对于 $[a,b]$ 上的任何 t 值,$f(t,z)$ 是 $\overline{G}$ 上的单值解析函数,则 $F(z)=\int_a^b f(t,z)dt$ 在 G 内解析,且 $F'(z) = \int_a^b \frac{\partial f(t,z)}{\partial z}dt.$

证明 $f(t,z)$ 在 $\overline{G}$ 上解析,对于任意 $z\in G$,由有界区域柯西积分公式有

$$f(t,z) = \frac{1}{2\pi i}\oint_C \frac{f(t,\xi)}{\xi - z}d\xi$$

代入 $F(z)$ 的定义,有

$$F(z) = \int_a^b \frac{1}{2\pi i}\oint_C \frac{f(t,\xi)}{\xi - z}d\xi dt$$

因为 $f(t,z)$ 连续,交换积分次序,有

$$F(z) = \frac{1}{2\pi i} \oint_C \frac{1}{\xi - z} \left[\int_a^b f(t, \xi) \mathrm{d}t \right] \mathrm{d}\xi$$

这是个柯西型积分,所以 $\int_a^b f(t, \xi)\mathrm{d}t$ 连续,故 $F(z)$ 在 G 内解析.

由柯西导数公式,得

$$F'(z) = \frac{1}{2\pi i} \oint_C \frac{1}{(\xi - z)^2} \left[\int_a^b f(t, \xi) \mathrm{d}t \right] \mathrm{d}\xi =$$

$$\int_a^b \left[\frac{1}{2\pi i} \oint_C \frac{f(t, \xi)}{(\xi - z)^2} \mathrm{d}\xi \right] \mathrm{d}t = \qquad \text{(交换积分次序)}$$

$$\int_a^b \frac{\partial f(t, z)}{\partial z} \mathrm{d}t \qquad\qquad \text{(柯西导数公式)}$$

第4章 无穷级数

讨论无穷级数的目的是为了获得解析函数的表达形式.

复数级数完全等价于实数级数:

$$z_k = x_k + \mathrm{i}y_k \Rightarrow \sum_k z_k = \sum_k x_k + \mathrm{i}y_k = \sum_k x_k + \mathrm{i}\sum_k y_k$$

一个复数级数＝两个实数级数的有序组合.

4.1 复 数 级 数

定义 1 (1) 复数 $z_k = x_k + \mathrm{i}y_k$ 的无穷级数 $\sum\limits_{k=0}^{\infty} z_k = z_0 + z_1 + z_2 + \cdots$ 称为复数级数.

(2) 若 $\lim\limits_{k \to \infty} F_k = \lim\limits_{k \to \infty}(f_0 + f_1 + f_2 + \cdots + f_k) = F$ 有限,则称级数收敛于 F,且 F 是级数的和,否则称级数发散.

(3) 级数的收敛性＝部分和序列的收敛性.

定理 1 (级数收敛的柯西充要条件)对于任意 $\varepsilon > 0$,存在正整数 n,使对任意正整数 P,有

$$|f_{n+1} + f_{n+2} + \cdots + f_{n+p}| < \varepsilon$$

当 $P = 1$ 时,$\lim\limits_{n \to \infty} f_n = 0$——级数收敛的必要条件.

定义 2 若级数 $\sum\limits_{n=0}^{\infty} |f_n|$ 收敛,则称 $\sum\limits_{n=0}^{\infty} f_n$ 绝对收敛.

定理 2 绝对收敛的级数一定收敛.

4.1.1 级数绝对收敛的判别法

1. 比较判别法

若 $|f_n| < g_n$,而 $\sum\limits_{n=0}^{\infty} g_n$ 收敛,则 $\sum\limits_{n=0}^{\infty} |f_n|$ 收敛,即 $\sum\limits_{n=0}^{\infty} f_n$ 绝对收敛.

若 $|f_n| > g_n > 0$,而 $\sum\limits_{n=0}^{\infty} g_n$ 发散,则 $\sum\limits_{n=0}^{\infty} |f_n|$ 发散.

2. 比值判别法

若存在与 n 无关的常数 ρ,则

当 $\left| \dfrac{f_{n+1}}{f_n} \right| < \rho < 1$ 时,级数 $\sum\limits_{n=0}^{\infty} f_n$ 绝对收敛;

当 $\left| \dfrac{f_{n+1}}{f_n} \right| > \rho > 1$ 时,级数 $\sum\limits_{n=0}^{\infty} f_n$ 发散.

3.达朗贝尔判别法

若 $\varlimsup_{n\to\infty}\left|\dfrac{f_{n+1}}{f_n}\right|=l<1$，则 $\sum\limits_{n=0}^{\infty}|f_n|$ 收敛，即 $\sum\limits_{n=0}^{\infty}f_n$ 绝对收敛；

若 $\varlimsup_{n\to\infty}\left|\dfrac{f_{n+1}}{f_n}\right|=l>1$，则 $\sum\limits_{n=0}^{\infty}|f_n|$ 发散.

4.柯西判别法

若 $\varlimsup_{n\to\infty}|f_n|^{1/n}<1$，则级数 $\sum\limits_{n=0}^{\infty}|f_n|$ 收敛，即 $\sum\limits_{n=0}^{\infty}f_n$ 绝对收敛；

若 $\varlimsup_{n\to\infty}|f_n|^{1/n}>1$，则级数 $\sum\limits_{n=0}^{\infty}|f_n|$ 发散.

4.1.2 绝对收敛级数的性质

(1) 改变次序不改变绝对收敛性和级数的和 F.

(2) 把绝对收敛级数拆成若干子级数，每个子级数仍绝对收敛.

(3) 两个绝对收敛级数之积仍然绝对收敛.

4.2 函 数 级 数

定义 (1) 各项均为复变函数 $f_k(z)$ 的无穷级数

$$\sum_{k=0}^{\infty}f_k(z)=f_0(z)+f_1(z)+f_2(z)+\cdots$$

称为复变函数项级数.

(2) 设 $f_k(z)(k=1,2,3\cdots)$ 在区域 G 内有定义，对 $z_0\in G$，级数 $\sum\limits_{k=1}^{\infty}f_k(z_0)$ 收敛，则称级数 $\sum\limits_{k=1}^{\infty}f_k(z_0)$ 在 z_0 点收敛；反之，若 $\sum\limits_{k=1}^{\infty}f_k(z_0)$ 发散，称 $\sum\limits_{k=1}^{\infty}f_k(z_0)$ 在 z_0 点发散.

(3) 若级数 $\sum\limits_{k=1}^{\infty}f_k(z)$ 在 G 内每一点都收敛，则称级数 $\sum\limits_{k=1}^{\infty}f_k(z)$ 在 G 内逐点收敛，其和函数 $F(z)$ 是 G 内的单值函数.

(4) 若对任意 $\varepsilon>0$，存在与 z 无关的 $N(\varepsilon)$，使当 $n>N(\varepsilon)$ 时，$\left|F(z)-\sum\limits_{k=1}^{n}f_k(z)\right|<\varepsilon$ 成立，则称级数 $\sum\limits_{k=1}^{\infty}f_k(z)$ 在 G 内一致收敛.

定理 (维尔斯特拉斯的 M 判别法 —— 判别级数是否一致收敛) 若在区域 G 内 $|f_k(z)|<M_k$，M_k 与 z 无关，而 $\sum\limits_{k=1}^{\infty}M_k$ 收敛，则 $\sum\limits_{k=1}^{\infty}f_k(z)$ 在 G 内绝对且一致收敛.

一致收敛级数有以下性质：

1.连续性

若 $f_k(z)$ 在 G 内连续，级数 $\sum\limits_{k=1}^{\infty}f_k(z)$ 在 G 内一致收敛，则其和函数 $F(z)=\sum\limits_{k=1}^{\infty}f_k(z)$ 也在

G 内连续.

$$\lim_{z \to z_0} \sum_{k=1}^{\infty} f_k(z) = \sum_{k=1}^{\infty} \lim_{z \to z_0} f_k(z)$$

2. 逐项可积性

若 $f_k(z)$ 在分段光滑曲线 C 上连续,则对于 C 上一致收敛级数 $\sum\limits_{k=1}^{\infty} f_k(z)$ 可逐项求积分,即

$$\int_C \sum_{k=1}^{\infty} f_k(z) \mathrm{d}z = \sum_{k=1}^{\infty} \int_C f_k(z) \mathrm{d}z$$

3. 逐项可导性

设 $f_k(z)(k=1,2,3\cdots)$ 在 G 上单值解析,$\sum\limits_{k=1}^{\infty} f_k(z)$ 在 G 上一致连续,则此级数的和函数 $F(z)$ 是 G 内的解析函数,且求导后在 G 内一致收敛.

4.3 幂 级 数

幂级数是解析函数最重要的表达形式之一,除了代数函数,许多初等函数和特殊函数都是用幂级数定义的.

定义 1 幂级数是通项为幂函数的函数项级数:

$$\sum_{n=0}^{\infty} C_n(z-a)^n = C_0 + C_1(z-a) + C_2(z-a)^2 + \cdots + C_n(z-a)^n + \cdots$$

其中,C_i, a 为复常数.

它是一种特殊形式的函数级数,也是最基本、最常用的一种函数项级数.

定理 1 (阿贝尔第一定理) 若级数 $\sum\limits_{n=0}^{\infty} C_n(z-a)^n$ 在某点 z_0 收敛,则在以 a 点为圆心,$|z_0-a|$ 为半径的圆内绝对收敛,而在 $|z-a| \leqslant r(r < |z_0-a|)$ 上一致收敛.

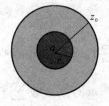

证明 如图 4-1 所示,因为 $\sum\limits_{n=0}^{\infty} C_n(z-a)^n$ 在 z_0 收敛,所以

$$\lim_{n \to \infty} C_n(z_0-a)^n = 0$$

图 4-1

级数收敛的必要条件:对于任意 $\varepsilon > 0$,存在 $\delta(\varepsilon)$,使当 $z_0 - 0 < \varepsilon$ 时,有

$$|C_n(z-a)^n - 0| < \delta$$

因为存在 $q > 0$,使 $|C_n(z_0-a)^n| < q$ 成立,所以

$$|C_n(z-a)^n| = |C_n(z_0-a)^n| \left|\frac{z-a}{z_0-a}\right|^n < q \left|\frac{z-a}{z_0-a}\right|^n$$

当 $\left|\dfrac{z-a}{z_0-a}\right|^n < 1$,即 $|z-a| < |z_0-a|$ 时,$\sum\limits_{n=0}^{\infty} \left|\dfrac{z-a}{z_0-a}\right|^n$ 收敛,故 $\sum\limits_{n=0}^{\infty} C_n(z-a)^n$ 在圆 $|z-a| < |z_0-a|$ 内绝对收敛.

而当 $|z-a| \leqslant r < |z_0-a|$ 时,有

$$C_n(z-a)^n \leqslant q \frac{r^n}{|z_0-a|^n} \quad (与 z 无关)$$

常数项级数 $\sum_{n=0}^{\infty} \dfrac{r^n}{|z_0 - a|^n}$ 收敛，故 $\sum_{n=0}^{\infty} C_n (z-a)^n$ 在圆 $|z-a| \leqslant r < |z_0 - a|$ 上一致收敛.

推论　若级数 $\sum_{n=0}^{\infty} C_n (z-a)^n$ 在某点 z_1 处发散，则在 $|z-a| > |z_1 - a|$ 内处处发散.

证明　反证法. 如图 4-2 所示，假设 $\sum_{n=0}^{\infty} C_n (z-a)^n$ 在 $|z-a| >$ $|z_1 - a|$ 内某一点 z_2 处收敛.

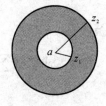

图　4-2

由阿贝尔定理可知，级数 $\sum_{n=0}^{\infty} C_n (z-a)^n$ 在圆 $|z-a| <$ $|z_2 - a| (|z_2 - a| > |z_1 - a|)$ 内收敛，与假设矛盾.

故级数 $\sum_{n=0}^{\infty} C_n (z-a)^n$ 在 $|z-a| > |z_1 - a|$ 内处处发散.

定义 2　幂级数的收敛点所构成的圆内区域称为幂级数的收敛圆. 收敛圆的半径称为收敛半径 R.

级数 $\sum_{n=0}^{\infty} C_n (z-a)^n$ 在 $|z-a| < R$ 内绝对收敛，在 $|z-a| \leqslant r (r < R)$ 上一致收敛，在 $|z-a| = R$ 上，敛散性不定.

特殊情况：

收敛半径为 0——收敛圆退化为一个点，除该点外，幂级数在全平面处处发散.

收敛半径为 ∞——收敛圆是全平面，在 ∞ 点发散（除非只有常数项）.

求幂级数收敛半径的常用方法.

1. 根据柯西判别法

当 $\varlimsup_{n \to \infty} |C_n (z-a)^n|^{1/n} < 1$，即 $|z-a| < \dfrac{1}{\varlimsup\limits_{n \to \infty} |C_n|^{1/n}}$ 时，级数绝对收敛；

当 $\varlimsup_{n \to \infty} |C_n (z-a)^n|^{1/n} > 1$，即 $|z-a| > \dfrac{1}{\varlimsup\limits_{n \to \infty} |C_n|^{1/n}}$ 时，级数发散.

因此，幂级数 $\sum_{n=0}^{\infty} C_n (z-a)^n$ 的收敛半径为

$$R = \frac{1}{\varlimsup\limits_{n \to \infty} |C_n|^{1/n}} = \lim_{n \to \infty} \left| \frac{1}{C_n} \right|^{1/n}$$

2. 根据达朗贝尔判别法

若 $\lim\limits_{n \to \infty} \left| \dfrac{C_{n+1} (z-a)^{n+1}}{C_n (z-a)^n} \right| = |z-a| \lim\limits_{n \to \infty} \left| \dfrac{C_{n+1}}{C_n} \right|$ 存在，则

当 $\lim\limits_{n \to \infty} \left| \dfrac{C_{n+1} (z-a)^{n+1}}{C_n (z-a)^n} \right| < 1$，即 $|z-a| < \lim\limits_{n \to \infty} \left| \dfrac{C_n}{C_{n+1}} \right|$ 时，级数绝对收敛；

当 $\lim\limits_{n \to \infty} \left| \dfrac{C_{n+1} (z-a)^{n+1}}{C_n (z-a)^n} \right| > 1$，即 $|z-a| > \lim\limits_{n \to \infty} \left| \dfrac{C_n}{C_{n+1}} \right|$ 时，级数发散.

因此，幂级数 $\sum_{n=0}^{\infty} C_n (z-a)^n$ 的收敛半径为

$$R = \lim_{n \to \infty} \left| \frac{C_n}{C_{n+1}} \right|$$

例 1 求级数 $\sum\limits_{n=1}^{\infty} \dfrac{z^n}{n}$ 的收敛半径.

解
$$R = \lim_{n \to \infty} \left| \frac{C_n}{C_{n+1}} \right| = \lim_{n \to \infty} \frac{\dfrac{1}{n}}{\dfrac{1}{n+1}} = \lim_{n \to \infty} \frac{n+1}{n} = 1$$

收敛圆为 $|z| < 1$.

例 2 求级数 $\sum\limits_{n=1}^{\infty} \dfrac{(z-1)^n}{n^2}$ 的收敛半径.

解
$$R = \lim_{n \to \infty} \left| \frac{C_n}{C_{n+1}} \right| = \lim_{n \to \infty} \frac{\dfrac{1}{n^2}}{\dfrac{1}{(n+1)^2}} = \lim_{n \to \infty} \frac{(n+1)^2}{n^2} = \lim_{n \to \infty} \left(1 + \frac{1}{n}\right)^2 = 1$$

收敛圆为 $|z-1| < 1$.

例 3 已知 $\sum\limits_{n=0}^{\infty} a_n z^n$ 和 $\sum\limits_{n=0}^{\infty} b_n z^n$ 的收敛半径分别为 R_1 和 R_2，求级数 $\sum\limits_{n=0}^{\infty} \dfrac{b_n}{a_n} z^n, a_n \neq 0$ 的收敛半径.

解
$$R = \lim_{n \to \infty} \left| \frac{C_n}{C_{n+1}} \right| = \lim_{n \to \infty} \left| \frac{\dfrac{b_n}{a_n}}{\dfrac{b_{n+1}}{a_{n+1}}} \right| = \lim_{n \to \infty} \left| \frac{b_n}{b_{n+1}} \right| \left| \frac{a_{n+1}}{a_n} \right| = \lim_{n \to \infty} \frac{\left| \dfrac{b_n}{b_{n+1}} \right|}{\left| \dfrac{a_n}{a_{n+1}} \right|} = \frac{R_2}{R_1}$$

收敛圆为 $|z| < \dfrac{R_2}{R_1}$.

例 4 求级数 $\sum\limits_{k=1}^{\infty} [2 + (-1)^k]^k z^k$ 的收敛半径.

解 将奇偶项分开，得

$$\sum_{k=1}^{\infty} [2+(-1)^k]^k z^k = \sum_{n=1}^{\infty} [2+(-1)^{2n}]^{2n} z^{2n} + \sum_{n=1}^{\infty} [2+(-1)^{2n-1}]^{2n-1} z^{2n-1} =$$

$$\sum_{n=1}^{\infty} 3^{2n} z^{2n} + \sum_{n=1}^{\infty} z^{2n-1}$$

$$R_1 = \lim_{k \to \infty} \left| \frac{1}{C_k} \right|^{1/k} = \lim_{n \to \infty} \frac{1}{\sqrt[2n]{3^{2n}}} = \frac{1}{3}$$

$$R_2 = \lim_{k \to \infty} \left| \frac{1}{C_k} \right|^{1/k} = \lim_{n \to \infty} \frac{1}{\sqrt[2n-1]{1^{2n-1}}} = 1$$

$$R = R_1 \bigcap R_2 = \frac{1}{3}$$

收敛圆为 $|z| < \dfrac{1}{3}$.

例 5 求级数 $\sum\limits_{n=1}^{\infty} \dfrac{n!}{n^n} z^n$ 的收敛半径.

解
$$R = \lim_{n \to \infty} \left| \frac{C_n}{C_{n+1}} \right| = \lim_{n \to \infty} \left| \frac{n!/n^n}{(n+1)!/(n+1)^{n+1}} \right| = \lim_{n \to \infty} \left| \frac{1}{n+1} \frac{(n+1)^{n+1}}{n^n} \right| =$$

$$\lim_{n \to \infty} \left(\frac{n+1}{n} \right)^n = e$$

收敛圆为 $|z| < \mathrm{e}$.

例 6 求级数 $\displaystyle\sum_{n=1}^{\infty} n^{n} z^{n}$ 的收敛半径.

解
$$R = \lim_{n \to \infty} \left| \frac{1}{C_n} \right|^{1/n} = \lim_{n \to \infty} \frac{1}{\sqrt[n]{n^n}} = \lim_{n \to \infty} \frac{1}{n} = 0$$

级数 $\displaystyle\sum_{n=1}^{\infty} n^{n} z^{n}$ 发散.

例 7 求级数 $\displaystyle\sum_{n=1}^{\infty} \frac{(z+1)^n}{n^n}$ 的收敛半径.

解
$$R = \lim_{n \to \infty} \left| \frac{1}{C_n} \right|^{1/n} = \lim_{n \to \infty} \frac{1}{\sqrt[n]{\frac{1}{n^n}}} = \lim_{n \to \infty} \sqrt[n]{n^n} = \infty$$

收敛圆为 $|z+1| < +\infty$.

定理 2 在收敛圆内,幂级数 $\displaystyle\sum_{n=0}^{\infty} C_n (z-a)^n$ 可以逐项积分或求导任意次,而收敛半径不变.

证明 由一致收敛性质可知:

$$\int_{z_0}^{z} \sum_{n=0}^{\infty} C_n (z-a)^n \mathrm{d}z = \sum_{n=0}^{\infty} C_n \int_{z_0}^{z} (z-a)^n \mathrm{d}z = \sum_{n=0}^{\infty} \frac{C_n}{n+1} \left[(z-a)^{n+1} - (z_0-a)^{n+1} \right] \tag{4.1}$$

$$\frac{\mathrm{d}}{\mathrm{d}z} \left[\sum_{n=0}^{\infty} C_n (z-a)^n \right] = \sum_{n=0}^{\infty} C_n \frac{\mathrm{d}(z-a)^n}{\mathrm{d}z} = \sum_{n=0}^{\infty} C_{n+1}(n+1) \tag{4.2}$$

设积分后的幂级数即式(4.1)的收敛半径为 R_i,求导后的幂级数即式(4.2)的收敛半径为 R_d,则 $R_i \geqslant R$,$R_d \geqslant R$,对式(4.1)两边求导,必然存在 $(R_i)_d \geqslant R$,即 $R \geqslant R_i$,得 $R = R_i$.

同理可证 $R = R_d$

一般地,逐项积分后收敛性加强,逐项求导后收敛性减弱.

定理 3 (阿贝尔第二定理)若幂级数 $\displaystyle\sum_{n=0}^{\infty} C_n (z-a)^n$ 在收敛圆内收敛到 $f(z)$,且在收敛圆周上某点 z_0 也收敛,和为 $S(z_0)$,则当 z 由收敛圆内趋向于 z_0 时,只要保持以 z_0 为顶点,张角为 $2\phi < \pi$,$f(z)$ 就一定趋向于 $S(z_0)$,如图 4-3 所示.

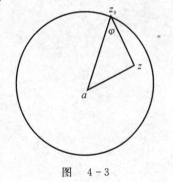

图　4-3

4.4　含参量的反常积分的解析性

定理 设(1) $f(t,z)$ 是 t 和 z 的连续函数,$t > a$,$z \in \overline{G}$;

(2) 对于任意 $t \geqslant a$,$f(t,z)$ 在 $\overline{G}$ 上单值解析;

(3) $\displaystyle\int_a^{\infty} f(t,z)\mathrm{d}t$ 在 $\overline{G}$ 上一致收敛,即对于任意 $\varepsilon > 0$,存在 $T(\varepsilon)$,当 $T_2 > T_1 > T(\varepsilon)$ 时,有

$$\left|\int_{T_1}^{T_2} f(t,z)\mathrm{d}t\right| < \varepsilon;$$

则 $F(z) = \int_a^\infty f(t,z)\mathrm{d}t$ 在 $\overline{G}$ 内解析,且 $F'(z) = \int_a^\infty \dfrac{\partial f(t,z)}{\partial z}\mathrm{d}t$.

证明 对于任意无界序列 $\{a_n\}$, $a_0 = a < a_1 < a_2 < a_3 < \cdots < a_n < a_{n+1} < \cdots$, $\lim\limits_{n \to \infty} a_n = \infty$. 令 $u_n(z) = \int_{a_n}^{a_{n+1}} f(t,z)\mathrm{d}t$,由含参量定积分解析性可知,$u_n(z)$ 在 G 内单值解析.

又知 $F(z) = \sum\limits_{n=0}^\infty u_n(z)$ 在 $\overline{G}$ 上一致收敛,由一致收敛级数的性质可知,$F(z) = \sum\limits_{n=0}^\infty u_n(z) = \int_a^\infty f(t,z)\mathrm{d}t$ 在 G 内解析,且 $F'(z) = \sum\limits_{n=0}^\infty u_n'(z) = \int_a^\infty \dfrac{\partial f(t,z)}{\partial z}\mathrm{d}t$.

第 5 章 解析函数的局域性展开

按照函数的展开区域不同分为：

(1)泰勒展开——以解析点为展开中心；常用函数在 $z=0$ 点的泰勒展开；多值函数的泰勒展开.

(2)洛朗展开——以奇点为展开中心；洛朗级数求解方法；奇点的分类；解析延拓.

5.1 解析函数的泰勒展开

定理 （泰勒展开）设函数 $f(z)$ 在以 a 为圆心的圆 C 内及 C 上解析，则对于圆内的任何 z 点，$f(z)$ 可在 a 点展开为幂级数

$$f(z) = \sum_{n=0}^{\infty} a_n (z-a)^n$$

其中

$$a_n = \frac{1}{2\pi i} \oint_C \frac{f(\xi)}{(\xi-a)^{n+1}} d\xi = \frac{f^{(n)}(a)}{n!}$$

证明 由柯西积分公式可知，对于任意 $z \in G$，G 是 C 所围的区域，有

$$f(z) = \frac{1}{2\pi i} \oint_C \frac{f(\xi)}{\xi-z} d\xi$$

而

$$\frac{1}{\xi-z} = \frac{1}{(\xi-a)-(z-a)} = \frac{1}{\xi-a} \frac{1}{1-\dfrac{z-a}{\xi-a}}$$

因为 $\dfrac{1}{1-t} = \sum_{n=0}^{\infty} t^n$，$|t| < 1$，所以

$$\frac{1}{\xi-z} = \frac{1}{(\xi-a)-(z-a)} = \frac{1}{\xi-a} \frac{1}{1-\dfrac{z-a}{\xi-a}} = \frac{1}{\xi-a} \sum_{n=0}^{\infty} \left(\frac{z-a}{\xi-a}\right)^n$$

此级数在 $\left|\dfrac{z-a}{\xi-a}\right| \leqslant r < 1$ 上一致收敛，因此可以逐项积分，有

$$f(z) = \frac{1}{2\pi i} \oint_C \left[\sum_{n=0}^{\infty} \frac{(z-a)^n}{(\xi-a)^{n+1}}\right] f(\xi) d\xi = \sum_{n=0}^{\infty} \left[\frac{1}{2\pi i} \oint_C \frac{f(\xi)}{(\xi-a)^{n+1}} d\xi\right] (z-a)^n =$$

$$\sum_{n=0}^{\infty} a_n (z-a)^n$$

$$a_n = \frac{1}{2\pi i} \oint_C \frac{f(\xi)}{(\xi-a)^{n+1}} d\xi = \frac{f^{(n)}(a)}{n!} \qquad \text{（柯西导数公式）}$$

说明:

(1) 条件可以放宽为 $f(z)$ 在 C 内解析,对给定 z,总可以以 a 为圆心作闭圆 $\overline{C'}$,使 $z \in \overline{C'}$.

(2) 实变函数中 $f(x)$ 的任何阶导数存在,也不能保证泰勒公式成立.复变函数中 $f(z)$ 解析就可以保证泰勒级数收敛.

(3) 收敛范围:若 b 是 $f(z)$ 离 a 点最近的奇点,则收敛半径 $R = |b - a|$.

(4) 泰勒展开的唯一性:给定一个在圆 C 内解析的函数,则它的泰勒展开是唯一的,即展开系数 a_n 是完全确定的.

5.2 泰勒级数求法举例

5.2.1 常用函数的泰勒展开式

1. e^z

$f(z)$ 在复平面上处处解析,且 $f^{(n)}(z) = e^z (n = 0, 1, 2, \cdots)$,在 $z = 0$ 处,泰勒系数

$$a_n = \frac{f^{(n)}(0)}{n!} = \frac{1}{n!}, \quad n = 0, 1, 2, \cdots$$

$$e^z = \sum_{n=0}^{\infty} \frac{z^n}{n!} = 1 + z + \frac{z^2}{2!} + \frac{z^3}{3!} + \cdots + \frac{z^n}{n!} + \cdots, \quad |z| < \infty$$

2. $\ln(1+z)$

$$f'(z) = \frac{1}{1+z}, \quad f''(z) = -\frac{1}{(1+z)^2}$$

$$f'''(z) = \frac{2}{(1+z)^3}, \quad f^{(4)}(z) = -\frac{6}{(1+z)^4}$$

$$\cdots\cdots$$

$$f^{(n)}(z) = (-1)^{n+1} \frac{(n-1)!}{(1+z)^n}, \quad n = 1, 2, 3, \cdots$$

在 $z = 0$ 处,

$$a_n = \frac{f^{(n)}(0)}{n!} = \frac{(-1)^{n+1}}{n}, \quad n = 1, 2, 3, \cdots$$

$$\ln(1+z) = \sum_{n=1}^{\infty} \frac{(-1)^{n+1}}{n} z^n = z - \frac{z^2}{2} + \frac{z^3}{3} - \frac{z^4}{4} + \cdots + \frac{(-1)^{n+1}}{n} z^n + \cdots, \quad |z| < 1$$

3. $\sin z, \cos z$

$$\sin z = \frac{e^{iz} - e^{-iz}}{2i} = \frac{1}{2i} \sum_{n=0}^{\infty} \left[\frac{(iz)^n}{n!} - \frac{(-iz)^n}{n!} \right] = \sum_{n=0}^{\infty} \frac{z^n [i^n - (-i)^n]}{2in!}$$

$$\cos z = \frac{e^{iz} + e^{-iz}}{2} = \frac{1}{2} \sum_{n=0}^{\infty} \left[\frac{(iz)^n}{n!} + \frac{(-iz)^n}{n!} \right] = \sum_{n=0}^{\infty} \frac{z^n [i^n + (-i)^n]}{2n!}$$

其中由

n	0	1	2	3	4
$i^n - (-i)^n$	0	2i	0	$-2i$	0

和

n	0	1	2	3	4
$i^n + (-i)^n$	2i	0	$-2i$	0	2i

知

$$\sin z = \sum_{l=0}^{\infty} \frac{z^{2l+1}}{(2l+1)!} (-1)^l, \quad \cos z = \sum_{l=0}^{\infty} \frac{z^{2l}}{(2l)!} (-1)^l$$

4. $\dfrac{1}{1-z}$

$$f^{(n)}(z)=\frac{n!}{(1-z)^{n+1}}$$

在 $z=0$ 处,

$$f^{(n)}(0)=n!,\quad a_n=\frac{f^{(n)}(0)}{n!}=1,\quad n=1,2,3,\cdots$$

$$\frac{1}{1-z}=\sum_{n=0}^{\infty}z^n=1+z+z^2+z^3+\cdots+z^n+\cdots,\quad |z|<1$$

利用 $1\sim 4$ 的线性组合、微商、积分,可得

$$\frac{1}{1+z^2}=\sum_{n=0}^{\infty}(-z^2)^n=\sum_{n=0}^{\infty}(-1)^nz^{2n},\quad |z|<1$$

$$\frac{1}{1-3z+2z^2}=\frac{-1}{1-z}+\frac{2}{1-2z}=\sum_{n=0}^{\infty}[-z^n+2(2z)^n]=\sum_{n=0}^{\infty}(2^{n+1}-1)z^n,\quad |z|<\frac{1}{2}$$

$$\frac{1}{(1-z)^2}=\frac{\mathrm{d}}{\mathrm{d}z}\Big(\frac{1}{1-z}\Big)=\frac{\mathrm{d}}{\mathrm{d}z}\sum_{n=0}^{\infty}z^n=\sum_{n=0}^{\infty}(n+1)z^n,\quad |z|<1$$

5.2.2　泰勒级数求法

(1) 级数相乘法. 一个函数可以表示成两个(或多个) 函数的乘积,而这些函数的泰勒展开比较容易.

(2) 待定系数法. 通过泰勒展开系数公式每一项的展开系数

$$a_n=\frac{1}{2\pi\mathrm{i}}\oint_C\frac{f(\xi)}{(\xi-a)^{n+1}}\mathrm{d}\xi=\frac{f^{(n)}(a)}{n!}$$

例 1　求函数 $\dfrac{1}{1-3z+2z^2}$ 在 $z=0$ 处的泰勒展开.

解
$$\frac{1}{1-3z+2z^2}=\frac{1}{1-z}\frac{1}{1-2z}=\sum_{k=0}^{\infty}z^k\sum_{l=0}^{\infty}2^lz^l=\sum_{k=0}^{\infty}\sum_{l=0}^{\infty}2^lz^{l+k}=$$

$$\sum_{n=0}^{\infty}\Big(\sum_{l=0}^{n}2^l\Big)z^n=\quad (同次幂合并)$$

$$\sum_{n=0}^{\infty}(2^{n+1}-1)z^n,\quad |z|<\frac{1}{2}$$

其中, $l+k=n;l=n-k;k=0\sim\infty;n=0\sim\infty;l=0\sim n.$

例 2　求函数 $\dfrac{\mathrm{e}^z}{1-z}$ 在 $z=0$ 处的泰勒展开.

解
$$\frac{\mathrm{e}^z}{1-z}=\sum_{k=0}^{\infty}\frac{z^k}{k!}\sum_{l=0}^{\infty}z^l=\sum_{k=0}^{\infty}\sum_{l=0}^{\infty}\frac{z^{l+k}}{k!}=\sum_{n=0}^{\infty}\Big(\sum_{k=0}^{n}\frac{1}{k!}\Big)z^n,\quad |z|<1$$

例 3　求函数 $\tan z$ 在 $z=0$ 处的泰勒展开.

解　因为 $\tan z$ 为奇函数,所以在 $z=0$ 处只存在奇次项,即

$$\tan z=\sum_{k=0}^{\infty}a_{2k+1}z^{2k+1}$$

$$\sin z=\cos z\sum_{k=0}^{\infty}a_{2k+1}z^{2k+1}$$

$$\sum_{n=0}^{\infty} \frac{(-1)^n}{(2n+1)!} z^{2n+1} = \sum_{l=0}^{\infty} \frac{(-1)^l}{(2l)!} z^{2l} \sum_{k=0}^{\infty} a_{2k+1} z^{2k+1} = \sum_{l=0}^{\infty} \sum_{k=0}^{\infty} \frac{(-1)^l}{(2l)!} a_{2k+1} z^{2l+2k+1}$$

令 $n=l+k$，有

$$\sum_{n=0}^{\infty} \frac{(-1)^n}{(2n+1)!} z^{2n+1} = \sum_{n=0}^{\infty} \left(\sum_{k=0}^{n} \frac{(-1)^{n-k}}{(2n-2k)!} a_{2k+1} \right) z^{2n+1}$$

可知 $\displaystyle\sum_{k=0}^{n} \frac{(-1)^k a_{2k+1}}{(2n-2k)!} = \frac{1}{(2n+1)!}$，见下表.

n	表达式	a_{2n+1}
0		$a_1 = 1$
1	$\frac{1}{2} a_1 - a_3 = \frac{1}{6}$	$a_3 = 1/3$
2	$\frac{1}{24} a_1 - \frac{1}{2} a_3 + a_5 = \frac{1}{6}$	$a_5 = 2/15$
3	$\frac{a_1}{720} - \frac{a_3}{24} + \frac{a_5}{2} - a_7 = \frac{1}{5\,040}$	$a_7 = 17/315$

故得 $\tan z = z + \frac{1}{3} z^3 + \frac{2}{15} z^5 + \frac{17}{315} z^7 + \cdots$，由函数的奇点可知，收敛半径为 $\frac{\pi}{2}$.

现在通过待定系数法确定级数系数的递推关系.

例 4 求函数 $e^{\frac{1}{1-z}}$ 在 $z=0$ 处的泰勒级数.

解
$$f(z) = e^{\frac{1}{1-z}}, \quad f(0) = e$$

$$f'(z) = e^{\frac{1}{1-z}} \frac{1}{(1-z)^2}, \quad f'(0) = e$$

为便于求导，上式写为

$$(1-z)^2 f'(z) = f(z)$$

两边求导，得

$$(1-z)^2 f''(z) - 2(1-z) f'(z) = f'(z)$$

即

$$(1-z)^2 f''(z) = (3-2z) f'(z) \Rightarrow f''(z) = \frac{3-2z}{(1-z)^2} f'(z), \quad f''(0) = 3e$$

两边继续求导，得

$$-2(1-z) f''(z) + (1-z)^2 f^{(3)}(z) = -2 f'(z) + (3-2z) f''(z)$$

整理后，得

$$(1-z)^2 f^{(3)}(z) = 5 f''(z) + 2 f'(z) \Rightarrow$$

$$f^{(3)}(z) = \frac{(5-4z) f''(z) - 2 f'(z)}{(1-z)^2}, \quad f^{(3)}(0) = 13e$$

$$f(z) = \sum_{n=0}^{\infty} \frac{f^{(n)}(0)}{n!} z^n$$

$$e^{\frac{1}{1-z}} = e + ez + \frac{3e}{2!} z^2 + \frac{13e}{3!} z^3 + \cdots$$

由于 $e^{\frac{1}{1-z}}$ 的唯一奇点为 $z=1$，所以收敛半径为 $|$奇点$-$展开点$|=1$. 即 $e^{\frac{1}{1-z}}$ 在 0 点的泰勒

级数的收敛圆为 $|z| < 1$.

例 5　将 $f(z) = \sin^2 z$ 在 $z = 0$ 处展为泰勒级数.

解　方法一：由 $\cos z$ 的泰勒展开可知

$$\cos 2z = \sum_{n=0}^{\infty} \frac{(-1)^n}{(2n)!}(2z)^{2n} = \sum_{n=0}^{\infty} \frac{(-1)^n 2^{2n}}{(2n)!} z^{2n}, \quad |z| < \infty$$

$$\sin^2 z = \frac{1}{2} - \frac{1}{2}\cos 2z = \frac{1}{2} - \frac{1}{2}\sum_{n=0}^{\infty} \frac{(-1)^n 2^{2n}}{(2n)!} z^{2n} =$$

$$\frac{1}{2} - \frac{1}{2} + \sum_{n=1}^{\infty} \frac{(-1)^{n-1} 2^{2n-1}}{(2n)!} z^{2n} =$$

$$\sum_{n=0}^{\infty} \frac{(-1)^n 2^{2n+1}}{(2n+2)!} z^{2n+2}, \quad |z| < \infty$$

方法二：
$$(\sin^2 z)' = 2\sin z \cos z = \sin 2z$$

$$\sin 2z = \sum_{n=0}^{\infty} \frac{(-1)^n}{(2n+1)!}(2z)^{2n+1}, \quad |z| < \infty$$

$$\sin^2 z = \int_0^z \sin 2z \mathrm{d}z = \sum_{n=0}^{\infty} (-1)^n \int_0^z \frac{(2z)^{2n+1}}{(2n+1)!} \mathrm{d}z =$$

$$\sum_{n=0}^{\infty} (-1)^n \frac{1}{2} \int_0^z \frac{(2z)^{2n+1}}{(2n+1)!} \mathrm{d}(2z) =$$

$$\sum_{n=0}^{\infty} \frac{(-1)^n 2^{2n+2}}{2(2n+1)!(2n+2)} =$$

$$\sum_{n=0}^{\infty} \frac{(-1)^n 2^{2n+1}}{(2n+2)!} z^{2n+2}, \quad |z| < \infty$$

例 6　将 $\dfrac{z^2}{(z+1)^2}$ 在 $z = 1$ 处展为泰勒级数.

解
$$\frac{z^2}{(z+1)^2} = \frac{[(z+1)-1]^2}{(z+1)^2} = \frac{(z+1)^2 - 2(z+1) + 1}{(z+1)^2} =$$

$$1 - \frac{2}{z+1} + \frac{1}{(z+1)^2}$$

$$\frac{1}{z+1} = \frac{1}{(z-1)+2} = \frac{1}{2}\frac{1}{1+\dfrac{z-1}{2}} = \frac{1}{2}\sum_{n=0}^{\infty}(-1)^n \left(\frac{z-1}{2}\right)^n$$

函数的奇点为 -1，离展开中心 $z = 1$ 的距离为 2，即在 $|z-1| < 2$ 范围内级数收敛.

$$\frac{z^2}{(z+1)^2} = 1 - \sum_{n=0}^{\infty}(-1)^n \left(\frac{z-1}{2}\right)^n + \frac{1}{4}\sum_{n=0}^{\infty}(-1)^n(n+1)\left(\frac{z-1}{2}\right)^n =$$

$$1 - 1 - \sum_{n=1}^{\infty}(-1)^n\left(\frac{z-1}{2}\right)^n + \frac{1}{4} + \frac{1}{4}\sum_{n=1}^{\infty}(-1)^n(n+1)\left(\frac{z-1}{2}\right)^n =$$

$$\frac{1}{4} + \frac{1}{4}\sum_{n=1}^{\infty}(-1)^n(n-3)\left(\frac{z-1}{2}\right)^n =$$

$$\frac{1}{4} + \sum_{n=1}^{\infty} \frac{(-1)^n(n-3)}{2^{n+2}}(z-1)^n$$

收敛范围 $|z-1| < 2$.

例 7 将 $\dfrac{z-1}{z^2+1}$ 以 $z=1$ 为中心展开为泰勒级数.

解 若

$$f(z) = \frac{P(z)}{Q(z)} = \frac{P(z)}{b_0 \, (z-a)^m \cdots (z-b)^n} = \frac{A_1}{(z-a)^m} + \frac{A_2}{(z-a)^{m-1}} + \cdots +$$

$$\frac{A_m}{z-a} + \cdots + \frac{B_1}{(z-b)^n} + \frac{B_2}{(z-b)^{n-1}} + \cdots + \frac{B_n}{z-b}$$

$$\frac{z-1}{z^2+1} = \frac{z-1}{(z+i)(z-i)} = \frac{A}{z-i} + \frac{B}{z+i} = \frac{A(z+i)+B(z-i)}{(z+i)(z-i)}$$

$$z-1 = A(z+i) + B(z-i) \Rightarrow \begin{cases} A+B=1 \\ Ai-Bi=-1 \end{cases} \Rightarrow \begin{cases} A = \dfrac{1}{2i} \\ B = -\dfrac{1}{2i} \end{cases}$$

$$\frac{z-1}{z^2+1} = \frac{1}{2i}\left(\frac{1}{z-i} - \frac{1}{z+i}\right)$$

$$\frac{1}{z+i} = \frac{1}{(z-1)+(i+1)} = \frac{1}{1+i}\frac{1}{1+\dfrac{z-1}{1+i}} =$$

$$\frac{1}{1+i}\sum_{n=0}^{\infty} \left(-\frac{z-1}{1+i}\right)^n, \quad \left|\frac{z-1}{1+i}\right| < 1$$

该级数在 $\left|\dfrac{z-1}{1+i}\right| < 1$ 内收敛,即 $|z-1| < \sqrt{2}$.

$$\frac{1}{z-i} = \frac{1}{(z-1)+(1-i)} = \frac{1}{1-i}\frac{1}{1+\dfrac{z-1}{1-i}} =$$

$$\frac{1}{1-i}\sum_{n=0}^{\infty} \left(-\frac{z-1}{1-i}\right)^n, \quad \left|\frac{z-1}{1-i}\right| < 1$$

该级数在 $\left|\dfrac{z-1}{1+i}\right| < 1$ 内收敛,即 $|z-1| < \sqrt{2}$.

$$\frac{z-1}{z^2+1} = \frac{z-1}{2i}\left[\frac{1}{1-i}\sum_{n=0}^{\infty}\left(-\frac{z-1}{1-i}\right)^n - \frac{1}{1+i}\sum_{n=0}^{\infty}\left(-\frac{z-1}{1+i}\right)^n\right]$$

函数的奇点为 $\pm i$,离展开中心 $z=1$ 的距离为 $|1-i|=|1+i|=\sqrt{2}$,即在 $|z-1|<\sqrt{2}$ 范围内级数收敛.

$$\frac{z-1}{z^2+1} = \frac{z-1}{2i}\left[\frac{1}{1-i}\sum_{n=0}^{\infty}\left(-\frac{z-1}{1-i}\right)^n - \frac{1}{1+i}\sum_{n=0}^{\infty}\left(-\frac{z-1}{1+i}\right)^n\right] =$$

$$\sum_{n=0}^{\infty}\left[\frac{1}{2i}\left(-\frac{z-1}{1-i}\right)^{n+1} - \frac{1}{2i}\left(-\frac{z-1}{1+i}\right)^{n+1}\right] =$$

$$\sum_{n=0}^{\infty} \frac{(-1)^n\left[(1+i)^{n+1}-(1-i)^{n+1}\right]}{2i \times 2^{n+1}}(z-1)^{n+1} =$$

$$\frac{i}{2}\sum_{n=0}^{\infty} \frac{(-1)^{n+1}\left[(1+i)^{n+1}-(1-i)^{n+1}\right]}{2^{n+1}}(z-1)^{n+1} =$$

$$\frac{i}{2}\sum_{n=1}^{\infty} \frac{(-1)^n\left[(1+i)^n-(1-i)^n\right]}{2^n}(z-1)^n, \quad |z-1| < \sqrt{2}$$

例 8 将 $1-z^2$ 在 $z=1$ 处展开,并指明收敛半径.

解　$1-z^2 = -(z-1)^2 - 2z + 1 + 1 = -(z-1)^2 - 2(z-1) = -2(z-1) - (z-1)^2$，$|z| < \infty$，收敛半径为 ∞.

例 9　将 $\dfrac{1}{1+z+z^2}$ 在 $z=0$ 处展开，并指明收敛半径.

解
$$\frac{1}{1+z+z^2} = \frac{1}{\left(\frac{1}{2}+z\right)^2 + \frac{3}{4}} = \frac{1}{\left(\frac{1}{2}+z\right)^2 - \left(\frac{\sqrt{3}}{2}i\right)^2} =$$

$$\frac{1}{\left(\frac{1}{2} - \frac{\sqrt{3}}{2}i + z\right)\left(\frac{1}{2} + \frac{\sqrt{3}}{2}i + z\right)} =$$

$$\frac{1}{\sqrt{3}\,i}\left[\frac{1}{\left(\frac{1}{2} - \frac{\sqrt{3}}{2}i\right) + z} - \frac{1}{\left(\frac{1}{2} + \frac{\sqrt{3}}{2}i\right) + z}\right]$$

由 $\dfrac{1}{1-z} = \displaystyle\sum_{n=0}^{\infty} z^n = 1 + z + z^2 + z^3 + \cdots + z^n + \cdots,\ |z| < 1$ 可知：

$$\frac{1}{1+z+z^2} = \frac{1}{\sqrt{3}\,i}\left[\frac{1}{\left(\frac{1}{2} - \frac{\sqrt{3}}{2}i\right) + z} - \frac{1}{\left(\frac{1}{2} + \frac{\sqrt{3}}{2}i\right) + z}\right] =$$

$$\frac{1}{\sqrt{3}\,i}\left[\frac{1}{\frac{1}{2} - \frac{\sqrt{3}}{2}i}\,\frac{1}{1 + \frac{z}{\frac{1}{2} - \frac{\sqrt{3}}{2}i}} - \frac{1}{\frac{1}{2} + \frac{\sqrt{3}}{2}i}\,\frac{1}{1 + \frac{z}{\frac{1}{2} + \frac{\sqrt{3}}{2}i}}\right] =$$

$$\frac{1}{\sqrt{3}\,i}\left[\left(\frac{1}{2} + \frac{\sqrt{3}}{2}i\right)\frac{1}{1 + \left(\frac{1}{2} + \frac{\sqrt{3}}{2}i\right)z} - \left(\frac{1}{2} - \frac{\sqrt{3}}{2}i\right)z\,\frac{1}{1 + \left(\frac{1}{2} - \frac{\sqrt{3}}{2}i\right)z}\right] =$$

$$\frac{1}{\sqrt{3}\,i}\left\{\left(\frac{1}{2} + \frac{\sqrt{3}}{2}i\right)\sum_{n=0}^{\infty}\left[-\left(\frac{1}{2} + \frac{\sqrt{3}}{2}i\right)z\right]^n - \right.$$

$$\left.\left(\frac{1}{2} - \frac{\sqrt{3}}{2}i\right)\sum_{n=0}^{\infty}\left[-\left(\frac{1}{2} - \frac{\sqrt{3}}{2}i\right)z\right]^n\right\}$$

$$\frac{1}{1+z+z^2} = \frac{1}{\sqrt{3}\,i}\sum_{n=0}^{\infty}\left[\left(\frac{1}{2} + \frac{\sqrt{3}}{2}i\right)^{n+1} - \left(\frac{1}{2} - \frac{\sqrt{3}}{2}i\right)^{n+1}\right](-z)^n =$$

$$\frac{1}{\sqrt{3}\,i}\sum_{n=0}^{\infty}\left[e^{i\frac{\pi}{3}(n+1)} - e^{-i\frac{\pi}{3}(n+1)}\right](-z)^n = \frac{1}{\sqrt{3}\,i}\sum_{n=0}^{\infty}2i\sin\frac{\pi}{3}(n+1)(-z)^n =$$

$$\sum_{n=0}^{\infty}\frac{\sin\frac{\pi}{3}(n+1)}{\frac{\sqrt{3}}{2}}(-z)^n = \sum_{n=0}^{\infty}(-1)^n\frac{\sin\frac{\pi}{3}(n+1)}{\sin\frac{\pi}{3}}z^n$$

因为 $|z| < 1$，所以收敛半径为 1.

例 10　将 $\cos z$ 按 $(z-1)$ 的正幂级数展开.

解
$$\cos z = \cos(z - 1 + 1) = \cos(z-1)\cos 1 - \sin(z-1)\sin 1$$

$$\cos(z-1) = \sum_{n=0}^{\infty}\frac{(-1)^n}{(2n)!}(z-1)^{2n}, \quad |z| < 1$$

$$\sin(z-1)=\sum_{n=0}^{\infty}\frac{(-1)^n}{(2n+1)!}(z-1)^{2n+1},\quad |z|<1$$

$$\cos z=\cos1\sum_{n=0}^{\infty}\frac{(-1)^n}{(2n)!}(z-1)^{2n}-\sin1\sum_{n=0}^{\infty}\frac{(-1)^n}{(2n+1)!}(z-1)^{2n+1},\quad |z|<1$$

例 11 将 $f(z)=\dfrac{z-1}{z^2}$ 在 $|z-1|<1$ 内展开为泰勒级数.

解
$$\frac{z-1}{z^2}=\frac{z-1}{[1+(z-1)]^2}$$

$$\left[\frac{-1}{1+(z-1)}\right]'=\frac{1}{[1+(z-1)]^2},\quad |z|<\infty$$

$$\frac{-1}{1+(z-1)}=-\sum_{n=0}^{\infty}[-(z-1)]^n=-\sum_{n=0}^{\infty}(-1)^n(z-1)^n,\quad |z-1|<1$$

$$\frac{z-1}{z^2}=(z-1)\frac{\mathrm{d}}{\mathrm{d}z}\left[-\sum_{n=0}^{\infty}(-1)^n(z-1)^n\right]=-(z-1)\sum_{n=1}^{\infty}n(-1)^n(z-1)^{n-1}=$$

$$\sum_{n=1}^{\infty}n(-1)^{n+1}(z-1)^n,\quad |z-1|<1$$

现在举例说明多值函数的泰勒展开.

例 12 求多值函数 $(1+z)^\alpha$ 在 $z=0$ 处的泰勒展开,规定当 $z=0$ 时,$(1+z)^\alpha=1$.

解 直接求 $(1+z)^\alpha$ 在 $z=0$ 点的各阶导数值:

$f(0)=1$

$f'(0)=\alpha(1+z)^{\alpha-1}\big|_{z=0}=\alpha$

$f''(0)=\alpha(\alpha-1)(1+z)^{\alpha-2}\big|_{z=0}=\alpha(\alpha-1)$

……

$f^{(n)}(0)=\alpha(\alpha-1)(\alpha-2)\cdots(\alpha-n+1)(1+z)^{\alpha-n}\big|_{z=0}=\alpha(\alpha-1)(\alpha-2)\cdots(\alpha-n+1)$

因为
$$(1+z)^\alpha=\sum_{n=0}^{\infty}\binom{\alpha}{n}z^n$$

其中,展开系数 $\binom{\alpha}{0}=1$,$\binom{\alpha}{n}=\dfrac{\alpha(\alpha-1)\cdots(\alpha-n+1)}{n!}$ 称为普遍的二项式.

级数的收敛区域视割线的作法而定,收敛半径等于展开中心到割线的距离.

最大可能的收敛区域是 $|z|<1$,所以收敛半径为 1.

例 13 求多值函数 $\ln(1+z)$ 在 $z=0$ 处的泰勒展开,规定 $\ln(1+z)\big|_{z=0}=0$.

解 方法一:
$$\ln(1+z)=\int_0^z\frac{1}{1+z}\mathrm{d}z=\int_0^z\left[\sum_{n=0}^{\infty}(-1)^nz^n\right]\mathrm{d}z=$$

$$\sum_{n=0}^{\infty}(-1)^n\left(\int_0^z z^n\mathrm{d}z\right)=\sum_{n=0}^{\infty}(-1)^n\frac{z^{n+1}}{n+1}=$$

$$\sum_{n=1}^{\infty}(-1)^{n-1}\frac{z^n}{n}$$

方法二:当没有明确规定割线上岸时,支点为 $z=-1$ 和 $z=\infty$,如图 5-1 所示,沿负实轴从 $z=-1$ 到 $z=\infty$ 作割线,取单值分支:割线上岸关于支点 $z=-1$ 的辐角为 $-\pi$,割线下岸的辐角为 π,则有

$$z = -1 + e^{i\varphi}, \quad -\pi < \varphi < \pi$$
$$z = 0 = -1 + e^{i\varphi}, \quad \ln(1+z)\big|_{z=0} = \ln e^{i0} = 0$$
$$\frac{d^n}{dz^n}\ln(1+z)\bigg|_{z=0} = (-1)^n(n-1)!, \quad n = 1,2,3,\cdots$$

$$\ln(1+z) = f(0) + \sum_{n=1}^{\infty} \frac{f^{(n)}(0)}{n!} z^n = \sum_{n=1}^{\infty} (-1)^{n-1} \frac{z^n}{n}, \quad |z| < 1 \qquad \text{图 } 5-1$$

若取另一个单值分支:割线上岸关于支点 $z = -1$ 的辐角为 π,割线下岸的辐角为 3π,则有
$$z = -1 + e^{i\varphi}, \quad \pi < \varphi < 3\pi$$

此时,有
$$z = 0 = -1 + e^{i2\pi}, \quad \ln(1+z)\big|_{z=0} = \ln e^{i2\pi} = 2\pi i$$

则得
$$\ln(1+z) = 2\pi i + \sum_{n=1}^{\infty} (-1)^{n-1} \frac{z^n}{n}, \quad |z| < 1$$

例 14 将 $\ln z$ 在 $z = i$ 处展开为泰勒级数,规定 $\ln z\big|_{z=i} = -\dfrac{3}{2}\pi$.

解 由泰勒展开公式可知:
$$\ln z = \sum_{n=0}^{\infty} \frac{\ln^{(n)} i}{n!}(z-i)^n = \ln i + \sum_{n=1}^{\infty} \frac{\ln^{(n)} i}{n!}(z-i)^n$$
$$\ln i = -\frac{3}{2}\pi, \quad \ln^{(n)} i = -i^n$$
$$\ln z = \sum_{n=0}^{\infty} \frac{\ln^{(n)} i}{n!}(z-i)^n = -\frac{3\pi}{2} + \sum_{n=1}^{\infty} -\frac{i^n}{n!}(z-i)^n$$

支点为 0 和 ∞, $|z-i| < 1$.

5.3　解析函数的零点孤立性和解析函数的唯一性

定义 若函数 $f(z)$ 在 a 点的邻域内解析, $f(a) = 0$,则称 $z = a$ 是 $f(z)$ 的零点. 当 $|z-a|$ 充分小时, $f(z) = \sum_{n=0}^{\infty} a_n(z-a)^n$,必有 $a_0 = a_1 = a_2 = \cdots = a_{m-1} = 0, a_m \neq 0$,则称 $z = a$ 是 $f(z)$ 的 m 阶零点.

定理 1 (解析函数的零点孤立性定理)若函数 $f(z)$ 不恒等于 0,且在包含 $z = a$ 在内的区域内解析,则存在圆 $|z-a| < \rho(\rho > 0)$,使在圆内除了 $z = a$ 可能为零点外, $f(z)$ 无其他零点.

证明 设 a 为 $f(z)$ 的 m 阶零点,则
$$f(z) = (z-a)^m \phi(z)$$
$\phi(z)$ 在 $|z-a| < R$ 内解析, $\phi(a) \neq 0$.

因为 $\phi(z)$ 在 $z = a$ 点连续,所以对于任意 $\varepsilon > 0$ 存在 $\rho > 0$,使当 $|z-a| < \rho$ 时,恒有 $|\phi(z) - \phi(a)| < \varepsilon$. 不妨取 $\varepsilon = \dfrac{|\phi(a)|}{2}$,则
$$|\phi(z)| > |\phi(a)| - \varepsilon = \frac{|\phi(a)|}{2} > 0$$

故 $f(z)$ 在 $|z-a| < \rho$ 内除了 $z = a$ 外别无零点.

逆否定理:若解析函数 $f(z)$ 的零点是非孤立的,则 $f(z)=0$.

推论 1 设函数 $f(z)$ 在 $G:|z-a|<R$ 内解析,若 G 内存在 $f(z)$ 的无穷多个零点 $\{z_n\}$,且 $\lim\limits_{n\to\infty}z_n=a$,但 $z_n\neq a$,则在 G 内 $f(z)\equiv 0$.

推论 2 设函数 $f(z)$ 在 $G:|z-a|<R$ 内解析,若在 G 内存在过 a 点的一段弧 l 或含有 a 点的一个子区域 g,在 l 上或 g 内 $f(z)\equiv 0$,则在整个区域 G 内 $f(z)\equiv 0$.

推论 3 设函数 $f(z)$ 在 G 内解析,若 G 内存在一点 $z=a$ 及过 a 点的一段弧 l 或含有 a 点的一个子区域 g,在 l 上或 g 内 $f(z)\equiv 0$,则在整个区域 G 内 $f(z)\equiv 0$.

推论 4 设函数 $f_1(z)$ 和 $f_2(z)$ 都在区域 G 内解析,且在 G 内的一段弧或一个子区域内相等,则在 G 内 $f_1(z)\equiv f_2(z)$.

推论 5 在实轴上成立的恒等式,在 z 平面上仍成立,只要恒等式两端的函数在 z 平面上解析.

定理 2 (解析函数的唯一性定理)设区域 G 内存在序列 $\{z_n\}$,满足 G 内的解析函数 $f_1(z)=f_2(z)$,若序列 $\{z_n\}$ 的一个极限点 $z=a(\neq z_n)$ 也落在区域 G 内,则在 G 内有 $f_1(z)\equiv f_2(z)$.

证明 反证法. 设 $g(z)=f_1(z)-f_2(z)\neq 0$ 在 G 内成立,对于 $\{z_n\}$,有

$$g(z_n)=f_1(z_n)-f_2(z_n)=0, \qquad \lim\limits_{n\to\infty}z_n=a, \qquad g(a)=0$$

找不到 a 的邻域使 a 成为 $g(z)$ 的唯一零点. 与零点孤立性矛盾,得证.

5.4 解析函数的洛朗展开

(1) 在解析点展开成幂级数 —— 泰勒展开.

(2) 在奇点附近展开成幂级数 —— 洛朗展开.

定义 具有正、负幂的幂级数称为洛朗级数. 正幂部分称为洛朗级数的正则部分;负幂部分称为洛朗级数的主要部分.

定理 (洛朗展开定理)设函数 $f(z)$ 在以 b 为圆心的环域 $R_1\leqslant|z-b|\leqslant R_2$ 内单值解析,对任意环域内点 z,有

$$f(z)=\sum_{n=-\infty}^{+\infty}a_n(z-b)^n, \qquad R_1\leqslant|z-b|\leqslant R_2$$

其中,$a_n=\dfrac{1}{2\pi i}\oint_C\dfrac{f(\xi)}{(\xi-b)^{n+1}}d\xi$,$C$ 为环域内绕内圆一周的任意闭曲线.

证明 如图 5-2 所示,环域内外边界分别为 C_1 和 C_2,由复连通区域的柯西积分公式得

$$f(z)=\frac{1}{2\pi i}\oint_{C_2}\frac{f(\xi)}{\xi-z}d\xi-\frac{1}{2\pi i}\oint_{C_1}\frac{f(\xi)}{\xi-z}d\xi$$

C_2 上的积分直接应用泰勒展开,有

$$\frac{1}{2\pi i}\oint_{C_2}\frac{f(\xi)}{\xi-z}d\xi=\sum_{n=0}^{\infty}a_n(z-b)^n, \qquad |z-b|<R_2$$

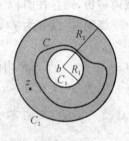

图 5-2

$$a_n = \frac{1}{2\pi \mathrm{i}} \oint_{C_2} \frac{f(\xi)}{(\xi - b)^{n+1}} \mathrm{d}\xi$$

C_1 上的积分应用泰勒展开，有

$$-\frac{1}{2\pi \mathrm{i}} \oint_{C_1} \frac{f(\xi)}{\xi - z} \mathrm{d}\xi = \frac{1}{2\pi \mathrm{i}} \oint_{C_1} \frac{f(\xi)}{(z - b) - (\xi - b)} \mathrm{d}\xi =$$

$$\frac{1}{2\pi \mathrm{i}} \oint_{C_1} \frac{f(\xi)}{z - b} \frac{1}{1 - \dfrac{\xi - b}{z - b}} \mathrm{d}\xi =$$

$$\frac{1}{2\pi \mathrm{i}} \oint_{C_1} \frac{f(\xi)}{z - b} \left[\sum_{k=0}^{\infty} \left(\frac{\xi - b}{z - b} \right)^k \right] \mathrm{d}\xi = \qquad \left(\left| \frac{\xi - b}{z - b} \right| < 1 \right)$$

$$\sum_{k=0}^{\infty} \left[(z - b)^{-k-1} \frac{1}{2\pi \mathrm{i}} \oint_{C_1} f(\xi) \, (\xi - b)^k \mathrm{d}\xi \right] =$$

$$\sum_{n=-1}^{-\infty} \left[(z - b)^n \frac{1}{2\pi \mathrm{i}} \oint_{C_1} \frac{f(\xi)}{(\xi - b)^{n+1}} \mathrm{d}\xi \right]$$

因此

$$-\frac{1}{2\pi \mathrm{i}} \oint_{C_1} \frac{f(\xi)}{\xi - z} \mathrm{d}\xi = \sum_{n=-1}^{-\infty} a_n \, (z - b)^n, \quad |z - b| > R_1$$

其中，$a_n = \dfrac{1}{2\pi \mathrm{i}} \oint_{C_2} \dfrac{f(\xi)}{(\xi - b)^{n+1}} \mathrm{d}\xi$，合并 C_1 和 C_2 上两部分积分，则有

$$f(z) = \sum_{n=-\infty}^{+\infty} a_n \, (z - b)^n, \quad R_1 \leqslant |z - b| \leqslant R_2$$

$$a_n = \frac{1}{2\pi \mathrm{i}} \oint_{C} \frac{f(\xi)}{(\xi - b)^{n+1}} \mathrm{d}\xi$$

这就是 $f(z)$ 在环域 G 内的洛朗展开，展开的级数为洛朗级数.

说明：

(1) 同泰勒展开一样，定理条件可以放宽为 $f(z)$ 在 $R_1 < |z - b| < R_2$ 内单值解析.

(2) 对于洛朗展开，$a_n \neq \dfrac{f^{(n)}(b)}{n!}$.

(3) $f(z)$ 在 C_1 内不解析（一般在 C_1 上有奇点，b 点可能为奇点也可能是解析点），R_2 可以为 ∞，甚至在 ∞ 收敛.

(4) 洛朗展开的正则部分在 C_1 内绝对收敛，主要部分在 C_2 外绝对收敛 —— 洛朗级数在环域内绝对收敛.

(5) 洛朗展开的唯一性：给定一个在环域 G 内解析的函数，则它的洛朗展开是唯一的，即展开系数 a_n 是完全确定的.

证明 （洛朗展开的唯一性）设函数 $f(z)$ 在以 b 为圆心的环域 $R_1 \leqslant |z - b| \leqslant R_2$ 内有两个洛朗级数，即

$$f(z) = \sum_{n=-\infty}^{+\infty} a_n \, (z - b)^n = \sum_{n=-\infty}^{+\infty} a'_n \, (z - b)^n$$

两端同乘以 $(z - b)^{-k-1}$，得

$$\sum_{n=-\infty}^{+\infty} a_n \, (z - b)^{n-k-1} = \sum_{n=-\infty}^{+\infty} a'_n \, (z - b)^{n-k-1}$$

沿环域内绕内圆一周的任意围道 C 积分,得

$$\oint_C \sum_{n=-\infty}^{+\infty} a_n (z-b)^{n-k-1} \mathrm{d}z = \oint_C \sum_{n=-\infty}^{+\infty} a'_n (z-b)^{n-k-1} \mathrm{d}z$$

级数在围道 C 上一致收敛,可逐项积分,有

$$\sum_{n=-\infty}^{+\infty} \oint_C a_n (z-b)^{n-k-1} \mathrm{d}z = \sum_{n=-\infty}^{+\infty} \oint_C a'_n (z-b)^{n-k-1} \mathrm{d}z$$

由于

$$\oint_C (z-b)^{n-k-1} \mathrm{d}z = \begin{cases} 2\pi\mathrm{i}, & n=k \\ 0, & n \neq k \end{cases}$$

当 $n=k$ 时,有

$$\oint_C (z-b)^{-1} \mathrm{d}z = \oint_C |z-b|^{-1} \mathrm{e}^{-\mathrm{i}\arg(z-b)} \mathrm{d}z = \int_0^{2\pi} \mathrm{id}(\arg(z-b)) = 2\pi\mathrm{i}$$

当 $n \neq k$ 时,有

$$\oint_C (z-b)^{n-k-1} \mathrm{d}z = \oint_C \frac{1}{(z-b)^{k-n+1}} \mathrm{d}z = \frac{2\pi\mathrm{i}}{n!} f^{(k-n)}(z) = 0$$

比较系数,得 $\qquad\qquad a_n = a'_n, \quad n=0, \pm 1, \pm 2, \cdots$

两个洛朗级数在同一环域内处处相等,则对应系数相等.

5.5　洛朗级数求法举例

例1　求 $\dfrac{1}{z(z-1)}$ 在下列区域内的洛朗级数.

(1) $0 < |z| < 1$;

(2) $1 < |z| < +\infty$;

(3) $0 < |z-1| < 1$;

(4) $1 < |z-1| < +\infty$.

解　基本思路:由给定的展开区域可知级数形式 (1) 和 (2) 为 $\displaystyle\sum_{n=-\infty}^{+\infty} c_k z^k$,(3) 和 (4) 为 $\displaystyle\sum_{n=-\infty}^{+\infty} c_k (z-1)^k$.

按照洛朗展开公式求展开系数 $c_k = \dfrac{1}{2\pi\mathrm{i}} \displaystyle\oint_C \dfrac{f(\xi)}{(\xi-b)^{k+1}} \mathrm{d}\xi$,用公式求展开系数不方便,洛朗展开的唯一性保证:无论用什么方法,最终得到环域内收敛到 $f(z)$ 的幂级数.

奇点为 $z=0, z=1$.

(1) 当 $0 < |z| < 1$ 时,有

$$f(z) = \frac{1}{z} \frac{-1}{1-z} = -\frac{1}{z} \sum_{n=0}^{\infty} z^n = -\sum_{n=0}^{\infty} z^{n-1} = -\sum_{n=-1}^{\infty} z^n, \quad |z| < 1$$

或

$$f(z) = \frac{-1}{z} - \frac{1}{1-z} = -\frac{1}{z} - \sum_{n=0}^{\infty} z^n = -\sum_{n=-1}^{\infty} z^n, \quad |z| < 1$$

(2) 当 $1 < |z| < +\infty$ 时,有

$$f(z) = \frac{1}{z^2} \frac{1}{1 - \frac{1}{z}} = \frac{1}{z^2} \sum_{n=0}^{\infty} \left(\frac{1}{z}\right)^n = \sum_{n=0}^{\infty} z^{2-n} = \sum_{n=-\infty}^{-2} z^n, \quad \left|\frac{1}{z}\right| < 1 \text{ 即 } |z| > 1$$

(3) 当 $0 < |z-1| < 1$ 时,有

$$f(z) = \frac{1}{z(z-1)} = \frac{1}{z-1} \frac{1}{1 - [-(z-1)]} = \frac{1}{z-1} \sum_{n=0}^{\infty} [-(z-1)]^n =$$

$$\sum_{n=0}^{\infty} (-1)^n (z-1)^{n-1} = \sum_{n=-1}^{\infty} (-1)^{n+1} (z-1)^n, \quad \left|\frac{1}{z-1}\right| < 1 \text{ 即 } |z-1| > 1$$

例 2 求 $\exp\left[\frac{z}{2}\left(t - \frac{1}{t}\right)\right]$ 在 $0 < |t| < 1$ 内的洛朗级数展开.

解 因为

$$e^{z \cdot \frac{t}{2}} = \sum_{k=0}^{\infty} \left(\frac{z}{2}\right)^k \frac{t^k}{k!}, \quad |t| < \infty$$

$$e^z = \sum_{n=0}^{\infty} \frac{z^n}{n!}, \quad |z| < \infty$$

$$e^{-z \cdot \frac{1}{2t}} = \sum_{l=0}^{\infty} \left(\frac{z}{2}\right)^l (-1)^l \frac{1}{l!} \left(\frac{1}{t}\right)^l, \quad \left|\frac{1}{t}\right| < \infty$$

所以

$$\exp\left[\frac{z}{2}\left(t - \frac{1}{t}\right)\right] = \sum_{k=0}^{\infty} \left(\frac{z}{2}\right)^k \frac{t^k}{k!} \sum_{l=0}^{\infty} \left(\frac{z}{2}\right)^l (-1)^l \frac{1}{l!} \left(\frac{1}{t}\right)^l =$$

$$\sum_{k=0}^{\infty} \sum_{l=0}^{\infty} \frac{(-1)^l}{k! \, l!} \left(\frac{z}{2}\right)^{k+l} t^{k-l} =$$

$$\sum_{n=0}^{\infty} \left[\sum_{l=0}^{\infty} \frac{(-1)^l}{l! \, (l+n)!} \left(\frac{z}{2}\right)^{2l+n}\right] t^n +$$

$$\sum_{n=-1}^{-\infty} \left[\sum_{l=-n}^{\infty} \frac{(-1)^l}{l! \, (l+n)!} \left(\frac{z}{2}\right)^{2l+n}\right] t^n = \sum_{n=-\infty}^{+\infty} J_n(z) t^n$$

其中,$n = k - l, k = n + l, k = 0, \cdots, +\infty, n = -l \cdots +\infty$.

定义 n 阶贝塞尔函数为

$$J_n(z) = \begin{cases} \sum_{l=0}^{\infty} \frac{(-1)^l}{l! \, (l+n)!} \left(\frac{z}{2}\right)^{2l+n}, & n = 0, 1, 2, \cdots \\ \sum_{l=-n}^{\infty} \frac{(-1)^l}{l! \, (l+n)!} \left(\frac{z}{2}\right)^{2l+n}, & n = -1, -2, -3, \cdots \end{cases}$$

例 3 求 $\frac{1}{z^2(z-1)}$ 在 $z = 1$ 附近的级数展开.

解 因为 $z_0 = 1$,所以 $\sum_{k=-\infty}^{\infty} C_n (z-1)^n$.而 $\frac{1}{z^2} = -\frac{d}{dz} \cdot \frac{1}{z}$,

$$\frac{1}{z} = \frac{1}{1 + (z-1)} = \sum_{n=0}^{\infty} (-1)^2 (z-1)^n, \quad |z-1| < 1$$

$$\frac{1}{z^2} = -\frac{d}{dz} \frac{1}{z} = -\sum_{n=1}^{\infty} (-1)^n n (z-1)^{n-1} = \sum_{n=1}^{\infty} (-1)^{n-1} n (z-1)^{n-1}$$

故得

$$\frac{1}{z^2(z-1)} = \frac{1}{(z-1)} \sum_{n=1}^{\infty} (-1)^{n-1} n (z-1)^{n-1} = \sum_{n=1}^{\infty} (-1)^{n-1} n (z-1)^{n-2} =$$

$$\sum_{n=-1}^{\infty} (-1)^{n+1} (n+2) (z-1)^n$$

例 4　将 $\dfrac{(z-1)(z-2)}{(z-3)(z-4)}$ 在 $4 < |z| < \infty$ 内作展开.

解　$\dfrac{(z-1)(z-2)}{(z-3)(z-4)} = \dfrac{z^2-3z+2}{(z-3)(z-4)} = \dfrac{z}{z-4} + \dfrac{2}{(z-3)(z-4)} =$

$$\frac{(z-4)+4}{z-4} + \frac{2}{(z-3)(z-4)} = 1 + \frac{4}{z-4} + \frac{2}{z-4} - \frac{2}{z-3} =$$

$$1 + \frac{6}{z-4} - \frac{2}{z-3} = 1 + \frac{6}{z} \frac{1}{1-\frac{4}{z}} - \frac{2}{z} \frac{1}{1-\frac{3}{z}} =$$

$$1 + \frac{6}{z} \sum_{n=0}^{\infty} \left(\frac{4}{z}\right)^n - \frac{2}{z} \sum_{n=0}^{\infty} \left(\frac{3}{z}\right)^n =$$

$$1 + \sum_{n=0}^{\infty} (6 \times 4^n - 2 \times 3^n) z^{-n-1} =$$

$$1 + \sum_{n=0}^{\infty} (3 \times 2^{2n+1} - 2 \times 3^n) z^{-n-1} =$$

$$1 + \sum_{n=1}^{\infty} (3 \times 2^{2n-1} - 2 \times 3^{n-1}) z^{-n}$$

例 5　将函数 $f(z) = \dfrac{1}{(z-3)(z-4)}$ 按照下列要求展开为泰勒级数或洛朗级数.

(1) 以 $z=0$ 为中心展开;

(2) 在 $z=0$ 点的邻域展开;

(3) 在奇点的去心邻域中展开;

(4) 以奇点为中心展开.

解　$f(z) = \dfrac{1}{z-4} - \dfrac{1}{z-3}$ 有奇点 $z=3, z=4$. $f(z)$ 的解析区域:圆域 $|z| < 3$,环域 $3 < |z| < 4$,及 $|z| > 4$.

(1) 以 $z=0$ 为中心展开.在圆域 $|z| < 3$ 内进行泰勒展开,有

$$\frac{1}{z-4} = -\frac{1}{4} \frac{1}{1-\frac{z}{4}} = -\frac{1}{4} \sum_{n=0}^{\infty} \left(\frac{z}{4}\right)^n = -\sum_{n=0}^{\infty} \frac{1}{4^{n+1}} z^n, \quad \left|\frac{z}{4}\right| < 1$$

$$\frac{1}{z-3} = -\frac{1}{3} \frac{1}{1-\frac{z}{3}} = -\frac{1}{3} \sum_{n=0}^{\infty} \left(\frac{z}{3}\right)^n = -\sum_{n=0}^{\infty} \frac{1}{3^{n+1}} z^n, \quad \left|\frac{z}{3}\right| < 1$$

$$f(z) = \sum_{n=0}^{\infty} \left(\frac{1}{3^{n+1}} - \frac{1}{4^{n+1}}\right) z^n, \quad |z| < 3$$

在环域 $3 < |z| < 4$ 内进行洛朗展开,有

$$\frac{1}{z-4} = -\frac{1}{4} \frac{1}{1-\frac{z}{4}} = -\frac{1}{4} \sum_{n=0}^{\infty} \left(\frac{z}{4}\right)^n = -\sum_{n=0}^{\infty} \frac{1}{4^{n+1}} z^n, \quad \left|\frac{z}{4}\right| < 1$$

$$\frac{1}{z-3}=\frac{1}{z}\frac{1}{1-\frac{3}{z}}=\frac{1}{z}\sum_{n=0}^{\infty}\left(\frac{3}{z}\right)^n=\sum_{n=0}^{\infty}3^n z^{-n-1}=\sum_{n=-\infty}^{-1}\frac{1}{3^{n+1}}z^n,\quad\left|\frac{3}{z}\right|<1$$

$$f(z)=-\sum_{n=-\infty}^{-1}\frac{1}{3^{n+1}}z^n-\sum_{n=0}^{\infty}\frac{1}{4^{n+1}}z^n,\quad 3<|z|<4$$

在 $|z|>4$ 中进行洛朗展开,有

$$\frac{1}{z-4}=\frac{1}{z}\frac{1}{1-\frac{4}{z}}=\frac{1}{z}\sum_{n=0}^{\infty}\left(\frac{4}{z}\right)^n=\sum_{n=0}^{\infty}4^n z^{-n-1}=\sum_{n=-\infty}^{-1}\frac{1}{4^{n+1}}z^n,\quad\left|\frac{4}{z}\right|<1$$

$$\frac{1}{z-3}=\frac{1}{z}\frac{1}{1-\frac{3}{z}}=\frac{1}{z}\sum_{n=0}^{\infty}\left(\frac{3}{z}\right)^n=\sum_{n=0}^{\infty}3^n z^{-n-1}=\sum_{n=-\infty}^{-1}\frac{1}{3^{n+1}}z^n,\quad\left|\frac{3}{z}\right|<1$$

$$f(z)=\sum_{n=-\infty}^{-1}\left(\frac{1}{4^{n+1}}-\frac{1}{3^{n+1}}\right)z^n,\quad|z|>4$$

(2) 在 $z=0$ 点的邻域展开. $z=0$ 点的邻域,即以 0 为圆心的圆域,故 $f(z)$ 在 $z=0$ 点的邻域的展开式就是在(1)中已经求得的 $|z|<3$ 中 $f(z)$ 的泰勒展开式:

$$f(z)=\sum_{n=0}^{\infty}\left(\frac{1}{3^{n+1}}-\frac{1}{4^{n+1}}\right)z^n,\quad|z|<3$$

(3) 在奇点的去心邻域中展开. 奇点的去心邻域,指奇点的邻域中去除奇点本身后的环域. $f(z)$ 的奇点为 $z=3,z=4$,则去心邻域为 $0<|z-3|<1,0<|z-4|<1$.

在 $0<|z-3|<1$ 中作洛朗展开,可知展开形式为 $\sum_n c^n(z-3)^n$.

$$f(z)=\frac{1}{z-4}-\frac{1}{z-3}$$

$$\frac{1}{z-4}=\frac{1}{(z-3)-1}=-\frac{1}{1-(z-3)}=-\sum_{n=0}^{\infty}(z-3)^n,\quad|z-3|<1$$

$$f(z)=-\sum_{n=0}^{\infty}(z-3)^n-\frac{1}{z-3}=-\sum_{n=-1}^{\infty}(z-3)^n$$

在 $0<|z-4|<1$ 中作洛朗展开,可知展开形式为 $\sum_n c^n(z-4)^n$.

$$f(z)=\frac{1}{z-4}-\frac{1}{z-3}$$

$$\frac{1}{z-3}=\frac{1}{(z-4)+1}=\frac{1}{1-[-(z-4)]}=\sum_{n=0}^{\infty}(-1)^n(z-4)^n,\quad|z-4|<1$$

$$f(z)=\frac{1}{z-4}-\sum_{n=0}^{\infty}(-1)^n(z-4)^n=\frac{1}{z-4}+\sum_{n=0}^{\infty}(-1)^{n+1}(z-4)^n=\sum_{n=-1}^{\infty}(-1)^{n+1}(z-4)^n$$

(4) 以奇点为中心展开. 以奇点为中心展开,即是要将函数以奇点为中心在各解析区域中展开. $f(z)$ 的奇点为 $z=3,z=4$,则要求 $f(z)$ 在 $0<|z-3|<1,|z-3|>1,0<|z-4|<1,|z-4|>1$ 这 4 个区域中展开,其中 $0<|z-3|<1$ 和 $0<|z-4|<1$ 在(3)中已经讨论过了.

在 $|z-3|>1$ 中,有

$$\frac{1}{z-4} = \frac{1}{(z-3)-1} = \frac{1}{z-3} \frac{1}{1-\frac{1}{z-3}} = \frac{1}{z-3} \sum_{n=0}^{\infty} \left(\frac{1}{z-3}\right)^n =$$

$$\sum_{n=0}^{\infty} \frac{1}{(z-3)^{n+1}}, \quad \left|\frac{1}{z-3}\right| < 1$$

$$f(z) = -\sum_{n=0}^{\infty} \frac{1}{(z-3)^{n+1}} - \frac{1}{z-3} = \sum_{n=1}^{\infty} \frac{1}{(z-3)^{n+1}} = \sum_{n=2}^{\infty} \frac{1}{(z-3)^n}, \quad |z-3| > 1$$

在 $|z-4| > 1$ 中,有

$$\frac{1}{z-3} = \frac{1}{(z-4)+1} = \frac{1}{z-4} \frac{1}{1+\frac{1}{z-4}} = \frac{1}{z-4} \sum_{n=0}^{\infty} \left(\frac{-1}{z-4}\right)^n =$$

$$\sum_{n=0}^{\infty} \frac{(-1)^n}{(z-4)^{n+1}}, \quad \left|\frac{1}{z-4}\right| < 1$$

$$f(z) = \frac{1}{z-4} - \sum_{n=0}^{\infty} \frac{(-1)^n}{(z-4)^{n+1}} = \frac{1}{z-4} + \sum_{n=0}^{\infty} \frac{(-1)^{n+1}}{(z-4)^{n+1}} =$$

$$\frac{1}{z-4} + \sum_{n=1}^{\infty} \frac{(-1)^n}{(z-4)^n} = \sum_{n=2}^{\infty} \frac{(-1)^n}{(z-4)^n}, \quad |z-4| > 1$$

例6 将函数 $f(z) = \frac{1}{(z-a)^k}$, $a \neq 0$, k 为自然数,在 $z=0$ 的去心邻域内展开为洛朗级数,并确定展开式成立的区域.

解
$$f(z) = \frac{1}{(z-a)^k} = \frac{(-1)^k}{(k-1)!} \frac{d^{k-1}}{dz^{k-1}} \frac{1}{z-a}$$

$$\frac{1}{z-a} = -\frac{1}{a} \frac{1}{1-\frac{z}{a}} = -\frac{1}{a} \sum_{n=0}^{\infty} \left(\frac{z}{a}\right)^n, \quad 0 < \left|\frac{z}{a}\right| < 1$$

$$\frac{1}{(z-a)^k} = \frac{(-1)^k}{(k-1)!} \frac{d^{k-1}}{dz^{k-1}} \sum_{n=0}^{\infty} \left(\frac{z}{a}\right)^n = \frac{(-1)^k}{(k-1)!} \sum_{n=0}^{\infty} \frac{d^{k-1}}{dz^{k-1}} \left(\frac{z}{a}\right)^n =$$

$$\frac{(-1)^k}{(k-1)! \, a^k} \sum_{n=0}^{\infty} n(n-1)(n-2)\cdots(n-k+2) \left(\frac{z}{a}\right)^{n-k+1} =$$

$$\frac{(-1)^k}{(k-1)! \, a^k} \sum_{n=k-1}^{\infty} n(n-1)(n-2)\cdots(n-k+2) \left(\frac{z}{a}\right)^{n-k+1}$$

对于 $n \leqslant k-2$ 的项,$n(n-1)(n-2)\cdots(n-k+2) = 0$,非零项从 $n = k-1$ 开始. 令 $m = n-k+1$,则

$$\frac{1}{(z-a)^k} = \frac{(-1)^k}{a^k} \sum_{m=0}^{\infty} \frac{(m+k-1)(m+k-2)\cdots(m+1)}{(k-1)!} \left(\frac{z}{a}\right)^m, \quad 0 < |z| < a$$

5.6 单值函数的孤立奇点

定义1 单值函数 $f(z)$ 在某点 b 不解析,而在 b 的某个去心邻域 $0 < |z-b| < \varepsilon$ 内解析,则 $z = b$ 是 $f(z)$ 的一个孤立奇点.

若在 $z = b$ 的无论多小邻域内总有 $f(z)$ 的除 b 以外的奇点,则 b 为非孤立奇点.

单值函数 $f(z)$ 在奇点 b 的去心邻域 $0 < |z-b| < \varepsilon$ 内处处可导,b 为 $f(z)$ 的孤立奇点.

例 1 $z = \dfrac{1}{n\pi}$ 是 $f(z) = \dfrac{1}{\sin\dfrac{1}{z}}$ 的奇点，$z = 0$ 是这些奇点的聚点，在 $z = 0$ 的任一邻域内，存在无穷多个奇点，故 $z = 0$ 是非孤立奇点.

讨论 若 $z = b$ 是单值函数 $f(z)$ 的孤立奇点，存在环域 $0 < |z - b| < R$，$f(z)$ 可以展开为洛朗级数 $f(z) = \displaystyle\sum_{n=-\infty}^{+\infty} a_n (z - b)^n$，此时

(1) 级数展开式不含负幂项，称 b 点为 $f(z)$ 的可去奇点.

(2) 级数展开式含有限个负幂项，称 b 点为 $f(z)$ 的极点.

(3) 级数展开式含无穷多个负幂项，称 b 点为 $f(z)$ 的本性奇点.

函数 $f(z)$ 在 3 类奇点处的行为：

1. 可去奇点

由于在可去奇点处的级数展开不含负幂项，故级数不仅在环域内收敛，而且在环域的中心 $z = b$ 处也收敛. 此时的收敛区域是圆心为可去奇点 $z = b$ 的一个圆，级数在收敛圆内闭一致收敛，故

$$\lim_{z \to b} f(z) = \lim_{z \to b} \sum_{n=0}^{\infty} a_n (z - b)^n = a_0$$

可以定义 $f(z) = \begin{cases} f(z), & z \neq b \\ \lim\limits_{z \to b} f(z), & z = b \end{cases}$，$f(z)$ 在 b 点也解析（可去奇点的由来）.

定义 2 若 $z = b$ 是 $f(z)$ 的孤立奇点，且 $f(z)$ 在 b 的邻域内有界，则 $z = b$ 是 $f(z)$ 的可去奇点.

2. 极点

$f(z)$ 在 $z = b$ 的邻域内展开为有限个负幂项，$f(z) = (z - b)^{-m}\phi(z)$，$\phi(z)$ 在 $z = b$ 邻域内解析，$\phi(b) = a_{-m} \neq 0$，b 点称为 $f(z)$ 的 m 阶极点. 显然，当 $|z - b|$ 足够小时，$|f(z)|$ 可以大于任何正数，$\lim\limits_{z \to b} f(z) = \infty$，即函数在极点附近无界.

定义 3 若 $z = b$ 是 $f(z)$ 的孤立奇点，且 $\lim\limits_{z \to b} f(z) = \infty$，则 b 是 $f(z)$ 的极点.

$\dfrac{1}{f(z)} = (z - b)^m g(z)$，$g(z) = \dfrac{1}{\phi(z)}$ 在 $z = b$ 点解析，b 是 $1/f(z)$ 的 m 阶零点.

3. 本性奇点

若 $z = b$ 是 $f(z)$ 的本性奇点，在 $z = b$ 邻域内 $f(z)$ 可展开为无穷多个负幂项，即当 $z \to b$ 时，$f(z)$ 无极限. 换言之，$z \to b$ 方式不同，$f(z) \to$ 不同值.

例 2 $z = 0$ 是 $\mathrm{e}^{1/z} = \displaystyle\sum_{n=0}^{\infty} \dfrac{1}{n!} \left(\dfrac{1}{z}\right)^n$，$\mathrm{e}^{1/z} \to \infty$ 的本性奇点，$z \to 0$ 的方式不同，$f(z)$ 结果不同.

(1) z 沿正实轴 $\to 0$，$\mathrm{e}^{1/z} \to \infty$；

(2) z 沿负实轴 $\to 0$，$\mathrm{e}^{1/z} \to 0$；

(3) z 沿虚轴 $\to 0$，$\mathrm{e}^{1/z} \to$ 不确定的数.

例 3 判断 $\dfrac{\sqrt{z}}{\sin\sqrt{z}}$ 奇点的性质，若是极点指明其阶数.

解 孤立奇点：$\sin\sqrt{z}=0,z=(n\pi)^2,n=0,\pm1,\pm2,\cdots$

$\lim\limits_{z\to a}f(a)$ 决定奇点的性质.

(1) 当 $z=0$ 时，有

$$\lim_{z\to 0}\frac{\sqrt{z}}{\sin\sqrt{z}}=\lim_{z\to 0}\frac{\frac{1}{2\sqrt{z}}}{\cos\sqrt{z}\ \frac{1}{2\sqrt{z}}}=\lim_{z\to 0}\frac{1}{\cos\sqrt{z}}=1$$

$z=0$ 为可去奇点.

(2) 当 $z=(n\pi)^2,n=\pm1,\pm2,\pm3,\cdots$ 时，有

$$\lim_{z\to(n\pi)^2}\frac{\sqrt{z}}{\sin\sqrt{z}}=\frac{n\pi}{\sin n\pi}=\infty$$

$z=(n\pi)^2$ 为极点.

$$\frac{1}{f(z)}=\frac{\sin\sqrt{z}}{\sqrt{z}}$$

$$\left(\frac{1}{f(z)}\right)'\Bigg|_{z\to(n\pi)^2}=\frac{\cos\sqrt{z}\ \frac{1}{2\sqrt{z}}-\sin\sqrt{z}\ \frac{1}{2\sqrt{z}}}{z}\Bigg|_{z\to(n\pi)^2}=\frac{(-1)^n}{2\ (n\pi)^3}$$

$a_1\neq0$，第一个不为零的系数是 1 次幂的系数，因此 $(n\pi)^2$ 是 $\dfrac{1}{f(z)}$ 的一阶零点. 即 $z=(n\pi)^2,n=\pm1,\pm2,\pm3,\cdots$ 是 $\dfrac{\sqrt{z}}{\sin\sqrt{z}}$ 的一阶极点.

(3) 当 $z=\infty$ 时，令 $z=\dfrac{1}{t}$，则

$$\frac{\sqrt{z}}{\sin\sqrt{z}}=\frac{1}{\sqrt{t}\sin\sqrt{\dfrac{1}{t}}}$$

$t=0$ 为奇点，即 $z=\infty$ 为奇点.

因为 $\left[\dfrac{\sqrt{z}}{\sin\sqrt{z}}\right]'\Bigg|_{z\to\infty}$ 不存在，所以 $z=\infty$ 为非孤立奇点.

孤立奇点的分类见表 $5-1$ 及表 $5-2$.

表 $5-1$　孤立奇点的分类 Ⅰ

$z=b$ 奇点的类型	$f(z)=\sum\limits_{n=-\infty}^{+\infty}c_n\ (z-b)^n,\quad 0<|z-b|<\varepsilon$	$\lim\limits_{z\to b}f(z)$ 的值
可去奇点	无负幂项	有限
极　　点	有限个负幂项	无限
本性奇点	无限个负幂项	无定值

表 5 - 2 孤立奇点的分类 Ⅱ

$z = \infty$ 奇点的类型	$f(z) = \sum\limits_{k=-\infty}^{+\infty} c_k z^k, \quad R < |z| < \infty$	$\lim\limits_{z \to \infty} f(z)$ 的值
可去奇点	无正幂项	有限
极 点	有限个正幂项	无限
本性奇点	无限个正幂项	无定值

m 阶极点的判定方法：

设 b 为 $f(z)$ 的极点，则当 b 满足下列 3 条中任意一条时，均为 $f(z)$ 的 m 阶极点.

(1) $f(z) = \dfrac{\phi(z)}{(z-b)^m}$，其中 $\phi(z)$ 在 $|z-b| < \varepsilon$ 中解析，$\phi(b) \neq 0$.

(2) $g(z) = \dfrac{1}{f(z)}$，以 $z = b$ 为 m 阶零点.

(3) $\lim\limits_{z \to b} \left[(z-b)^m f(z) \right]$ 为非零常数.

例 4 判断 $\dfrac{\cos z}{z}$ 在无穷远点的性质.

解 $\lim\limits_{z \to a} f(a)$ 决定奇点的性质，而 $\lim\limits_{z \to \infty} \dfrac{\cos z}{z}$ 不易判断，令 $z = \dfrac{1}{t}$，则 $\dfrac{\cos z}{z} = t \cos \dfrac{1}{t}$. $t = 0$ 为奇点，即 $z = \infty$ 为奇点.

$$\frac{\cos z}{z} = \frac{1}{z} \sum_{n=0}^{\infty} \frac{(-1)^n}{(2n)!} z^{2n} = \sum_{n=0}^{\infty} \frac{(-1)^n}{(2n)!} z^{2n-1}$$

有无穷多正幂项，即 $z = \infty$ 为本性奇点.

例 5 判断 $\exp\left(-\dfrac{1}{z^2}\right)$ 在无穷远点的性质.

解 $\lim\limits_{z \to a} f(a)$ 决定奇点的性质，而 $\lim\limits_{z \to \infty} \exp\left(-\dfrac{1}{z^2}\right)$ 不易判断，令 $z = \dfrac{1}{t}$，则 $\exp\left(-\dfrac{1}{z^2}\right) = e^{-t^2}$. $t = 0$ 为解析点，即 $z = \infty$ 为解析点.

$$\exp\left(-\frac{1}{z^2}\right) = \sum_{n=0}^{\infty} \frac{1}{n!} \left(-\frac{1}{z^2}\right)^n = \sum_{n=0}^{\infty} \frac{(-1)^n}{n!} z^{-2n}$$

无正幂项，即 $z = \infty$ 为解析点.

5.7 解 析 延 拓

例 1 幂级数 $\sum\limits_{n=0}^{\infty} z^n = 1 + z + z^2 + \cdots$ 在单位圆 $|z| < 0$ 内收敛，代表一个解析函数 $f(z)$，

又知 $\sum\limits_{n=0}^{\infty} z^n = \dfrac{1}{1-z}$，而 $\dfrac{1}{1-z}$ 本身在全平面都有定义，且在 $z \neq 1$ 的全平面上解析. 可见，不仅得出了幂级数在收敛圆内所代表的解析函数，而且得到解析函数本身.

定义 设函数 $f_1(z)$ 在区域 g_1 内解析，$f_2(z)$ 在区域 g_2 内解析，在 $g_1 \bigcap g_2$ 内，$f_1(z) \equiv f_2(z)$，则称 $f_2(z)$ 为 $f_1(z)$ 在 g_2 内的解析延拓，$f_1(z)$ 是 $f_2(z)$ 在 g_1 内的解析延拓.

对应地，有
$$f_1(z) = \sum_{n=0}^{\infty} z^n, \quad g_1 : |z| < 1$$

$$f_2(z) = \frac{1}{1-z}, \quad g_2 : z \neq 1 \text{ 的全平面}$$

$$g_1 \bigcap g_2 : |z| < 1, \quad f_1(z) \equiv f_2(z)$$

$\dfrac{1}{1-z}$ 是 $\sum\limits_{n=0}^{\infty} z^n$ 在全平面($z \neq 1$)上的解析延拓.

$\sum\limits_{n=0}^{\infty} z^n$ 是 $\dfrac{1}{1-z}$ 在单位圆 $|z| < 1$ 内的解析延拓.

例 2 $\sum\limits_{n=0}^{\infty} z^n$ 在 $z = \dfrac{i}{2}$ 点，有

$$f_1\left(\frac{i}{2}\right) = 1 + \frac{i}{2} + \left(\frac{i}{2}\right)^2 + \cdots, \quad f_1'\left(\frac{i}{2}\right) = 1 + 2 \times \frac{i}{2} + 3 \times \left(\frac{i}{2}\right)^2 + \cdots$$

$f_1(z)$ 在 $z = \dfrac{i}{2}$ 的泰勒展开为 $\sum\limits_{n=0}^{\infty} \dfrac{1}{n!} f_1^{(n)}\left(\dfrac{i}{2}\right)\left(z - \dfrac{i}{2}\right)^n$.

此级数在它的收敛圆 $g_2 : \left|z - \dfrac{i}{2}\right| < r$ 内收敛，记此级数代表的函数为 $f_2(z)$，显然，在 $|z| < 1 \bigcap \left|z - \dfrac{i}{2}\right| < r$ 内，$f_1(z) \equiv f_2(z)$.

$f_2(z)$ 为 $f_1(z)$ 在 g_2 内的解析延拓，$f_1(z)$ 是 $f_2(z)$ 在 g_1 内的解析延拓.

又知 $f_1^{(n)}\left(\dfrac{i}{2}\right) = \dfrac{n!}{\left(1 - \dfrac{i}{2}\right)^{n+1}}$，故在 $g_2 : \left|z - \dfrac{i}{2}\right| < \dfrac{\sqrt{5}}{2}$ 内有

$$f_2(z) = \sum_{n=0}^{\infty} \frac{1}{\left(1 - \dfrac{i}{2}\right)^{n+1}} \left(z - \frac{i}{2}\right)^n = \frac{1}{1-z}$$

因此，$f_2(z)$ 和 $f_1(z)$ 是同一个函数在不同区域的表达式.

解析延拓是复变函数理论中最重要的概念之一，通过解析延拓可以扩大函数的定义域和解析范围.

第6章 二阶线性常微分方程的幂级数解法

数学物理问题中的二阶线性常微分方程的标准形式为

$$\frac{\mathrm{d}w^2(z)}{\mathrm{d}z^2} + p(z)\frac{\mathrm{d}w(z)}{\mathrm{d}z} + q(z)w(z) = 0$$

其中，$p(z)$ 和 $q(z)$ 称为方程的系数，决定着解的解析性.

级数解法得到的解总是指某一指定点 z_0 的邻域内收敛的无穷级数.

$p(z)$ 和 $q(z)$ 在 z_0 点的解析性 $\Rightarrow$ 级数解在 z_0 点的解析性.

6.1 二阶线性常微分方程的常点和奇点

定义 若 $p(z)$ 和 $q(z)$ 在 z_0 点解析，称 z_0 点为方程的常点. 若 $p(z)$ 和 $q(z)$ 中至少有一个在 z_0 点不解析，称 z_0 点为方程的奇点.

例1 超几何方程

$$z(z-1)\frac{\mathrm{d}^2 w}{\mathrm{d}z^2} + [\gamma - (1+\alpha+\beta)z]\frac{\mathrm{d}w}{\mathrm{d}z} - \alpha\beta w = 0$$

$$p(z) = \frac{\gamma - (1+\alpha+\beta)z}{z(1-z)}, \quad q(z) = -\frac{\alpha\beta}{z(1-z)}$$

有限远处 $p(z), q(z)$ 有两个奇点，$z=0$ 和 $z=1$. 因此，$z=0$ 和 $z=1$ 是超几何方程的奇点，有限远处的其他点为方程的常点.

例2 勒让德方程

$$(1-z^2)\frac{\mathrm{d}^2 w}{\mathrm{d}z^2} - 2z\frac{\mathrm{d}w}{\mathrm{d}z} + l(l+1)w = 0$$

$$p(z) = -\frac{2z}{1-z^2}, \quad q(z) = \frac{l(l+1)}{1-z^2}$$

有限远处 $p(z), q(z)$ 有两个奇点，$z=1$ 和 $z=-1$. 因此，$z=1$ 和 $z=-1$ 是勒让德方程的奇点，有限远处的其他点为方程的常点.

要判断 $z=\infty$ 是否为方程的奇点，作自变量变换 $z=\frac{1}{t}$，则 $\mathrm{d}z = -\frac{1}{t^2}\mathrm{d}t, \frac{\mathrm{d}t}{\mathrm{d}z} = -t^2$，有

$$\frac{\mathrm{d}w}{\mathrm{d}z} = \frac{\mathrm{d}w}{\mathrm{d}t}\frac{\mathrm{d}t}{\mathrm{d}z} = -t^2\frac{\mathrm{d}w}{\mathrm{d}t}$$

$$\frac{\mathrm{d}^2 w}{\mathrm{d}z^2} = \frac{\mathrm{d}}{\mathrm{d}z}\left(\frac{\mathrm{d}w}{\mathrm{d}z}\right) = \frac{\mathrm{d}}{\mathrm{d}z}\left(-t^2\frac{\mathrm{d}w}{\mathrm{d}t}\right) = \frac{\mathrm{d}}{\mathrm{d}z}(-t^2)\frac{\mathrm{d}w}{\mathrm{d}t} + (-t^2)\frac{\mathrm{d}}{\mathrm{d}z}\left(\frac{\mathrm{d}w}{\mathrm{d}t}\right)$$

其中，$\frac{\mathrm{d}}{\mathrm{d}z}(-t^2) = \frac{\mathrm{d}}{\mathrm{d}z}\left(-\frac{1}{z^2}\right) = \frac{2}{z^3} = 2t^3$，即

$$\frac{\mathrm{d}^2 w}{\mathrm{d}z^2} = 2t^3\frac{\mathrm{d}w}{\mathrm{d}t} + t^4\frac{\mathrm{d}^2 w}{\mathrm{d}t^2}$$

二阶线性齐次常微分方程

$$\frac{\mathrm{d}w^2(z)}{\mathrm{d}z^2} + p(z)\frac{\mathrm{d}w(z)}{\mathrm{d}z} + q(z)w(z) = 0$$

可以化为

$$t^4\frac{\mathrm{d}^2 w}{\mathrm{d}t^2} + 2t^3\frac{\mathrm{d}w}{\mathrm{d}t} + p\left(\frac{1}{t}\right)\left(-t^2\frac{\mathrm{d}w}{\mathrm{d}t}\right) + q\left(\frac{1}{t}\right)w = 0$$

标准形式为

$$\frac{\mathrm{d}^2 w}{\mathrm{d}t^2} + \left[\frac{2}{t} - \frac{1}{t^2}p\left(\frac{1}{t}\right)\right]\frac{\mathrm{d}w}{\mathrm{d}t} + \left[\frac{1}{t^4}q\left(\frac{1}{t}\right)\right]w = 0$$

若 $t=0$ 是常点/奇点,则 $z=\infty$ 就是常点/奇点.

$t=0(z=\infty)$ 为方程常点的条件:$\frac{2}{t} - \frac{1}{t^2}p\left(\frac{1}{t}\right)$ 和 $\frac{1}{t^4}q\left(\frac{1}{t}\right)$ 不含 t 负幂项,即

$$p\left(\frac{1}{t}\right) = 2t + a_2 t^2 + a_3 t^3 + \cdots, \quad q\left(\frac{1}{t}\right) = b_4 t^4 + b_5 t^5 + \cdots$$

可知

$$p(z) = \frac{2}{z} + \frac{a_2}{z^2} + \frac{a_3}{z^3} + \cdots, \quad q(z) = \frac{b_4}{z^4} + \frac{b_5}{z^5} + \cdots$$

可见,$z=\infty$ 是勒让德方程和超几何方程的奇点.

例 3 求二阶线性常微分方程,使其解为 $w_1(z)=z$ 和 $w_2(z)=\mathrm{e}^z$.

解 设所求方程为 $w'' + p(z)w' + q(z)w = 0$,将 $w_1(z)=z$ 代入方程,得

$$p(z) + q(z)z = 0$$

即

$$p(z) = -zq(z) \tag{6.1}$$

将 $w_2(z)=\mathrm{e}^z$ 代入方程,得

$$\mathrm{e}^z + p(z)\mathrm{e}^z + q(z)\mathrm{e}^z = 0$$

即

$$1 + p(z) + q(z) = 0 \tag{6.2}$$

式(6.1)代入式(6.2),得

$$1 - q(z)z + q(z) = 0 \Rightarrow q(z) = \frac{1}{z-1}$$

将上式代入式(6.1),有

$$p(z) = \frac{z}{1-z}$$

即所求方程为

$$(z-1)w'' - zw' + w = 0$$

6.2 方程常点邻域内的解

定理 若 $p(z)$ 和 $q(z)$ 在圆 $|z-z_0| < R$ 内单值解析,则在此圆内常微分方程初值问题

$$w'' + p(z)w' + q(z)w = 0$$

$$w(z_0) = c_0, \quad w'(z_0) = c_1 \ (c_0, c_1 \text{ 为任意常数})$$

有唯一解 $w(z)$,且 $w(z)$ 在这个圆内单值解析.

求解方法说明,因为 $p(z)$ 和 $q(z)$ 在圆 $|z-z_0| < R$ 内单值解析,所以均可展开为幂级数:

$$p(z) = \sum_{m=0}^{\infty} a_m (z-z_0)^m, \quad q(z) = \sum_{l=0}^{\infty} b_l (z-z_0)^l, \quad w(z) = \sum_{n=0}^{\infty} c_n (z-z_0)^n$$

其中,a_n,b_n 已知,c_0,c_1 已知,确定出 c_n 可求出方程的解.

将展开为级数的 $p(z),q(z)$ 和 $w(z)$ 代入方程得

$$\sum_{n=2}^{\infty} c_n n(n-1)(z-z_0)^{n-2} + \sum_{m=0}^{\infty}\sum_{n=1}^{\infty} a_m c_n n (z-z_0)^{m+n-1} + \sum_{l=0}^{\infty}\sum_{n=0}^{\infty} b_l c_n (z-z_0)^{l+n} = 0$$

可知幂次项$(z-z_0)^n$ 的系数全为 0.

考察各幂次项系数:

常数项系数为　　　$2c_2 + a_0 c_1 + b_0 c_0 = 0 \Rightarrow c_2 = f_1(c_0,c_1)$

一次项系数为　　$3\times 2 c_3 + a_1 c_1 + a_0 \times 2c_2 + b_0 c_1 + b_1 c_0 = 0$

$$
\begin{array}{cccc}
\uparrow & \uparrow & \uparrow & \uparrow \\
\boxed{\begin{array}{c}m=1\\n=1\end{array}} & \boxed{\begin{array}{c}m=0\\n=2\end{array}} & \boxed{\begin{array}{c}l=0\\n=1\end{array}} & \boxed{\begin{array}{c}l=0\\n=2\end{array}}
\end{array}
$$

$$\Rightarrow c_3 = f(c_0,c_1,c_2) = f_2(c_0,c_1)$$

以此类推,c_n 均可用 c_0 和 c_1 表示 $c_n = f_n(c_0,c_1)$.

例 1　求勒让德方程$(1-z^2)\dfrac{\mathrm{d}^2 w}{\mathrm{d}z^2} - 2z\dfrac{\mathrm{d}w}{\mathrm{d}z} + l(l+1)w = 0$ 在 $z=0$ 邻域内的解,l 为已知参数.

解　$z=0$ 为常点,有

$$w(z) = \sum_{k=0}^{\infty} c_k z^k, \quad |z| < 1$$

代入方程得

$$(1-z^2)\sum_{k=2}^{\infty} c_k k(k-1) z^{k-2} - 2z\sum_{k=1}^{\infty} c_k k \cdot z^{k-1} + l(l+1)\sum_{k=0}^{\infty} c_k z^k = 0$$

统一求和指标,k 均从 0 记,有

$$(1-z^2)\sum_{k=0}^{\infty} c_{k+2}(k+2)(k+1) z^k - 2z\sum_{k=0}^{\infty} c_{k+1}(k+1) z^k + l(l+1)\sum_{k=0}^{\infty} c_k z^k = 0$$

$$\sum_{k=0}^{\infty}\left[c_{k+2}(k+2)(k+1) z^k - c_{k+2}(k+2)(k+1) z^{k+2} - 2c_{k+1}(k+1) z^{k+1} + l(l+1) c_k z^k \right] = 0$$

z^k 同次幂合并后,得

$$\sum_{k=0}^{\infty}\left[c_{k+2}(k+2)(k+1) - c_k k(k-1) - 2c_k k + l(l+1) c_k \right] z^k = 0$$

合并 c_k 的系数,得

$$\sum_{k=0}^{\infty}\left\{ (k+2)(k+1) c_{k+2} - \left[k(k+1) - l(l+1) \right] c_k \right\} z^k = 0$$

即

$$(k+2)(k+1) c_{k+2} - \left[k(k+1) - l(l+1) \right] c_k = 0$$

$$k(k+1) - l(l+1) = k^2 + k - l^2 - l = (k-l) + (k+l)(k-l) =$$
$$(k-l)(k+l+1)$$

得递推关系为

$$c_{k+2} = \frac{k(k+1) - l(l+1)}{(k+2)(k+1)} c_k = \frac{(k-l)(k+l+1)}{(k+2)(k+1)} c_k$$

偶次幂系数为

$$c_{2n} = \frac{(2n-2-l)(2n+l-1)}{2n(2n-1)} c_{2n-2} = \qquad (k=2n-2)$$

$$\frac{(2n-2-l)(2n+l-1)}{2n(2n-1)} \frac{(2n-4-l)(2n+l-3)}{(2n-2)(2n-3)} c_{2n-4} = \cdots = \quad (k=2n-4)$$

$$\frac{c_0}{(2n)!}(2n-2+l)(2n-4+l)\cdots(-l)(l+2n-1)(l+2n-3)\cdots(l+1)$$

同理,奇次幂系数为

$$c_{2n+1} = \frac{(2n-1-l)(2n+l)}{(2n+1)2n} c_{2n-1} = \qquad (k=2n-1)$$

$$\frac{(2n-1-l)(2n+l)}{(2n+1)2n} \frac{(2n-3-l)(2n+l-2)}{(2n-1)(2n-2)} c_{2n-3} = \cdots = \quad (k=2n-3)$$

$$\frac{c_1}{(2n+1)!}(2n-1+l)(2n-3+l)\cdots(1-l)(l+2n)(l+2n-2)\cdots(l+2)$$

引进记号 $(\lambda)_0 = 1, (\lambda)_n = \lambda(\lambda+1)(\lambda+2)\cdots(\lambda+n-1)$,则

$$c_{2n} = \frac{c_0}{(2n)!}(2n-2-l)(2n-4-l)\cdots(-l)(2n-1+l)(2n-3+l)\cdots(1+l) =$$

$$\frac{2^{2n}}{(2n)!}\left(-\frac{l}{2}\right)_n \left(\frac{l+1}{2}\right)_n c_0$$

$$c_{2n+1} = \frac{c_1}{(2n+1)!}(2n-1-l)(2n-3-l)\cdots(1-l)(2n+l)(2n-2+l)\cdots(2+l) =$$

$$\frac{2^{2n}}{(2n+1)!}\left(-\frac{l-1}{2}\right)_n \left(\frac{l}{2}+1\right)_n c_1$$

故勒让德方程在 $|z| < 1$ 内的解为

$$w(z) = c_0 \sum_{n=0}^{\infty} \frac{2^{2n}}{(2n)!}\left(-\frac{l}{2}\right)_n \left(\frac{l+1}{2}\right)_n z^{2n} +$$

$$c_1 \sum_{n=0}^{\infty} \frac{2^{2n}}{(2n+1)!}\left(-\frac{l-1}{2}\right)_n \left(\frac{l}{2}+1\right)_n z^{2n+1}$$

任意给定初始条件 c_0 和 c_1 就可得到一个特解. 尤其当 $\begin{cases} c_0=1 \\ c_1=0 \end{cases}$ 和 $\begin{cases} c_0=0 \\ c_1=1 \end{cases}$ 时,即得特解为

$$\begin{cases} w_1(z) = \sum_{n=0}^{\infty} \frac{2^{2n}}{(2n)!}\left(-\frac{l}{2}\right)_n \left(\frac{l+1}{2}\right)_n z^{2n} \\ w_2(z) = \sum_{n=0}^{\infty} \frac{2^{2n}}{(2n+1)!}\left(-\frac{l-1}{2}\right)_n \left(\frac{l}{2}+1\right)_n z^{2n+1} \end{cases}$$

二者的任意线性组合即为通解.

在求解过程中,c_{k+2} 只与 c_k 有关,而与 c_{k+1} 无关,$w_1(z)$ 是偶函数,$w_2(z)$ 是奇函数.

对于 $z \to -z$ 变换,有

$$[1-(-z)^2]\frac{\mathrm{d}^2 w}{\mathrm{d}(-z)^2} - 2(-z)\frac{\mathrm{d}w}{\mathrm{d}(-z)} + l(l+1)w = 0$$

勒让德方程的形式不变,故 $w(-z)$ 也是方程的解,且 $w(z)+w(-z)$ 是偶函数,$w(z)-w(-z)$ 是奇函数.

$$w(z)+w(-z) = c_0 w_1(z) + c_1 w_2(z) + c_0 w_1(-z) + c_1 w_2(-z) = 2c_0 w_1(z)$$

$$w(z) - w(-z) = c_0 w_1(z) + c_1 w_2(z) - c_0 w_1(-z) - c_1 w_2(-z) = -2c_1 w_2(z)$$

在常点邻域内求级数解的一般步骤(见图 6-1):

(1) 将方程常点邻域内的解展开为泰勒级数,代入方程;

(2) 比较系数,获得系数间的递推关系;

(3) 反复利用递推关系,求出系数 c_k 的普遍表达式(用 c_0 和 c_1 表示),最后得出级数解.

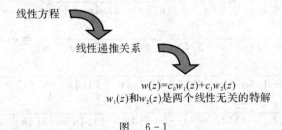

图　6-1

例 2　求方程 $w'' - z^2 w = 0$ 在 $z = 0$ 邻域内的两个级数解.

解　$z = 0$ 是方程的常点,令 $w(z) = \sum\limits_{n=1}^{\infty} c_n z^n$,代入方程,得

$$\sum_{n=2}^{\infty} c_n n(n-1) z^n - z^2 \sum_{n=0}^{\infty} c_n z^n = 0$$

$$\sum_{n=0}^{\infty} c_{n+2}(n+2)(n+1) z^n - \sum_{n=0}^{\infty} c_n z^{n+2} = 0$$

$$\sum_{n=0}^{\infty} \left[c_{n+2}(n+2)(n+1) z^n - c_n z^{n+2} \right] = 0$$

考察同次幂系数:

零次幂系数　$2c_2 = 0$　　　$\Rightarrow$　　$c_2 = 0$

一次幂系数　$c_3 \times 3 \times 2 = 0$　　$\Rightarrow$　　$c_3 = 0$

二次幂系数　$c_4 \times 4 \times 3 - c_0 = 0$　　$\Rightarrow$　　$c_4 = \dfrac{c_0}{4 \times 3}$

三次幂系数　$c_5 \times 5 \times 4 - c_1 = 0$　　$\Rightarrow$　　$c_5 = \dfrac{c_1}{5 \times 4}$

四次幂系数　$c_6 \times 6 \times 5 - c_2 = 0$　　$\Rightarrow$　　$c_6 = 0$

五次幂系数　$c_7 \times 7 \times 6 - c_3 = 0$　　$\Rightarrow$　　$c_7 = 0$

......

n 次幂系数　$c_{n+2}(n+2)(n+1) - c_{n-2} = 0$　　$\Rightarrow$　　$c_{n+2} = \dfrac{c_{n-2}}{(n+2)(n+1)}$

$$c_{4n} = \frac{c_{4n-4}}{4n(4n-1)} = \frac{c_{4n-8}}{4n(4n-1)(4n-4)(4n-5)} =$$

$$\frac{c_{4n-12}}{4n(4n-1)(4n-4)(4n-5)(4n-8)(4n-9)} = \cdots =$$

$$\frac{c_0}{4n(4n-1)(4n-4)(4n-5)(4n-8)(4n-9)\cdots 4 \times 3} =$$

$$\frac{c_0}{[4n(4n-4)(4n-8)\cdots 4][(4n-1)(4n-5)(4n-9)\cdots 3]}=$$

$$\frac{c_0}{4^n n!\ 4^n\left(\frac{3}{4}\right)_n}=\frac{c_0}{2^{4n}n!\left(\frac{3}{4}\right)_n}$$

$$c_{4n+1}=\frac{c_{4n-3}}{(4n+1)4n}=\frac{c_{4n-7}}{(4n+1)4n(4n-3)(4n-4)}=$$

$$\frac{c_{4n-11}}{(4n+1)4n(4n-3)(4n-4)(4n-7)(4n-8)}=\cdots=$$

$$\frac{c_1}{(4n+1)4n(4n-3)(4n-4)(4n-7)(4n-8)\cdots 5\times 4}=$$

$$\frac{c_1}{[4n(4n-4)(4n-8)\cdots 4][(4n+1)(4n-3)(4n-7)\cdots 5]}=$$

$$\frac{c_1}{4^n n!\ 4^n\left(\frac{5}{4}\right)_n}=\frac{c_1}{2^{4n}n!\left(\frac{5}{4}\right)_n}$$

同理,有
$$c_{4n+2}=c_{4n+3}=0\quad(c_2=c_3=0)$$
故

$$w(z)=\sum_{n=0}^{\infty}\left[\frac{c_0}{2^{4n}n!\left(\frac{3}{4}\right)_n}z^{4n}+\frac{c_1}{2^{4n}n!\left(\frac{5}{4}\right)_n}z^{4n+1}\right]$$

对应 $\begin{cases} c_0=1 \\ c_1=0 \end{cases}$ 和 $\begin{cases} c_0=0 \\ c_1=1 \end{cases}$ 有两个线性无关的特解为

$$\begin{cases} w_1(z)=\sum_{n=0}^{\infty}\dfrac{c_0}{2^{4n}n!\left(\frac{3}{4}\right)_n}z^{4n} \\[4mm] w_2(z)=\sum_{n=0}^{\infty}\dfrac{c_1}{2^{4n}n!\left(\frac{5}{4}\right)_n}z^{4n+1} \end{cases}$$

例 3　如图 6-2 所示,设 $w_1(z)$ 是方程 $w''+p(z)w'+q(z)w=0$ 的解,在区域 G_1 内解析,若 $\widetilde{w}_1(z)$ 是 $w_1(z)$ 在区域 G_2 内的解析延拓,即 $w_1(z)\equiv\widetilde{w}_1(z),z\in G_1\bigcap G_2$. 试证明:$\widetilde{w}_1(z)$ 仍是方程的解.

证明　设 $\dfrac{\mathrm{d}^2\widetilde{w}}{\mathrm{d}z^2}+p(z)\dfrac{\mathrm{d}\widetilde{w}}{\mathrm{d}z}+q(z)\widetilde{w}=g(z)$,$g(z)$ 在 G_2 内的解析.

$w_1(z)$ 是方程在区域 G_1 内的解,故在 $G_1\bigcap G_2$ 内仍满足方程

$$\frac{\mathrm{d}^2 w}{\mathrm{d}z^2}+p(z)\frac{\mathrm{d}w}{\mathrm{d}z}+q(z)w=0$$

而当 $z\in G_1\bigcap G_2$ 时,$w_1(z)\equiv\widetilde{w}_1(z)$,故

$$\frac{\mathrm{d}^2\widetilde{w}}{\mathrm{d}z^2}+p(z)\frac{\mathrm{d}\widetilde{w}}{\mathrm{d}z}+q(z)\widetilde{w}=0,\quad z\in G_1\bigcap G_2$$

即 $g(z)\equiv 0,z\in G_1\bigcap G_2$,由解析函数的零点孤立性定理(推论 3)可知 $g(z)\equiv 0,z\in G_2$.

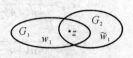

图　6-2

$\widetilde{w}_1(z)$ 在 G_2 内满足方程

$$\frac{\mathrm{d}^2 \widetilde{w}}{\mathrm{d}z^2} + p(z)\frac{\mathrm{d}\widetilde{w}}{\mathrm{d}z} + q(z)\widetilde{w} = 0, \quad z \in G_2$$

例 4 设 $w_1(z)$ 和 $w_2(z)$ 是 $\dfrac{\mathrm{d}^2 w}{\mathrm{d}z^2} + p(z)\dfrac{\mathrm{d}w}{\mathrm{d}z} + q(z)w = 0$ 的两个线性无关解,且均在区域 G_1 内解析,若 $\widetilde{w}_1(z)$ 和 $\widetilde{w}_2(z)$ 是 $w_1(z)$ 和 $w_2(z)$ 在 G_2 内的解析延拓,即当 $z \in G_1 \bigcap G_2$ 时,$w_1(z) \equiv \widetilde{w}_1(z), w_2(z) \equiv \widetilde{w}_2(z)$. 试证:$\widetilde{w}_1(z)$ 和 $\widetilde{w}_2(z)$ 仍线性无关.

证明 上个例子已经证得 $\widetilde{w}_1(z)$ 和 $\widetilde{w}_2(z)$ 仍是方程的解.

因为 $w_1(z)$ 和 $w_2(z)$ 线性无关,所以朗斯基行列式:

$$\begin{vmatrix} w_1 & w_2 \\ w_1' & w_2' \end{vmatrix} \neq 0, \quad z \in G_1$$

设 $\begin{vmatrix} \widetilde{w}_1 & \widetilde{w}_2 \\ \widetilde{w}_1' & \widetilde{w}_2' \end{vmatrix} = g(z), g(z)$ 在 G_2 内解析,因为

$$z \in G_1 \bigcap G_2, \quad w_1(z) \equiv \widetilde{w}_1(z), \quad w_2(z) \equiv \widetilde{w}_2(z)$$

所以 $\qquad\qquad\qquad\qquad g(z) \neq 0, \quad z \in G_1 \bigcap G_2$

由解析函数的唯一性可知:

$$g(z) \neq 0, \quad z \in G_2$$

故 $\widetilde{w}_1(z)$ 和 $\widetilde{w}_2(z)$ 在 G_2 内仍线性无关.

由以上例题可知,方程在不同区域内的解式互为解析延拓,因此,可以由方程在某一区域内的解式出发,通过解析延拓推出方程在其他区域内的解式.

6.3 方程正则奇点邻域内的解

定理 1 若 z_0 是方程 $\dfrac{\mathrm{d}^2 w}{\mathrm{d}z^2} + p(z)\dfrac{\mathrm{d}w}{\mathrm{d}z} + q(z)w = 0$ 的奇点,则在 $p(z)$ 和 $q(z)$ 都解析的环域 $0 < |z - z_0| < R$ 内,方程的线性无关解为

$$w_1(z) = (z - z_0)^{\rho_1} \sum_{k=-\infty}^{+\infty} c_k (z - z_0)^k$$

$$w_2(z) = g w_1(z)\ln(z - z_0) + (z - z_0)^{\rho_2} \sum_{k=-\infty}^{+\infty} d_k (z - z_0)^k$$

其中,g, ρ_1, ρ_2 为常数.

说明:当 ρ_1 或 ρ_2 不是整数,或 $g \neq 0$,方程的解均为多值函数,z_0 为其支点. 将 $w_1(z)$ 和 $w_2(z)$ 代入方程,难以求出系数的普遍公式(无穷多正幂项与负幂项),当级数解中只有有限个负幂项,总可以调整 ρ 值,使级数中没有负幂项.

$$\begin{cases} w_1(z) = (z - z_0)^{\rho_1} \sum\limits_{k=0}^{\infty} c_k (z - z_0)^k \\[2mm] w_2(z) = g w_1(z)\ln(z - z_0) + (z - z_0)^{\rho_2} \sum\limits_{k=0}^{\infty} d_k (z - z_0)^k \end{cases}$$

称为正则解.

思考 方程在奇点邻域内有两个正则解的条件是什么?

定理 2 (富克斯定理)方程$\dfrac{\mathrm{d}^2 w}{\mathrm{d}z^2} + p(z)\dfrac{\mathrm{d}w}{\mathrm{d}z} + q(z)w = 0$在其奇点$z_0$的邻域内有两个正则解:

$$\begin{cases} w_1(z) = (z-z_0)^{\rho_1}\sum\limits_{k=0}^{\infty} c_k(z-z_0)^k \\ w_2(z) = gw_1(z)\ln(z-z_0) + (z-z_0)^{\rho_2}\sum\limits_{k=0}^{\infty} d_k(z-z_0)^k \end{cases}$$

其充分必要条件是$(z-z_0)p(z)$和$(z-z_0)^2 q(z)$在z_0点解析.

例 1 $z=0$和$z=1$均为超几何方程$z(z-1)\dfrac{\mathrm{d}^2 w}{\mathrm{d}z^2} + [\gamma - (1+\alpha+\beta)z]\dfrac{\mathrm{d}w}{\mathrm{d}z} - \alpha\beta w = 0$的正则奇点,则

$$p(z) = \frac{\gamma - (1+\alpha+\beta)z}{z(1-z)}, \quad q(z) = -\frac{\alpha\beta}{z(1-z)}$$

当$z_0 = 0$时,$(z-z_0)p(z) = \dfrac{\gamma - (1+\alpha+\beta)}{1-z}$和$(z-z_0)^2 q(z) = -\dfrac{\alpha\beta z}{1-z}$在$z_0 = 0$处解析.

当$z_0 = 1$时,$(z-z_0)p(z) = \dfrac{\gamma - (1+\alpha+\beta)z}{-z}$和$(z-z_0)^2 q(z) = -\dfrac{\alpha\beta(z-1)}{z}$在$z_0 = 1$处解析.

例 2 $z=1$和$z=-1$是勒让德方程$(1-z^2)\dfrac{\mathrm{d}^2 w}{\mathrm{d}z^2} - 2z\dfrac{\mathrm{d}w}{\mathrm{d}z} + l(l+1)w = 0$的正则奇点.

$$p(z) = -\frac{2z}{1-z^2}, \quad q(z) = \frac{l(l+1)}{1-z^2}$$

当$z_0 = 1$时,$(z-z_0)p(z) = \dfrac{2z}{1+z}$和$(z-z_0)^2 q(z) = \dfrac{1-z}{1+z}l(l+1)$在$z_0 = 1$处解析.

当$z_0 = -1$时,$(z-z_0)p(z) = \dfrac{-2z}{1-z}$和$(z-z_0)^2 q(z) = \dfrac{1+z}{1-z}l(l+1)$在$z_0 = -1$处解析.

要判断$z=\infty$是否为方程的奇点,作自变量变换$z = \dfrac{1}{t}$(前面已推得),方程化为

$$\frac{\mathrm{d}^2 w}{\mathrm{d}t^2} + \left[\frac{2}{t} - \frac{1}{t^2}p\left(\frac{1}{t}\right)\right]\frac{\mathrm{d}w}{\mathrm{d}t} + \left[\frac{1}{t^4}q\left(\frac{1}{t}\right)\right]w = 0$$

$$(z-z_0)p(z) \Rightarrow \left(\frac{1}{t} - z_0\right)\left[\frac{2}{t} - \frac{1}{t^2}p\left(\frac{1}{t}\right)\right]$$

$$(z-z_0)^2 q(z) \Rightarrow \left(\frac{1}{t} - z_0\right)^2\left[\frac{1}{t^4}q\left(\frac{1}{t}\right)\right]$$

在$t=0$处,$t\left[\dfrac{2}{t} - \dfrac{1}{t^2}p\left(\dfrac{1}{t}\right)\right] = 2 - \dfrac{1}{t}p\left(\dfrac{1}{t}\right)$和$t^2\dfrac{1}{t^4}q\left(\dfrac{1}{t}\right) = \dfrac{1}{t^2}q\left(\dfrac{1}{t}\right)$解析.则$z=\infty$是方程$\dfrac{\mathrm{d}^2 w}{\mathrm{d}z^2} + p(z)\dfrac{\mathrm{d}w}{\mathrm{d}z} + q(z)w = 0$的正则奇点.

例 3 判断$z=\infty$是否为超几何方程和勒让德方程的正则奇点.

超几何方程:

$$z(z-1)\frac{\mathrm{d}^2 w}{\mathrm{d}z^2}+[\gamma-(1+\alpha+\beta)z]\frac{\mathrm{d}w}{\mathrm{d}z}-\alpha\beta w=0$$

$$p(z)=\frac{\gamma-(1+\alpha+\beta)z}{z(1-z)},\quad q(z)=-\frac{\alpha\beta}{z(1-z)}$$

$$\left(\frac{1}{t}-0\right)\left[\frac{2}{t}-\frac{1}{t^2}p\left(\frac{1}{t}\right)\right]=2-\frac{1}{t}\frac{\gamma-(1+\alpha+\beta)\frac{1}{t}}{\frac{1}{t}(1-t)}=2-\frac{t\gamma-(1+\alpha+\beta)}{t-1}$$

$$\left(\frac{1}{t}-0\right)^2\left[\frac{1}{t^4}q\left(\frac{1}{t}\right)\right]=-\frac{1}{t^2}\frac{\alpha\beta}{\frac{1}{t}\left(1-\frac{1}{t}\right)}=-\frac{\alpha\beta}{t-1}$$

在 $t=0$ 处解析，$t=0$ 为正则奇点. $z=\infty$ 为超几何方程的正则奇点.

勒让德方程：

$$(1-z^2)\frac{\mathrm{d}^2 w}{\mathrm{d}z^2}-2z\frac{\mathrm{d}w}{\mathrm{d}z}+l(l+1)w=0$$

$$p(z)=-\frac{2z}{1-z^2},\quad q(z)=\frac{l(l+1)}{1-z^2}$$

$$\left(\frac{1}{t}-0\right)\left[\frac{2}{t}-\frac{1}{t^2}p\left(\frac{1}{t}\right)\right]=2+\frac{1}{t}\frac{2\frac{1}{t}}{1-\frac{1}{t^2}}=2+\frac{2}{t^2-1}$$

$$\left(\frac{1}{t}-0\right)^2\left[\frac{1}{t^4}q\left(\frac{1}{t}\right)\right]=\frac{1}{t^2}\frac{l(l+1)}{1-\frac{1}{t^2}}=\frac{l(l+1)}{t^2-1}$$

在 $t=0$ 处解析，$t=0$ 为正则奇点. $z=\infty$ 为勒让德方程的正则奇点.

正则奇点邻域内级数解的求解思路：

(1) 在正则奇点 z_0 处，将 $w_1(z)=(z-z_0)^{\rho_1}\sum\limits_{k=-\infty}^{+\infty}c_k(z-z_0)^k$ 代入方程；

(2) 比较系数，求出指标 ρ_1,ρ_2 和系数递推关系；

(3) 判断 ρ_1 与 ρ_2 相差是否为整数. $\rho_1-\rho_2\neq$ 整数：求得两个线性无关解；$\rho_1-\rho_2=$ 整数：只求得一个解，继续求 $w_2(z)$.

正则奇点邻域内级数解的求解过程：

设 $z=0$ 是方程 $\dfrac{\mathrm{d}^2 w}{\mathrm{d}z^2}+p(z)\dfrac{\mathrm{d}w}{\mathrm{d}z}+q(z)w=0$ 的正则奇点，在 $z=0$ 的邻域内，方程的系数作

洛朗展开：

$$p(z)=\sum_{l=0}^{\infty}a_l z^{l-1}\quad((z-z_0)p(z)=zp(z)\text{ 在 }z=0\text{ 的邻域内解析})$$

$$q(z)=\sum_{l=0}^{\infty}b_l z^{l-2}\quad((z-z_0)^2 q(z)=z^2 q(z)\text{ 在 }z=0\text{ 的邻域内解析})$$

设解为 $w_1(z)=z^{\rho}\sum\limits_{k=-\infty}^{+\infty}c_k z^k=\sum\limits_{k=-\infty}^{+\infty}c_k z^{k+\rho}$，代入方程有

$$\sum_{k=0}^{\infty}c_k(k+\rho)(k+\rho-1)z^{k+\rho-2}+\sum_{l=0}^{\infty}a_l z^{l-1}\sum_{k=0}^{\infty}c_k(k+\rho)z^{k+\rho-1}+\sum_{l=0}^{\infty}b_l z^{l-2}\sum_{k=0}^{\infty}c_k z^{k+\rho}=0$$

由于 z^{ρ} 的存在，c_0 不会因求导而消失，k 仍从 0 取起. 约去 $z^{\rho-2}$，整理得

$$\sum_{k=0}^{\infty} c_k(k+\rho)(k+\rho-1)z^k + \sum_{l=0}^{\infty}\sum_{k=0}^{\infty} a_l c_k(k+\rho)z^{k+l} + \sum_{l=0}^{\infty}\sum_{k=0}^{\infty} b_l c_k z^{k+l} = 0$$

$$\sum_{n=0}^{\infty} c_n(n+\rho)(n+\rho-1)z^n + \sum_{n=0}^{\infty}\left[\sum_{k=0}^{n} a_{n-k} c_k(k+\rho)z^n\right] + \sum_{n=0}^{\infty}\left(\sum_{k=0}^{n} b_{n-k} c_k z^n\right) = 0$$

$$\sum_{n=0}^{\infty}\left[c_n(n+\rho)(n+\rho-1) + \sum_{k=0}^{n} a_{n-k} c_k(k+\rho) + b_{n-k} c_k\right]z^n = 0$$

z^0 的系数为

$$c_0[\rho(\rho-1) + a_0\rho + b_0] = 0, \quad c_0 \neq 0$$

即指标方程为

$$\rho(\rho-1) + a_0\rho + b_0 = 0$$

其中，$\lim\limits_{z\to 0} z p(z) = a_0$，$\lim\limits_{z\to 0} z^2 q(z) = b_0$. 获得指标 ρ_1 和 ρ_2（规定 $\mathrm{Re}\rho_1 \geqslant \mathrm{Re}\rho_2$）.

z^n 的系数为

$$[(n+\rho)(n+\rho-1) + a_0(n+\rho) + b_0]c_n + \sum_{l=0}^{n-1}[a_{n-l}(l+\rho) + b_{n-l}]c_l = 0$$

反复利用系数递推关系，得到 $c_n(\rho)$.

（1）若 $\rho_1 - \rho_2 \neq$ 整数，分别代入 ρ_1 和 ρ_2 可得两个线性无关的特解：

$$w_1(z) = z^{\rho_1}\sum_{n=0}^{\infty} c_n(\rho_1)z^n \quad \text{和} \quad w_2(z) = z^{\rho_2}\sum_{n=0}^{\infty} c_n(\rho_2)z^n$$

（2）若 $\rho_1 - \rho_2 = \rho$，第二特解必含对数项：

$$w_1(z) = (z-z_0)^{\rho}\sum_{k=0}^{\infty} c_k(z-z_0)^k$$

$$w_2(z) = g w_1(z)\ln(z-z_0) + (z-z_0)^{\rho}\sum_{k=0}^{\infty} d_k(z-z_0)^k$$

（2）若 $\rho_1 - \rho_2 = m$（整数），第二特解可能含对数项：

$$w_1(z) = (z-z_0)^{\rho}\sum_{k=0}^{\infty} c_k(z-z_0)^k$$

$$w_2(z) = A w_1(z)\int_z\left\{\frac{1}{[w_1(z)]^2}\exp\left[-\int_z p(\xi)\mathrm{d}\xi\right]\right\}\mathrm{d}z$$

补充讨论：

当 $\rho_1 - \rho_2 = m$（整数），若第二特解含有对数项，其系数 $c_m^{(2)}$，有

$$[(m+\rho_2)(m+\rho_2-1) + a_0(m+\rho_2) + b_0]c_m^{(2)} + \sum_{l=0}^{m-1}[a_{m-l}(l+\rho_2) + b_{m-l}]c_l^{(2)} = 0$$

因为

$$m + \rho_2 = \rho_1$$

$$(m+\rho_2)(m+\rho_2-1) + a_0(m+\rho_2) + b_0 = \rho_1(\rho_1-1) + a_0\rho_1 + b_0 = 0$$

$$l + \rho_2 = l + \rho_1 - m = \rho_1 - (m-l)$$

所以上式化为

$$0 \times c_m^{(2)} + \sum_{l=0}^{m-1}\{a_{m-l}[\rho_1 - (m-l)] + b_{m-l}\}c_l^{(2)} = 0$$

令 $k = m - l$，有

$$0 \times c_m^{(2)} + \sum_{k=1}^{m} [a_k(\rho_1 - k) + b_k] c_{m-k}^{(2)} = 0$$

因此，① 当 $\sum_{l=1}^{m} [a_l(\rho_1 - l) + b_l] c_{m-l}^{(2)} \neq 0$ 时，$c_m^{(2)}$ 无解；② 当 $\sum_{l=1}^{m} [a_l(\rho_1 - l) + b_l] c_{m-l}^{(2)} = 0$ 时，$c_m^{(2)}$ 任意.

对于 ①，$w_2(z)$ 一定含有对数项；对于 ②，$c_n^{(2)}(n > m)$ 同时依赖于 $c_0^{(2)}$ 和 $c_m^{(2)}$，$w_2(z)$ 有两项，一项正比于 $c_0^{(2)}$，一项正比于 $c_m^{(2)}$，而此时 $c_m^{(2)}$ 可取任意值，取 $c_m^{(2)} = 0$.

因此，$\rho_1 - \rho_2 = m$（整数），第二特解可能含有对数项.

补充证明：

$$w_2(z) = A w_1(z) \int_z \left\{ \frac{1}{[w_1(z)]^2} \exp\left[-\int_z p(\xi) d\xi \right] \right\} dz$$

普遍理论：对二阶常微分方程 $\dfrac{d^2 w}{dz^2} + p(z) \dfrac{dw}{dz} + q(z)w = 0$，若已求出 $w_1(z)$，总可以通过积分

$w_2(z) = A w_1(z) \int_z \left\{ \dfrac{1}{[w_1(z)]^2} \exp\left[-\int_z p(\xi) d\xi \right] \right\} dz$ 求出第二解的级数.

证明　因为

$$\frac{d^2 w_1}{dz^2} + p(z) \frac{dw_1}{dz} + q(z)w_1 = 0 \tag{6.3}$$

$$\frac{d^2 w_2}{dz^2} + p(z) \frac{dw_2}{dz} + q(z)w_2 = 0 \tag{6.4}$$

式 $(6.4) \times w_1$ — 式 $(6.3) \times w_2$，得

$$w_1 w_2'' - w_2 w_1'' + p(z)(w_1 w_2' - w_1' w_2) = 0$$

即

$$\frac{d}{dz}(w_1 w_2' - w_1' w_2) + p(z)(w_1 w_2' - w_1' w_2) = 0$$

所以

$$y' + p(z)y = 0 \Rightarrow y = A \exp\left[-\int_z p(\xi) d\xi \right]$$

积分得

$$(w_1 w_2' - w_1' w_2) = A \exp\left[-\int_z p(\xi) d\xi \right]$$

两端同除以 w_1^2，得

$$\frac{d}{dz}\left(\frac{w_2}{w_1} \right) = \frac{A}{w_1^2} \exp\left[-\int_z p(\xi) d\xi \right]$$

再积分，故得

$$w_2(z) = A w_1(z) \int_z \left\{ \frac{1}{[w_1(z)]^2} \exp\left[-\int_z p(\xi) d\xi \right] \right\} dz$$

例 4　求方程 $zw'' - zw' + w = 0$ 在 $z = 0$ 邻域内的两个级数解.

解　方程的标准形式为 $w'' - w' + \dfrac{1}{z} w = 0, z = 0$ 是方程的奇点.

$$p(z) = -1, \quad q(z) = \frac{1}{z}$$

易知 $zp(z)=z,z^2q(z)=z$ 在 $z=0$ 点解析. $z=0$ 是方程的正则奇点. 又知

$$p(z)=\sum_{l=0}^{\infty}a_lz^{l-1}=-1\Rightarrow a_l=\begin{cases}-1, & l=1\\ 0, & l\neq 1\end{cases}$$

$$q(z)=\sum_{l=0}^{\infty}b_lz^{l-2}=\frac{1}{z}\Rightarrow b_l=\begin{cases}1, & l=1\\ 0, & l\neq 1\end{cases}$$

指标方程 $\rho(\rho-1)+a_0\rho+b_0=0$ 为 $\rho(\rho-1)=0$. 指标为 $\rho_1=1,\rho_2=0,\mathrm{Re}\rho_1>\mathrm{Re}\rho_2$.
将 $\rho_1=1$ 代入系数递推公式.

$$[(n+\rho)(n+\rho-1)+a_0(n+\rho)+b_0]c_n+\sum_{l=0}^{n-1}[a_{n-l}(l+\rho)+b_{n-l}]c_l=0$$

可得

$$(n+1)nc_n+(a_1n+b_1)c_{n-1}=0$$

即

$$(n+1)nc_n+(-n+1)c_{n-1}=0$$

$$c_n=\frac{n-1}{n(n+1)}c_{n-1}$$

其中, $n=1,c_1=0;n=2,c_2=\frac{1}{2}c_1;\cdots$ 可知 $c_n=0(n\neq 0)$. 因此 $w_1(z)=zc_0$.

当 $\rho_2=0$ 时, 由系数递推公式可得:

$$n(n-1)c_n+[a_1(n-1)+b_1]c_{n-1}=0$$

$$n(n-1)c_n+[-(n-1)+1]c_{n-1}=0$$

$$n(n-1)c_n+(-n+2)c_{n-1}=0$$

$$c_n=\frac{n-2}{n(n-1)}c_{n-1}$$

因为 n 不能取 1, 意味着不存在 c_0, 所以 $\rho_2=0$ 不是指标.

$$w_2(z)=Aw_1(z)\int_z\frac{1}{[w_1(z)]^2}\exp\left[-\int_z p(\xi)d\xi\right]dz$$

令 $A=1$, 代入 $w_1(z)=zc_0$, 得

$$w_2(z)=z\int_z\frac{1}{z^2}\exp\left(-\int_z -1d\xi\right)dz=z\int_z\frac{1}{z^2}e^z dz=$$

$$z\int_z\frac{1}{z^2}\sum_{n=0}^{\infty}\frac{z^n}{n!}dz=z\int_z\left(\frac{1}{z^2}+\frac{1}{z}+\sum_{n=2}^{\infty}\frac{z^{n-2}}{n!}\right)dz=$$

$$z\left[-\frac{1}{z}+\ln z+\sum_{n=2}^{\infty}\frac{z^{n-1}}{(n-1)n!}\right]=$$

$$-1+z\ln z+\sum_{n=2}^{\infty}\frac{z^n}{(n-1)n!}$$

故方程在 $z=0$ 邻域内的两个级数解为

$$w_1(z)=zc_0, \quad w_2(z)=-1+z\ln z+\sum_{n=2}^{\infty}\frac{z^n}{(n-1)n!}$$

6.4　贝塞尔方程的解

在柱坐标系中对亥姆霍兹方程 $\mathbf{\nabla}^2u+\lambda u=0$ 或拉普拉斯方程 $\mathbf{\nabla}^2u=0$ 分离变量, 可以得到

贝塞尔方程(n 阶贝塞尔方程):

$$\frac{\mathrm{d}^2 w}{\mathrm{d}z^2} + \frac{1}{z}\frac{\mathrm{d}w}{\mathrm{d}z} + \left(1 - \frac{\nu^2}{z^2}\right)w = 0$$

ν 是常数,$\mathrm{Re}\nu \geqslant 0$. 可知 $z = 0$ 是方程的奇点. 且

$$p(z) = \frac{1}{z} \Rightarrow zp(z) = 1, \quad q(z) = 1 - \frac{\gamma^2}{z^2} \Rightarrow z^2 q(z) = z^2 - \nu^2$$

均在 $z = 0$ 解析,故 $z = 0$ 是方程的正则奇点.

讨论　贝塞尔方程在 $z = 0$ 的邻域 $|z| > 0$ 内的解.

设 $w(z) = z^\rho \sum\limits_{k=0}^{\infty} c_k z^k = \sum\limits_{k=0}^{\infty} c_k z^{k+\rho}, c_0 \neq 0$,代入方程

$$\frac{\mathrm{d}^2 w}{\mathrm{d}z^2} + \frac{1}{z}\frac{\mathrm{d}w}{\mathrm{d}z} + \left(1 - \frac{\nu^2}{z^2}\right)w = 0$$

有

$$\sum_{k=0}^{\infty} c_k(k+\rho)(k+\rho-1)z^{k+\rho-2} + \sum_{k=0}^{\infty} c_k(k+\rho)z^{k+\rho-2} + \sum_{k=0}^{\infty} c_k z^{k+\rho} - \nu^2 \sum_{k=0}^{\infty} c_k z^{k+\rho-2} = 0$$

约去 $z^{\rho-2}$,得

$$\sum_{k=0}^{\infty} c_k \left[(k+\rho)^2 - \nu^2\right] z^k + \sum_{k=0}^{\infty} c_k z^{k+2} = 0.$$

由级数展开的唯一性可知,作系数比较

$$\sum_{k=0}^{\infty} c_k \left[(k+\rho)^2 - \nu^2\right] z^k + \sum_{k=0}^{\infty} c_k z^{k+2} = 0$$

z^0 项的系数:$c_0(\rho^2 - \nu^2) = 0$. 可得指标方程 $\rho^2 - \nu^2 = 0, c_0 \neq 0$. 即 $\rho_1 = \nu, \rho_2 = -\nu (\mathrm{Re}\nu \geqslant 0, \mathrm{Re}\rho_1 \geqslant \mathrm{Re}\rho_2)$.

z^1 项的系数:$c_1[(\rho+1)^2 - \nu^2] = 0$. 即 $c_1(2\rho+1) = 0(\nu^2 = \rho^2)$. 故当 $\rho \neq -\dfrac{1}{2}$ 时,$c_1 = 0$;当 $\rho = -\dfrac{1}{2}$ 时,c_1 任意.

z^n 项的系数:$c_n[(\rho+n)^2 - \nu^2] + c_{n-2} = 0$. 即 $n(2\rho+n)c_n + c_{n-2} = 0, \nu^2 = \rho^2$. 可知递推关系:

$$c_n = -\frac{1}{n(2\rho+n)}c_{n-2}$$

反复使用递推关系,有

$$c_{2n} = -\frac{1}{2n(2\rho+2n)}c_{2n-2} = (-1)^1 \frac{1}{n(\rho+n)}\frac{1}{2^2}c_{2n-2} =$$

$$(-1)^2 \frac{1}{n(\rho+n)}\frac{1}{(n-1)(\rho+n-1)}\frac{1}{2^4}c_{2n-4} =$$

$$(-1)^3 \frac{1}{n(\rho+n)}\frac{1}{(n-1)(\rho+n-1)}\frac{1}{(n-2)(\rho+n-2)}\frac{1}{2^6}c_{2n-6} = \cdots =$$

$$\frac{(-1)^n}{n!}\frac{1}{(\rho+n)(\rho+n-1)(\rho+n-2)\cdots(\rho+1)}\frac{1}{2^{2n}}c_0 =$$

$$\frac{(-1)^n}{n!}\frac{1}{(\rho+1)_n}\frac{1}{2^{2n}}c_0$$

$$c_{2n+1} = -\frac{1}{(2n+1)(2\rho+2n+1)}c_{2n-1} = (-1)^1 \frac{1}{(n+\frac{1}{2})(\rho+n+\frac{1}{2})}\frac{1}{2^2}c_{2n-1} =$$

$$(-1)^2 \frac{1}{(n+\frac{1}{2})(\rho+n+\frac{1}{2})}\frac{1}{(n-\frac{1}{2})(\rho+n-\frac{1}{2})}\frac{1}{2^4}c_{2n-3} =$$

$$(-1)^3 \frac{1}{(n+\frac{1}{2})(\rho+n+\frac{1}{2})}\frac{1}{(n-\frac{1}{2})(\rho+n-\frac{1}{2})}\frac{1}{(n-\frac{3}{2})(\rho+n-\frac{3}{2})}\frac{1}{2^6}c_{2n-5} = \cdots =$$

$$\frac{(-1)^n}{(n+\frac{1}{2})(n-\frac{1}{2})(n-\frac{3}{2})\cdots\frac{3}{2}}\frac{1}{(\rho+n+\frac{1}{2})(\rho+n-\frac{1}{2})(\rho+n-\frac{3}{2})\cdots(\rho+\frac{3}{2})}\frac{1}{2^{2n}}c_1 =$$

$$\frac{(-1)^n}{\left(\frac{3}{2}\right)_n}\frac{1}{\left(\rho+\frac{3}{2}\right)_n}\frac{1}{2^{2n}}c_1 = 0$$

其中，$\rho \neq -\frac{1}{2}$（当 $\rho \neq -\frac{1}{2}$ 时，$c_1 = 0$；当 $\rho = -\frac{1}{2}$ 时，c_1 任意）.

用 $\rho_1 = \nu$ 代入系数通式，可得

$$c_{2k} = \frac{(-1)^k}{k!}\frac{1}{(\nu+1)_n}\frac{1}{2^{2k}}c_0$$

则

$$w_1(z) = z^\rho \sum_{n=0}^\infty c_n z^n = c_0 z^\nu \sum_{k=0}^\infty \frac{(-1)^k}{k!}\frac{1}{(\nu+1)_k}\left(\frac{z}{2}\right)^{2k}$$

取 $c_0 = \frac{1}{2^\nu \Gamma(\nu+1)}$ 就有解：

$$J_\nu(z) = \sum_{k=0}^\infty \frac{(-1)^k}{k!\,\Gamma(k+\nu+1)}\left(\frac{z}{2}\right)^{2k+\nu} \quad\text{——}\nu \text{ 阶贝塞尔函数}$$

其中，$(\lambda)_n = \frac{\Gamma(\lambda+n)}{\Gamma(\lambda)}$，详见第 8 章.

用 $\rho_2 = -\nu$ 代入系数通式，可得

$$c_{2k} = \frac{(-1)^k}{k!}\frac{1}{(-\nu+1)_n}\frac{1}{2^{2k}}c_0$$

则

$$w_1(z) = z^\rho \sum_{n=0}^\infty c_n z^n = c_0 z^{-\nu} \sum_{k=0}^\infty \frac{(-1)^k}{k!}\frac{1}{(-\nu+1)_k}\left(\frac{z}{2}\right)^{2k}$$

当 $\nu \neq$ 整数时，取 $c_0 = \frac{2^\nu}{\Gamma(-\nu+1)}$ 就有解：

$$J_{-\nu}(z) = \sum_{k=0}^\infty \frac{(-1)^k}{k!\,\Gamma(k-\nu+1)}\left(\frac{z}{2}\right)^{2k-\nu} \quad\text{——}\nu \text{ 阶贝塞尔函数}$$

当 $\nu = 0$ 时，以上只给出同一解：$J_0(z) = \sum_{k=0}^\infty \frac{(-1)^k}{k!\,k!}\left(\frac{z}{2}\right)^{2k}$.

补充讨论 $\rho = -\frac{1}{2}$ 的情形，c_1 任意，若 $c_1 \neq 0$，则

$$c_{2n+1} = \frac{(-1)^n}{\left(\dfrac{3}{2}\right)_n \left(\rho + \dfrac{3}{2}\right)_n} \frac{1}{2^{2n}} c_1 = \frac{(-1)^n}{\left(\dfrac{3}{2}\right)_n (1)_n} \frac{1}{2^{2n}} c_1 = \frac{(-1)^n}{\left(\dfrac{3}{2}\right)_n n!} \frac{1}{2^{2n}} c_1$$

此时 $\rho_1 = \dfrac{1}{2}, \rho_2 = -\dfrac{1}{2}$ 即 $\nu = \dfrac{1}{2}$，则 $w_2(z)$ 只是又增加了一项：

$$z^{-\frac{1}{2}} \sum_{k=0}^{\infty} c_{2k+1} z^{2k+1} = c_1 \sum_{k=0}^{\infty} \frac{(-1)^k}{k!} \frac{1}{\Gamma\left(k + \dfrac{3}{2}\right)} \left(\frac{z}{2}\right)^{2k+\frac{1}{2}} \sqrt{\frac{\pi}{2}} = c_1 \sqrt{\frac{\pi}{2}} J_{\frac{1}{2}}(z)$$

当 $\nu = n(n=1,2,3,\cdots)$ 时，以上只给出同一个解：

$$J_n(z) = \sum_{k=0}^{\infty} \frac{(-1)^k}{k! \, \Gamma(k+n+1)} \left(\frac{z}{2}\right)^{2k+n}$$

因为：(1) 当 $\nu = n$ 时，递推关系无意义；$c_{2n} = -\dfrac{1}{2n(2\rho + 2n)} c_{2n-2}, \rho_2 = -\nu = -n$;

(2) $c_0 = \dfrac{2^\nu}{\Gamma(1-\nu)}, \nu = n$ 不合法，意味 $c_0 = 0; \Gamma(z) = \displaystyle\int_0^\infty e^{-t} \cdot t^{z-1} dt, \mathrm{Re}\, z > 0$;

(3) 即使 $c_0 = 0, J_{-n}(z) = \displaystyle\sum_{k=0}^{\infty} \frac{(-1)^k}{k! \, \Gamma(k-n+1)} \left(\frac{z}{2}\right)^{2k-n}$ 有意义.

$$J_{-n}(z) = \sum_{k=0}^{\infty} \frac{(-1)^k}{k! \, \Gamma(k-n+1)} \left(\frac{z}{2}\right)^{2k-n} = \qquad (k-n+1 > 0)$$

$$\sum_{l=0}^{\infty} \frac{(-1)^{n+l}}{(n+l)! \, \Gamma(l+1)} \left(\frac{z}{2}\right)^{2(n+l)-n} = \qquad (k = n+l)$$

$$(-1)^n \sum_{l=0}^{\infty} \frac{(-1)^l}{l! \, \Gamma(n+l+1)} \left(\frac{z}{2}\right)^{2l+n} = \qquad (\Gamma(z+1) = \Gamma(z))$$

$$(-1)^n J_n(z)$$

与第一解线性相关.

所以第二解一定含有对数项

$$w_2(z) = g J_n(z) \ln z + \sum_{k=0}^{\infty} d_k z^{k-n}$$

分析知，线性无关的两个解. 必满足朗斯基行列式 $\begin{vmatrix} w_1 & w_2 \\ w_1' & w_2' \end{vmatrix} \neq 0$，即

$$\begin{vmatrix} J_\nu & J_{-\nu} \\ J_\nu' & J_{-\nu}' \end{vmatrix} = J_\nu J_{-\nu}' - J_{-\nu} J_\nu' = A \exp\left[-\int_z p(\xi) d\xi\right] =$$

$$A \exp\left[-\int_z \frac{d\xi}{\xi}\right] = \frac{A}{z} \neq 0 \tag{6.5}$$

将 $J_\nu(z)$ 和 $J_{-\nu}(z)$ 的级数解代入式(6.5)，并找出 z^{-1} 项的系数，有

$$J_\nu J_{-\nu}' - J_{-\nu} J_\nu' = \sum_{k=0}^{\infty} \frac{(-1)^k}{k! \, \Gamma(k+\nu+1) 2^{2k+\nu}} z^{2k+\nu} \sum_{l=0}^{\infty} \frac{(-1)^l (2l-\nu)}{l! \, \Gamma(l-\nu+1) 2^{2l-\nu}} z^{2l-\nu-1} -$$

$$\sum_{k=0}^{\infty} \frac{(-1)^k (2k+\nu)}{k! \, \Gamma(k+\nu+1) 2^{2k+\nu}} z^{2k+\nu-1} \sum_{l=0}^{\infty} \frac{(-1)^l}{l! \, \Gamma(l-\nu+1) 2^{2l-\nu}} z^{2l-\nu} =$$

$$\sum_{k=0}^{\infty} \sum_{l=0}^{\infty} \frac{(-1)^{k+l} (2l-\nu)}{k! \, l! \, \Gamma(k+\nu+1) \Gamma(l-\nu+1) 2^{2k+2l}} z^{2k+2l-1}$$

$$\sum_{k=0}^{\infty} \sum_{l=0}^{\infty} \frac{(-1)^{k+l}(2k+\nu)}{k!\, l!\, \Gamma(k+\nu+1)\Gamma(l-\nu+1)2^{2k+2l}} z^{2k+2l-1}$$

因为 $k=l=0$ 对应 z^{-1} 项，所以

$$A = \frac{1}{\Gamma(1+\nu)} \frac{1}{2^{\nu}} \frac{1}{\Gamma(1-\nu)} \frac{-\nu}{2^{-\nu}} - \frac{1}{\Gamma(1-\nu)} \frac{1}{2^{\nu}} \frac{1}{\Gamma(1+\nu)} \frac{\nu}{2^{\nu}} =$$

$$-\frac{2\nu}{\Gamma(1+\nu)\Gamma(1-\nu)} = -\frac{2}{\Gamma(\nu)\Gamma(1-\nu)} = \qquad (\Gamma(1+z) = z\Gamma(z))$$

$$-\frac{2}{\pi} \sin\pi\nu \qquad \left(\Gamma(z)\Gamma(1-z) = \frac{\pi}{\sin\pi z}\right)$$

再次证明 $\nu = n (n = 1, 2, 3, \cdots)$ 时，$\mathrm{J}_{\nu}(z)$ 和 $\mathrm{J}_{-\nu}(z)$ 线性相关.

但若将 $w_2(z) = c_1 \mathrm{J}_{\nu}(z) + c_2 \mathrm{J}_{-\nu}(z)$ 取为线性组合，适当选择 c_1 与 c_2，使 $\begin{vmatrix} \mathrm{J}_{\nu} & w_2 \\ \mathrm{J}'_{\nu} & w'_2 \end{vmatrix}$ 对任何 ν

均不为零，就可以消除 $\mathrm{J}_{\nu}(z)$ 和 $w_2(z)$ 的线性相关性. 故取 $w_2(z) = \dfrac{c\mathrm{J}_{\nu}(z) - \mathrm{J}_{-\nu}(z)}{\sin\pi\nu}$，则

$$\begin{vmatrix} \mathrm{J}_{\nu} & w_2 \\ \mathrm{J}'_{\nu} & w'_2 \end{vmatrix} = \frac{2}{\pi z} \neq 0 \text{ 与 } \nu \text{ 的选取无关.}$$

要使 $w_2(z)$ 有意义，则

$$\sin n\pi \neq 0, \quad \mathrm{J}_{-n}(z) = (-1)^n \mathrm{J}_n(z)$$

选取 c，使 $w_2(z)$ 中的分子在 $\nu = n$ 时也为零，例如 $c = \cos\pi\nu$，则贝塞尔方程的第二解是

$$\mathrm{N}_{\nu}(z) = \frac{\cos\pi\nu \mathrm{J}_{\nu}(z) - \mathrm{J}_{-\nu}(z)}{\sin\pi\nu}$$

该式为 ν 阶诺依曼函数.

第7章 留数定理及其应用

7.1 留数定理

定义 单值函数 $f(z)$ 在孤立奇点 b_k 邻域内的洛朗展开 $f(z)=\sum_{l=-\infty}^{+\infty} a_l^{(k)} (z-b_k)^l$ 中的 $(z-b_k)^{-1}$ 项的系数 $a_{-1}^{(k)}$，称为 $f(z)$ 在 b_k 处的留数，记作 $\mathrm{res}f(b_k)$，或 $\mathrm{res}[f(z),b_k]$.

定理 设光滑的简单闭合曲线 C 是区域 G 的边界，若除了有限个孤立奇点 $b_k (k=1,2,n)$ 外，函数 $f(z)$ 在 G 内单值解析，在 $\overline{G}$ 上连续，且 C 上没有奇点，则 $\oint_C f(z)\mathrm{d}z=2\pi\mathrm{i}\sum_{k=1}^{\infty}\mathrm{res}f(b_k)$.

证明 如图 7-1 所示，围绕每个奇点 b_k 作闭合曲线 γ_k，使 γ_k 均在 G 内，且互不交叠，由复连通区域的柯西定理知

$$\oint_C f(z)\mathrm{d}z=\sum_{k=1}^{n}\oint_{\gamma_k} f(z)\mathrm{d}z$$

将 $f(z)$ 在 b_k 的邻域内展开为洛朗级数为

$$f(z)=\sum_{n=-\infty}^{+\infty} a_n^{(k)} (z-b_k)^n$$

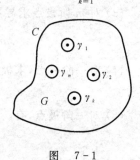

图 7-1

$$\oint_C f(z)\mathrm{d}z=\sum_{k=1}^{n}\oint_{\gamma_k}\sum_{n=-\infty}^{+\infty} a_n^{(k)} (z-b_k)^n\mathrm{d}z=\sum_{k=1}^{n}\sum_{n=-\infty}^{+\infty} a_n^{(k)}\oint_{\gamma_k} (z-b_k)^n\mathrm{d}z$$

由 $\oint_C (z-a)^n\mathrm{d}z=\begin{cases}2\pi\mathrm{i}, & n=-1 \\ 0, & n\neq-1\end{cases}$ 且 C 内含有 $z=a$，可得

$$\oint_C f(z)\mathrm{d}z=\sum_{k=1}^{n} a_{-1}^{(k)} 2\pi\mathrm{i}=2\pi\mathrm{i}\sum_{k=1}^{n}\mathrm{res}f(b_k)$$

复连通区域的柯西定理＋洛朗展开系数公式⇒留数定理.

留数的求法：

设 $z=b$ 是 $f(z)$ 的 m 阶极点，则在 b 点的邻域内

$$f(z)=a_{-m} (z-b)^{-m}+a_{-m+1} (z-b)^{-m+1}+\cdots+a_{-1} (z-b)^{-1}+$$
$$a_0+a_{-1} (z-b)^1+\cdots$$

两边同乘以 $(z-b)^m$ 得

$$(z-b)^m f(z)=a_{-m}+a_{-m+1}(z-b)+\cdots+a_{-1} (z-b)^{m-1}+$$
$$a_0 (z-b)^m+a_{-1} (z-b)^{m+1}+\cdots$$

全为正幂项，求导 $(m-1)$ 次后，低于 $(m-1)$ 次的幂项没有了，高于 $(m-1)$ 次的幂项在 $(z-b)\big|_{z=b}=0$，只剩 a_{-1} 了.

$$a_{-1} = \frac{1}{(m-1)!} \frac{\mathrm{d}^{m-1}}{\mathrm{d}z^{m-1}} \left[(z-b)^m f(z) \right]_{z=b}$$

若 $z=b$ 是一阶极点,则

$$a_{-1} = \lim_{z \to b} \left[(z-b) f(z) \right]$$

常见情况:$f(z) = \dfrac{P(z)}{Q(z)}$,$P(z)$,$Q(z)$ 在 b 点及其邻域内解析,$z=b$ 是 $Q(z)$ 的一阶零点.

$Q(b)=0$,$Q'(b) \neq 0$,$P(b) \neq 0$,则

$$a_{-1} = \lim_{z \to b} \left[(z-b) f(z) \right] = \lim_{z \to b} \left[(z-b) \frac{P(z)}{Q(z)} \right] = P(b) \lim_{z \to b} \frac{(z-b)}{Q(z)} = \frac{P(b)}{Q'(b)}$$

即

$$a_{-1} = \frac{P(b)}{Q'(b)}$$

小结 求留数的方法:

(1) 根据定义将函数在奇点邻域展开,求展开系数 a_{-1}.

(2) 求积分:

$$a_{-1} = \frac{1}{2\pi i} \oint_{\gamma_k} f(z) \mathrm{d}z$$

(3) 对 m 阶极点求导数:

$$a_{-1} = \frac{1}{(m-1)!} \frac{\mathrm{d}^{m-1}}{\mathrm{d}z^{m-1}} \left[(z-b)^m f(z) \right]_{z=b}$$

(4) 对一阶极点,求极限:

$$a_{-1} = \lim_{z \to b} \left[(z-b) f(z) \right]$$

(5) 对一阶极点,有

$$a_{-1} = \frac{P(z)}{Q'(z)}$$

例 1 求 $\dfrac{1}{z^2+1}$ 在奇点处的留数.

解 $\dfrac{1}{z^2+1} = \dfrac{1}{z+i} \dfrac{1}{z-i}$,$z = \pm i$ 是它的一阶极点

$$\mathrm{res} f(\pm i) = \frac{P(z)}{Q'(z)} \bigg|_{z=\pm i} = \frac{1}{2z} \bigg|_{z=\pm i} = \mp \frac{i}{2}$$

例 2 求 $\dfrac{\mathrm{e}^{iaz} - \mathrm{e}^{ibz}}{z^2}$ 在奇点处的留数.

解 方法一:直接在 $z=0$ 作展开,有

$$\frac{\mathrm{e}^{iaz} - \mathrm{e}^{ibz}}{z^2} = \frac{1}{z^2} \sum_{n=0}^{\infty} \frac{(iaz)^n - (ibz)^n}{n!} = \sum_{n=0}^{\infty} \frac{i^n}{n!} (a^n - b^n) z^{n-2}$$

$$\mathrm{res} f(0) = a_{-1} = i(a-b)$$

方法二:$z=0$ 是一阶极点,则

$$\mathrm{res} f(0) = a_{-1} = \lim_{z \to 0} z \frac{\mathrm{e}^{iaz} - \mathrm{e}^{ibz}}{z^2} = \lim_{z \to 0} \frac{\mathrm{e}^{iaz} - \mathrm{e}^{ibz}}{z} =$$

$$(ia \mathrm{e}^{iaz} - ib \mathrm{e}^{ibz})_{z=0} = i(a-b)$$

例 3 求 $\dfrac{1}{(z^2+1)^3}$ 在奇点处的留数.

解　$\dfrac{1}{(z^2+1)^3}$ 的倒数 $(z^2+1)^3$ 的零点 $z=\pm\mathrm{i}$.

$$[(z^2+1)^3]'=6z\,(z^2+1)^2\,|_{z=\pm\mathrm{i}}=0$$

$$[(z^2+1)^3]''=6\,(z^2+1)^2+24z^2(z^2+1)\,|_{z=\pm\mathrm{i}}=0$$

$$[(z^2+1)^3]^{(3)}=72z\,(z^2+1)^2+48z^3\,|_{z=\pm\mathrm{i}}\neq 0$$

故 $z=\pm\mathrm{i}$ 是 $\dfrac{1}{(z^2+1)^3}$ 的三阶极点.

$$a_{-1}=\frac{1}{(m-1)!}\,\frac{\mathrm{d}^{m-1}}{\mathrm{d}z^{m-1}}\,[(z-b)^m f(z)]_{z=b}$$

$$\operatorname{res}f(\mathrm{i})=\frac{1}{2!}\cdot\frac{\mathrm{d}^2}{\mathrm{d}z^2}\left[(z-\mathrm{i})^3\,\frac{1}{(z^2+1)^3}\right]_{z=\mathrm{i}}=\frac{1}{2!}\frac{\mathrm{d}^2}{\mathrm{d}z^2}\left(\frac{z-\mathrm{i}}{z^2+1}\right)^3\bigg|_{z=\mathrm{i}}=$$

$$\frac{1}{2!}\frac{\mathrm{d}^2}{\mathrm{d}z^2}\left(\frac{1}{z+\mathrm{i}}\right)^3\bigg|_{z=\mathrm{i}}=\frac{1}{2!}\frac{\mathrm{d}}{\mathrm{d}z}\left[\frac{-3}{(z+\mathrm{i})^4}\right]_{z=\mathrm{i}}=$$

$$\frac{1}{2!}\frac{12}{(z+\mathrm{i})^5}\bigg|_{z=\mathrm{i}}=\frac{6}{(z+\mathrm{i})^5}\bigg|_{z=\mathrm{i}}=\frac{6}{32\mathrm{i}^5}=-\frac{3}{16}\mathrm{i}$$

$$\operatorname{res}f(-\mathrm{i})=\frac{1}{2!}\frac{\mathrm{d}^2}{\mathrm{d}z^2}\left[(z+\mathrm{i})^3\,\frac{1}{(z^2+1)^3}\right]_{z=-\mathrm{i}}=\frac{1}{2!}\frac{\mathrm{d}^2}{\mathrm{d}z^2}\left(\frac{z+\mathrm{i}}{z^2+1}\right)^3\bigg|_{z=-\mathrm{i}}=$$

$$\frac{1}{2!}\frac{\mathrm{d}^2}{\mathrm{d}z^2}\left(\frac{1}{z-1}\right)^3\bigg|_{z=-\mathrm{i}}=\frac{1}{2!}\frac{\mathrm{d}}{\mathrm{d}z}\left[\frac{-3}{(z-\mathrm{i})^4}\right]_{z=-\mathrm{i}}=$$

$$\frac{1}{2!}\frac{12}{(z-\mathrm{i})^5}\bigg|_{z=-\mathrm{i}}=\frac{6}{(z-\mathrm{i})^5}\bigg|_{z=-\mathrm{i}}=\frac{6}{(-2\mathrm{i})^5}=-\frac{6}{32\mathrm{i}^5}=\frac{3}{16}\mathrm{i}$$

例 4　求 $\dfrac{z}{(z-1)(z+1)^2}$ 在奇点 $z=\pm 1$ 处的留数.

解　先分析奇点的类型. $z=1$ 为一阶极点，$z=-1$ 为二阶极点.

$$\operatorname{res}f(1)=\lim_{z\to 1}\left[(z-1)\,\frac{z}{(z-1)(z+1)^2}\right]=\frac{1}{4}$$

$$\operatorname{res}f(-1)=\frac{1}{(2-1)!}\frac{\mathrm{d}^2}{\mathrm{d}z^2}\left[(z+1)^2\,\frac{z}{(z-1)(z+1)^2}\right]_{z=-1}=$$

$$\frac{(z-1)-z}{(z-1)^2}\bigg|_{z=-1}=-\frac{1}{4}$$

例 5　求 $z^3\cos\dfrac{1}{z-2}$ 在孤立奇点的留数.

解　$z=2$ 为 $f(z)=z^3\cos\dfrac{1}{z-2}$ 在复平面内的唯一孤立奇点，$\lim\limits_{z\to 2}z^3\cos\dfrac{1}{z-2}$ 不确定，为本性奇点. 可将 $z^3\cos\dfrac{1}{z-2}$ 在 $0<|z-2|<\infty$ 展开，有

$$f(z)=[(z-2)+2]^3\sum_{k=0}^{\infty}\frac{(-1)^k}{(2k)!}\frac{1}{(z-2)^{2k}}=$$

$$[(z-2)^3+3\times 2\,(z-2)^2+3\times 2^2\times(z-2)+2^3]\sum_{k=0}^{\infty}\frac{(-1)^k}{(2k)!}\frac{1}{(z-2)^{2k}}=$$

$$\cdots+\left(\frac{1}{4!}-12\times\frac{1}{2!}\right)\frac{1}{z-2}+\cdots=\qquad(只关心负一次幂系数)$$

$$\cdots + \left(-\frac{143}{24}\right)\frac{1}{z-2} + \cdots$$

因此,$\operatorname{res}f(2) = -\frac{143}{24}$.

例 6　对有理函数 $f(z) = \dfrac{1}{(z-1)(z-2)(z-3)}$ 部分分式.

解　令 $f(z) = \dfrac{A}{z-1} + \dfrac{B}{z-2} + \dfrac{C}{z-3}$. 显然,$A,B,C$ 正好是 $f(z)$ 在一阶极点 $z=1$,$z=2$, $z=3$ 的留数,故

$$A = \operatorname{res}f(1) = \lim_{z\to 1}(z-1)\frac{1}{(z-1)(z-2)(z-3)} =$$

$$\frac{1}{(z-2)(z-3)}\bigg|_{z=1} = \frac{1}{2}$$

$$B = \operatorname{res}f(2) = \lim_{z\to 2}(z-2)\frac{1}{(z-1)(z-2)(z-3)} =$$

$$\frac{1}{(z-1)(z-3)}\bigg|_{z=2} = -1$$

$$C = \operatorname{res}f(3) = \lim_{z\to 3}(z-3)\frac{1}{(z-1)(z-2)(z-3)} =$$

$$\frac{1}{(z-1)(z-2)}\bigg|_{z=3} = \frac{1}{2}$$

因此

$$f(z) = \frac{1}{2}\frac{1}{z-1} - \frac{1}{z-2} + \frac{1}{2}\frac{1}{z-3}$$

例 7　求 $\dfrac{\mathrm{e}^z}{1+z}$ 在奇点的留数.

解　$z=-1$ 为 $f(z) = \dfrac{\mathrm{e}^z}{1+z}$ 的一阶极点,$\operatorname{res}f(-1) = \lim_{z\to -1}(z+1)\dfrac{\mathrm{e}^z}{1+z} = \dfrac{1}{\mathrm{e}}$;

$z=\infty$ 为本性奇点,$\operatorname{res}f(\infty) = -\sum_{b_k}\operatorname{res}f(b_k) = -\operatorname{res}f(-1) = -\dfrac{1}{\mathrm{e}}$.

补充讨论:

对于无穷远点,定义 $\operatorname{res}f(\infty) = \dfrac{1}{2\pi\mathrm{i}}\oint_{C'}f(z)\mathrm{d}z$,$C'$ 为绕无穷远点正向一周的围道:

(1) 在 C' 内有奇点 $\{b_k\}$,则 $\operatorname{res}f(\infty) = -\sum_{b_k}\operatorname{res}f(b_k)$.

(2) 在 C' 内只有 ∞ 可能是 $f(z)$ 的奇点,作变换 $z = \dfrac{1}{t}$ 则

$$\operatorname{res}f(\infty) = \frac{1}{2\pi\mathrm{i}}\oint_{C'}f\left(\frac{1}{t}\right)\mathrm{d}\left(\frac{1}{t}\right) = \frac{1}{2\pi\mathrm{i}}\oint_C\frac{f(1/t)}{t^2}\mathrm{d}(t) =$$

$$-\frac{f(1/t)}{t^2} = \quad\text{(在 } t=0 \text{ 点邻域内幂级数展开中 } t^{-1} \text{ 项的系数)}$$

$$-f(1/t) = \quad\text{(在 } t=0 \text{ 点邻域内幂级数展开中 } t^1 \text{ 项的系数)}$$

$$-f(z) \quad\text{(在 } z=\infty \text{ 点邻域内幂级数展开中 } z^{-1} \text{ 项的系数)}$$

此结果与有限远处奇点的留数不同之处为：

（1）形式上多了一个负号；

（2）$z-1$ 是 $f(z)$ 在 ∞ 点展开的正则部分（绝对收敛的负幂项），即使 ∞ 点不是奇点，$\mathrm{res}f(\infty)$ 也可以不为 0；反之，即使 ∞ 点是奇点，甚至为一阶极点，$\mathrm{res}f(\infty)$ 也可以为 0.

留数的计算在积分计算中常用到. 下节重点学习积分计算中留数定理的运用，涉及定积分和常见类型积分的计算.

7.2　有理三角函数的积分

计算方法：设

$$I = \int_0^{2\pi} R(\sin\theta, \cos\theta)\,\mathrm{d}\theta$$

式中，R 为 $\sin\theta$ 和 $\cos\theta$ 的有理函数，在 $[0,2\pi]$ 上连续，作变换 $z = \mathrm{e}^{\mathrm{i}\theta}$，即 $\sin\theta = \dfrac{z^2-1}{2\mathrm{i}z}$，$\cos\theta = \dfrac{z^2+1}{2z}$，$\mathrm{d}\theta = \dfrac{\mathrm{d}z}{\mathrm{i}z}$，则

$$I = \oint_{|z|<1} R\left(\frac{z^2-1}{2\mathrm{i}z}, \frac{z^2+1}{2z}\right)\frac{\mathrm{d}z}{\mathrm{i}z} = 2\pi \sum_{|z|<1} \mathrm{res}\left[\frac{1}{z}R\left(\frac{z^2-1}{2\mathrm{i}z}, \frac{z^2+1}{2z}\right)\right]$$

R 在 $[0,2\pi]$ 上连续，保证了 $R(z)$ 在 $|z|<1$ 上无奇点.

例 1　计算积分 $I = \int_0^{2\pi} \dfrac{1}{1+\varepsilon\cos\theta}\,\mathrm{d}\theta$，　$|\varepsilon|<1$.

解　$I = \int_0^{2\pi} \dfrac{1}{1+\varepsilon\cos\theta}\,\mathrm{d}\theta = \oint_{|z|<1}\left(\dfrac{1}{1+\varepsilon\frac{z^2+1}{2z}}\right)\dfrac{\mathrm{d}z}{\mathrm{i}z} = \oint_{|z|<1}\left(\dfrac{2}{\varepsilon z^2+2z+\varepsilon}\right)\dfrac{\mathrm{d}z}{\mathrm{i}} =$

$2\pi \sum_{|z|<1} \mathrm{res}\left(\dfrac{2}{\varepsilon z^2+2z+\varepsilon}\right) = $　（有一阶极点：$z = \dfrac{-2\pm\sqrt{1-\varepsilon^2}}{2\varepsilon}$）

$2\pi\left(\dfrac{2}{2\varepsilon z+2}\right)_{z=\frac{-1+\sqrt{1-\varepsilon^2}}{\varepsilon}} = $　（只有 $z = \dfrac{-2+\sqrt{1-\varepsilon^2}}{2\varepsilon}$ 在 $|z|<1$ 内）

$2\pi\left(\dfrac{2}{-2+\sqrt{1-\varepsilon^2}+2}\right) = $

$\dfrac{2\pi}{\sqrt{1-\varepsilon^2}}$，　$|\varepsilon|<1$

例 2　计算积分 $I = \int_0^{\pi} \dfrac{\cos mx}{5-4\cos x}\,\mathrm{d}x$，$m$ 为正整数.

解　被积函数为偶函数，有

$$I = \frac{1}{2}\int_{-\pi}^{\pi} \frac{\cos mx}{5-4\cos x}\,\mathrm{d}x$$

令 $I_1 = \int_{-\pi}^{\pi} \dfrac{\cos mx}{5-4\cos x}\,\mathrm{d}x$，$I_2 = \int_{-\pi}^{\pi} \dfrac{\sin mx}{5-4\cos x}\,\mathrm{d}x$，则

$$I_1 + \mathrm{i}I_2 = \int_{-\pi}^{\pi} \frac{\mathrm{e}^{imx}}{5-4\cos x}\,\mathrm{d}x$$

设 $z = e^{i\theta}$，则 $dz = iz dx$，$\cos\theta = \dfrac{z^2+1}{2z}$.

$$I_1 + iI_2 = \frac{1}{i} \oint_{|z|=1} \frac{z^m}{5z - 2(1+z^2)} dz$$

$$f(z) = \frac{z^m}{5z - 2(1+z^2)} = \frac{z^m}{-2z^2 + z - 2}$$

在 $|z| < 1$ 内，函数 $f(z)$ 只有一个一阶极点 $z = \dfrac{1}{2}$（$|z=2| > 1$）.

$$\text{res} f\left(\frac{1}{2}\right) = \lim_{z \to \frac{1}{2}} \left(z - \frac{1}{2}\right) \left[\frac{z^m}{5z - 2(1+z^2)}\right] = \lim_{z \to \frac{1}{2}} \left[\frac{-z^m}{2(z-2)}\right] =$$

$$\frac{-\left(\dfrac{1}{2}\right)^m}{2\left(\dfrac{1}{2} - 2\right)} = \frac{1}{3 \times 2^m}$$

$$I_1 + iI_2 = \frac{1}{i} \times 2\pi i \times \frac{1}{3 \times 2^m} = \frac{\pi}{3 \times 2^{m-1}}$$

I_2 中的被积函数为奇函数，$I_2 = 0$，$I_1 = \dfrac{\pi}{3 \times 2^{m-1}}$.

$$I = \frac{1}{2} \int_{-\pi}^{\pi} \frac{\cos mx}{5 - 4\cos x} dx = \frac{1}{2} I_1 = \frac{1}{3 \times 2^m}$$

例 3 计算积分 $I = \displaystyle\int_0^{2\pi} \cos^{2n} x \, dx$.

解 令 $z = e^{ix}$，则 $\cos x = \dfrac{z^2+1}{2z}$，$dx = -\dfrac{i}{z} dz$.

$$I = \int_0^{2\pi} \cos^{2n} x \, dx = \oint_{|z|<1} \left(\frac{z^2+1}{2z}\right)^{2n} \left(-\frac{i}{z}\right) dz = -\frac{i}{2^{2n}} \oint_{|z|=1} \frac{(z^2+1)^{2n}}{z^{2n+1}} dz$$

可见，$z = 0$ 是被积函数 $f(z) = \dfrac{(z^2+1)^{2n}}{z^{2n+1}}$ 在 $|z| < 1$ 内的唯一奇点，是 $2n+1$ 阶极点，若求 $2n$ 阶导数则很复杂，故将 $f(z)$ 在 $0 < |z| < \infty$ 中展开.

由二项式定理知

$$f(z) = \frac{(z^2+1)^{2n}}{z^{2n+1}} = \frac{1}{z^{2n+1}} \sum_{k=0}^{2n} \frac{(2n)!}{k!(2n-k)!} z^{4n-2k} =$$

$$\sum_{k=0}^{2n} \frac{(2n)!}{k!(2n-k)!} z^{4n-2k-2n-1} = \sum_{k=0}^{2n} \frac{(2n)!}{k!(2n-k)!} z^{2n-2k-1}$$

当 $k = n$ 时，为 z^{-1} 项，有

$$\text{res} f(0) = a_{-1} = \frac{(2n)!}{n! \, n!} = \frac{(2n)!}{(n!)^2}$$

$$I = \int_0^{2\pi} \cos^{2n} x \, dx = 2\pi i \left(-\frac{i}{2^{2n}}\right) \frac{(2n)!}{(n!)^2} = \frac{2\pi}{2^{2n}} \frac{(2n)!}{(n!)^2} = \frac{2\pi(2n)!}{(2^n n!)^2}$$

例 4 计算积分 $I = \displaystyle\int_0^{2\pi} \frac{1}{1 + \cos^2\theta} d\theta$.

解 $I = \displaystyle\int_0^{2\pi} \frac{1}{1+\cos^2\theta} d\theta = \int_0^{2\pi} \frac{2}{3 + \cos 2\theta} d\theta = \int_0^{4\pi} \frac{1}{3 + \cos\varphi} d\varphi = 2\int_0^{2\pi} \frac{1}{3 + \cos\varphi} d\varphi$

令 $z = \mathrm{e}^{\mathrm{i}\varphi}$，则 $\cos\varphi = \dfrac{z^2 + 1}{2z}$，$\mathrm{d}\varphi = -\dfrac{\mathrm{i}}{z}\mathrm{d}z$.

$$I = \int_0^{2\pi} \frac{1}{1 + \cos^2\theta}\mathrm{d}\theta = 2\oint_{|z|=1} \frac{2z}{z^2 + 6z + 1}\left(-\frac{\mathrm{i}}{z}\right)\mathrm{d}z = -4\mathrm{i}\oint_{|z|=1} \frac{\mathrm{d}z}{z^2 + 6z + 1}$$

$f(z) = \dfrac{1}{z^2 + 6z + 1}$ 的奇点 $z = -3 \pm 2\sqrt{2}$ 均为一阶极点. 只有 $z = -3 + 2\sqrt{2}$ 在 $|z| < 1$ 内

$$\operatorname{res}f(-3 + \sqrt{2}) = \frac{1}{(z^2 + 6z + 1)'}\bigg|_{z=-3+2\sqrt{2}} = \frac{1}{2z + 6}\bigg|_{z=-3+2\sqrt{2}} = \frac{1}{4\sqrt{2}}$$

$$I = \int_0^{2\pi} \frac{1}{1 + \cos^2\theta}\mathrm{d}\theta = -4\mathrm{i} \times 2\pi\mathrm{i} \times \operatorname{res}f(-3 + \sqrt{2}) = \frac{8\pi}{4\sqrt{2}} = \sqrt{2}\,\pi$$

例 5　计算积分 $I = \displaystyle\int_0^{\frac{\pi}{2}} \frac{1}{\alpha + \sin^2 x}\mathrm{d}x$，$a > 0$.

解　$I = \displaystyle\int_0^{\frac{\pi}{2}} \frac{1}{a + \sin^2 x}\mathrm{d}x = \int_0^{\frac{\pi}{2}} \frac{2}{2a + 1 - \cos 2x}\mathrm{d}x = \int_0^{\pi} \frac{1}{2a + 1 - \cos\theta}\mathrm{d}\theta$

令 $z = \mathrm{e}^{\mathrm{i}\theta}$，则 $\cos\theta = \dfrac{z^2 + 1}{2z}$，$\mathrm{d}x = -\dfrac{\mathrm{i}}{z}\mathrm{d}z$.

$$I = \int_0^{\frac{\pi}{2}} \frac{1}{a + \sin^2 x}\mathrm{d}x = \frac{1}{2}\oint_{|z|=1} \frac{1}{2a + 1 - \dfrac{z^2 + 1}{2z}}\left(-\frac{\mathrm{i}}{z}\right)\mathrm{d}z =$$

$$\mathrm{i}\oint_{|z|=1} \frac{1}{z^2 - (4a + 2)z + 1}\mathrm{d}z$$

$f(z) = \dfrac{1}{z^2 - (4a + 2)z + 1}$ 有一阶极点 $z = 2a + 1 \pm 2\sqrt{a^2 + a}$. 只有 $z = 2a + 1 - 2\sqrt{a^2 + a}$
在 $|z| < 1$ 内

$$I = \int_0^{\frac{\pi}{2}} \frac{1}{\alpha + \sin^2 x}\mathrm{d}x = \mathrm{i} \times 2\pi\mathrm{i} \times \operatorname{res}f(2a + 1 - 2\sqrt{a^2 + a}) =$$

$$-2\pi\frac{1}{2z - (4a + 2)}\bigg|_{z=2a+1-2\sqrt{a^2+a}} = \frac{\pi}{2\sqrt{a^2 + a}}$$

7.3　无穷积分

$$I = \int_{-\infty}^{+\infty} f(x)\mathrm{d}x$$

计算方法：

(1) 将实变函数 $f(x)$ 延拓为 $f(z)$；

(2) 补上适当的积分路径,形成闭合围道.

如图 7-2 所示,在上半平面补上以原点为圆心,R 为半径的弧 C_R，
则 $[-R, R] + C_R$ 形成闭合围道,应用留数定理计算闭合围道积分后令
$R \to \infty$.

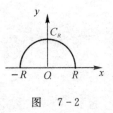

图　7-2

例 1　计算积分 $I = \displaystyle\int_{-\infty}^{+\infty} \frac{1}{(1 + x^2)^2}\mathrm{d}x$.

解　$f(z)=\dfrac{1}{(1+z^2)^2}=\dfrac{1}{(z-\mathrm{i})^2\,(z+\mathrm{i})^2}$ 在上半平面只有一个二阶极点 $z=\mathrm{i}$.

$$\mathrm{res}f(\mathrm{i})=\lim_{z\to\mathrm{i}}\frac{\mathrm{d}}{\mathrm{d}z}\left[(z-\mathrm{i})^2\frac{1}{(z-\mathrm{i})^2\,(z+\mathrm{i})^2}\right]=\lim_{z\to\mathrm{i}}\frac{\mathrm{d}}{\mathrm{d}z}\left[\frac{1}{(z+\mathrm{i})^2}\right]=$$

$$\lim_{z\to\mathrm{i}}\frac{-2}{(z+\mathrm{i})^3}=\frac{1}{4\mathrm{i}}$$

如图 7-2 所示.

$$\oint_C\frac{1}{(1+z^2)^2}\mathrm{d}z=\int_{-R}^R\frac{1}{(1+x^2)^2}\mathrm{d}x+\int_{C_R}\frac{\mathrm{d}z}{(1+z^2)^2}=2\pi\mathrm{i}\cdot\mathrm{res}f(\mathrm{i})$$

因为

$$\lim_{z\to\infty}z\frac{1}{(1+z^2)^2}=0$$

由引理二(第 3 章)知 $\lim\limits_{R\to\infty}\displaystyle\int_{C_R}\frac{1}{(1+z^2)^2}=0$,

$$\lim_{R\to\infty}\int_{-R}^R\frac{1}{(1+x^2)^2}\mathrm{d}x+\lim_{R\to\infty}\int_{C_R}\frac{\mathrm{d}z}{(1+z^2)^2}=2\pi\mathrm{i}\frac{1}{4\mathrm{i}}$$

所以

$$I=\int_{-\infty}^{+\infty}\frac{1}{(1+x^2)^2}\mathrm{d}x=\frac{\pi}{2}$$

可见,无穷积分的被积函数 $f(z)$ 必须满足:

(1) 在上半平面除有限个孤立奇点外,处处解析,实轴上无奇点;

(2) 在 $0\leqslant\arg z\leqslant\pi$ 内,当 $|z|\to\infty$ 时,$zf(z)$ 一致趋于 0. 即对于任意 $\varepsilon>0$,存在 $M(\varepsilon)>0$,使当 $|z|\geqslant 0,0\leqslant\arg z\leqslant\pi$ 时,$|zf(z)|<\varepsilon$.

例 2　计算积分 $I=\displaystyle\int_0^\infty\frac{1}{1+x^4}\mathrm{d}x$.

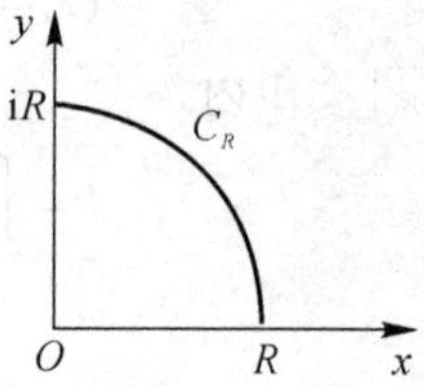

解　如图 7-3 所示,作围道 $[0,R]+C_R+[\mathrm{i}R,0]$,有

$$f(x)\Rightarrow f(z)=\frac{1}{1+z^4}$$

在围道内只有一个一阶极点 $z=\mathrm{e}^{\mathrm{i}\frac{\pi}{4}}$,有

图　7-3

$$\oint_C\frac{1}{1+z^4}\mathrm{d}z=\int_0^R\frac{1}{1+x^4}\mathrm{d}x+\int_{C_R}\frac{\mathrm{d}z}{1+z^4}+\int_R^0\frac{1}{1+(\mathrm{i}y)^4}\mathrm{d}(\mathrm{i}y)=$$

$$(1-\mathrm{i})\int_0^R\frac{\mathrm{d}x}{1+x^4}+\int_{C_R}\frac{\mathrm{d}z}{1+z^4}=$$

$$2\pi\mathrm{i}\cdot\mathrm{res}\frac{1}{1+z^4}\bigg|_{z=\mathrm{e}^{\mathrm{i}\frac{\pi}{4}}}=\frac{\pi}{2}\frac{1-\mathrm{i}}{\sqrt{2}}$$

$$\lim_{R\to\infty}z\frac{1}{1+z^4}=0\Rightarrow\lim_{R\to\infty}\int_{C_R}\frac{\mathrm{d}z}{1+z^4}=0\quad(引理二)$$

得

$$(1-\mathrm{i})\int_0^\infty\frac{\mathrm{d}x}{1+x^4}=\frac{\pi}{2}\frac{1-\mathrm{i}}{\sqrt{2}}$$

故

$$\int_0^\infty\frac{\mathrm{d}x}{1+x^4}=\frac{\sqrt{2}}{4}\pi$$

例 3　计算积分 $I = \displaystyle\int_{-\infty}^{+\infty} \dfrac{1+x^2}{1+x^4}\mathrm{d}x$.

解　作如图 7-2 所示的围道,有

$$f(x) \Rightarrow f(z) = \frac{1+z^2}{1+z^4}$$

在上半平面内有两个一阶极点 $z = \mathrm{e}^{\mathrm{i}\frac{\pi}{4}}$ 和 $z = \mathrm{e}^{\mathrm{i}\frac{3\pi}{4}}$.

$$z\frac{1+z^2}{1+z^4} \xrightarrow{\ |z| \to \infty\ } 0 \Rightarrow \lim_{R \to \infty}\int_{C_R}\frac{1+z^2}{1+z^4} = 0 \quad (\text{引理二})$$

$$\oint \frac{1+z^2}{1+z^4}\mathrm{d}z = \int_{-\infty}^{+\infty}\frac{1+x^2}{1+x^4}\mathrm{d}x = 2\pi\mathrm{i}\left(\operatorname{res}\frac{1+z^2}{1+z^4}\bigg|_{z=\mathrm{e}^{\mathrm{i}\frac{\pi}{4}}} + \operatorname{res}\frac{1+z^2}{1+z^4}\bigg|_{z=\mathrm{e}^{\mathrm{i}\frac{3\pi}{4}}}\right) =$$

$$2\pi\mathrm{i}\left(\frac{1+z^2}{4z^3}\bigg|_{z=\mathrm{e}^{\mathrm{i}\frac{\pi}{4}}} + \frac{1+z^2}{4z^3}\bigg|_{z=\mathrm{e}^{\mathrm{i}\frac{3\pi}{4}}}\right) = 2\pi\mathrm{i}\left(\frac{1+\mathrm{e}^{\mathrm{i}\frac{\pi}{2}}}{4\mathrm{e}^{\mathrm{i}\frac{3\pi}{4}}}\bigg|_{z=\mathrm{e}^{\mathrm{i}\frac{\pi}{4}}} + \frac{1+\mathrm{e}^{\mathrm{i}\frac{3\pi}{2}}}{4\mathrm{e}^{\mathrm{i}\frac{\pi}{4}}}\bigg|_{z=\mathrm{e}^{\mathrm{i}\frac{3\pi}{4}}}\right) =$$

$$2\pi\mathrm{i}\left(\frac{1+\mathrm{i}}{4\left(-\frac{\sqrt{2}}{2}+\frac{\sqrt{2}}{2}\mathrm{i}\right)} + \frac{1+\mathrm{i}}{4\left(\frac{\sqrt{2}}{2}+\frac{\sqrt{2}}{2}\mathrm{i}\right)}\right) =$$

$$2\pi\mathrm{i}\left(\frac{(1+\mathrm{i})\left(-\frac{\sqrt{2}}{2}-\frac{\sqrt{2}}{2}\mathrm{i}\right)}{4} + \frac{(1+\mathrm{i})\left(\frac{\sqrt{2}}{2}-\frac{\sqrt{2}}{2}\mathrm{i}\right)}{4}\right) =$$

$$2\pi\mathrm{i}\,\frac{-\sqrt{2}\,\mathrm{i}-\sqrt{2}\,\mathrm{i}}{4} = \sqrt{2}\,\pi$$

7.4　含三角函数的无穷积分

$$I = \int_{-\infty}^{+\infty} f(x)\cos px\,\mathrm{d}x \quad \text{或} \quad I = \int_{-\infty}^{+\infty} f(x)\sin px\,\mathrm{d}x, \quad p > 0$$

计算方法:如图 7-2 所示,当 $|z| = R \to \infty$ 时,$\cos pz$ 和 $\sin pz$ 解析行为复杂,故取被积函数为 $f(z)\mathrm{e}^{\mathrm{i}pz}$,有

$$\oint_C f(z)\mathrm{e}^{\mathrm{i}zp}\,\mathrm{d}z = \int_{-R}^{R} f(x)\mathrm{e}^{\mathrm{i}px}\,\mathrm{d}x + \int_{C_R} f(z)\mathrm{e}^{\mathrm{i}pz}\,\mathrm{d}z =$$

$$\int_{-R}^{R} f(x)(\cos px + \mathrm{i}\sin px)\,\mathrm{d}x + \int_{C_R} f(z)\mathrm{e}^{\mathrm{i}pz}\,\mathrm{d}z$$

只要知道 $\displaystyle\int_{C_R} f(z)\mathrm{e}^{\mathrm{i}pz}\,\mathrm{d}z$,那么分别比较实部和虚部即可.

定理　(约当定理) 设 $0 \leqslant \arg z \leqslant \pi$,当 $|z| \to \infty$ 时,$Q(z)$ 一致趋近于 0,则

$$\lim_{R \to \infty}\int_{C_R} Q(z)\mathrm{e}^{\mathrm{i}pz}\,\mathrm{d}z = 0$$

其中,$p > 0$,C_R 是以原点为圆心,以 R 为半径的半圆弧.

证明　令 $z = R\mathrm{e}^{\mathrm{i}\theta} \in C_R$,$\mathrm{d}z = R\mathrm{e}^{\mathrm{i}\theta}\mathrm{d}\theta$,则

$$\left|\int_{C_R} Q(z)\mathrm{e}^{\mathrm{i}pz}\,\mathrm{d}z\right| = \left|\int_0^\pi Q(R\mathrm{e}^{\mathrm{i}\theta})\mathrm{e}^{\mathrm{i}pR(\cos\theta + \mathrm{i}\sin\theta)}R\mathrm{e}^{\mathrm{i}\theta}\mathrm{i}\,\mathrm{d}\theta\right|$$

由复变积分性质知：

$$\left|\int_{C_R} Q(z)\mathrm{e}^{\mathrm{i}pz}\,\mathrm{d}z\right| \leqslant \int_0^\pi |Q(R\mathrm{e}^{\mathrm{i}\theta})|\,\mathrm{e}^{-pR\sin\theta}R\,\mathrm{d}\theta < \varepsilon R\int_0^\pi \mathrm{e}^{-pR\sin\theta}\,\mathrm{d}\theta = 2\varepsilon R\int_0^{\frac{\pi}{2}} \mathrm{e}^{-pR\sin\theta}\,\mathrm{d}\theta$$

因为 $0 \leqslant \theta \leqslant \dfrac{\pi}{2}$ 时，$\sin\theta \geqslant \dfrac{2\theta}{\pi}$，如图 7-4 所示，所以

$$\left|\int_{C_R} Q(z)\mathrm{e}^{\mathrm{i}pz}\,\mathrm{d}z\right| \leqslant 2\varepsilon R\int_0^{\frac{\pi}{2}} \mathrm{e}^{-pR\sin\theta}\,\mathrm{d}\theta \leqslant 2\varepsilon R\int_0^{\frac{\pi}{2}} \mathrm{e}^{-pR\frac{2\theta}{\pi}}\,\mathrm{d}\theta =$$

$$\frac{\varepsilon\pi}{p}(1 - \mathrm{e}^{-pR})$$

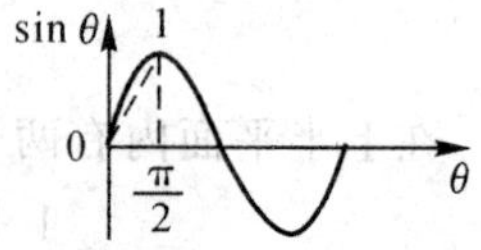

图 7-4

可见

$$\lim_{R\to\infty}\int_{C_R} Q(z)\mathrm{e}^{\mathrm{i}pz}\,\mathrm{d}z = 0$$

约当引理保证了：

$$\int_{-\infty}^{+\infty} f(x)(\cos px + \mathrm{i}\sin px)\,\mathrm{d}x = \oint_C f(z)\mathrm{e}^{\mathrm{i}pz}\,\mathrm{d}z = 2\pi\mathrm{i}\sum_{b_k}\mathrm{res}f(b_k)\mathrm{e}^{\mathrm{i}pb_k} \quad (b_k \text{ 在 } C \text{ 内})$$

当 $f(x)$ 为偶函数时，$f(x)\cos px$ 为偶函数，$f(x)\sin px$ 为奇函数，则

$$\int_0^\infty f(x)\cos px\,\mathrm{d}x = \pi\mathrm{i}\sum_{b_k}\mathrm{res}f(b_k)\mathrm{e}^{\mathrm{i}pb_k}$$

当 $f(x)$ 为奇函数时，$f(x)\cos px$ 为奇函数，$f(x)\sin px$ 为偶函数，则

$$\int_0^\infty f(x)\sin px\,\mathrm{d}x = \pi\sum_{b_k}\mathrm{res}f(b_k)\mathrm{e}^{\mathrm{i}pb_k}$$

例 1 计算积分 $I = \displaystyle\int_0^\infty \frac{\cos ax}{1+x^4}\,\mathrm{d}x$.

解 $f(x) = \dfrac{1}{1+x^4}$ 为偶函数，$f(x) \Rightarrow f(z) = \dfrac{1}{1+z^4}$，在上半平面内有一阶极点 $z = \mathrm{e}^{\mathrm{i}\frac{\pi}{4}}$ 和

$z = \mathrm{e}^{\mathrm{i}\frac{3\pi}{4}}$. $\dfrac{1}{1+z^4} \xrightarrow{|z|\to\infty} 0$，由约当引理知，$\displaystyle\int_{C_R} \frac{\mathrm{e}^{\mathrm{i}az}}{1+z^4}\,\mathrm{d}z = 0$.

作如图 7-2 所示的围道，有

$$\oint \frac{\cos az}{1+z^4}\,\mathrm{d}z = 2\int_0^\infty \frac{\cos ax}{1+x^4}\,\mathrm{d}x = 2\pi\mathrm{i}\left[\mathrm{res}f\left(\frac{\mathrm{e}^{\mathrm{i}az}}{1+z^4}, \mathrm{e}^{\mathrm{i}\frac{\pi}{4}}\right) + \mathrm{res}f\left(\frac{\mathrm{e}^{\mathrm{i}az}}{1+z^4}, \mathrm{e}^{\mathrm{i}\frac{3\pi}{4}}\right)\right]$$

$$\int_0^\infty \frac{\cos ax}{1+x^4}\,\mathrm{d}x = \pi\mathrm{i}\left[\frac{\mathrm{e}^{\mathrm{i}az}}{4z^3}\bigg|_{\mathrm{e}^{\mathrm{i}\frac{\pi}{4}}} + \frac{\mathrm{e}^{\mathrm{i}az}}{4z^3}\bigg|_{\mathrm{e}^{\mathrm{i}\frac{3\pi}{4}}}\right] =$$

$$\pi\mathrm{i}\left[\frac{1-\mathrm{i}}{4\sqrt2}\mathrm{e}^{-\frac{\sqrt2}{2}a-\mathrm{i}\frac{\sqrt2}{2}a} - \frac{1+\mathrm{i}}{4\sqrt2}\mathrm{e}^{-\frac{\sqrt2}{2}a+\mathrm{i}\frac{\sqrt2}{2}a}\right] =$$

$$-\frac{\pi}{2\sqrt2}\mathrm{e}^{-\frac{\sqrt2}{2}a}\left(\sin\frac{\sqrt2}{2}a + \cos\frac{\sqrt2}{2}a\right)$$

例 2 计算积分 $I = \displaystyle\int_{-\infty}^{+\infty} \frac{x\cos x}{x^2 - 2x + 10}\,\mathrm{d}x$.

解 $f(x) = \dfrac{x}{x^2 - 2x + 10}$ 非奇非偶，$f(x) \Rightarrow f(z) = \dfrac{z}{z^2 - 2z + 10}$，在上半平面内有一个一

阶极点 $z = 1 + 3\mathrm{i}$. $\dfrac{z}{z^2 - 2z + 10} \xrightarrow{|z|\to\infty} 0$，由约当引理知，$\displaystyle\int_{C_R} \frac{z\mathrm{e}^{\mathrm{i}z}}{z^2 - 2z + 10}\,\mathrm{d}z = 0$.

$$\int_{-\infty}^{+\infty} \frac{x e^{ix}}{x^2 - 2x + 10} dx = \oint_C \frac{z e^{iz}}{z^2 - 2z + 10} dz = 2\pi i \cdot \text{res} f(1 + 3i) e^{i(1+3i)}$$

$$\text{res} f(1 + 3i) e^{i(1+3i)} = \lim_{z \to 1+3i} \frac{z e^{i(1+3i)}}{(z^2 - 2z + 10)'} = \frac{(1 + 3i) e^{i(1+3i)}}{2(1 + 3i) - 2} = \frac{(1 + 3i) e^{i-3}}{6i}$$

$$\int_{-\infty}^{+\infty} \frac{x e^{ix}}{x^2 - 2x + 10} dz = 2\pi i \frac{(1 + 3i) e^{i-3}}{6i} = \frac{\pi}{3} e^{-3} (\cos 1 - 3\sin 1) +$$

$$i \frac{\pi}{3} e^{-3} (3\cos 1 - \sin 1)$$

故得

$$\int_{-\infty}^{+\infty} \frac{x \cos x}{x^2 - 2x + 10} dx = \frac{\pi}{3} e^{-3} (\cos 1 - 3\sin 1)$$

$$\int_{-\infty}^{+\infty} \frac{x \sin x}{x^2 - 2x + 10} dx = \frac{\pi}{3} e^{-3} (3\cos 1 - \sin 1)$$

例 3　计算积分 $I = \int_0^\infty \frac{x \sin x}{x^2 + a^2} dx, a > 0$.

解　方法一：$f(x) = \dfrac{x}{x^2 + a^2}$ 为奇函数，$f(x) \Rightarrow f(z) = \dfrac{z}{z^2 + a^2}$，在上半平面内有一个一阶

极点 $z = ia$. $\dfrac{z}{z^2 + a^2} \xrightarrow{|z| \to \infty} 0$，由约当引理知，$\displaystyle\int_{C_R} \frac{z e^{iz}}{z^2 + a^2} dz = 0$.

$$\int_0^\infty \frac{x e^{ix}}{x^2 + a^2} dx = \frac{1}{2} \int_{-\infty}^{+\infty} \frac{x e^{ix}}{x^2 + a^2} dx = \frac{1}{2} \oint_C \frac{z e^{iz}}{z^2 + a^2} dz = \pi i \cdot \text{res} f(ia) e^{i(ia)}$$

$$\text{res} f(ia) e^{i(ia)} = \lim_{z \to 1+3i} \frac{z e^{i(ia)}}{(z^2 + a^2)'} = \frac{z e^{i(ia)}}{2z} = \frac{e^{-a}}{2}$$

$$\int_{-\infty}^{+\infty} \frac{x e^{ix}}{x^2 + a^2} dz = 2\pi i \frac{e^{-a}}{2} = \pi i e^{-a}$$

故得

$$\int_{-\infty}^{+\infty} \frac{x \cos x}{x^2 + a^2} dx = 0, \quad \int_{-\infty}^{+\infty} \frac{x \sin x}{x^2 + a^2} dx = \pi e^{-a}$$

即

$$\int_{-\infty}^{+\infty} \frac{x \sin x}{x^2 + a^2} dx = \pi e^{-a}$$

方法二：$f(x) = \dfrac{x}{x^2 + a^2}$ 为奇函数，$\displaystyle\int_0^\infty f(x) \sin px \, dx = \pi \sum_{b_k} \text{res} f(b_k) e^{i p b_k}$.

$$\text{res} f(ia) e^{i(ia)} = \lim_{z \to 1+3i} \frac{z e^{i(ia)}}{(z^2 + a^2)'} = \frac{z e^{i(ia)}}{2z} = \frac{e^{-a}}{2}$$

故得

$$\int_0^\infty \frac{x \sin x}{x^2 + a^2} dx = \pi \cdot \text{res} f(ia) e^{i(ia)} = \pi \frac{e^{-a}}{2} = \frac{\pi}{2} e^{-a}$$

7.5　实轴上有奇点的情形

计算方法：围道作法同上，只是积分围道绕过实轴上的奇点. 围道多了一段以实轴上的奇点为圆心，δ 为半径的半圆弧，如图 7 - 5 所示.

定义　解析函数 $f(x)$ 在有界区域内某点 x_0 无界，称

$$v.\,p.\int_a^b f(x)\mathrm{d}x = \int_a^{x_0-\varepsilon} f(x)\mathrm{d}x + \int_{x_0+\varepsilon}^b f(x)\mathrm{d}x$$

为 $f(x)$ 在 $[a,b]$ 上的主值积分.

例1 计算主值积分 $I = v.p.\displaystyle\int_{-\infty}^{+\infty}\frac{\mathrm{d}x}{x(1+x+x^2)}$.

解 作如图 7-5 所示围道,可知:

$$\oint_C \frac{\mathrm{d}z}{z(1+z+z^2)} = \int_{-R}^{-\delta}\frac{\mathrm{d}x}{x(1+x+x^2)} + \int_{C_\delta}\frac{\mathrm{d}z}{z(1+z+z^2)} +$$

$$\int_\delta^R \frac{\mathrm{d}x}{x(1+x+x^2)} + \int_{C_R}\frac{\mathrm{d}z}{z(1+z+z^2)} =$$

$$2\pi\mathrm{i}\cdot\text{res}\,\frac{1}{z(1+z+z^2)}\bigg|_{z=\mathrm{e}^{\mathrm{i}\frac{2\pi}{3}}} = 2\pi\mathrm{i}\cdot\text{res}\,\frac{\frac{1}{z}}{1+2z}\bigg|_{z=\mathrm{e}^{\mathrm{i}\frac{2\pi}{3}}} =$$

$$-\frac{\pi}{\sqrt{3}} - \mathrm{i}\pi$$

由引理二知:大弧上的积分为零,即

$$\frac{z}{z(1+z+z^2)}\xrightarrow{|z|\to\infty} 0$$

$$\lim_{R\to\infty}\int_{C_R}\frac{\mathrm{d}z}{z(1+z+z^2)} = \mathrm{i}K(\pi-0) = 0$$

又由引理一可知:小弧上的积分值为

$$\frac{z}{z(1+z+z^2)}\xrightarrow{|z|\to 0} 1$$

$$\lim_{\delta\to 0}\int_{C_\delta}\frac{\mathrm{d}z}{z(1+z+z^2)} = \mathrm{i}k(0-\pi) = -\mathrm{i}\pi$$

故

$$\int_{-R}^{-\delta}\frac{\mathrm{d}x}{x(1+x+x^2)} + \int_\delta^R\frac{\mathrm{d}x}{x(1+x+x^2)} - \mathrm{i}\pi = -\frac{\pi}{\sqrt{3}} - \mathrm{i}\pi$$

即

$$I = v.\,p.\int_{-\infty}^{+\infty}\frac{\mathrm{d}x}{x(1+x+x^2)}\mathrm{d}x = -\frac{\pi}{\sqrt{3}}$$

例2 计算积分 $I = \displaystyle\int_{-\infty}^{+\infty}\frac{\sin x}{x}\mathrm{d}x$.

解 作如图 7-5 所示围道,有

$$\oint_C \frac{\mathrm{e}^{\mathrm{i}z}}{z}\mathrm{d}z = \int_{-R}^{-\delta}\frac{\mathrm{e}^{\mathrm{i}x}}{x}\mathrm{d}x + \int_{C_\delta}\frac{\mathrm{e}^{\mathrm{i}z}}{z}\mathrm{d}z + \int_\delta^R\frac{\mathrm{e}^{\mathrm{i}x}}{x}\mathrm{d}x + \int_{C_R}\frac{\mathrm{e}^{\mathrm{i}z}}{z}\mathrm{d}z = 0$$

围道 C 内 $\dfrac{\mathrm{e}^{\mathrm{i}z}}{z}$ 解析,故积分值为零. 由约当引理知:大弧积分为零. 当 $0\leqslant \arg z\leqslant \pi$, $z\to\infty$,

$\dfrac{1}{z}\to 0$ 时,有

$$\lim_{R\to\infty}\int_{C_R}\frac{\mathrm{e}^{\mathrm{i}z}}{z}\mathrm{d}z = 0$$

又由引理一可知:小弧上的积分值为

$$z \cdot \frac{e^{iz}}{z} \xrightarrow{\ |z| \to 0\ } 1$$

$$\lim_{\delta \to 0} \int_{C_\delta} \frac{e^{iz}}{z} dz = ik(0 - \pi) = -i\pi$$

可知

$$\int_{-R}^{-\delta} \frac{e^{ix}}{x} dx - \pi i + \int_{\delta}^{R} \frac{e^{ix}}{x} dx = 0$$

即

$$v.\,p. \int_{-\infty}^{+\infty} \frac{\cos x}{x} dx + i\left(v.\,p. \int_{-\infty}^{+\infty} \frac{\sin x}{x} dx \right) = \pi i$$

故

$$I = \int_{-\infty}^{+\infty} \frac{\sin x}{x} dx = \pi$$

例 3　计算积分 $I = \int_0^{\infty} \frac{\cos ax - \cos bx}{x^2} dx$　$(a \geqslant 0,\quad b \geqslant 0)$.

解　$f(z) = \dfrac{1}{z^2}$ 在实轴上有二阶极点 $z = 0$,作如图 7-5 所示的围道.围道 C 内 $\dfrac{e^{iaz} - e^{ibz}}{z}$ 解析,故积分值为零.

因为

$$\int_{-R}^{-\delta} \frac{e^{iax} - e^{ibx}}{x} dx = \int_{R}^{\delta} \frac{e^{-iax} - e^{-ibx}}{-x} dx = \int_{\delta}^{R} \frac{e^{-iax} - e^{-ibx}}{x} dx$$

所以

$$\int_{-R}^{-\delta} \frac{e^{iax} - e^{ibx}}{x} dx + \int_{\delta}^{R} \frac{e^{iax} - e^{ibx}}{x} dx = \int_{\delta}^{R} \frac{(e^{-iax} - e^{-ibx}) + (e^{iax} - e^{ibx})}{x} dx =$$

$$\int_{\delta}^{R} \frac{(e^{iax} + e^{-iax}) - (e^{ibx} + e^{-ibx})}{x} dx =$$

$$2 \int_{\delta}^{R} \frac{\cos ax - \cos bx}{x} dx$$

由引理一可知:小弧上的积分值为

$$z \frac{e^{iaz} - e^{ibz}}{z^2} = \frac{e^{iaz} - e^{ibz}}{z} \xrightarrow{\ |z| \to 0\ } \left. \frac{iae^{iaz} - ibe^{ibz}}{z} \right|_{z=0} = i(a - b)$$

$$\lim_{\delta \to 0} \int_{C_\delta} \frac{e^{iaz} - e^{ibz}}{z^2} dz = ik(0 - \pi) = \pi(a - b)$$

又由约当引理知,大弧积分为零.当 $0 \leqslant \arg z \leqslant \pi, z \to \infty, \dfrac{1}{z} \to 0$ 时,有

$$\lim_{R \to \infty} \int_{C_R} \frac{e^{iaz}}{z^2} dz = 0, \qquad \lim_{R \to \infty} \int_{C_R} \frac{e^{ibz}}{z^2} dz = 0$$

$$\int_{-R}^{-\delta} \frac{e^{iax} - e^{ibx}}{x^2} dx + \int_{C_\delta} \frac{e^{iaz} - e^{ibz}}{z^2} dz + \int_{\delta}^{R} \frac{e^{iax} - e^{ibx}}{x^2} dx + \int_{C_R} \frac{e^{iaz} - e^{ibz}}{z^2} dz =$$

$$2 \int_{\delta}^{R} \frac{\cos ax - \cos bx}{x^2} dx + \pi(a - b) = 0$$

即

$$\int_{\delta}^{R} \frac{\cos ax - \cos bx}{x^2} dx = \frac{\pi}{2}(b - a)$$

例 4　计算积分 $I = \int_{-\infty}^{+\infty} \frac{\sin^3 x}{x^3} dx$.

解　$f(z) = \dfrac{1}{z^3}$ 在实轴上有三阶极点 $z = 0$.

$$\int_{-\infty}^{+\infty} \frac{\sin^3 z}{z^3} dz = \frac{1}{(2i)^3} \int_{-\infty}^{+\infty} \frac{(e^{iz} - e^{-iz})^3}{z^3} dz = \frac{1}{(2i)^3} \int_{-\infty}^{+\infty} \frac{e^{i3z} - 3e^{iz} + 3e^{-iz} - e^{-i3z}}{z^3} dz =$$

$$\frac{1}{(2i)^3} \int_{-\infty}^{+\infty} \frac{e^{i3z} - 3e^{iz}}{z^3} dz + \frac{1}{(2i)^3} \int_{-\infty}^{+\infty} \frac{3e^{-iz} - e^{-i3z}}{z^3} dz$$

令 $I_1 = \int_{-\infty}^{+\infty} \frac{e^{i3z} - 3e^{iz}}{z^3} dz$, $I_2 = \int_{-\infty}^{+\infty} \frac{3e^{-iz} - e^{-i3z}}{z^3} dz$, 对于 I_1 作围道 C, 如图 7 - 6 所示.

$$\oint_C \frac{e^{i3z} - 3e^{iz}}{z^3} dz = \int_{-R}^{R} \frac{e^{i3x} - 3e^{ix}}{x^3} dx + \int_{C_R} \frac{e^{i3z} - 3e^{iz}}{z^3} dz = 2\pi i \cdot \mathrm{res} f(0) =$$

$$\frac{2\pi i}{2!} \frac{d^2}{dz^2} \left(z^3 \frac{e^{i3z} - 3e^{iz}}{z^3} \right) \Big|_{z=0} = \frac{2\pi i}{2!} (-9e^{i3z} + 3e^{iz}) \Big|_{z=0} = -6\pi i$$

由约当引理知,大弧积分为零. 当 $0 \leqslant \arg z \leqslant \pi, z \to \infty, \frac{1}{z^2} \to 0$ 时,有

$$\lim_{R \to \infty} \int_{C_R} \frac{e^{i3z} - 3e^{iz}}{z^3} dz = 0$$

故 $I_1 = -6\pi i$.

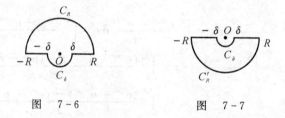

图 7 - 6   图 7 - 7

对于 I_2 作围道 C', 如图 7 - 7 所示.

$$\oint_{C'} \frac{3e^{-iz} - e^{-i3z}}{z^3} dz = \int_{-R}^{R} \frac{3e^{ix} - e^{i3x}}{z^3} dx + \int_{C_R} \frac{3e^{-iz} - e^{-i3z}}{z^3} dz = 0$$

弧积分在下半平面,以保证 $3e^{-iz} - e^{-i3z}$ 能满足约当引理中 e^{ipz} 的 $p > 0$.

由约当引理知:大弧积分为零. 当 $0 \leqslant \arg(-z) \leqslant \pi, z \to \infty, \frac{1}{z^2} \to 0$ 时,有

$$\lim_{R \to \infty} \int_{C_R} \frac{e^{i3z} - 3e^{iz}}{z^3} dz = 0$$

故 $I_2 = 0$.

由以上分析可知:

$$I = \int_{-\infty}^{+\infty} \frac{\sin^3 x}{x^3} dx = \frac{1}{(2i)^3} I_1 + \frac{1}{(2i)^3} I_2 = \frac{3}{4}\pi$$

类似地可以求出:

$$\int_{-\infty}^{+\infty} \frac{\sin^2 x}{x^2} dx = \pi, \quad \int_{-\infty}^{+\infty} \frac{\sin^3 x}{x^3} dx = \frac{3}{4}\pi, \quad \int_{-\infty}^{+\infty} \frac{\sin^4 x}{x^4} dx = \frac{2}{3}\pi, \cdots$$

$$I_n = \int_{-\infty}^{+\infty} \frac{\sin^n x}{x^n} dx = \frac{\pi}{(n+1)!} \sum_{k=0}^{\frac{n}{2}} (-1)^k \binom{n}{k} \left(\frac{n-2k}{2} \right)^{n-1}$$

计算这类积分的关键:选择正确的复变积分的被积函数.

7.6　多值函数的积分

对于积分：

$$I = \int_0^\infty x^{s-1} Q(x) \, \mathrm{d}x$$

其中，s 为实数，$Q(x)$ 单值，在正实轴上没有奇点.

计算方法：相应的复变积分为 $\oint_C z^{s-1} Q(z) \, \mathrm{d}z$，$z=0$ 和 ∞ 是被积

函数的极点，沿正实轴作割线，并规定割线上岸 $\arg z = 0$，积分路径

如图 7-8 所示，$0 \leqslant \arg z \leqslant 2\pi$.

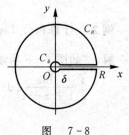

图　7-8

例 1　计算积分 $I = \displaystyle\int_0^\infty \frac{x^{\alpha-1}}{x + \mathrm{e}^{\mathrm{i}\varphi}} \, \mathrm{d}x$，$0 < \alpha < 1$，$-\pi < \varphi < \pi$.

解　如图 7-8 所示，沿正实轴作割线，并规定割线上岸 $\arg z = 0$.

$$\oint_C \frac{z^{\alpha-1}}{z + \mathrm{e}^{\mathrm{i}\varphi}} \, \mathrm{d}z = \int_\delta^R \frac{x^{\alpha-1}}{x + \mathrm{e}^{\mathrm{i}\varphi}} \, \mathrm{d}x + \int_{C_R} \frac{z^{\alpha-1}}{z + \mathrm{e}^{\mathrm{i}\varphi}} \, \mathrm{d}z + \int_R^\delta \frac{x^{\alpha-1}}{x + \mathrm{e}^{\mathrm{i}\varphi}} \, \mathrm{d}x + \int_{C_\delta} \frac{z^{\alpha-1}}{z + \mathrm{e}^{\mathrm{i}\varphi}} \, \mathrm{d}z =$$

$$2\pi\mathrm{i} \sum_{0 < \arg z < 2\pi} \mathrm{res} \, \frac{z^{\alpha-1}}{z + \mathrm{e}^{\mathrm{i}\varphi}}$$

因为　　　$0 < \alpha < 1$，$\displaystyle\lim_{z \to 0} z \frac{z^{\alpha-1}}{z + \mathrm{e}^{\mathrm{i}\varphi}} = 0$，$\displaystyle\lim_{z \to \infty} z \frac{z^{\alpha-1}}{z + \mathrm{e}^{\mathrm{i}\varphi}} = 0$

所以　　　$\displaystyle\int_{C_R} \frac{z^{\alpha-1}}{z + \mathrm{e}^{\mathrm{i}\varphi}} \, \mathrm{d}z = 0$，$\displaystyle\int_{C_\delta} \frac{z^{\alpha-1}}{z + \mathrm{e}^{\mathrm{i}\varphi}} \, \mathrm{d}z = 0$　　（引理一和引理二）

围道内仅有一个一阶极点 $z = \mathrm{e}^{\mathrm{i}(\varphi+\pi)}$.

$$\mathrm{res} \, \frac{z^{\alpha-1}}{z + \mathrm{e}^{\mathrm{i}\varphi}} \bigg|_{z = \mathrm{e}^{\mathrm{i}(\varphi+\pi)}} = z^{\alpha-1} \bigg|_{z = \mathrm{e}^{\mathrm{i}(\varphi+\pi)}} = \mathrm{e}^{\mathrm{i}(\varphi+\pi)(\alpha-1)} = -\mathrm{e}^{\mathrm{i}\pi\alpha} \mathrm{e}^{\mathrm{i}\varphi(\alpha-1)}$$

当 $\delta \to 0$，$R \to \infty$ 时，有

$$\int_0^\infty \frac{x^{\alpha-1}}{x + \mathrm{e}^{\mathrm{i}\varphi}} \, \mathrm{d}x + \int_\infty^0 \frac{(x\mathrm{e}^{2\pi\mathrm{i}})^{\alpha-1}}{(x\mathrm{e}^{2\pi\mathrm{i}}) + \mathrm{e}^{\mathrm{i}\varphi}} \, \mathrm{d}x = 2\pi\mathrm{i} \left[-\mathrm{e}^{\mathrm{i}\pi\alpha} \mathrm{e}^{\mathrm{i}\varphi(\alpha-1)} \right]$$

$$\int_0^\infty \frac{x^{\alpha-1}}{x + \mathrm{e}^{\mathrm{i}\varphi}} \, \mathrm{d}x - \mathrm{e}^{2\pi\mathrm{i}(\alpha-1)} \int_0^\infty \frac{x^{\alpha-1}}{x + \mathrm{e}^{\mathrm{i}\varphi}} \, \mathrm{d}x = 2\pi\mathrm{i} \left[-\mathrm{e}^{\mathrm{i}\pi\alpha} \mathrm{e}^{\mathrm{i}\varphi(\alpha-1)} \right]$$

$$\int_0^\infty \frac{x^{\alpha-1}}{x + \mathrm{e}^{\mathrm{i}\varphi}} \, \mathrm{d}x = \frac{2\pi\mathrm{i}}{1 - \mathrm{e}^{2\pi\mathrm{i}(\alpha-1)}} \left[-\mathrm{e}^{\mathrm{i}\pi\alpha} \mathrm{e}^{\mathrm{i}\varphi(\alpha-1)} \right] = \frac{2\pi\mathrm{i}}{1 - \mathrm{e}^{\mathrm{i}2\pi\alpha}} \left[-\mathrm{e}^{\mathrm{i}\pi\alpha} \mathrm{e}^{\mathrm{i}\varphi(\alpha-1)} \right] =$$

$$\frac{\pi}{\dfrac{\mathrm{e}^{\mathrm{i}2\pi\alpha} - 1}{2\mathrm{i}\mathrm{e}^{\mathrm{i}\pi\alpha}}} \mathrm{e}^{\mathrm{i}\varphi(\alpha-1)} = \frac{\pi}{\dfrac{\mathrm{e}^{\mathrm{i}\pi\alpha} - \mathrm{e}^{-\mathrm{i}\pi\alpha}}{2\mathrm{i}}} \mathrm{e}^{\mathrm{i}\varphi(\alpha-1)} = \frac{\pi}{\sin\pi\alpha} \mathrm{e}^{\mathrm{i}\varphi(\alpha-1)}$$

由此可推知一些积分，如 $\varphi=0$ 时，$\displaystyle\int_0^\infty \frac{x^{\alpha-1}}{x+1} \, \mathrm{d}x = \frac{\pi}{\sin\pi\alpha}$（下一章学习 Γ 函数时会直接用到这

个结果）.

实虚部分开：

$$\int_0^\infty \frac{x^{\alpha-1}}{x + \cos\varphi + \mathrm{i}\sin\varphi} \, \mathrm{d}x = \frac{\pi}{\sin\pi\alpha} \left[\cos(\alpha-1)\varphi + \mathrm{i}\sin(\alpha-1)\varphi \right]$$

$$\int_0^\infty \frac{x^{\alpha-1}(x + \cos\varphi - \mathrm{i}\sin\varphi)}{(x + \cos\varphi)^2 + \sin^2\varphi} \, \mathrm{d}x = \frac{\pi}{\sin\pi\alpha} \left[\cos(\alpha-1)\varphi + \mathrm{i}\sin(\alpha-1)\varphi \right]$$

$$\int_0^\infty \frac{x^{\alpha-1}(x+\cos\varphi)}{(x+\cos\varphi)^2+\sin^2\varphi}\mathrm{d}x - \mathrm{i}\int_0^\infty \frac{x^{\alpha-1}\sin\varphi}{(x+\cos\varphi)^2+\sin^2\varphi}\mathrm{d}x =$$

$$\frac{\pi}{\sin\pi\alpha}\cos(\alpha-1)\varphi + \mathrm{i}\frac{\pi}{\sin\pi\alpha}\sin(\alpha-1)\varphi$$

比较虚部可知:

$$\int_0^\infty \frac{x^{\alpha-1}}{x^2+2x\cos\varphi+1}\mathrm{d}x = \frac{\pi}{\sin\pi\alpha}\frac{\sin(1-\alpha)\varphi}{\sin\varphi}$$

例 2   计算积分 $I = \int_0^\infty \frac{\ln x}{1+x+x^2}\mathrm{d}x$.

解   如图 7-8 所示,沿正实轴作割线,并规定割线上岸 $\arg z=0$.

$$\oint_C \frac{\ln z}{1+z+z^2}\mathrm{d}z = \int_\delta^R \frac{\ln x}{1+x+x^2}\mathrm{d}x + \int_{C_R}\frac{\ln z}{1+z+z^2}\mathrm{d}z + \int_R^\delta \frac{\ln(x\mathrm{e}^{\mathrm{i}2\pi})}{1+x+x^2}\mathrm{d}x +$$

$$\int_{C_\delta}\frac{\ln z}{1+z+z^2}\mathrm{d}z = 2\pi\mathrm{i}\sum_{0<\arg z<2\pi}\operatorname{res}\frac{\ln z}{1+z+z^2}$$

围道内仅有两个一阶极点 $z = \frac{-1\pm\sqrt{3}\,\mathrm{i}}{2}$.

$$\sum_{0<\arg z<2\pi}\operatorname{res}\frac{\ln z}{1+z+z^2} = \frac{\ln z}{1+2z}\Big|_{z=\frac{-1+\sqrt{3}\mathrm{i}}{2}} + \frac{\ln z}{1+2z}\Big|_{z=\frac{-1-\sqrt{3}\mathrm{i}}{2}} =$$

$$\frac{1+\mathrm{i}\frac{11\pi}{6}}{1-1+\sqrt{3}\,\mathrm{i}} + \frac{1+\mathrm{i}\frac{7\pi}{6}}{1-1-\sqrt{3}\,\mathrm{i}} =$$

$$\frac{1+\mathrm{i}\frac{11\pi}{6}-1-\mathrm{i}\frac{7\pi}{6}}{\sqrt{3}\,\mathrm{i}} = -\frac{2\pi}{3\sqrt{3}}$$

由引理一知,小弧上的积分为零.

$$z\frac{\ln z}{1+z+z^2}\xrightarrow{|z|\to 0} 0$$

$$\lim_{\delta\to 0}\int_{C_\delta}\frac{\ln z}{1+z+z^2}\mathrm{d}z = \mathrm{i}k(0-2\pi) = 0$$

由引理二知,大弧上的积分为零.

$$z\frac{\ln z}{1+z+z^2}\xrightarrow{z\to\infty} 0$$

$$\lim_{R\to 0}\int_{C_R}\frac{\ln z}{1+z+z^2}\mathrm{d}z = \mathrm{i}K(2\pi-0) = 0$$

因为当 $\delta\to 0, R\to\infty$ 时,有

$$\int_0^\infty \frac{\ln x}{1+x+x^2}\mathrm{d}x + \int_\infty^0 \frac{\ln(x\mathrm{e}^{\mathrm{i}2\pi})}{1+x+x^2}\mathrm{d}x = 2\pi\mathrm{i}\left(-\frac{2\pi}{3\sqrt{3}}\right)$$

即

$$\int_0^\infty \frac{\ln x}{1+x+x^2}\mathrm{d}x - \int_0^\infty \frac{\ln x+2\pi\mathrm{i}}{1+x+x^2}\mathrm{d}x = -\frac{4\pi^2\mathrm{i}}{3\sqrt{3}}$$

可得

$$\int_0^\infty \frac{1}{1+x+x^2}\mathrm{d}x = -\frac{4\pi^2\mathrm{i}}{3\sqrt{3}}$$

没有得到 $I = \int_0^\infty \frac{\ln x}{1+x+x^2}\mathrm{d}x$ 是因为 $\ln z$ 的多值性表现在虚部上,实部互相抵消.

由以上计算可知：$\int_0^\infty f(x)\mathrm{d}x$ 的定积分可通过计算 $\oint\limits_C f(z)\ln z\mathrm{d}z$ 得到；而 $\int_0^\infty f(x)\ln x\mathrm{d}x$ 的计算则要通过计算 $\oint\limits_C f(z)\ln^2 z\mathrm{d}z$ 得到.

因为此时 $\ln^2 z$ 在割线上、下岸的函数值 $\ln^2 x$ 与 $(\ln x+2\pi\mathrm{i})^2$ 相互抵消，所以剩下 $\ln x$ 项正是所需，则

$$\int_0^\infty \frac{\ln^2 x}{1+x+x^2}\mathrm{d}x - \int_0^\infty \frac{(\ln x+2\pi\mathrm{i})^2}{1+x+x^2}\mathrm{d}x = 2\pi\mathrm{i}\sum_G \mathrm{res}\left(\frac{\ln^2 z}{1+z+z^2}\right)$$

$$左边 = -4\pi\mathrm{i}\int_0^\infty \frac{\ln x}{1+x+x^2}\mathrm{d}x + 4\pi^2\int_0^\infty \frac{1}{1+x+x^2}\mathrm{d}x =$$

$$-4\pi\mathrm{i}\int_0^\infty \frac{\ln x}{1+x+x^2}\mathrm{d}x + 4\pi^2\frac{2\pi}{3\sqrt3} = \frac{8\pi^3}{3\sqrt3} - 4\pi\mathrm{i}\int_0^\infty \frac{\ln x}{1+x+x^2}\mathrm{d}x$$

$$右边 = 2\pi\mathrm{i}\left(\frac{\ln^2 z}{1+2z}\bigg|_{z=\frac{-1+\sqrt3\mathrm{i}}{2}} + \frac{\ln^2 z}{1+2z}\bigg|_{z=\frac{-1-\sqrt3\mathrm{i}}{2}}\right) = 2\pi\mathrm{i}\left[\frac{\left(1+\mathrm{i}\frac{11\pi}{6}\right)^2}{\sqrt3\mathrm{i}} + \frac{\left(1+\mathrm{i}\frac{7\pi}{6}\right)^2}{-\sqrt3\mathrm{i}}\right] =$$

$$2\pi\mathrm{i}\frac{\left(1+\mathrm{i}\frac{11\pi}{3}-\frac{121\pi^2}{36}\right) - \left(1+\mathrm{i}\frac{7\pi}{3}-\frac{49\pi^2}{36}\right)}{\sqrt3\mathrm{i}} = 2\pi\mathrm{i}\frac{\mathrm{i}\frac{4\pi}{3}-2\pi^2}{\sqrt3\mathrm{i}} =$$

$$\frac{8\pi^2\mathrm{i}}{3\sqrt3} - \frac{4\pi^3}{\sqrt3}$$

即

$$\frac{8\pi^3}{3\sqrt3} - 4\pi\mathrm{i}\int_0^\infty \frac{\ln x}{1+x+x^2}\mathrm{d}x = \frac{8\pi^2\mathrm{i}}{3\sqrt3} - \frac{4\pi^3}{\sqrt3}$$

所以

$$\int_0^\infty \frac{\ln x}{1+x+x^2}\mathrm{d}x = \frac{-5\pi^2\mathrm{i}-4\pi}{3\sqrt3}$$

例 3　计算积分 $I = \int_0^\infty \frac{\sqrt x}{1+x^2}\mathrm{d}x$.

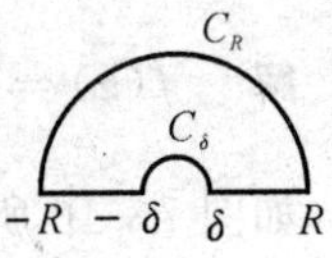

解　方法一：如图 7-9 所示，从 0 到 ∞ 沿实轴作割线，围道内仅有一个一阶极点 $z=\mathrm{i}$，则

图　7-9

$$\oint\limits_C \frac{\sqrt z}{1+z^2}\mathrm{d}z = \int_{-R}^{-\delta}\frac{\sqrt x}{1+x^2}\mathrm{d}x + \int_{C_\delta}\frac{\sqrt z}{1+z^2}\mathrm{d}z + \int_\delta^R\frac{\sqrt x}{1+x^2}\mathrm{d}x + \int_{C_R}\frac{\sqrt z}{1+z^2}\mathrm{d}z =$$

$$2\pi\mathrm{i}\cdot\mathrm{res}\left(\frac{\sqrt z}{1+z^2}\right)_{z=\mathrm{i}} = 2\pi\mathrm{i}\frac{\sqrt z}{2z}\bigg|_{z=\mathrm{i}} = \pi\sqrt{\mathrm{i}}$$

其中

$$\int_{-R}^{-\delta}\frac{\sqrt x}{1+x^2}\mathrm{d}x = -\int_\delta^R\frac{\sqrt{(-x)}}{1+x^2}\mathrm{d}(-x) = \int_\delta^R\frac{\sqrt x\,\mathrm{e}^{\mathrm{i}\frac{\pi}{2}}}{1+x^2}\mathrm{d}x$$

由复变积分性质知：

$$\left|\int_{C_\delta}\frac{\sqrt z}{1+z^2}\mathrm{d}z\right| \leqslant \frac{\sqrt\delta}{|1+\delta^2|}\pi\delta \leqslant \frac{\sqrt\delta}{1-\delta^2}\pi\delta \xrightarrow{\delta\to 0} 0$$

$$\left|\int_{C_R}\frac{\sqrt z}{1+z^2}\mathrm{d}z\right| \leqslant \frac{\sqrt R}{|1+R^2|}\pi R \leqslant \frac{\pi R^{3/2}}{1-R^2} \xrightarrow{R\to\infty} 0$$

故
$$\left(1+e^{i\frac{\pi}{2}}\right)\int_{\delta}^{R}\frac{\sqrt{x}}{1+x^2}dx=\pi\sqrt{i}$$

$$\int_{\delta}^{R}\frac{\sqrt{x}}{1+x^2}dx=\frac{\pi\sqrt{i}}{1+i}=\frac{\pi}{\sqrt{2}}\quad\left(\sqrt{i}=\frac{i+1}{\sqrt{2}}\right)$$

方法二: 如图 7-8 所示,沿正实轴作割线,并规定割线上岸 $\arg z=0$,则

$$\oint_C\frac{\sqrt{z}}{1+z^2}dz=\int_{\delta}^{R}\frac{\sqrt{x}}{1+x^2}dx+\int_{C_R}\frac{\sqrt{z}}{1+z^2}dz+\int_{R}^{\delta}\frac{\sqrt{x}}{1+x^2}dx+\int_{C_\delta}\frac{\sqrt{z}}{1+z^2}dz=$$

$$2\pi i\sum_{z=\pm i}\mathrm{res}\left(\frac{\sqrt{z}}{1+z^2}\right)=2\pi i\left(\frac{\sqrt{z}}{2z}\bigg|_{z=i}+\frac{\sqrt{z}}{2z}\bigg|_{z=-i}\right)=$$

$$2\pi i\left(\frac{\sqrt{i}}{2i}+\frac{\sqrt{-i}}{2(-i)}\right)=\sqrt{2}\pi\quad\left(\sqrt{i}=\frac{i+1}{\sqrt{2}},\sqrt{-i}=\frac{i-1}{\sqrt{2}}\right)$$

因为

$$\int_{C_R}\frac{\sqrt{z}}{1+z^2}dz\xrightarrow{R\to\infty}0,\quad\int_{C_\delta}\frac{\sqrt{z}}{1+z^2}dz\xrightarrow{\delta\to0}0$$

$$\int_{R}^{\delta}\frac{\sqrt{x}}{1+x^2}dx=-\int_{\delta}^{R}\frac{\sqrt{x}e^{i2\pi}}{1+x^2}dx=\int_{\delta}^{R}\frac{\sqrt{x}}{1+x^2}dx$$

所以

$$I=\int_0^\infty\frac{\sqrt{x}}{1+x^2}dx=\frac{1}{2}\oint_C\frac{\sqrt{z}}{1+z^2}dz=\frac{\pi}{\sqrt{2}}$$

例 4 计算积分 $I=\int_{-1}^{1}\frac{1}{(1+x^2)\sqrt{1-x^2}}dx$.

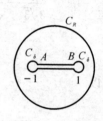

图 7-10

解 $f(z)=\dfrac{1}{(1+z^2)\sqrt{1-z^2}}$ 支点为 $z=\pm1$.

如图 7-10 所示,从 -1 到 1 作割线,并规定割线上岸,则

$$\arg(z+1)=0,\quad\arg(z-1)=\pi$$

$$\oint_C f(z)dz=\int_A^B f(x)dx+\int_{C_\delta}f(z)dz+\int_B^A f(x)dx+\int_{C_\delta}f(z)dz+\int_{C_R}f(z)dz=$$

$$2\pi i[\mathrm{res}f(i)+\mathrm{res}f(-i)]$$

$-1\leqslant x\leqslant1,|x+1|=x+1,|x-1|=1-x$,当 $\delta\to0$ 时,有

$$\int_A^B f(x)dx+\int_B^A f(x)dx=\int_{-1}^{1}\frac{dx}{(1+x^2)\sqrt{|x+1|e^{i(-2\pi)}|x-1|e^{i\pi}}}+$$

$$\int_1^{-1}\frac{dx}{(1+x^2)\sqrt{|x+1|e^{i\theta}|x-1|e^{i(-\pi)}}}$$

由引理一知:小弧积分为零,即

$$z\frac{1}{(1+z^2)\sqrt{1-z^2}}\xrightarrow{|z|\to0}0,\quad\lim_{\delta\to0}\int_{C_\delta}f(z)dz=ik(\theta_2-\theta_1)=0$$

又由引理二知:大弧积分为零,即

$$z\frac{1}{(1+z^2)\sqrt{1-z^2}}\xrightarrow{z\to\infty}0,\quad\lim_{R\to\infty}\int_{C_R}f(z)dz=0$$

$$\mathrm{res}f(\mathrm{i}) = \frac{1}{2z\sqrt{z^2-1}}\bigg|_{z=\mathrm{i}} = \frac{1}{2\mathrm{i}\sqrt{2}\,\mathrm{i}} = -\frac{1}{2\sqrt{2}}$$

其中

$$\sqrt{\mathrm{i}^2-1} = \sqrt{|\mathrm{i}+1|\,\mathrm{e}^{\mathrm{i}\arg(\mathrm{i}+1)}\,|\mathrm{i}-1|\,\mathrm{e}^{\mathrm{i}\arg(\mathrm{i}-1)}} = \sqrt{\sqrt{2}\,\mathrm{e}^{\mathrm{i}\left(-\frac{7\pi}{4}\right)}\sqrt{2}\,\mathrm{e}^{\mathrm{i}\frac{3\pi}{4}}} = \sqrt{2}\,\mathrm{i}$$

$$\mathrm{res}f(-\mathrm{i}) = \frac{1}{2z\sqrt{z^2-1}}\bigg|_{z=-\mathrm{i}} = \frac{-1}{2\mathrm{i}(-\sqrt{2}\,\mathrm{i})} = -\frac{1}{2\sqrt{2}}$$

其中

$$\sqrt{(-\mathrm{i})^2-1} = \sqrt{|-\mathrm{i}+1|\,\mathrm{e}^{\mathrm{i}\arg(-\mathrm{i}+1)}\,|-\mathrm{i}-1|\,\mathrm{e}^{\mathrm{i}\arg(-\mathrm{i}-1)}} =$$
$$\sqrt{\sqrt{2}\,\mathrm{e}^{\mathrm{i}\left(-\frac{\pi}{4}\right)}\sqrt{2}\,\mathrm{e}^{\mathrm{i}\left(-\frac{3\pi}{4}\right)}} = -\sqrt{2}\,\mathrm{i}$$

故得

$$-2\mathrm{i}\int_{-1}^{1}\frac{\mathrm{d}x}{(1+x^2)\sqrt{1-x^2}} = 2\pi\mathrm{i}\left(-\frac{1}{\sqrt{2}}\right) = -\mathrm{i}\pi\sqrt{2}$$

$$I = \int_{-1}^{1}\frac{1}{(1+x^2)\sqrt{1-x^2}}\mathrm{d}x = \frac{\pi}{\sqrt{2}}$$

利用留数定理求解以上 5 类积分的方法见表 7 – 1.

表 7 – 1　5 类积分的求解方法

积分类型	变　换	围　道	相关定理
有理三角函数积分	$z = \mathrm{e}^{\mathrm{i}\theta}$	单位圆周	
无穷积分	$\mathrm{d}z = \mathrm{i}\mathrm{e}^{\mathrm{i}\theta}\mathrm{d}\theta$	$[-R,R]+C_R$	引理二
含三角函数无穷积分	$f(x) \to f(z)$	$[-R,R]+C_R$	引理二, 约当引理
实轴上有奇点的积分	$\begin{cases}\cos px \\ \sin px\end{cases} \Rightarrow \mathrm{e}^{\mathrm{i}pz}$	$[-R,-\delta]+C_\delta+[\delta,R]+C_R$	引理一, 引理二, 约当引理
多值函数积分		由割线作法决定	引理一, 引理二, 约当引理

第8章 Γ 函 数

8.1 Γ函数的定义和基本性质

定义 最基本的特殊函数：$\Gamma(z) = \int_0^\infty e^{-t} t^{z-1} dt$，$\mathrm{Re}\, z > 0$，右半平面的解析函数，称为第二类欧拉积分，$t$ 应理解为 $\arg t = 0$。

回顾：含参量的反常积分的解析性。

定理 设 ① $f(t,z)$ 是 t 和 z 的连续函数，$t > a$，$z \in \overline{G}$；② 对于任意 $t \geqslant a$，$f(t,z)$ 在 $\overline{G}$ 上单值解析；③ $\int_a^\infty f(t,z) dt$ 在 $\overline{G}$ 上一致收敛，即对于任意 $\varepsilon > 0$，存在 $T(\varepsilon)$，当 $T_2 > T_1 > T(\varepsilon)$ 时，$\left| \int_{T_1}^{T_2} f(t,z) dt \right| < \varepsilon$。则 $F(z) = \int_a^\infty f(t,z) dt$ 在 $\overline{G}$ 内解析，且 $F'(z) = \int_a^\infty \frac{\partial f(t,z)}{\partial z} dt$，有

$$\Gamma(z) = \int_0^1 e^{-t} t^{z-1} dt + \int_1^\infty e^{-t} t^{z-1} dt, \quad \mathrm{Re}\, z > 0$$

$e^t = \sum_{n=0}^\infty \frac{t^n}{n!}$，对于任意 $N > 0$，$e^t > \frac{t^N}{N!}$，

$$e^{-t} < \frac{N!}{t^N}, \quad |e^{-t} t^{z-1}| = e^{-t} t^{x-1} < N! \ t^{x-N-1} \quad (x = \mathrm{Re}\, z)$$

只要选取 $N > x$，积分 $\int_1^\infty t^{x-N-1} dt$ 收敛，即 $\int_1^\infty e^{-t} t^{z-1} dt$，$\mathrm{Re}\, z > 0$ 收敛。

$$|e^{-t} t^{z-1}| = e^{-t} t^{x-1} \leqslant t^{x-1}$$

$$\left| \int_0^1 t^{x-N-1} dt \right| = \left| \frac{1}{x-N} \right| = \frac{1}{N-x} < \varepsilon$$

$\int_0^1 e^{-t} t^{z-1} dt$，$\mathrm{Re}\, z > 0$ 收敛。

基本性质：

(1) $\Gamma(1) = 1$。

证明
$$\Gamma(1) = \int_0^\infty e^{-t} t^{1-1} dt = \int_0^\infty e^{-t} dt = -e^{-t} \Big|_0^\infty = 1$$

(2) ① $\Gamma(z+1) = z\Gamma(z)$。

证明
$$\Gamma(z+1) = \int_0^\infty e^{-t} t^{z+1-1} dt = \int_0^\infty e^{-t} t^z dt = -\int_0^\infty t^z d(e^{-t}) =$$
$$-e^{-t} t^z \Big|_0^\infty + z \int_0^\infty e^{-t} t^{z-1} dt = z\Gamma(z)$$

② 阶乘函数：$\Gamma(n) = (n-1)!$。

证明
$$\Gamma(n) = (n-1)\Gamma(n-1) = (n-1)(n-2)\Gamma(n-2) =$$

$$(n-1)(n-2)\cdots 1\Gamma(1)=(n-1)!$$

(3)① $\Gamma(z)\Gamma(1-z)=\dfrac{\pi}{\sin\pi z}$.

在 8.3 节中补证.

② $\Gamma(1/2)=\sqrt{\pi}$.

③ $\Gamma(z)$ 在全平面无零点.

证明　因为 $\dfrac{\pi}{\sin\pi z}\neq 0$,所以 $\Gamma(z)\Gamma(1-z)\neq 0$.假设 $\Gamma(z_0)=0$,则

$$\Gamma(1-z_0)=\infty,\quad \Gamma(1-z_0)=\int_0^\infty e^{-t}t^{-z_0}\,dt>\int_0^\infty t^{-z_0}\,dt$$

有 $z_0=n,n=1,2,3,\cdots$ 因而 $\Gamma(z_0)=\Gamma(n)=(n-1)!$ 与假设矛盾.

(4) 倍乘公式:$\Gamma(2z)=2^{2z-1}\pi^{-\frac12}\Gamma(z)\Gamma\left(z+\dfrac12\right)$.

证明
$$\Gamma\left(z+\frac12\right)=\int_0^\infty e^{-t}t^{z+\frac12-1}\,dt=\int_0^\infty e^{-t}t^{z-\frac12}\,dt,\quad \mathrm{Re}\,z>0$$

$$\Gamma(z)=\int_0^\infty e^{-t}t^{z-1}\,dt,\quad \mathrm{Re}\,z>0$$

$$\Gamma(z)\Gamma\left(z+\frac12\right)=\int_0^\infty e^{-t}t^{z-1}\,dt\int_0^\infty e^{-s}s^{z-\frac12}\,ds=\int_0^\infty\int_0^\infty e^{-(t+s)}(ts)^{z-1}s^{\frac12}t^{-\frac12}\,dt\,ds,\quad \mathrm{Re}\,z>0$$

作变换 $t=u^2,s=v^2(0<u<\infty,0<v<\infty)$,则 $dt=2u\,du,ds=2v\,dv$.

$$\Gamma(z)\Gamma\left(z+\frac12\right)=\int_0^\infty\int_0^\infty e^{-(u^2+v^2)}(uv)^{2z-1}u^{-1}2u\,du\,2v\,dv=$$
$$4\int_0^\infty\int_0^\infty e^{-(u^2+v^2)}(uv)^{2z-1}v\,du\,dv \tag{8.1}$$

对换 u 和 v 可得

$$\Gamma(z)\Gamma\left(z+\frac12\right)=4\int_0^\infty\int_0^\infty e^{-(u^2+v^2)}(uv)^{2z-1}u\,du\,dv \tag{8.2}$$

$$\frac{式(8.1)+式(8.2)}{2}\Rightarrow \Gamma(z)\Gamma\left(z+\frac12\right)=2\int_0^\infty\int_0^\infty e^{-(u^2+v^2)}(uv)^{2z-1}(u+v)\,du\,dv$$

如图 8-1 所示,uv 平面第一象限的面积积分=两倍的阴影面积.

$$\Gamma(z)\Gamma\left(z+\frac12\right)=4\int_0^\infty\int_v^\infty e^{-(u^2+v^2)}(uv)^{2z-1}(u+v)\,du\,dv$$

作变换 $\alpha=u^2+v^2,\beta=2uv$,则

$$\alpha-\beta=(u-v)^2,\quad \alpha+\beta=(u+v)^2,\quad \alpha:\beta\to\infty,\quad \beta:0\to\infty$$

由雅克比行列式,有

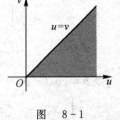

图　8-1

$$\left|\frac{\partial(u,v)}{\partial(\alpha,\beta)}\right|=\begin{vmatrix}\dfrac{\partial u}{\partial\alpha}&\dfrac{\partial u}{\partial\beta}\\[2mm]\dfrac{\partial v}{\partial\alpha}&\dfrac{\partial v}{\partial\beta}\end{vmatrix}=\dfrac{1}{\begin{vmatrix}\dfrac{\partial\alpha}{\partial u}&\dfrac{\partial\alpha}{\partial v}\\[2mm]\dfrac{\partial\beta}{\partial u}&\dfrac{\partial\beta}{\partial v}\end{vmatrix}}=\dfrac{1}{\begin{vmatrix}2u&2v\\2v&2u\end{vmatrix}}=$$

$$\frac{1}{4|u^2-v^2|}=\frac{1}{4\sqrt{(\alpha+\beta)(\alpha-\beta)}}=\frac{1}{4\sqrt{\alpha^2-\beta^2}}$$

$$\Gamma(z)\Gamma\left(z+\frac{1}{2}\right)=4\int_0^\infty\int_v^\infty e^{-(u^2+v^2)}(uv)^{2z-1}(u+v)\mathrm{d}u\mathrm{d}v=$$

$$4\int_0^\infty\int_v^\infty e^{-\alpha}\left(\frac{\beta}{2}\right)^{2z-1}\sqrt{\alpha+\beta}\,\frac{1}{4\sqrt{\alpha^2-\beta^2}}\mathrm{d}\alpha\mathrm{d}\beta=$$

$$4\int_0^\infty\int_v^\infty e^{-\alpha}\left(\frac{\beta}{2}\right)^{2z-1}\frac{1}{4\sqrt{\alpha-\beta}}\mathrm{d}\alpha\mathrm{d}\beta=$$

令 $\gamma=\alpha-\beta$，则 $\mathrm{d}\gamma=\mathrm{d}\alpha,\gamma:0\to\infty$，有

$$\Gamma(z)\Gamma\left(z+\frac{1}{2}\right)=4\int_0^\infty\int_v^\infty e^{-\alpha}\left(\frac{\beta}{2}\right)^{2z-1}\frac{1}{4\sqrt{\alpha-\beta}}\mathrm{d}\alpha\mathrm{d}\beta=$$

$$4\int_0^\infty\int_v^\infty e^{-(\gamma+\beta)}\left(\frac{\beta}{2}\right)^{2z-1}\frac{1}{4\sqrt{\gamma}}\mathrm{d}\gamma\mathrm{d}\beta=$$

$$2^{-(2z-1)}\int_0^\infty e^{-\beta}\beta^{2z-1}\mathrm{d}\beta\int_0^\infty e^{-\gamma}\gamma^{\frac{1}{2}-1}\mathrm{d}\gamma=$$

$$2^{-(2z-1)}\Gamma(2z)\Gamma(1/2)=2^{-(2z-1)}\Gamma(2z)\sqrt{\pi}$$

故 $$\Gamma(2z)=2^{2z-1}\pi^{-\frac{1}{2}}\Gamma(z)\Gamma\left(z+\frac{1}{2}\right)$$

(5) 斯特林公式.

Γ 函数的渐进展开：$|z|\to\infty,|\arg z|<\pi$ 时，有

$$\Gamma(z)\sim z^{z-\frac{1}{2}}e^{-z}\sqrt{2\pi}\left(1+\frac{1}{12z}+\frac{1}{288z^2}-\frac{139}{51\,840z^3}-\frac{571}{2\,488\,320z^4}+\cdots\right)$$

$$\ln\Gamma(z)\sim\left(z-\frac{1}{2}\right)\ln z-z+\frac{1}{2}\ln2\pi+\frac{1}{12z}-\frac{1}{360z^3}+\frac{1}{1\,260z^5}-\frac{1}{1\,680z^7}+\cdots$$

物理中常用到：$\ln n!\sim n\ln n-n$.

例 1 求积分 $\begin{cases}\displaystyle\int_0^\infty x^{a-1}e^{-x\cos\theta}\cos(x\sin\theta)\mathrm{d}x\\\displaystyle\int_0^\infty x^{a-1}e^{-x\cos\theta}\sin(x\sin\theta)\mathrm{d}x\end{cases}$，$-\dfrac{\pi}{2}<\theta<\dfrac{\pi}{2}$.

解 $$\int_0^\infty x^{a-1}e^{-x\cos\theta}\cos(x\sin\theta)\mathrm{d}x+\mathrm{i}\int_0^\infty x^{a-1}e^{-x\cos\theta}\sin(x\sin\theta)\mathrm{d}x=$$

$$\int_0^\infty x^{a-1}e^{-x\cos\theta}e^{\mathrm{i}x\sin\theta}\mathrm{d}x=\int_0^\infty x^{a-1}e^{-x\cos\theta+\mathrm{i}x\sin\theta}\mathrm{d}x=$$

$$\int_0^\infty x^{a-1}e^{-x[\cos(-\theta)+\mathrm{i}x\sin(-\theta)]}\mathrm{d}x$$

令 $b=\cos(-\theta)+\mathrm{i}\sin(-\theta)$，则

$$\int_0^\infty x^{a-1}e^{-x\cos\theta}\cos(x\sin\theta)\mathrm{d}x+\mathrm{i}\int_0^\infty x^{a-1}e^{-x\cos\theta}\sin(x\sin\theta)\mathrm{d}x=\int_0^\infty x^{a-1}e^{-bx}\mathrm{d}x=$$

$$\int_0^\infty\frac{(bx)^{a-1}e^{-bx}\mathrm{d}(bx)}{b^a}=\frac{\Gamma(a)}{b^a}=\frac{\Gamma(a)}{[\cos(-\theta)+\mathrm{i}\sin(-\theta)]^a}=$$

$$\Gamma(a)[\cos(-\theta)-\mathrm{i}\sin(-\theta)]^a=\Gamma(a)(\cos a\theta+\mathrm{i}\sin a\theta)$$

故 $$\begin{cases}\displaystyle\int_0^\infty x^{a-1}e^{-x\cos\theta}\cos(x\sin\theta)\mathrm{d}x=\Gamma(a)\cos a\theta\\\displaystyle\int_0^\infty x^{a-1}e^{-x\cos\theta}\sin(x\sin\theta)\mathrm{d}x=\Gamma(a)\sin a\theta\end{cases},\quad-\frac{\pi}{2}<\theta<\frac{\pi}{2}$$

例 2 求证 $\int_0^\infty e^{-r^2} r^p dr = \frac{1}{2}\Gamma\left(\frac{p+1}{2}\right)$.

证明 $\frac{1}{2}\Gamma\left(\frac{p+1}{2}\right) = \frac{1}{2}\int_0^\infty e^{-t} t^{\frac{p+1}{2}-1} dt = \frac{1}{2}\int_0^\infty e^{-t} t^{\frac{p-1}{2}} dt$

令 $\sqrt{t} = r$, 则 $t = r^2$, $dt = 2rdr$, 当 $t:0 \to \infty$ 时, $r:0 \to \infty$, 得

$$\frac{1}{2}\Gamma\left(\frac{p+1}{2}\right) = \frac{1}{2}\int_0^\infty e^{-r^2} r^{p-1} 2rdr = \int_0^\infty e^{-r^2} r^p dr$$

例 3 求积分 $\int_0^\infty x^6 e^{-2x} dx$.

解 令 $2x = t$, 则 $x = \frac{1}{2}t$, $dx = \frac{1}{2}dt$.

$$\int_0^\infty x^6 e^{-2x} dx = \frac{1}{2^6}\int_0^\infty t^6 e^{-t} \frac{1}{2} dt = \frac{1}{2^7}\int_0^\infty e^{-t} t^6 dt = \frac{1}{2^7}\Gamma(7) = \frac{6!}{2^7} = \frac{45}{8}$$

例 4 求积分 $\int_0^\infty x^5 e^{-x^2} dx$.

解 令 $x^2 = t$, 则 $dx = \frac{dt}{2x} = \frac{dt}{2\sqrt{t}}$.

$$\int_0^\infty x^5 e^{-x^2} dx = \int_0^\infty t^{\frac{5}{2}} e^{-t} \frac{1}{2\sqrt{t}} dt = \frac{1}{2}\int_0^\infty t^2 e^{-t} dt = \frac{1}{2}\Gamma(3) = \frac{2!}{2} = 1$$

例 5 将 $(1+\gamma)(2+\gamma)(3+\gamma)\cdots(n+\gamma) = (1+\gamma)_n$ 用 Γ 函数表示.

解 因为 $\Gamma(z+1) = z\Gamma(z)$, 即

$$1+\gamma = \frac{\Gamma(2+\gamma)}{\Gamma(1+\gamma)}, 2+\gamma = \frac{\Gamma(3+\gamma)}{\Gamma(2+\gamma)}, \cdots, n+\gamma = \frac{\Gamma(n+1+\gamma)}{\Gamma(n+\gamma)}$$

所以

$$(1+\gamma)(2+\gamma)(3+\gamma)\cdots(n+\gamma) = \frac{\Gamma(n+1+\gamma)}{\Gamma(1+\gamma)}$$

例 6 将 $[n(n-1)-\nu(1+\nu)][(n-1)(n-2)-\nu(1+\nu)]\cdots[0-\nu(1+\nu)]$ 用 Γ 函数表示.

解 $n(n-1)-\nu(1+\nu) = n^2-n-\nu-\nu^2 = (n^2-\nu^2)-(n+\nu) = (n+\nu)(n-\nu-1)$

$[n(n-1)-\nu(1+\nu)][(n-1)(n-2)-\nu(1+\nu)]\cdots[0-\nu(1+\nu)] =$

$[(n+\nu)(n-\nu-1)][(n-1+\nu)(n-1-\nu-1)]\cdots[(1+\nu)(1-\nu-1)] =$

$[(n+\nu)(n-1+\nu)\cdots(1+\nu)][(n-\nu-1)(n-1-\nu-1)\cdots(1-\nu-1)] =$

$\dfrac{\Gamma(n+\nu+1)}{\Gamma(1+\nu)} \dfrac{\Gamma(n-\nu)}{\Gamma(-\nu)}$

因为 $\Gamma(z)\Gamma(1-z) = \dfrac{\pi}{\sin\pi z}$, 即

$$\Gamma(-\nu)\Gamma(1+\nu) = \frac{\pi}{\sin\pi(-\nu)}$$

$$\Gamma(n-\nu)\Gamma(1-n+\nu) = \frac{\pi}{\sin\pi(n-\nu)} = \frac{\pi}{(-1)^n \sin\pi(-\nu)}$$

$$\frac{\Gamma(-\nu)\Gamma(1+\nu)}{\Gamma(n-\nu)} = (-1)^n \Gamma(1-n+\nu)$$

所以

$$[n(n-1)-\nu(1+\nu)][(n-1)(n-2)-\nu(1+\nu)]\cdots[0-\nu(1+\nu)] =$$

$$\frac{\Gamma(n+\nu+1)}{\Gamma(1+\nu)}\frac{\Gamma(n-\nu)}{\Gamma(-\nu)}=(-1)^n\frac{\Gamma(n+\nu+1)}{\Gamma(\nu-n+1)}$$

例 7 计算积分 $\begin{cases}\int_0^\infty x^{-\alpha}\sin x\,\mathrm{d}x, & 0<\alpha<2\\ \int_0^\infty x^{-\alpha}\cos x\,\mathrm{d}x, & 0<\alpha<1\end{cases}$.

解 $\int_0^\infty x^{-\alpha}\cos x\,\mathrm{d}x+\mathrm{i}\int_0^\infty x^{-\alpha}\sin x\,\mathrm{d}x=\int_0^\infty z^{-\alpha}\mathrm{e}^{\mathrm{i}z}\mathrm{d}z=\int_0^\infty\frac{(-\mathrm{i}z)^{(1-\alpha)-1}\mathrm{e}^{-(-\mathrm{i}z)}}{(-\mathrm{i})^{1-\alpha}}\mathrm{d}(-\mathrm{i}z)=$

$$\frac{\Gamma(1-\alpha)}{(-\mathrm{i})^{1-\alpha}}=\frac{\Gamma(1-\alpha)}{(\mathrm{e}^{-\frac{\pi}{2}\mathrm{i}})^{1-\alpha}}=\Gamma(1-\alpha)\mathrm{e}^{-\frac{(1-\alpha)}{2}\pi\mathrm{i}}=$$

$$\Gamma(1-\alpha)\left[\cos\left(\frac{\pi}{2}-\frac{\alpha}{2}\pi\right)+\mathrm{i}\sin\left(\frac{\pi}{2}-\frac{\alpha}{2}\pi\right)\right]=$$

$$\Gamma(1-\alpha)\left[\sin\frac{\alpha\pi}{2}+\mathrm{i}\cos\frac{\alpha\pi}{2}\right]$$

故

$$\begin{cases}\int_0^\infty x^{-\alpha}\sin x\,\mathrm{d}x=\Gamma(1-\alpha)\cos\frac{\alpha\pi}{2}\\ \int_0^\infty x^{-\alpha}\cos x\,\mathrm{d}x=\Gamma(1-\alpha)\sin\frac{\alpha\pi}{2}\end{cases}$$

8.2 Ψ 函 数

定义 Ψ 函数是 Γ 函数的对数微商,

$$\Psi(z)=\frac{\mathrm{d}\ln\Gamma(z)}{\mathrm{d}z}=\frac{\Gamma'(z)}{\Gamma(z)}$$

性质:

(1) $z=0,-1,-2,\cdots$ 都是 $\Psi(z)$ 的一阶极点,留数均为 -1,除这些点外, $\Psi(z)$ 在全平面解析.

(2) $$\Psi(z+1)=\Psi(z)+\frac{1}{z}$$

$$\Psi(z+n)=\Psi(z)+\frac{1}{z}+\frac{1}{z+1}+\cdots+\frac{1}{z+n-1},\quad n=2,3,4,\cdots$$

(3) $$\Psi(1-z)=\Psi(z)+\pi\cot(\pi z)$$

(4) $$\Psi(z)-\Psi(-z)=-\frac{1}{z}-\pi\cot(\pi z)$$

(5) $$\Psi(2z)=\frac{1}{2}\Psi(z)+\frac{1}{2}\Psi\left(z+\frac{1}{2}\right)+\ln2$$

(6) $$\Psi(z)\sim\ln z-\frac{1}{2z}-\frac{1}{12z^2}+\frac{1}{120z^4}-\frac{1}{252z^6}+\cdots,\quad z\to\infty\,|\arg z|<\pi$$

(7) $$\lim_{n\to\infty}[\Psi(z+n)-\ln n]=0$$

特殊值:欧拉常数

$$\gamma=0.577\ 215\ 664\ 901\ 532\ 860\ 606\ 512\ 090\ 082\ 40\cdots$$

$$\Psi(1) = -\gamma, \qquad\qquad \Psi'(1) = \frac{\pi^2}{6}$$

$$\Psi\left(\frac{1}{2}\right) = -\gamma - 2\ln 2, \qquad\qquad \Psi'\left(\frac{1}{2}\right) = \frac{\pi^2}{2}$$

$$\Psi\left(-\frac{1}{2}\right) = -\gamma - 2\ln 2 + 2, \qquad\qquad \Psi'\left(-\frac{1}{2}\right) = \frac{\pi^2}{2} + 4$$

$$\Psi\left(\frac{1}{4}\right) = -\gamma - \frac{\pi}{2} - 3\ln 2, \qquad\qquad \Psi\left(\frac{3}{4}\right) = -\gamma + \frac{\pi}{2} - 3\ln 2$$

$$\Psi\left(\frac{1}{3}\right) = -\gamma - \frac{\pi}{2\sqrt{3}} - \frac{3}{2}\ln 3, \qquad\qquad \Psi\left(\frac{2}{3}\right) = -\gamma + \frac{\pi}{2\sqrt{3}} - \frac{3}{2}\ln 3$$

利用 Ψ 函数，可求通项为有理式的无穷级数之和. 无穷级数 $\displaystyle\sum_{n=0}^{\infty} u_n = \sum_{n=0}^{\infty} \frac{p(n)}{d(n)}$，$p(n)$，$d(n)$ 为 n 的多项式，且 $d(n)$ 为 n 的 m 次多项式. $d(n)$ 的全部零点为 u_n 的一阶极点，则 $u_n = \dfrac{p(n)}{d(n)} = \displaystyle\sum_{k=1}^{m} \frac{a_k}{n + \alpha_k}$（部分分式）. 必须有 $\lim\limits_{n\to\infty} u_n = \lim\limits_{n\to\infty} n u_n = 0$，即 $\displaystyle\sum_{k=1}^{m} a_k = 0$，以保证 u_n 收敛. 则有

$$\sum_{n=0}^{N} u_n = \sum_{n=0}^{N} \sum_{k=1}^{m} \frac{a_k}{n + \alpha_k} = \sum_{k=1}^{m} a_k \left(\frac{1}{\alpha_k} + \frac{1}{1 + \alpha_k} + \frac{1}{2 + \alpha_k} + \cdots + \frac{1}{N - 1 + \alpha_k} + \frac{1}{N + \alpha_k}\right) =$$

$$\sum_{k=1}^{m} a_k \left[\Psi(\alpha_k + N + 1) - \Psi(\alpha_k)\right] = \qquad\qquad （性质(2)）$$

$$\sum_{k=1}^{m} a_k \left[\Psi(\alpha_k + N + 1) - \ln(N + 1) - \Psi(\alpha_k)\right]$$

$$\left(\sum_{k=1}^{m} a_k = 0, \text{以保证 } u_n \text{ 收敛}, \sum_{k=1}^{m} a_k \ln(N + 1) = 0\right)$$

当 $n \to \infty$ 时，

$$\sum_{n=0}^{\infty} u_n = \lim_{n\to\infty} \sum_{k=1}^{m} a_k \left[\Psi(\alpha_k + N + 1) - \ln(N + 1)\right] - \sum_{k=1}^{m} a_k \Psi(\alpha_k) =$$

$$-\sum_{k=1}^{m} a_k \Psi(\alpha_k) \qquad\qquad （性质(2)）$$

$$\sum_{n=0}^{\infty} u_n = -\sum_{k=1}^{m} a_k \Psi(\alpha_k), \quad u_n = \sum_{k=1}^{m} \frac{a_k}{n - \alpha_k}$$

例 1　求无穷级数 $\displaystyle\sum_{n=0}^{\infty} \frac{1}{n^2 + a^2}$ 之和，其中 $a > 0$.

解　$\displaystyle\sum_{n=0}^{\infty} \frac{1}{n^2 + a^2} = \frac{i}{2a} \sum_{n=0}^{\infty} \left(\frac{1}{n + ia} - \frac{1}{n - ia}\right) = -\frac{i}{2a}\left[\Psi(ia) - \Psi(-ia)\right] =$

$$-\frac{1}{ia} - \pi\cot(i\pi a) \qquad\qquad （性质(4)）$$

例 2　求无穷级数 $\displaystyle\sum_{n=0}^{\infty} \frac{1}{(3n + 1)(3n + 2)(3n + 3)}$ 之和.

解　$f(n) = \dfrac{1}{(3n + 1)(3n + 2)(3n + 3)} = \dfrac{\text{res}f\left(-\dfrac{1}{3}\right)}{3n + 1} + \dfrac{\text{res}f\left(-\dfrac{2}{3}\right)}{3n + 2} + \dfrac{\text{res}f(-1)}{3n + 3}$

$$\text{res} f\left(-\frac{1}{3}\right) = \frac{1}{(3n+2)(3n+3)}\bigg|_{n=-\frac{1}{3}} = \frac{1}{2}$$

$$\text{res} f\left(-\frac{2}{3}\right) = \frac{1}{(3n+1)(3n+3)}\bigg|_{n=-\frac{2}{3}} = -1$$

$$\text{res} f(-1) = \frac{1}{(3n+1)(3n+2)}\bigg|_{n=-1} = \frac{1}{2}$$

$$\frac{1}{(3n+1)(3n+2)(3n+3)} = \frac{1}{6} \times \frac{1}{n+\frac{1}{3}} - \frac{1}{3} \times \frac{1}{n+\frac{2}{3}} + \frac{1}{6} \times \frac{1}{n+1}$$

$$\sum_{n=0}^{\infty} \frac{1}{(3n+1)(3n+2)(3n+3)} = -\frac{1}{6}\left[\Psi\left(\frac{1}{3}\right) - 2\Psi\left(\frac{2}{3}\right) + \Psi(1)\right]$$

其中

$$\Psi\left(\frac{1}{3}\right) = -\gamma - \frac{\pi}{2\sqrt{3}} - \frac{3}{2}\ln 3, \quad \Psi\left(\frac{2}{3}\right) = -\gamma + \frac{\pi}{2\sqrt{3}} - \frac{3}{2}\ln 3, \quad \Psi(1) = -\gamma$$

故得

$$\sum_{n=0}^{\infty} \frac{1}{(3n+1)(3n+2)(3n+3)} =$$
$$-\frac{1}{6}\left[\left(-\gamma - \frac{\pi}{2\sqrt{3}} - \frac{3}{2}\ln 3\right) - 2\left(-\gamma + \frac{\pi}{2\sqrt{3}} - \frac{3}{2}\ln 3\right) - \gamma\right] = \frac{1}{4}\left(\frac{\pi}{\sqrt{3}} - \ln 3\right)$$

8.3 B 函 数

定义 $B(p,q) = \int_0^1 t^{p-1}(1-t)^{q-1}dt, \text{Re} p > 0, \text{Re} q > 0$,称为第一类欧拉积分.

若 $t = \sin^2\theta$,则 B 函数的另一表达式为 $B(p,q) = 2\int_0^{\frac{\pi}{2}}(\sin\theta)^{2p-1}(\cos\theta)^{2q-1}d\theta$,B 函数可以用 Γ 函数表示: $B(p,q) = \dfrac{\Gamma(p)\Gamma(q)}{\Gamma(p+q)}$.

证明 $\Gamma(p) = \int_0^{\infty} e^{-t} t^{p-1}dt, \text{Re} p > 0; \Gamma(q) = \int_0^{\infty} e^{-t} t^{q-1}dt, \text{Re} q > 0.$

$$t \to x^2 : \Gamma(p) = \int_0^{\infty} e^{-x^2} x^{2p-2}dx^2 = 2\int_0^{\infty} e^{-x^2} x^{2p-1}dx$$

$$t \to y^2 : \Gamma(q) = 2\int_0^{\infty} e^{-y^2} y^{2q-1}dy$$

$$\Gamma(p)\Gamma(q) = 4\int_0^{\infty}\int_0^{\infty} e^{-(x^2+y^2)} x^{2p-1} y^{2q-1}dxdy$$

令 $x = r\sin\theta, y = r\cos\theta$:

$$\Gamma(p)\Gamma(q) = 4\int_0^{\infty}\int_0^{\frac{\pi}{2}} e^{-r^2}(r\sin\theta)^{2p-1}(r\cos\theta)^{2q-1}rdrd\theta =$$

$$\int_0^{\infty} e^{-r^2}(r^2)^{(p+q)-1}dr^2 \cdot 2\int_0^{\frac{\pi}{2}}(\sin\theta)^{2p-1}(\cos\theta)^{2q-1}d\theta =$$

$$\Gamma(p+q) \cdot 2\int_0^{\frac{\pi}{2}}(\sin^2\theta)^{p-1}(1-\sin^2\theta)^{q-1}\sin\theta\cos\theta d\theta =$$

$$\Gamma(p+q)\int_0^1 (\sin^2\theta)^{p-1} (1-\sin^2\theta)^{q-1} \mathrm{d}(\sin^2\theta) =$$

$$\Gamma(p+q)\mathrm{B}(p,q)$$

即
$$\mathrm{B}(p,q) = \frac{\Gamma(p)\Gamma(q)}{\Gamma(p+q)}$$

补充证明：
$$\mathrm{B}(z,1-z) = \frac{\Gamma(z)\Gamma(1-z)}{\Gamma(1)} = \Gamma(z)\Gamma(1-z)$$

$$\mathrm{B}(z,1-z) = \int_0^1 t^{z-1} (1-t)^{-z}\mathrm{d}t$$

$$x = \frac{t}{1-t}, t = \frac{x}{1+x}:$$

$$\mathrm{B}(z,1-z) = \int_0^1 t^{z-1} (1-t)^{-z}\mathrm{d}t = \int_0^1 \left(\frac{t}{1-t}\right)^{z-1} (1-t)\mathrm{d}t =$$

$$\int_0^1 x^{z-1} \frac{1}{1+x}\mathrm{d}t = \int_0^1 \frac{x^{z-1}}{1+x}\mathrm{d}t = \frac{\pi}{\sin\pi z}$$

所以
$$\Gamma(z)\Gamma(1-z) = \frac{\pi}{\sin\pi z}$$

第9章 拉普拉斯变换

积分变换:A 类函数中的函数 $f(x)$ 通过可逆积分 $F(p) = \int k(x, p) f(x) \mathrm{d}x$,成为 B 类函数中的函数 $F(p)$. $f(x)$ 是 $F(p)$ 的原函数,$F(p)$ 是 $f(x)$ 的像函数,$k(x, p)$ 为积分变换核.

拉普拉斯变换是一种在数学和物理及工程技术中广泛应用的积分变换.

9.1 拉普拉斯变换

定义 $f(t) \Rightarrow F(p)$:$F(p) = \int_0^\infty \mathrm{e}^{-pt} f(t) \mathrm{d}t$. 其中 $t > 0$ 为实数,$p = s + \mathrm{i}\sigma$ 是复数. $F(p)$ 称为 $f(t)$ 的拉普拉斯变换式(简称拉氏变换). e^{-pt} 是拉普拉斯变换核.

说明:约定 $f(t)$ 为 $f(t)\eta(t)$,$\eta(t) = \begin{cases} 1, & t \geqslant 0 \\ 0, & t < 0 \end{cases}$ 称为亥维赛的单位阶跃函数. 即当 $t < 0$ 时,$f(t) = 0$.

拉普拉斯变换可以简写为:$F(p) = \mathscr{L}[f(t)]$,$f(t) = \mathscr{L}^{-1}[F(p)]$. $f(t)$ 是 $F(p)$ 的原函数,$F(p)$ 是 $f(t)$ 的像函数.

例1 求 $\mathscr{L}(1)$.

解
$$\mathscr{L}(1) = \int_0^\infty \mathrm{e}^{-pt} \mathrm{d}t = -\frac{1}{p} \int_0^\infty \mathrm{e}^{-pt} \mathrm{d}(-pt) = -\frac{1}{p} \mathrm{e}^{-pt} \Big|_0^\infty =$$
$$0 - \left(-\frac{1}{p}\right) = \frac{1}{p}, \quad \operatorname{Re} p > 0$$

例2 求 $\mathscr{L}(\mathrm{e}^{at})$.

解
$$\mathscr{L}(\mathrm{e}^{at}) = \int_0^\infty \mathrm{e}^{-pt} \mathrm{e}^{at} \mathrm{d}t = \int_0^\infty \mathrm{e}^{-(p-\alpha)t} \mathrm{d}t = -\frac{1}{p-\alpha} \int_0^\infty \mathrm{e}^{-(p-\alpha)t} \mathrm{d}[-(p-\alpha)t] =$$
$$-\frac{1}{p-\alpha} \mathrm{e}^{-(p-\alpha)t} \Big|_0^\infty = 0 - \left(-\frac{1}{p-\alpha}\right) = \frac{1}{p-\alpha}, \quad \operatorname{Re} p > \operatorname{Re} \alpha$$

例3 求 $\mathscr{L}(\sin\omega t)$,$\omega$ 为常数.

解
$$\mathscr{L}(\sin\omega t) = \int_0^\infty \sin\omega t\, \mathrm{e}^{-pt} \mathrm{d}t = \frac{1}{2\mathrm{i}} \int_0^\infty (\mathrm{e}^{\mathrm{i}\omega t} - \mathrm{e}^{-\mathrm{i}\omega t})\, \mathrm{e}^{-pt} \mathrm{d}t =$$
$$\frac{1}{2\mathrm{i}} \int_0^\infty \mathrm{e}^{-(p-\mathrm{i}\omega)t} \mathrm{d}t - \frac{1}{2\mathrm{i}} \int_0^\infty \mathrm{e}^{-(p+\mathrm{i}\omega)t} \mathrm{d}t = \frac{1}{2\mathrm{i}} \left[\mathrm{e}^{-(p-\mathrm{i}\omega)t} \Big|_0^\infty - \mathrm{e}^{-(p+\mathrm{i}\omega)t} \Big|_0^\infty \right] =$$
$$\frac{1}{2\mathrm{i}} \left(\frac{1}{p-\mathrm{i}\omega} - \frac{1}{p+\mathrm{i}\omega} \right) = \frac{\omega}{p^2 + \omega^2}, \quad \operatorname{Re} p > 0$$

以上例题说明:核是 e^{-pt},使相当广泛的拉普拉斯变换都存在,拉普拉斯变换存在的条件也就是积分 $\int_0^\infty f(t) \mathrm{e}^{-pt} \mathrm{d}t$ 收敛的条件. 绝大多数的实际问题中 $f(t)$ 都能满足下述条件(拉普拉斯变换存在的充分条件）：

（1）$f(t)$ 在 $t \in [0, \infty)$ 上除第一类间断点外都是连续的，且有连续导数，在任何有限区间内这种间断点的数目是有限的．

（2）$f(t)$ 为有限的增长指数，即存在 $M > 0$ 和 $s' > 0$，使对任意 t，$|f(t)| < Me^{s't}$ 成立．可知，若 s' 存在则不唯一，比 s' 大的任何正数也符合要求，记 s' 的下界为 s_0，称为收敛横标．

9.2　拉普拉斯变换的基本性质

1. 线性

若 $\mathscr{L}[f_1(t)] = F_1(p)$，$\mathscr{L}[f_2(t)] = F_2(p)$，则 $\mathscr{L}[\alpha_1 f_1(t) + \alpha_2 f_2(t)] = \alpha_1 F_1(p) + \alpha_2 F_2(p)$．

可推得：
$$\mathscr{L}[\sin \omega t] = \mathscr{L}\left[\frac{e^{i\omega t} - e^{-i\omega t}}{2i}\right] = \frac{1}{2i}(\mathscr{L}[e^{i\omega t}] - \mathscr{L}[e^{-i\omega t}]) =$$
$$\frac{1}{2i}\left(\frac{1}{p - i\omega} - \frac{1}{p + i\omega}\right) = \frac{\omega}{p^2 + \omega^2}$$
$$\mathscr{L}[\cos \omega t] = \mathscr{L}\left[\frac{e^{i\omega t} + e^{-i\omega t}}{2}\right] = \frac{1}{2}(\mathscr{L}[e^{i\omega t}] + \mathscr{L}[e^{-i\omega t}]) =$$
$$\frac{1}{2}\left(\frac{1}{p - i\omega} + \frac{1}{p + i\omega}\right) = \frac{p}{p^2 + \omega^2}$$

2. 解析性

若 $f(t)$ 满足拉普拉斯变换存在的充分条件，则 $|e^{-pt}f(t)| < Me^{-(s-s_0)t}$，$s = \text{Re}p$，当 $s - s_0 \geqslant \delta > 0$ 时，$|e^{-pt}f(t)| < Me^{-\delta t}$，而积分 $\int_0^\infty Me^{-\delta t}\,dt$ 收敛，故 $\int_0^\infty f(t)e^{-pt}\,dt$ 在 $\text{Re}p \geqslant s_0 + \delta$ 上一致收敛，因而在 $\text{Re}p > s_0$ 的半平面内代表一个解析函数．即 $F(p)$ 在 $\text{Re}p > s_0$ 内解析．

解析性可用来确定 $F(p)$ 的收敛横标．

3. 收敛性

若 $f(t)$ 满足拉普拉斯变换的充分条件，则 $F(p) \to 0$（当 $\text{Re}p = s \to \infty$）．

证明
$$|F(p)| = \int_0^\infty |f(t)e^{-pt}|\,dt \leqslant M\int_0^\infty e^{(s-s_0)t}\,dt = \frac{M}{s - s_0}$$

故当 $\text{Re}p = s \to \infty$ 时，$F(p) = 0$，即 $\lim\limits_{\text{Re}p \to \infty} F(p) = 0$，可推知 $\lim\limits_{\text{Im}p \to \infty} F(p) = 0$．

4. 微分性

若 $f(t), f'(t)$ 均满足拉普拉斯变换的充分条件，$\mathscr{L}[f(t)] = F(p)$，则因为
$$\int_0^\infty f'(t)e^{-pt}\,dt = f(t)e^{-pt}\Big|_0^\infty + p\int_0^\infty f(t)e^{-pt}\,dt$$

所以
$$\mathscr{L}[f'(t)] = pF(p) - f(0)$$

可推知：
$$\mathscr{L}[f''(t)] = p^2 F(p) - pf(0) - f'(0)$$
$$\mathscr{L}[f'''(t)] = p^3 F(p) - p^2 f(0) - pf'(0) - f''(0)$$
$$\cdots\cdots$$
$$\mathscr{L}[f^{(n)}(t)] = p^n F(p) - p^{n-1}f(0) - p^{n-2}f'(0) - \cdots - pf^{(n-2)}(0) - f^{(n-1)}(0)$$

上式成立，只须 $f(t), f'(t), \cdots, f^{(n)}(t)$ 都满足拉氏变换存在的充分条件．

拉氏变换是求解微分方程的一种重要方法.

例 1　如图 9-1 所示,LR 串联电路,K 合上前电路中没有电流,求 K 合上后电路中的电流.

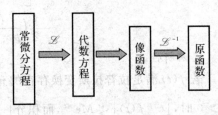

图　9-1

解　Kirchhoff 定律.

第一定律:会合在节点上的电流代数和为零(流入为正),即

$$\sum_{k=1}^{n} I_k = 0$$

第二定律:沿任一闭合回路的电势增量的代数和为零(顺时针方向为正),即

$$\sum_{k=1}^{n} I_k R_k = \sum_{k=1}^{n} E_k$$

由基尔霍夫定律知:

$$L \frac{di}{dt} + Ri = E, \quad i(0) = 0$$

设 $\mathscr{L}[i(t)] = I(p)$,则

$$\mathscr{L}\left[\frac{di}{dt}\right] = pI(p) - i(0) = pI(p)$$

对微分方程作拉氏变换,有

$$LpI(p) + RI(p) = \frac{E}{p}$$

$$I(p) = \frac{E}{p} \frac{1}{Lp + R} = \frac{E}{R}\left(\frac{1}{p} - \frac{L}{Lp + R}\right)$$

作拉氏反演:$i(t) = \frac{E}{R}(1 - e^{-\frac{R}{L}t})$.

5. 积分性

若 $f(t)$ 满足拉普拉斯变换的充分条件,则

$$\left|\int_0^t f(\tau)d\tau\right| \leqslant \int_0^t |f(\tau)|d\tau \leqslant \int_0^t Me^{s_0\tau}d\tau = \frac{M}{s_0}(e^{s_0 t} - 1)$$

即 $\int_0^t f(\tau)d\tau$ 的拉氏变换也存在,$\mathscr{L}\left[\int_0^t f(\tau)d\tau\right] = \frac{F(p)}{p}$.

证明　因为　　　　$\mathscr{L}[f(t)] = F(p), \quad \frac{d}{dt}\int_0^t f(\tau)d\tau = f(t)$

拉氏变换,有　　　$\mathscr{L}\left[\frac{d}{dt}\int_0^t f(\tau)d\tau\right] = \mathscr{L}[f(t)]$

由微分性可知:

$$p\mathscr{L}\left[\int_0^t f(\tau)d\tau\right] - \frac{d}{dt}\int_0^t f(\tau)d\tau\bigg|_{t=0} = \mathscr{L}[f(t)]$$

$$p\mathscr{L}\left[\int_0^t f(\tau)d\tau\right] - 0 = F(p)$$

$$\mathscr{L}\left[\int_0^t f(\tau)d\tau\right] = \frac{F(p)}{p}$$

例 2　如图 9-2 所示,求 LC 串联电路的电流 $i(t)$.

解　由基尔霍夫定律知:

$$\frac{q}{C}=L\frac{\mathrm{d}i}{\mathrm{d}t},\quad q=-\int_0^t i(\tau)\mathrm{d}\tau+q_0$$

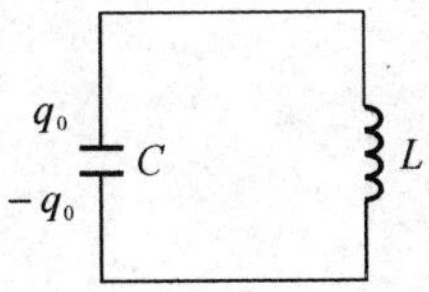

则有
$$L\frac{\mathrm{d}i}{\mathrm{d}t}+\frac{1}{C}\int_0^t i(\tau)\mathrm{d}\tau=\frac{q_0}{C}$$

图 9-2

若 $\mathscr{L}[i(t)]=I(p)$，则对微分方程作拉氏变换，有

$$LpI(p)+\frac{1}{C}\frac{I(p)}{p}=\frac{q_0}{C}\frac{1}{p}$$

可知 $I(p)=\dfrac{q_0}{LCp^2+1}$.

对 $I(p)$ 部分分式，再求拉氏反演. 由拉氏变换的线性可知

$$i(t)=\frac{q_0}{\sqrt{LC}}\sin\frac{t}{\sqrt{LC}}$$

6. 位移性

若 $f(t)$ 满足拉普拉斯变换的充分条件，$\mathscr{L}[f(t)]=F(p)$，则 $\mathscr{L}[\mathrm{e}^{ct}f(t)]=F(p-c)$，其中 $\mathrm{Re}\,p>s_0+c$.

证明 $\mathscr{L}[\mathrm{e}^{ct}f(t)]=\displaystyle\int_0^\infty \mathrm{e}^{ct}f(t)\mathrm{e}^{-pt}\mathrm{d}t=\int_0^\infty f(t)\mathrm{e}^{-(p-c)t}\mathrm{d}t=F(p-c),\quad \mathrm{Re}\,p>s_0+c$

7. 延迟性

若 $f(t)$ 满足拉普拉斯变换的充分条件，$\mathscr{L}[f(t)]=F(p)$，则 $\mathscr{L}[f(t-a)]=\mathrm{e}^{-ap}F(p),a>0$.

证明 $\mathscr{L}[f(t-a)]=\displaystyle\int_a^\infty f(t-a)\mathrm{e}^{-pt}\mathrm{d}t=$ （注意积分下限）

$$\int_0^\infty f(u)\mathrm{e}^{-p(u+a)}\mathrm{d}u=\qquad (u=t-a)$$

$$\mathrm{e}^{-ap}\int_0^\infty f(u)\mathrm{e}^{-pu}\mathrm{d}u=\mathrm{e}^{-ap}F(p)$$

8. 相似性

若 $f(t)$ 满足拉普拉斯变换的充分条件，$\mathscr{L}[f(t)]=F(p)$，则 $\mathscr{L}[f(ct)]=\dfrac{1}{c}F\left(\dfrac{p}{c}\right)$.

证明 $\mathscr{L}[f(ct)]=\displaystyle\int_0^\infty f(ct)\mathrm{e}^{-pt}\mathrm{d}t=\int_0^\infty f(\xi)\mathrm{e}^{-\frac{p}{c}\xi}\frac{1}{c}\mathrm{d}\xi=\frac{1}{c}F\left(\frac{p}{c}\right)\quad (\xi=ct)$

例 3 求 $\mathscr{L}\left[\sin\left(t-\dfrac{2}{3}\pi\right)\right]$.

解 由拉氏变换的延迟性可知：

$$\mathscr{L}\left[\sin\left(t-\frac{2}{3}\pi\right)\right]=\mathrm{e}^{-\frac{2}{3}\pi p}\mathscr{L}[\sin t]=\mathrm{e}^{-\frac{2}{3}\pi p}\frac{1}{p^2+1}$$

例 4 求 $\mathscr{L}[\cos(kt)]$.

解 $\mathscr{L}[\cos(kt)]=\mathscr{L}\left[\dfrac{1}{k}\dfrac{\mathrm{d}}{\mathrm{d}t}\sin(kt)\right]=\dfrac{1}{k}\{p\mathscr{L}[\sin(kt)]-\sin(0)\}=$

$$\frac{1}{k}p\frac{k}{p^2+k^2}=\frac{p}{p^2+k^2}$$

例 5 求 $\mathscr{L}[t^n],n=0,1,2,\cdots$.

解 $t^n=n\displaystyle\int_0^t \tau^{n-1}\mathrm{d}\tau$，由拉氏变换的积分性可知：

$$\mathscr{L}[t^n] = \mathscr{L}\left[n\int_0^t \tau^{n-1}\,\mathrm{d}\tau\right] = n\,\frac{1}{p}\mathscr{L}[t^{n-1}]$$

$$\mathscr{L}[t^{n-1}] = (n-1)\,\frac{1}{p}\mathscr{L}[t^{n-2}]$$

$$\cdots\cdots$$

$$\mathscr{L}[t] = \frac{1}{p}\mathscr{L}[1]$$

从而有

$$\mathscr{L}[t^n] = n(n-1)(n-2)\cdots 1 \times \frac{1}{p^n} \times \mathscr{L}[1] = \frac{n!}{p^n}\mathscr{L}[1], \quad \mathscr{L}[1] = \frac{1}{p}$$

故

$$\mathscr{L}[t^n] = n(n-1)(n-2)\cdots 1 \times \frac{1}{p^n} \times \mathscr{L}[1] = \frac{n!}{p^{n+1}}$$

例 6 求 $\mathscr{L}[\mathrm{e}^{\lambda t}\sin\omega t], \lambda > 0, \omega > 0.$

解

$$\mathscr{L}[\sin\omega t] = \frac{\omega}{p^2 + \omega^2} = F(p)$$

由拉氏变换的位移性可知：

$$\mathscr{L}[\mathrm{e}^{\lambda t}\sin\omega t] = F(p-\lambda) = \frac{\omega}{(p-\lambda)^2 + \omega^2}$$

例 7 $f(t) = \begin{cases} \mathrm{e}^t, & 0 < t < 1 \\ 0, & t > 1 \end{cases}$，求 $\mathscr{L}[f(t)].$

解

$$\mathscr{L}[f(t)] = \int_0^1 \mathrm{e}^t \mathrm{e}^{-pt}\,\mathrm{d}t = \int_0^1 \mathrm{e}^{-(p-1)t}\,\mathrm{d}t = -\frac{1}{p-1}\mathrm{e}^{-(p-1)t}\Big|_0^1 =$$

$$-\frac{\mathrm{e}^{1-p}}{p-1} + \frac{1}{p-1} = \frac{1-\mathrm{e}^{1-p}}{p-1}$$

例 8 设 $f(t)$ 是周期为 T 的周期函数，$\mathscr{L}[f(t)]$ 存在，求 $\mathscr{L}[f(t)].$

解

$$\mathscr{L}[f(t)] = \int_0^\infty f(t)\mathrm{e}^{-pt}\,\mathrm{d}t = \int_0^T f(t)\mathrm{e}^{-pt}\,\mathrm{d}t + \int_T^{2T} f(t)\mathrm{e}^{-pt}\,\mathrm{d}t + \cdots +$$

$$\int_{nT}^{(n+1)T} f(t)\mathrm{e}^{-pt}\,\mathrm{d}t + \cdots = \sum_{n=0}^\infty \int_{nT}^{(n+1)T} f(t)\mathrm{e}^{-pt}\,\mathrm{d}t$$

令 $t = \tau + nT, \tau = t - nT, \mathrm{d}\tau = \mathrm{d}t$

$$\mathscr{L}[f(t)] = \sum_{n=0}^\infty \int_{nT}^{(n+1)T} f(t)\mathrm{e}^{-pt}\,\mathrm{d}t = \sum_{n=0}^\infty \int_0^T f(\tau+nT)\mathrm{e}^{-p(\tau+nT)}\,\mathrm{d}\tau =$$

$$\sum_{n=0}^\infty \mathrm{e}^{-pnT}\int_0^T f(\tau)\mathrm{e}^{-pt}\,\mathrm{d}\tau$$

$\int_0^T f(\tau)\mathrm{e}^{-pt}\,\mathrm{d}\tau$ 是 $f(t)$ 在第一个周期上的拉氏变换.

$$\mathscr{L}[f(t)] = H_1(P)\sum_{n=0}^\infty \mathrm{e}^{-pnT}$$

因为

$$\frac{1}{1-z} = \sum_{n=0}^\infty z^n, \quad |z| < 1$$

$$\frac{1}{1-\mathrm{e}^{-pT}} = \sum_{n=0}^\infty \mathrm{e}^{-pnT}, \quad |\mathrm{e}^{-pt}| < 1, \quad |\mathrm{e}^{pt}| > 1$$

所以

$$\mathscr{L}[f(t)] = \frac{H_1(P)}{1 - e^{-pT}}$$

例 9　求如图 9-3 所示方波的拉普拉斯变换.

解　方波的周期为 $2c$, 则

$$\varphi(t) = \begin{cases} 1, & 2nc < t < (2n+1)c \\ -1, & (2n+1)c < t < (2n+2)c \end{cases}, \quad n = 0, 1, 2, \cdots$$

$$\mathscr{L}[\varphi(t)] = \frac{H_1(P)}{1 - e^{-2cp}}$$

$$H_1(P) = \int_0^c e^{-pt} dt + \int_c^{2c} -e^{-pt} dt = -\frac{1}{p}e^{-pt}\Big|_0^c + \frac{1}{p}e^{-pt}\Big|_c^{2c} =$$

$$-\frac{1}{p}e^{-cp} + \frac{1}{p} + \frac{1}{p}e^{-2cp} - \frac{1}{p}e^{-cp} =$$

$$\frac{1}{p}(1 - 2e^{-cp} + e^{-2cp}) = \frac{1}{p}(1 - e^{-cp})^2$$

$$\mathscr{L}[\varphi(t)] = \frac{1}{p}\frac{(1 - e^{-cp})^2}{1 - e^{-2cp}} = \frac{1}{p}\frac{(1 - e^{-cp})^2}{(1 - e^{-cp})(1 + e^{-cp})} = \frac{1}{p}\frac{1 - e^{-cp}}{1 + e^{-cp}} =$$

$$\frac{1}{p}\frac{e^{cp/2} - e^{-cp/2}}{e^{cp/2} + e^{-cp/2}} = \frac{1}{p}\tan\frac{cp}{2}$$

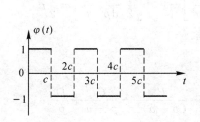

图　9-3

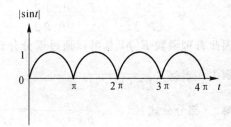

图　9-4

例 10　求 $\mathscr{L}[\,|\sin t|\,]$.

解　如图 9-4 所示, 周期为 π, $f(t) = |\sin t|$.

$$\mathscr{L}[f(t)] = \frac{H_1(P)}{1 - e^{-\pi p}}$$

$$H_1(P) = \int_0^\pi \sin t\, e^{-pt} dt = \frac{1}{2i}\left(\int_0^\pi e^{it} e^{-pt} dt - \int_0^\pi e^{-it} e^{-pt} dt\right) =$$

$$\frac{1}{2i}\left(-\frac{e^{-(p-i)t}}{p-i}\Big|_0^\pi + \frac{e^{-(p+i)t}}{p+i}\Big|_0^\pi\right) =$$

$$\frac{1}{2i}\left(-\frac{e^{-(p-i)\pi}}{p-i} + \frac{1}{p-i} + \frac{e^{-(p+i)\pi}}{p+i} - \frac{1}{p+i}\right) =$$

$$\frac{1}{2i}\left[\frac{2i}{p^2+1} + e^{-\pi p}\left(\frac{e^{-i\pi}}{p+i} - \frac{e^{i\pi}}{p-i}\right)\right] =$$

$$\frac{1}{p^2+1} + \frac{e^{-\pi p}}{2i}\left(-\frac{1}{p+i} + \frac{1}{p-i}\right) = \frac{1 + e^{-\pi p}}{p^2+1}$$

$$\mathscr{L}[\mid\sin t\mid]=\frac{1}{p^2+1}\frac{1+\mathrm{e}^{-\pi p}}{1-\mathrm{e}^{-\pi p}}=\frac{1}{p^2+1}\frac{\mathrm{e}^{\pi/2}-\mathrm{e}^{-\pi/2}}{\mathrm{e}^{\pi/2}+\mathrm{e}^{-\pi/2}}=\frac{1}{p^2+1}\cot\frac{\pi p}{2}$$

9.3　拉普拉斯变换的反演

反演的唯一性问题　原函数为连续函数,拉普拉斯反演具有唯一性.原函数不连续,拉普拉斯反演不唯一.

证明　设 $\mathscr{L}[f_1(t)]=F(p),\mathscr{L}[f_2(t)]=F(p)$,令 $g(t)\equiv f_1(t)-f_2(t)$:

若 $g(t)$ 是连续函数,$\mathscr{L}[g(t)]=0$ 时,$g(t)\equiv 0$,拉普拉斯反演有唯一性.

若 $g(t)$ 不连续,$g(t)$ 可以不恒为 0,$f_1(t)\neq f_2(t)$,拉普拉斯反演不唯一.

9.3.1　像函数的导数的反演

$f(t)$ 满足拉普拉斯存在的充分条件,$\mathscr{L}[f(t)]=F(p)$,则 $F(p)$ 在 $\mathrm{Re}\,p\geqslant s_1>s_0$ 的半平面上解析,则

$$F^{(n)}(p)=\frac{\mathrm{d}^n}{\mathrm{d}p^n}\int_0^\infty f(t)\mathrm{e}^{-pt}\,\mathrm{d}t=\int_0^\infty (-t)^n f(t)\mathrm{e}^{-pt}\,\mathrm{d}t$$

即

$$\mathscr{L}^{-1}[F^{(n)}(p)]=(-t)^n f(t)$$

可推知:

$$\mathscr{L}^{-1}\left[\frac{1}{p^2}\right]=\mathscr{L}^{-1}\left[-\frac{\mathrm{d}}{\mathrm{d}p}\frac{1}{p}\right]=t,\quad \mathscr{L}^{-1}\left[\frac{1}{p^3}\right]=\mathscr{L}^{-1}\left[\frac{1}{2}\frac{\mathrm{d}^2}{\mathrm{d}p^2}\frac{1}{p}\right]=\frac{1}{2}t^2$$

因此有理函数 $F(p)$ 总可以通过部分分式求反演.

例1　求 $\mathscr{L}^{-1}\left[\dfrac{a^3}{p(p+a)^3}\right]$.

解　部分分式:$\dfrac{a^3}{p(p+a)^3}=\dfrac{A}{(p+a)^3}+\dfrac{B}{(p+a)^2}+\dfrac{C}{p+a}+\dfrac{D}{p}$

$$\begin{cases} A=\mathrm{res}\left[\dfrac{a^3}{p(p+a)},-a\right]=(p+a)\dfrac{a^3}{p(p+a)}\bigg|_{p=-a}=-a^2 \\[3mm] B=\mathrm{res}\left[\dfrac{a^3}{p(p+a)^2},-a\right]=\left[(p+a)^2\dfrac{a^3}{p(p+a)^2}\right]'\bigg|_{p=-a}=-a \\[3mm] C=\mathrm{res}\left[\dfrac{a^3}{p(p+a)^3},-a\right]=\dfrac{1}{2!}\left[(p+a)^3\dfrac{a^3}{p(p+a)^3}\right]''\bigg|_{p=-a}=-1 \\[3mm] D=\mathrm{res}\left[\dfrac{a^3}{p(p+a)^3},0\right]=p\dfrac{a^3}{p(p+a)^3}\bigg|_{p=0}=1 \end{cases}$$

$$\frac{a^3}{p(p+a)^3}=\frac{-a^2}{(p+a)^3}+\frac{-a}{(p+a)^2}+\frac{-1}{p+a}+\frac{1}{p}$$

因为

$$\mathscr{L}^{-1}\left[\frac{1}{p}\right]=1,\quad \mathscr{L}^{-1}\left[\frac{1}{p+a}\right]=\mathscr{L}^{-1}\left[\frac{1}{p-(-a)}\right]=\mathrm{e}^{-at}\mathscr{L}^{-1}\left[\frac{1}{p}\right]=\mathrm{e}^{-at}$$

$$\mathscr{L}^{-1}\left[\frac{1}{(p+a)^2}\right]=\mathscr{L}^{-1}\left[\frac{1}{[p-(-a)]^2}\right]=\mathrm{e}^{-at}\mathscr{L}^{-1}\left[\frac{1}{p^2}\right]=\mathrm{e}^{-at}\mathscr{L}^{-1}\left[-\frac{\mathrm{d}}{\mathrm{d}p}\frac{1}{p}\right]=$$

$$-\mathrm{e}^{-at}(-t)\mathscr{L}^{-1}\left[\frac{1}{p}\right]=t\mathrm{e}^{-at}$$

所以

$$\mathcal{L}^{-1}\left[\frac{1}{(p+a)^3}\right]=\mathrm{e}^{-at}\,\mathcal{L}^{-1}\left[\frac{1}{p^3}\right]=\mathrm{e}^{-at}\,\mathcal{L}^{-1}\left[\frac{1}{2}\frac{\mathrm{d}^2}{\mathrm{d}p^2}\frac{1}{p}\right]=\frac{1}{2}\mathrm{e}^{-at}\,(-t)^2\mathcal{L}^{-1}\left[\frac{1}{p}\right]=\frac{1}{2}t^2\mathrm{e}^{-at}$$

例 2 求 $\dfrac{1}{p^3(p+\alpha)}$ 的原函数.

解 部分分式：
$$\frac{1}{p^3(p+\alpha)}=\frac{A}{p^3}+\frac{B}{p^2}+\frac{C}{p}+\frac{D}{p+\alpha}$$

$$\begin{cases} A=\mathrm{res}\left[\dfrac{1}{p(p+\alpha)},0\right]=p\,\dfrac{1}{p(p+\alpha)}\Big|_{p=0}=\dfrac{1}{\alpha} \\[2mm] B=\mathrm{res}\left[\dfrac{1}{p^2(p+\alpha)},0\right]=\left[p^2\,\dfrac{1}{p^2(p+\alpha)}\right]'\Big|_{p=0}=-\dfrac{1}{\alpha^2} \\[2mm] C=\mathrm{res}\left[\dfrac{1}{p^3(p+\alpha)},0\right]=\dfrac{1}{2!}\left[p^3\,\dfrac{1}{p^3(p+\alpha)}\right]''\Big|_{p=0}=\dfrac{1}{\alpha^3} \\[2mm] D=\mathrm{res}\left[\dfrac{1}{p^3(p+\alpha)},-\alpha\right]=(p-\alpha)\,\dfrac{1}{p^3(p+\alpha)}\Big|_{p=-\alpha}=-\dfrac{1}{\alpha^3} \end{cases}$$

$$\frac{1}{p^3(p+\alpha)}=\frac{1}{\alpha}\frac{1}{p^3}-\frac{1}{\alpha^2}\frac{1}{p^2}+\frac{1}{\alpha^3}\frac{1}{p}-\frac{1}{\alpha^3}\frac{1}{p+\alpha}$$

$$\mathcal{L}^{-1}\left[\frac{1}{p^3(p+\alpha)}\right]=\frac{1}{\alpha}\mathcal{L}^{-1}\left[\frac{1}{p^3}\right]-\frac{1}{\alpha^2}\mathcal{L}^{-1}\left[\frac{1}{p^2}\right]+\frac{1}{\alpha^3}\mathcal{L}^{-1}\left[\frac{1}{p}\right]-\frac{1}{\alpha^3}\mathcal{L}^{-1}\left[\frac{1}{p+\alpha}\right]=$$

$$\frac{1}{2\alpha}t^2-\frac{1}{\alpha^2}t+\frac{1}{\alpha^3}-\frac{1}{\alpha^3}\mathrm{e}^{-at}$$

例 3 求 $\mathcal{L}^{-1}\left[\dfrac{\omega}{p(p^2+\omega^2)}\right]$.

解 部分分式：
$$\frac{\omega}{p(p^2+\omega^2)}=\frac{A}{p}+\frac{B}{p+\mathrm{i}\omega}+\frac{C}{p-\mathrm{i}\omega}$$

$$\begin{cases} A=\mathrm{res}\left[\dfrac{\omega}{p(p^2+\omega^2)},0\right]=p\,\dfrac{\omega}{p(p^2+\omega^2)}\Big|_{p=0}=\dfrac{1}{\omega} \\[2mm] B=\mathrm{res}\left[\dfrac{\omega}{p(p^2+\omega^2)},-\mathrm{i}\omega\right]=(p+\mathrm{i}\omega)\,\dfrac{\omega}{p(p^2+\omega^2)}\Big|_{p=-\mathrm{i}\omega}=\dfrac{\omega}{p(p-\mathrm{i}\omega)}\Big|_{p=-\mathrm{i}\omega}=-\dfrac{1}{2\omega} \\[2mm] C=\mathrm{res}\left[\dfrac{\omega}{p(p^2+\omega^2)},\mathrm{i}\omega\right]=(p-\mathrm{i}\omega)\,\dfrac{\omega}{p(p^2+\omega^2)}\Big|_{p=\mathrm{i}\omega}=\dfrac{\omega}{p(p+\mathrm{i}\omega)}\Big|_{p=\mathrm{i}\omega}=-\dfrac{1}{2\omega} \end{cases}$$

$$\frac{\omega}{p(p^2+\omega^2)}=\frac{1}{2\omega}\left(\frac{2}{p}-\frac{1}{p+\mathrm{i}\omega}-\frac{1}{p-\mathrm{i}\omega}\right)$$

因为

$$\mathcal{L}^{-1}\left[\frac{1}{p}\right]=1,\quad \mathcal{L}^{-1}\left[\frac{1}{p+\mathrm{i}\omega}\right]=\mathcal{L}^{-1}\left[\frac{1}{p-(-\mathrm{i}\omega)}\right]=\mathrm{e}^{-\mathrm{i}\omega t}\,\mathcal{L}^{-1}\left[\frac{1}{p}\right]=\mathrm{e}^{-\mathrm{i}\omega t}$$

$$\mathcal{L}^{-1}\left[\frac{1}{p-\mathrm{i}\omega}\right]=\mathrm{e}^{\mathrm{i}\omega t}\,\mathcal{L}^{-1}\left[\frac{1}{p}\right]=\mathrm{e}^{\mathrm{i}\omega t}$$

所以

$$\mathcal{L}^{-1}\left[\frac{\omega}{p(p^2+\omega^2)}\right]=\frac{1}{2\omega}(2-\mathrm{e}^{-\mathrm{i}\omega t}-\mathrm{e}^{\mathrm{i}\omega t})=\frac{1}{2\omega}(2-2\cos\omega t)=\frac{1}{\omega}(1-\cos\omega t)$$

例 4 求 $\mathcal{L}^{-1}\left[\dfrac{4p-1}{(p^2+p)(4p^2-1)}\right]$.

解　部分分式：
$$\frac{4p-1}{(p^2+p)(4p^2-1)}=\frac{A}{p}+\frac{B}{p+1}+\frac{C}{2p+1}+\frac{D}{2p-1}$$

$$\begin{cases} A=\operatorname{res}f(0)=\lim_{p\to 0}\frac{4p-1}{(p+1)(4p^2-1)}=1 \\[2mm] B=\operatorname{res}f(-1)=\lim_{p\to -1}\frac{4p-1}{p(4p^2-1)}=\frac{5}{3} \\[2mm] C=\operatorname{res}f\left(-\frac{1}{2}\right)=\lim_{p\to -\frac{1}{2}}\frac{4p-1}{p(p+1)(2p-1)}=-6 \\[2mm] D=\operatorname{res}f\left(\frac{1}{2}\right)=\lim_{p\to \frac{1}{2}}\frac{4p-1}{p(p+1)(2p+1)}=\frac{2}{3} \end{cases}$$

$$\frac{4p-1}{(p^2+p)(4p^2-1)}=\frac{1}{p}+\frac{5}{3}\frac{1}{p+1}-\frac{6}{2p+1}+\frac{2}{3}\frac{1}{2p-1}$$

因为
$$\mathscr{L}^{-1}\left[\frac{1}{p}\right]=1,\quad \mathscr{L}^{-1}\left[\frac{1}{p+1}\right]=\mathscr{L}^{-1}\left[\frac{1}{p-(-1)}\right]=\mathrm{e}^{-t}\mathscr{L}^{-1}\left[\frac{1}{p}\right]=\mathrm{e}^{-t}$$

$$\mathscr{L}^{-1}\left[\frac{1}{p+1/2}\right]=\mathscr{L}^{-1}\left[\frac{1}{p-(-1/2)}\right]=\mathrm{e}^{-t/2}\mathscr{L}^{-1}\left[\frac{1}{p}\right]=\mathrm{e}^{-t/2}$$

$$\mathscr{L}^{-1}\left[\frac{1}{p-1/2}\right]=\mathrm{e}^{t/2}\mathscr{L}^{-1}\left[\frac{1}{p}\right]=\mathrm{e}^{t/2}$$

所以
$$\mathscr{L}^{-1}\left[\frac{4p-1}{(p^2+p)(4p^2-1)}\right]=\mathscr{L}^{-1}\left[\frac{1}{p}\right]+\frac{5}{3}\mathscr{L}^{-1}\left[\frac{1}{p+1}\right]-$$
$$3\mathscr{L}^{-1}\left[\frac{1}{p+1/2}\right]+\frac{1}{3}\mathscr{L}^{-1}\left[\frac{1}{p-1/2}\right]=$$
$$1+\frac{5}{3}\mathrm{e}^{-t}-3\mathrm{e}^{-t/2}+\frac{1}{3}\mathrm{e}^{t/2}$$

例 5　求 $\mathscr{L}^{-1}\left[\dfrac{p^2+\omega^2}{(p^2-\omega^2)^2}\right]$.

解
$$\mathscr{L}^{-1}\left[\frac{p^2+\omega^2}{(p^2-\omega^2)^2}\right]=\mathscr{L}^{-1}\left[\frac{1}{2(p-\omega)^2}+\frac{1}{2(p+\omega)^2}\right]=$$
$$\frac{1}{2}\mathscr{L}^{-1}\left[\frac{1}{(p-\omega)^2}\right]+\frac{1}{2}\mathscr{L}^{-1}\left[\frac{1}{(p+\omega)^2}\right]=$$
$$\frac{1}{2}\mathscr{L}^{-1}\left[-\frac{\mathrm{d}}{\mathrm{d}p}\frac{1}{p-\omega}\right]+\frac{1}{2}\mathscr{L}^{-1}\left[-\frac{\mathrm{d}}{\mathrm{d}p}\frac{1}{p+\omega}\right]=$$
$$\frac{1}{2}t\mathscr{L}^{-1}\left[\frac{1}{p-\omega}\right]+\frac{1}{2}t\mathscr{L}^{-1}\left[\frac{1}{p+\omega}\right]=$$
$$\frac{t}{2}\mathrm{e}^{\omega t}+\frac{t}{2}\mathrm{e}^{-\omega t}$$

例 6　求 $\mathscr{L}^{-1}\left[\dfrac{\mathrm{e}^{-\tau p}}{p^2}\right]$，$\tau>0$.

解　延迟性：
$$\mathscr{L}[f(t-a)]=\mathrm{e}^{-ap}\mathscr{L}[f(t)]$$
$$\mathscr{L}^{-1}\left[\frac{1}{p^2}\right]=\mathscr{L}^{-1}\left[-\frac{\mathrm{d}}{\mathrm{d}p}\frac{1}{p}\right]=-(-t)\mathscr{L}^{-1}\left[\frac{1}{p}\right]=t=f(t)$$

$$\mathscr{L}^{-1}\left[\frac{\mathrm{e}^{-\tau p}}{p^2}\right]=f(t-\tau)=t-\tau$$

9.3.2 像函数的积分的反演

若 $G(p)=\int_p^\infty F(q)\mathrm{d}q$ 存在,且 $t\to 0$ 时, $\left|\frac{f(t)}{t}\right|$ 有界,则 $\mathscr{L}^{-1}\left[\int_p^\infty F(q)\mathrm{d}q\right]=\frac{f(t)}{t}$.

证明 设 $G(p)=\mathscr{L}[g(t)]$,因为

$$G'(p)=-F(p),\quad \mathscr{L}^{-1}[G'(p)]=\mathscr{L}^{-1}[-F(p)]\quad (两边同时作反演)$$

所以 $\qquad\qquad\qquad -tg(t)=-f(t)\quad (像函数的导数的反演)$

即 $\qquad\qquad\qquad g(t)=\frac{f(t)}{t},\quad G(p)=\mathscr{L}\left[\frac{f(t)}{t}\right]$

故 $\qquad\qquad \int_p^\infty F(q)\mathrm{d}q=\mathscr{L}\left[\frac{f(t)}{t}\right]=\int_0^\infty \frac{f(t)}{t}\mathrm{e}^{-pt}\mathrm{d}t$

当 $p=0$ 时, $\int_0^\infty F(q)\mathrm{d}q=\int_0^\infty \frac{f(t)}{t}\mathrm{d}t$,可利用 $\int_0^\infty F(p)\mathrm{d}p=\int_0^\infty \frac{f(t)}{t}\mathrm{d}t$ 计算 $\frac{f(t)}{t}$ 型积分.

例 7 用积分变换的方法计算曾用留数定理计算过的积分 $\int_0^\infty \frac{\sin t}{t}\mathrm{d}t$.

解 $\qquad\qquad\qquad\qquad \mathscr{L}[\sin t]=\frac{1}{p^2+1}$

$$\int_0^\infty \frac{\sin t}{t}\mathrm{d}t=\int_0^\infty \frac{1}{p^2+1}\mathrm{d}p=\frac{1}{2i}\int_0^\infty \frac{1}{p-i}\mathrm{d}p-\frac{1}{2i}\int_0^\infty \frac{1}{p+i}\mathrm{d}p=$$

$$\frac{1}{2i}\left[\ln(p-i)-\ln(p+i)\right]_0^\infty=\frac{1}{2i}\left[\ln(-i)-\ln i\right]=$$

$$\frac{1}{2i}\left(i\frac{3\pi}{2}-i\frac{\pi}{2}\right)=\frac{\pi}{2}$$

例 8 计算积分 $\int_0^\infty \frac{\cos at-\cos bt}{t}\mathrm{d}t$.

解 $\qquad\qquad\qquad\qquad \mathscr{L}[\cos\omega t]=\frac{p}{p^2+\omega^2}$

$$\int_0^\infty \frac{\cos at-\cos bt}{t}\mathrm{d}t=\int_0^\infty \left(\frac{p}{p^2+a^2}-\frac{p}{p^2+b^2}\right)\mathrm{d}p=\frac{1}{2}\ln\frac{p^2+a^2}{p^2+b^2}\bigg|_0^\infty=$$

$$-\frac{1}{2}\ln\frac{a^2}{b^2}\bigg|=\ln b-\ln a,\quad a>0,b>0$$

9.3.3 像函数在无穷点解析的情形

将 $F(p)$ 由半平面 $\mathrm{Re}\,p>s_0$(单值地)解析延拓到 $p=\infty$ 在内的一定区域内,且在 $p=\infty$ 解析,则 $F(p)$ 在无穷点的泰勒展开为 $F(p)=\sum_{n=1}^\infty c_n p^{-n}$,不含 $n=0$ 项是由于 $F(p)$ 满足拉普拉斯变换存在的充分条件($\mathrm{Re}\,p\to\infty,F(p)\to 0$).对级数逐项求反演,有

$$\mathscr{L}^{-1}\left[\frac{1}{p^n}\right]=(-1)^{n-1}\frac{1}{(n-1)!}\mathscr{L}^{-1}\left[\frac{\mathrm{d}^{n-1}}{\mathrm{d}p^{n-1}}\left(\frac{1}{p}\right)\right]=$$

$$(-1)^{n-1}\frac{1}{(n-1)!}(-t)^{n-1}\times 1=\frac{1}{(n-1)!}t^{n-1}$$

其中用到拉普拉斯变换的像函数的导数的反演：$\mathscr{L}^{-1}\left[F^{(n)}(p)\right]=(-t)^{n}f(t)$.

因此有 $f(t)=\sum\limits_{n=0}^{\infty}\dfrac{c_{n+1}}{n!}t^{n}$，其合法的条件是：级数收敛.

证明 （合法性）作圆周 $C_{R}:|p|=R$，圆周外无 $F(p)$ 的奇点.

由泰勒展开系数公式：$a_{k}=\dfrac{1}{2\pi\mathrm{i}}\oint_{C}\dfrac{f(\xi)}{(\xi-a)^{k+1}}\mathrm{d}\xi$，可知 $c_{n}=\dfrac{1}{2\pi\mathrm{i}}\oint_{C_{R}}F(P)p^{n-1}\mathrm{d}p$.

当 $|p|>R$ 时（$p=\infty$ 是 $F(p)$ 的零点），有

$$|F(p)|\leqslant\int_{0}^{\infty}|f(t)\mathrm{e}^{-pt}|\mathrm{d}t<M\int_{0}^{\infty}|\mathrm{e}^{-pt}|\mathrm{d}t=M\int_{0}^{\infty}\mathrm{e}^{-st}\mathrm{d}t=-\frac{M}{s\,\mathrm{e}^{st}}\Big|_{0}^{\infty}=\frac{M}{s}<\frac{M}{R}$$

$$|c_{n}|\leqslant\frac{1}{2\pi\mathrm{i}}\oint_{C_{R}}|F(P)p^{n-1}|\mathrm{d}p<\frac{1}{2\pi\mathrm{i}}\oint_{C_{R}}\frac{M}{R}|p^{n-1}|\mathrm{d}p$$

得

$$|c_{n}|<MR^{n-1}$$

即

$$\left|\sum_{n=0}^{\infty}c_{n+1}\frac{t^{n}}{n!}\right|\leqslant\sum_{n=0}^{\infty}\frac{|c_{n+1}|}{n!}|t|^{n}<M\sum_{n=0}^{\infty}\frac{1}{n!}R^{n}|t|^{n}=M\mathrm{e}^{R|t|}\quad\left(\sum_{n=0}^{\infty}\frac{z^{n}}{n!}=\mathrm{e}^{z}\right)$$

$f(t)$ 具有有限的增长指数，故级数收敛.

9.3.4 卷积定理

定义 设函数 $f_{1}(t)$ 和 $f_{2}(t)$ 在 $t\geqslant0$ 时连续，则由积分 $\int_{0}^{t}f_{1}(\tau)f_{2}(t-\tau)\mathrm{d}\tau$ 所确定的函数 $h(t)$ 称为 $f_{1}(t)$ 和 $f_{2}(t)$ 的卷积，记作 $f_{1}(t)*f_{2}(t)$.

$$f_{1}(t)*f_{2}(t)=\int_{0}^{t}f_{1}(\tau)f_{2}(t-\tau)\mathrm{d}\tau,\quad t>0$$

卷积的基本性质

(1) 交换律：$f_{1}(t)*f_{2}(t)=f_{2}(t)*f_{1}(t)$.

证明 $f_{1}(t)*f_{2}(t)=\int_{0}^{t}f_{1}(\tau)f_{2}(t-\tau)\mathrm{d}\tau=-\int_{t}^{0}f_{1}(t-u)f_{2}(u)\mathrm{d}u=$ （令 $u=t-\tau$）

$$\int_{0}^{t}f_{2}(u)f_{1}(t-u)\mathrm{d}u=f_{2}(t)*f_{1}(t)$$

(2) 结合律：$f_{1}(t)*[f_{2}(t)*f_{3}(t)]=[f_{1}(t)*f_{2}(t)]*f_{3}(t)$.

证明

$$f_{2}(t)*f_{3}(t)=\int_{0}^{t}f_{2}(\tau)f_{3}(t-\tau)\mathrm{d}\tau$$

$$左边=f_{1}(t)*[f_{2}(t)*f_{3}(t)]=f_{1}(t)*g(t)=\int_{0}^{t}f_{1}(\lambda)g(t-\lambda)\mathrm{d}\lambda=$$

$$\int_{0}^{t}f_{1}(\lambda)\mathrm{d}\lambda\int_{0}^{t-\lambda}f_{2}(\tau)f_{3}(t-\lambda-\tau)\mathrm{d}\tau$$

$$f_{1}(t)*f_{2}(t)=\int_{0}^{t}f_{1}(\lambda)f_{2}(t-\lambda)\mathrm{d}\lambda$$

$$右边=f_{1}(t)*f_{2}(t)*f_{3}(t)=\int_{0}^{t}\left[\int_{0}^{\tau}f_{1}(\lambda)f_{2}(\tau-\lambda)\mathrm{d}\lambda\right]f_{3}(t-\tau)\mathrm{d}\tau=$$

$$\int_{0}^{t}f_{3}(t-\tau)\mathrm{d}\tau\int_{0}^{\tau}f_{1}(\lambda)f_{2}(\tau-\lambda)\mathrm{d}\lambda=$$

$$\iint_{D}f_{1}(\lambda)f_{2}(\tau-\lambda)f_{3}(t-\tau)\mathrm{d}\lambda\mathrm{d}\tau=$$

$$\int_0^t f_1(\lambda)\mathrm{d}\lambda \int_\lambda^t f_2(\tau-\lambda)f_3(t-\tau)\mathrm{d}\tau$$

如图 9-5 所示. 令 $u=\tau-\lambda$, 则

$$右边 = \int_0^t f_1(\lambda)\mathrm{d}\lambda \int_\lambda^t f_2(\tau-\lambda)f_3(t-\tau)\mathrm{d}\tau =$$

$$\int_0^t f_1(\lambda)\mathrm{d}\lambda \int_0^{t-\lambda} f_2(u)f_3(t-\lambda-u)\mathrm{d}u$$

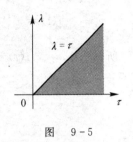

图　9-5

故左边 = 右边.

(3) 分配律: $f_1(t) * [f_2(t)+f_3(t)] = f_1(t) * f_2(t) + f_1(t) * f_3(t).$

证明

$$左边 = \int_0^t f_1(\tau)[f_2(t-\tau)+f_3(t-\tau)]\mathrm{d}\tau =$$

$$\int_0^t f_1(\tau)f_2(t-\tau)\mathrm{d}\tau + \int_0^t f_1(\tau)f_3(t-\tau)\mathrm{d}\tau = 右边$$

定理　(卷积定理) 若 $\mathscr{L}[f_1(t)]=F_1(p)$, $\mathscr{L}[f_2(t)]=F_2(p)$, 则

$$\mathscr{L}[f_1(t) * f_2(t)] = F_1(p)F_2(p) = \mathscr{L}[f_1(t)]\mathscr{L}[f_2(t)]$$

即

$$F_1(p)F_2(p) = \mathscr{L}\left[\int_0^t f_1(\tau)f_2(t-\tau)\mathrm{d}\tau\right]$$

$$\mathscr{L}^{-1}[F_1(p)F_2(p)] = \int_0^t f_1(\tau)f_2(t-\tau)\mathrm{d}\tau$$

证明

$$F_1(p)F_2(p) = \int_0^\infty f_1(\tau)\mathrm{e}^{-p\tau}\mathrm{d}\tau \int_0^\infty f_2(\gamma)\mathrm{e}^{-p\gamma}\mathrm{d}\gamma =$$

$$\int_0^\infty f_1(\tau)\mathrm{d}\tau \int_0^\infty f_2(\gamma)\mathrm{e}^{-p(\tau+\gamma)}\mathrm{d}\gamma =$$

$$\int_0^\infty f_1(\tau)\mathrm{d}\tau \int_\tau^\infty f_2(t-\tau)\mathrm{e}^{-pt}\mathrm{d}t = \quad (令 \ t=\tau+\gamma)$$

$$\int_0^\infty \mathrm{e}^{-pt}\mathrm{d}t \int_0^t f_1(\tau)f_2(t-\tau)\mathrm{d}\tau = \quad (改变积分次序)$$

$$\mathscr{L}\left[\int_0^t f_1(\tau)f_2(t-\tau)\mathrm{d}\tau\right]$$

例 9　如图 9-6 所示, 在 LR 串联电路中加一方形脉冲电压:

$$E(t) = \begin{cases} E_0, & 0 \leqslant t \leqslant T \\ 0, & t > T \end{cases}, 求 \ i(t), i(0)=0.$$

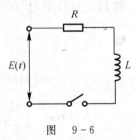

图　9-6

解　列方程 $\begin{cases} L\dfrac{\mathrm{d}i}{\mathrm{d}t} + Ri = E(t) \\ i(0)=0 \end{cases}$

$$\mathscr{L}[i(t)]=I(p), \quad \mathscr{L}[E(t)]=E(p), \quad \mathscr{L}\left[\dfrac{\mathrm{d}i}{\mathrm{d}t}\right]=pI(p)-i(0)=pI(p)$$

对微分方程作拉氏变换, 可得

$$LpI(p) + RI(p) = E(p)$$

$$I(p) = \frac{1}{Lp+R}E(p)$$

因为

$$\mathscr{L}^{-1}\left[\frac{1}{Lp+R}\right] = \frac{1}{L}\mathscr{L}^{-1}\left[\frac{1}{p+R/L}\right] = \frac{1}{L}\mathrm{e}^{-\frac{R}{L}t}\mathscr{L}^{-1}\left[\frac{1}{p}\right] = \frac{1}{L}\mathrm{e}^{-\frac{R}{L}t}$$

$$i(t) = \mathscr{L}^{-1}[I(p)] = \mathscr{L}^{-1}\left[\frac{1}{Lp+R}E(p)\right] = \mathscr{L}^{-1}\left[\frac{1}{Lp+R}\right] * E(t)$$

所以
$$i(t) = \int_0^t E(\tau)\frac{1}{L}e^{-(t-\tau)R/L}d\tau = \frac{1}{L}e^{-Rt/L}\int_0^t E(\tau)e^{R\tau/L}d\tau =$$

$$\begin{cases} \dfrac{1}{L}e^{-Rt/L}\displaystyle\int_0^t E_0 e^{R\tau/L}d\tau, & 0 \leqslant t \leqslant T \\ \dfrac{1}{L}e^{-Rt/L}\left(\displaystyle\int_0^T E_0 e^{R\tau/L}d\tau + \int_T^t 0dt\right), & t > T \end{cases} =$$

$$\begin{cases} \dfrac{E_0}{R}(1 - e^{-Rt/L}), & 0 \leqslant t \leqslant T \\ \dfrac{E_0}{R}(e^{RT/L} - 1)e^{-Rt/L}, & t > T \end{cases}$$

例 10 $y(t) = a\sin t - 2\displaystyle\int_0^t y(\tau)\cos(t-\tau)d\tau$，求 $y(t)$.

解
$$\mathscr{L}[y(t)] = \frac{a}{p^2+1} - 2\mathscr{L}[y(t)]\frac{p}{p^2+1}$$

$$\mathscr{L}[y(t)] = \frac{a}{p^2+1} - \mathscr{L}[y(t)]\frac{2p}{p^2+1}$$

$$(p^2+1)\mathscr{L}[y(t)] = a - 2p\mathscr{L}[y(t)]$$

$$(p+1)^2\mathscr{L}[y(t)] = a$$

$$\mathscr{L}[y(t)] = \frac{a}{(p+1)^2}$$

$$y(t) = \mathscr{L}^{-1}\left[\frac{a}{(p+1)^2}\right] = a\mathscr{L}^{-1}\left[\frac{1}{[p-(-1)]^2}\right] = ae^{-t}\mathscr{L}^{-1}\left[\frac{1}{p^2}\right] =$$

$$ae^{-t}\mathscr{L}^{-1}\left[-\frac{d}{dp}\frac{1}{p}\right] = ae^{-t}[-(-t)]\mathscr{L}^{-1}\left[\frac{1}{p}\right] = ate^{-t}$$

例 11 $f(t) + 2\displaystyle\int_0^t f(\tau)\cos(t-\tau)d\tau = 9e^{2t}$，求 $f(t)$.

解
$$\mathscr{L}[f(t)] + 2\mathscr{L}[f(t)]\frac{p}{p^2+1} = \frac{9}{p-2}$$

$$\mathscr{L}[f(t)] = \frac{9(p^2+1)}{(p+1)^2(p-2)} = \frac{A}{p+1} + \frac{B}{(p+1)^2} + \frac{C}{p-2}$$

$$\begin{cases} A = \text{res}\left[\dfrac{9(p^2+1)}{(p+1)^2(p-2)}, -1\right] = \left[(p+1)^2\dfrac{9(p^2+1)}{(p+1)^2(p-2)}\right]'\Big|_{p=-1} = \\ \dfrac{18p(p-2) - 9(p^2+1)}{(p-2)^2}\Big|_{p=-1} = 4 \\ B = \text{res}\left[\dfrac{9(p^2+1)}{(p+1)(p-2)}, -1\right] = \left[(p+1)\dfrac{9(p^2+1)}{(p+1)(p-2)}\right]_{p=-1} = -6 \\ C = \text{res}\left[\dfrac{9(p^2+1)}{(p+1)^2(p-2)}, 2\right] = \left[(p-2)\dfrac{9(p^2+1)}{(p+1)^2(p-2)}\right]_{p=2} = 5 \end{cases}$$

$$\mathscr{L}[f(t)] = \frac{9(p^2+1)}{(p+1)^2(p-2)} = \frac{4}{p+1} - \frac{6}{(p+1)^2} + \frac{5}{p-2}$$

$$f(t) = 4\mathscr{L}^{-1}\left[\frac{1}{p+1}\right] - 6\mathscr{L}^{-1}\left[\frac{1}{(p+1)^2}\right] + 5\mathscr{L}^{-1}\left[\frac{1}{p-2}\right] =$$

$$4\mathscr{L}^{-1}\left[\frac{1}{p-(-1)}\right]-6\mathscr{L}^{-1}\left[\frac{1}{[p-(-1)]^2}\right]+5\mathrm{e}^{2t}\mathscr{L}^{-1}\left[\frac{1}{p}\right]=$$

$$4\mathrm{e}^{-t}\mathscr{L}^{-1}\left[\frac{1}{p}\right]-6\mathrm{e}^{-t}\mathscr{L}^{-1}\left[\frac{1}{p^2}\right]+5\mathrm{e}^{2t}=$$

$$4\mathrm{e}^{-t}-6\mathrm{e}^{-t}\mathscr{L}^{-1}\left[-\frac{\mathrm{d}}{\mathrm{d}p}\frac{1}{p}\right]+5\mathrm{e}^{2t}=$$

$$4\mathrm{e}^{-t}-6\mathrm{e}^{-t}t+5\mathrm{e}^{2t}$$

例 12 交流 LR 电路的方程为 $\begin{cases}\mathscr{L}\dfrac{\mathrm{d}}{\mathrm{d}t}i(t)+Ri(t)=E_0\sin\omega t \\ i(0)=0\end{cases}$,求 $i(t)$.

解 对方程作拉氏变换,有

$$\mathscr{L}[i(t)]=I(p),\quad \mathscr{L}\left[\frac{\mathrm{d}i}{\mathrm{d}t}\right]=pI(p)-i(0)=pI(p),\quad \mathscr{L}[\sin\omega t]=\frac{\omega}{p^2+\omega^2}$$

$$LpI(p)+RI(p)=E_0\frac{\omega}{p^2+\omega^2}$$

$$I(p)=E_0\frac{\omega}{p^2+\omega^2}\frac{1}{Lp+R}=\frac{E_0}{L}\frac{\omega}{p^2+\omega^2}\frac{1}{p+R/L}$$

$$i(t)=\mathscr{L}^{-1}[I(p)]=\frac{E_0}{L}\mathscr{L}^{-1}\left[\frac{\omega}{p^2+\omega^2}\right]\mathscr{L}^{-1}\left[\frac{1}{p+R/L}\right]=$$

$$\frac{E_0}{L}\int_0^t\sin\omega\tau\,\mathrm{e}^{-R(t-\tau)/L}\mathrm{d}\tau=$$

$$\frac{E_0}{L}\left\{\mathrm{e}^{-Rt/L}\left[\mathrm{e}^{R\tau/L}\frac{(R/L)\sin\omega\tau-\omega\cos\omega\tau}{(R/L)^2+\omega^2}\right]_0^t\right\}=$$

$$\frac{E_0}{L}\frac{(R/L)\sin\omega t-\omega\cos\omega t}{(R/L)^2+\omega^2}+\frac{E_0}{L}\frac{\omega\,\mathrm{e}^{-Rt/L}}{(R/L)^2+\omega^2}$$

$$i(t)=\frac{E_0}{R^2+L^2\omega^2}(R\sin\omega t-\omega L\cos\omega t)+\frac{E_0\omega L}{R^2+L^2\omega^2}\mathrm{e}^{-Rt/L}$$

电流函数 = 稳定振荡部分 + 衰减部分

例 13 质量为 m,劲度系数为 k 的弹簧振子在外力 F_0 作用下的运动方程为

$$\begin{cases}m\ddot{x}(t)+kx(t)=F_0 \\ x(0)=0 \\ \dot{x}(0)=0\end{cases}$$

求 $x(t)$.

解 对方程作拉氏变换,有

$$\mathscr{L}[x(t)]=X(p),\quad \mathscr{L}[\ddot{x}(t)]=p^2X(p)-p\dot{x}(0)-x(0)=p^2X(p)$$

$$mp^2X(p)+kX(p)=\frac{F_0}{p}$$

$$X(p)=\frac{F_0}{m}\frac{1}{p(p^2+k/m)}=\frac{F_0}{m}\frac{1}{p(p^2+\omega^2)}\quad(\omega=\sqrt{k/m})$$

$$x(t)=\mathscr{L}^{-1}[X(p)]=\frac{F_0}{m}\int_0^t\frac{1}{\omega}\sin\omega(t-\tau)\mathrm{d}\tau=$$

$$\frac{F_0}{m}\frac{1}{\omega^2}\cos\omega(t-\tau)\Big|_0^t=\frac{F_0}{m\omega^2}(1-\cos\omega t)$$

$$x(t) = \frac{F_0}{k}\left(1 - \cos\sqrt{\frac{k}{m}}\,t\right)$$

9.4 普遍反演公式

若函数 $F(p) = F(s + \mathrm{i}s)$ 在区域 $\mathrm{Re}\,p > s_0$ 内满足：

(1) $F(p)$ 解析；

(2) 当 $|p| \to \infty$ 时，$F(p)$ 一致地趋于 0；

(3) 对于所有的 $\mathrm{Re}\,p = s > s_0$，沿直线 $L: \mathrm{Re}\,p = s$ 的无穷积分 $\int_{s-\mathrm{i}\infty}^{s+\mathrm{i}\infty} |F(p)|\,\mathrm{d}\sigma \ (s > s_0)$ 收敛.

则对于 $\mathrm{Re}\,p = s > s_0$，$F(p)$ 的原函数为 $f(t) = \frac{1}{2\pi\mathrm{i}}\int_{s-\mathrm{i}\infty}^{s+\mathrm{i}\infty} F(p)\mathrm{e}^{pt}\,\mathrm{d}p$. 此公式称为 Mellin 反演公式.

例 1 用 Mellin 公式求 $F(p) = \dfrac{1}{(p^2 + \omega^2)^2}$ $(\omega > 0)$ 的原函数.

解
$$f(t) = \frac{1}{2\pi\mathrm{i}}\int_{s-\mathrm{i}\infty}^{s+\mathrm{i}\infty} \frac{1}{(p^2 + \omega^2)^2}\mathrm{e}^{pt}\,\mathrm{d}p$$

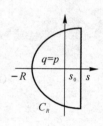

图 9-7

$F(p)$ 的奇点都在虚轴上，故取 $s > 0$ 即可，取如图 9-7 所示的围道. 因为

$$\lim_{R \to \infty} \frac{1}{(p^2 + \omega^2)^2} = 0$$

由推广的约当引理断定：

$$\lim_{R \to \infty}\int_{C_R} \frac{1}{(p^2 + \omega^2)^2}\mathrm{e}^{pt}\,\mathrm{d}t = 0, \quad \frac{\pi}{2} < \arg z < \frac{3\pi}{2}$$

由留数定理可知：

$$f(t) = \frac{1}{2\pi\mathrm{i}}\int_{s-\mathrm{i}\infty}^{s+\mathrm{i}\infty} \frac{1}{(p^2 + \omega^2)^2}\mathrm{e}^{pt}\,\mathrm{d}p = \sum_{\text{全平面}} \mathrm{res}\left[\frac{1}{(p^2 + \omega^2)^2}\mathrm{e}^{pt}\right]$$

有两个二阶极点 $p = \pm\mathrm{i}\omega$，则

$$\mathrm{res}\,f(\pm\mathrm{i}\omega) = \frac{\mathrm{d}}{\mathrm{d}p}\left[(p \mp \mathrm{i}\omega)^2 \frac{\mathrm{e}^{pt}}{(p^2 + \omega^2)^2}\right]_{p = \pm\mathrm{i}\omega} =$$

$$\frac{t\mathrm{e}^{pt}(p^2 + \omega^2)^2 - \mathrm{e}^{pt}2(p \pm \mathrm{i}\omega)}{(p \pm \mathrm{i}\omega)^2}\bigg|_{p = \pm\mathrm{i}\omega}$$

$$f(t) = \left\{\left[\frac{t}{(p + \mathrm{i}\omega)^2} - \frac{2}{(p + \mathrm{i}\omega)^3}\right]\mathrm{e}^{pt}\right\}_{p = \mathrm{i}\omega} + \left\{\left[\frac{t}{(p - \mathrm{i}\omega)^2} - \frac{2}{(p - \mathrm{i}\omega)^3}\right]\mathrm{e}^{pt}\right\}_{p = -\mathrm{i}\omega} =$$

$$\left(\frac{t}{-4\omega^2} - \frac{2}{-8\mathrm{i}\omega^3}\right)\mathrm{e}^{\mathrm{i}\omega t} + \left(\frac{t}{-4\omega^2} - \frac{2}{8\mathrm{i}\omega^3}\right)\mathrm{e}^{-\mathrm{i}\omega t} =$$

$$-\frac{t}{4\omega^2}(\mathrm{e}^{\mathrm{i}\omega t} + \mathrm{e}^{-\mathrm{i}\omega t}) + \frac{1}{4\mathrm{i}\omega^3}(\mathrm{e}^{\mathrm{i}\omega t} - \mathrm{e}^{-\mathrm{i}\omega t}) =$$

$$-\frac{t}{2\omega^2}\cos\omega t + \frac{1}{2\omega^3}\sin\omega t = \frac{1}{2\omega^3}(\sin\omega t - \omega t\cos\omega t)$$

例 2 用 Mellin 公式求 $F(p) = \dfrac{1}{\sqrt{p}}\mathrm{e}^{-\alpha\sqrt{p}}$ $(\alpha > 0)$ 的原函数.

解
$$f(t) = \frac{1}{2\pi i}\int_{s-i\infty}^{s+i\infty} \frac{1}{\sqrt{p}}e^{-\alpha\sqrt{p}\,t}e^{pt}dp$$

积分路径 $L: \mathrm{Re}\,p = s > 0$ 是右半平面上的一条平行于虚轴的无穷直线,被积函数为多值函数,$p=0$ 和 $p=\infty$ 是支点,积分围道如图 $9-8$ 所示,围道内无奇点,则

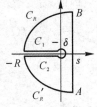

图 9-8

$$\oint_C \frac{1}{\sqrt{p}}e^{-\alpha\sqrt{p}\,t}e^{pt}dp = \int_A^B \frac{1}{\sqrt{p}}e^{-\alpha\sqrt{p}\,t}e^{pt}dp + \int_{C_R} \frac{1}{\sqrt{p}}e^{-\alpha\sqrt{p}\,t}e^{pt}dp +$$

$$\int_{C_1} \frac{1}{\sqrt{p}}e^{-\alpha\sqrt{p}\,t}e^{pt}dp \int_{C_\delta} \frac{1}{\sqrt{p}}e^{-\alpha\sqrt{p}\,t}e^{pt}dp +$$

$$\int_{C_2} \frac{1}{\sqrt{p}}e^{-\alpha\sqrt{p}\,t}e^{pt}dp + \int_{C_R'} \frac{1}{\sqrt{p}}e^{-\alpha\sqrt{p}\,t}e^{pt}dp = 0 \tag{9.1}$$

由推广的约当引理可知:

$$\frac{e^{-\alpha\sqrt{p}}}{\sqrt{p}} \xrightarrow{\ p\to\infty\ } 0 \ \Rightarrow\ \left. \begin{array}{l} \displaystyle\lim_{R\to\infty}\int_{C_R} \frac{1}{\sqrt{p}}e^{-\alpha\sqrt{p}}e^{pt}dp = 0 \\[3mm] \displaystyle\lim_{R\to\infty}\int_{C_R'} \frac{1}{\sqrt{p}}e^{-\alpha\sqrt{p}}e^{pt}dp = 0 \end{array} \right\} \tag{9.2}$$

根据引理一有

$$p\frac{e^{-\alpha\sqrt{p}}}{\sqrt{p}}e^{pt} \xrightarrow{\ p\to 0\ } 0 \ \Rightarrow\ \lim_{\delta\to 0}\int_{C_\delta} \frac{1}{\sqrt{p}}e^{-\alpha\sqrt{p}}e^{pt}dp = 0 \tag{9.3}$$

在 C_1 和 C_2 上,$\arg p = \pm\pi$,分别令 $p = re^{\pm i\pi}$ 得到

$$\int_{C_1} \frac{1}{\sqrt{p}}e^{-\alpha\sqrt{p}}e^{pt}dp = \int_R^\delta \frac{1}{\sqrt{r}\,i}e^{-i\alpha\sqrt{r}}e^{-rt}d(-r) = \int_\delta^R \frac{1}{\sqrt{r}\,i}e^{-i\alpha\sqrt{r}}e^{-rt}dr =$$

$$-i\int_\delta^R \frac{1}{\sqrt{r}}e^{-i\alpha\sqrt{r}}e^{-rt}dr \tag{9.4}$$

$$\int_{C_2} \frac{1}{\sqrt{p}}e^{-\alpha\sqrt{p}}e^{pt}dp = \int_\delta^R \frac{1}{\sqrt{r}\,(-i)}e^{i\alpha\sqrt{r}}e^{-rt}d(-r) = -i\int_\delta^R \frac{1}{\sqrt{r}}e^{i\alpha\sqrt{r}}e^{-rt}dr \tag{9.5}$$

将式(9.2)~式(9.5)代入式(9.1),可得

$$\int_A^B \frac{1}{\sqrt{p}}e^{-\alpha\sqrt{p}}e^{pt}dp = i\int_\delta^R \frac{1}{\sqrt{r}}(e^{-i\alpha\sqrt{r}} + e^{i\alpha\sqrt{r}})e^{-rt}dr$$

当 $R\to\infty$,$\delta\to 0$ 时,有

$$f(t) = \mathscr{L}^{-1}\left[\frac{1}{\sqrt{p}}e^{-\alpha\sqrt{p}\,t}\right] = \frac{1}{2\pi i}i\int_0^\infty \frac{1}{\sqrt{r}}(e^{-i\alpha\sqrt{r}} + e^{i\alpha\sqrt{r}})e^{-rt}dr$$

令 $x = \sqrt{r}$,有

$$f(t) = \frac{1}{2\pi}\int_0^\infty \frac{1}{x}(e^{-i\alpha x} + e^{i\alpha x})e^{-x^2 t}dx^2 = \frac{1}{\pi}\int_0^\infty (e^{-i\alpha x} + e^{i\alpha x})e^{-x^2 t}dx =$$

$$\frac{2}{\pi}\int_0^\infty \cos\alpha x\, e^{-x^2 t}dx$$

根据含参量的反常积分的解析性(第 4 章 4.4 节),有

$$\int_0^\infty e^{-t^2}\cos 2zt\, dt = \frac{1}{2}\sqrt{\pi}\, e^{-z^2}$$

因而

$$f(t) = \frac{2}{\pi} \int_0^\infty \cos\alpha x \, e^{-x^2 t} dx = \frac{2}{\pi} \int_0^\infty e^{-(x\sqrt{t})^2} \cos\left(2 \frac{\alpha}{2\sqrt{t}} x\sqrt{t}\right) \frac{1}{\sqrt{t}} d(x\sqrt{t}) =$$

$$\frac{2}{\pi} \times \frac{1}{\sqrt{t}} \times \frac{1}{2}\sqrt{\pi} \times e^{-(a/2\sqrt{t})^2} = \frac{1}{\sqrt{\pi t}} e^{-a^2/4t}$$

即

$$f(t) = \frac{1}{\sqrt{\pi t}} e^{-a^2/4t}$$

还可以得到公式：

$$\mathscr{L}^{-1}\left[\frac{1}{\sqrt{p}} F(\sqrt{p})\right] = \frac{1}{\sqrt{\pi t}} \int_0^\infty f(\tau) e^{-\tau^2/4t} d\tau$$

证明　对上式右边作拉氏变换，并交换积分次序，有

$$\int_0^\infty \left[\frac{1}{\sqrt{\pi t}} \int_0^\infty f(\tau) e^{-\tau^2/4t} d\tau\right] e^{-pt} dt = \int_0^\infty f(\tau) \left(\int_0^\infty \frac{1}{\sqrt{\pi t}} e^{-\tau^2/4t} e^{-pt} dt\right) d\tau =$$

$$\int_0^\infty f(\tau) \frac{1}{\sqrt{p}} e^{-\tau\sqrt{p}} d\tau =$$

$$\frac{1}{\sqrt{p}} F(\sqrt{p})$$

第 10 章　δ　函　数

δ 函数由物理学家狄拉克首先引进. 讨论物理学中的一切点量:质点、点电荷、瞬时力、脉冲等.

定义　δ 函数是指具有以下性质的函数:

(1) $\delta(x) = \begin{cases} 0, & x \neq 0 \\ \infty, & x = 0 \end{cases}$;

(2) $\displaystyle\int_{-\infty}^{\infty} \delta(x)\mathrm{d}x = 1$.

物理意义:集中的量的密度函数.

把 δ 函数看作弱收敛函数的弱极限.

(1) 以一维举例讨论:如图 10-1 所示,设在无穷直线上 $-\dfrac{l}{2} < x < \dfrac{l}{2}$ 区间内有均匀的电荷分布,总电量为一个单位,在区间外无电荷,则电荷密度函数为

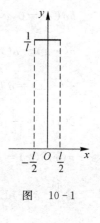

图　10-1

$$\delta_l(x) = \begin{cases} 0, & x < -\dfrac{l}{2} \\[2mm] \dfrac{1}{l}, & -\dfrac{l}{2} < x < \dfrac{l}{2} \\[2mm] 0, & x > \dfrac{l}{2} \end{cases}$$

若 $f(x)$ 在 $\left(-\dfrac{l}{2}, \dfrac{l}{2}\right)$ 内连续,由中值定理有

$$\int_{-\infty}^{+\infty} f(x)\delta_l(x)\mathrm{d}x = \int_{-\frac{l}{2}}^{\frac{l}{2}} f(x)\frac{1}{l}\mathrm{d}x = \frac{1}{l}f(\xi)\left[\frac{l}{2} - \left(-\frac{l}{2}\right)\right] = f(\xi), \quad -\frac{l}{2} \leqslant \xi \leqslant \frac{l}{2}$$

对于 $a < -\dfrac{l}{2}, b > \dfrac{l}{2}$,有

$$\int_a^b f(x)\delta_l(x)\mathrm{d}x = f(\xi), \quad -\frac{1}{2} \leqslant \xi \leqslant \frac{1}{2}$$

当 $l \to 0$ 时,得到点电荷的密度函数为

$$\delta(x) = \lim_{l \to 0}\delta_l(x) = \begin{cases} 0, & x < 0 \\ \infty, & x = 0 \\ 0, & x > 0 \end{cases}$$

对于任意 $f(x)$ 在 $x = 0$ 处连续,有

$$\int_{-\infty}^{+\infty} f(x)\delta(x)\mathrm{d}x = f(0), \quad a < 0, b > 0$$

或者
$$\int_a^b f(x)\delta(x)\mathrm{d}x = f(0)$$

$\delta(x) = \begin{cases} 0, & x \neq 0 \\ \infty, & x = 0 \end{cases}$ 表示的是任意阶可微函数的极限,通常意义下没有意义,只在积分运算中才有意义,积分

$$\int_{-\infty}^{+\infty} f(x)\delta(x)\mathrm{d}x = f(0) \xrightarrow{\quad f(x)=1 \quad} \int_{-\infty}^{+\infty} \delta(x)\mathrm{d}x = 1$$

应理解为 $\int_{-\infty}^{+\infty} f(x)\delta(x)\mathrm{d}x = \lim_{l \to 0}\int_{-\infty}^{+\infty} f(x)\delta_l(x)\mathrm{d}x$.

从数学角度看,δ 函数的引入简化了先对函数序列进行微积分计算,后取极限的过程. 对于任意一个在 $x = 0$ 点连续并且有连续导数的函数 $f(x)$,有

$$\int_{-\infty}^{+\infty} f(x)\delta'(x)\mathrm{d}x = f(x)\delta(x)\Big|_{-\infty}^{+\infty} - \int_{-\infty}^{+\infty} f'(x)\delta(x)\mathrm{d}x = -f'(0)$$

有关 δ 函数的等式应该在积分意义下理解.

$$x\delta(x) = 0, \qquad\qquad \int_{-\infty}^{+\infty} f(x)x\delta(x)\mathrm{d}x = 0$$

$$\delta(-x) = \delta(x), \qquad\qquad \int_{-\infty}^{+\infty} f(x)\delta(-x)\mathrm{d}x = \int_{-\infty}^{+\infty} f(x)\delta(x)\mathrm{d}x$$

$$\delta'(-x) = \delta'(x), \qquad\qquad \int_{-\infty}^{+\infty} f(x)\delta'(-x)\mathrm{d}x = \int_{-\infty}^{+\infty} f(x)\delta'(x)\mathrm{d}x$$

$$\delta(ax) = \frac{1}{|a|}\delta(x), \qquad\qquad \int_{-\infty}^{+\infty} f(x)\delta(ax)\mathrm{d}x = \int_{-\infty}^{+\infty} f(x)\left[\frac{1}{|a|}\delta(x)\right]\mathrm{d}x$$

$$g(x)\delta(x) = g(0)\delta(x), \qquad\qquad \int_{-\infty}^{+\infty} f(x)g(x)\delta(x)\mathrm{d}x = \int_{-\infty}^{+\infty} f(x)[g(0)\delta(x)]\mathrm{d}x$$

令 $\int_{-\infty}^x \delta(x)\mathrm{d}x \equiv \eta(x) = \begin{cases} 1, & x > 0 \\ 0, & x < 0 \end{cases}$,两边微商,得 $\delta(x) = \dfrac{\mathrm{d}\eta(x)}{\mathrm{d}x}$,因为 $\int_{-\infty}^{+\infty} \delta(x)\mathrm{e}^{-ikx}\mathrm{d}x = 1$,

傅里叶反演,得 $\delta(x) = \dfrac{1}{2\pi}\int_{-\infty}^{+\infty} \mathrm{e}^{ikx}\mathrm{d}x$,拉普拉斯变换:

$$\mathscr{L}[\delta(t - t_0)] = \int_0^\infty \delta(t - t_0)\mathrm{e}^{-pt}\mathrm{d}t = \mathrm{e}^{-pt_0}, \quad t_0 > 0$$

以上是一维情况下的 δ 函数.

(2) 二维:(x_0, y_0) 处有一个单位点电荷,密度分布函数为

$$\delta(x - x_0)\delta(y - y_0) \text{——线电荷}$$

(3) 三维:(x_0, y_0, z_0) 处有一个单位点电荷,密度分布函数为

$$\delta(x - x_0)\delta(y - y_0)\delta(z - z_0) \text{——面电荷}$$

例 求证:$\boldsymbol{\nabla}^2 \dfrac{1}{r} = -4\pi\delta(r)$,其中 $\boldsymbol{\nabla}^2 \equiv \dfrac{\partial^2}{\partial x^2} + \dfrac{\partial^2}{\partial y^2} + \dfrac{\partial^2}{\partial z^2}$ 为拉普拉斯算符,则

$$r = |\boldsymbol{r}| = \sqrt{x^2 + y^2 + z^2}, \quad \delta(r) = \delta(x)\delta(y)\delta(z)$$

证明 要证明 $\boldsymbol{\nabla}^2 \dfrac{1}{r} = -4\pi\delta(r)$,就是要证明积分意义下:

$$\iiint_V \boldsymbol{\nabla}^2 \frac{1}{r}\mathrm{d}x\mathrm{d}y\mathrm{d}z = \begin{cases} 0, & r = 0 \notin V \\ -4\pi, & r = 0 \in V \end{cases}$$

当 $r \neq 0$ 时,有

$$\frac{\partial^2}{\partial x^2}\frac{1}{\sqrt{x^2+y^2+z^2}}=\frac{3x^2-(x^2+y^2+z^2)}{(x^2+y^2+z^2)^{5/2}}$$

$$\frac{\partial^2}{\partial y^2}\frac{1}{\sqrt{x^2+y^2+z^2}}=\frac{3y^2-(x^2+y^2+z^2)}{(x^2+y^2+z^2)^{5/2}}$$

$$\frac{\partial^2}{\partial z^2}\frac{1}{\sqrt{x^2+y^2+z^2}}=\frac{3z^2-(x^2+y^2+z^2)}{(x^2+y^2+z^2)^{5/2}}$$

3 式相加,可得$\mathbf{\nabla}^2\dfrac{1}{r}=0, r\neq0.$

当 $r=0$ 时,$\dfrac{1}{r}$ 不可导,将 V 取为整个三维空间:

$$\iiint\limits_{V}\mathbf{\nabla}^2\frac{1}{r}\mathrm{d}x\mathrm{d}y\mathrm{d}z=\lim_{a\to0}\iiint\limits_{V}\mathbf{\nabla}^2\frac{1}{\sqrt{r^2+a^2}}\mathrm{d}x\mathrm{d}y\mathrm{d}z=$$

$$-\lim_{a\to0}\iiint\limits_{V}\frac{3a^2}{(r^2+a^2)^{5/2}}r^2\mathrm{d}r\sin\theta\mathrm{d}\theta\mathrm{d}\varphi=$$

$$-12\pi\lim_{a\to0}\int_0^\infty\frac{a^2}{(r^2+a^2)^{5/2}}r^2\mathrm{d}r$$

令 $r=a\tan\alpha$,上式积分与 a 无关.

$$\iiint\limits_{V}\mathbf{\nabla}^2\frac{1}{r}\mathrm{d}x\mathrm{d}y\mathrm{d}z=-12\pi\int_0^\infty\frac{a^2}{(a^2\tan^2\alpha+a^2)^{5/2}}(a\tan\alpha)^2\mathrm{d}(a\tan\alpha)=$$

$$-12\pi\int_0^{\frac{\pi}{2}}\sin^2\alpha\cos\alpha\mathrm{d}\alpha=$$

$$-12\pi\times\frac{1}{3}\sin^3\alpha\Big|_0^{\pi/2}=$$

$$-4\pi$$

可知$\mathbf{\nabla}^2\dfrac{1}{r}=-4\pi, r=0.$

第二部分　数学物理方程

第11章　数学物理方程和定解条件

利用数学工具对一个具体物理现象的研究包括两个方面：

(1)问题的提出——数学描述.

(2)问题的解决——求解过程.

其一般过程如图11-1所示.通常物理问题导出的方程有：偏微分方程和积分方程.

数学物理方程＝来自物理问题的偏微分方程(二阶线性偏微分方程).例如：

(1)静电势和引力势满足的拉普拉斯方程.

(2)波的传播所满足的波动方程.

(3)热传导问题和扩散问题中的热传导方程.

(4)描写电磁场运动变化的麦克斯韦方程组.

(5)作为微观物质运动基本规律的薛定谔方程和狄拉克方程.

用数理方程研究物理问题的步骤：

(1)导出或写出定解问题：建立数理方程和确定定解条件.

(2)求解定解问题.

(3)讨论解的适定性(存在性、唯一性、稳定性)，作物理解释.

其中,数理方程的建立方法是：

(1)将所研究的系统中的一小部分分割出来.

(2)根据物理学的规律,用数学语言表达这个规律(牛顿第二定律、能量守恒定律等).

(3)化简整理.

而定解条件涉及：

(1)初始条件：物理过程初始状态的数学表达式(t 的 n 阶偏微分方程需要 $n-1$ 个初始条件,才能确立一个特解).

(2)边界条件：物理过程边界状况的数学表达.

(3)衔接条件：不同介质组成的系统,在两种不同介质的交界处需要给定的条件.

一般地,定解问题的求解方法有：

①行波法；②分离变量法；③积分变换法；④格林函数法；⑤保角变换法；⑥变分法.

三类定解问题：

(1)方程＋初始条件＝初值问题.

(2)方程＋边界条件＝边值问题.

(3)方程＋初始条件＋边界条件＝混合问题.

以下导出常见的几个数学物理方程.

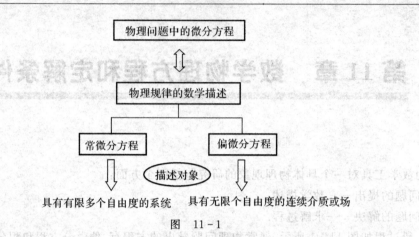

图　11-1

11.1　弦的横振动方程

物理问题：完全柔软的均匀弦，沿水平直线绷紧后以某种方式激发，在铅直平面内作小振动，求弦的横振动方程.

取弦的平衡位置为 x 轴，两端分别为 $x=0$ 和 $x=l$，设 $u(x,t)$ 为弦上一点 x 在时刻 t 的横向位移. 如图 11-2 所示，弦上一小段 $\mathrm{d}x$ 两端 x 和 $x+\mathrm{d}x$ 处受到弹性力 F 的作用.

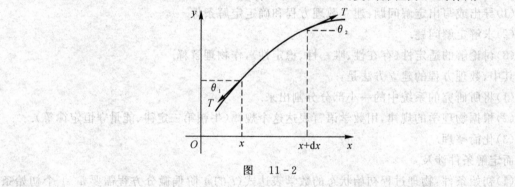

图　11-2

因为弦完全柔软，所以 $F=T$：切向应力，无法向力. $\mathrm{d}x$ 足够小，可视为质点，它在 x 方向及垂直方向上的动力学方程为

$$(T\cos\theta)_{x+\mathrm{d}x} - (T\cos\theta)_x = 0 \tag{11.1}$$

$$(T\sin\theta)_{x+\mathrm{d}x} - (T\sin\theta)_x = \mathrm{d}m\frac{\partial^2 u}{\partial t^2} \quad \text{（牛顿第二定律，忽略了重力的作用）} \tag{11.2}$$

又知 $\tan\theta_1 = \dfrac{\partial u}{\partial x}\Big|_x$，$\tan\theta_2 = \dfrac{\partial u}{\partial x}\Big|_{x+\mathrm{d}x}$，均匀弦 $\Leftrightarrow \mathrm{d}m = \rho\mathrm{d}x$. 小振动：弦两端的位移之差 $u(x+\mathrm{d}x,t) - u(x,t)$ 与 $\mathrm{d}x$ 相比是一个小量，即 $\left|\dfrac{\partial u}{\partial x}\right| \ll 1$，因此，在准确到 $\dfrac{\partial u}{\partial x}$ 的一级项的条件下，有

$$\sin\theta \approx \tan\theta = \frac{\partial u}{\partial x} \quad \text{（略去了 $\dfrac{\partial u}{\partial x}$ 的三级项）}$$

$$\cos\theta \approx 1 \quad \text{（略去了 $\dfrac{\partial u}{\partial x}$ 的二级项）}$$

方程(11.2)变为

$$T_{x+\mathrm{d}x} - T_x = 0 \quad \Rightarrow \quad T_{x+\mathrm{d}x} = T_x \quad \text{(弦中各点张力相等,}T\text{不随}x\text{变化)}$$

方程(11.2)化为

$$\rho\mathrm{d}x\frac{\partial^2 u}{\partial t^2} = T\left[\left(\frac{\partial u}{\partial x}\right)_{x+\mathrm{d}x} - \left(\frac{\partial u}{\partial x}\right)_x\right] = T\frac{\partial^2 u}{\partial x^2}\mathrm{d}x \quad \Rightarrow \quad \rho\frac{\partial^2 u}{\partial t^2} - T\frac{\partial^2 u}{\partial x^2} = 0$$

令 $a = \sqrt{\dfrac{T}{\rho}}$,则

$$\frac{\partial^2 u}{\partial t^2} - a^2\frac{\partial^2 u}{\partial x^2} = 0 \quad\text{—— 弦的横振动方程}$$

其中,a 为弦的振动传播速度.

可以证明:在小振动条件下,张力 T 与时间 t 无关.

如图 11-3 所示,一小段弦的伸长可表示为

$$\mathrm{d}s - \mathrm{d}x = \sqrt{\mathrm{d}u^2 + \mathrm{d}x^2} - \mathrm{d}x = \left[\sqrt{1 + \left(\frac{\partial u}{\partial x}\right)^2} - 1\right]\mathrm{d}x = o\left[\left(\frac{\partial u}{\partial x}\right)^2\right]$$

因为弦的总长度不随时间变化,由胡克定律知,引起弦长度变化的应力 T 不随时间变化,前面已证 T 不随 x 变化,则 T 是一个恒量.

当弦在横向上受到外力作用时,有

$$\rho\mathrm{d}x\frac{\partial^2 u}{\partial t^2} = T\frac{\partial^2 u}{\partial x^2}\mathrm{d}x + f\mathrm{d}x$$

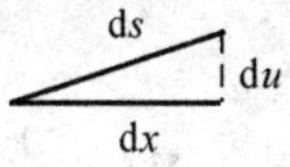

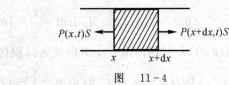

图　11-3

其中,f 为单位长度上所受的外力.

故

$$\frac{\partial^2 u}{\partial t^2} - a^2\frac{\partial^2 u}{\partial x^2} = \frac{f}{\rho}$$

其中,非齐次项 $\dfrac{f}{\rho}$ 是单位质量所受的外力.

11.2　杆的纵振动方程

一根均匀细杆沿杆长方向作小振动,假设在垂直杆长方向的任一截面上各点的振动情况(即位移)完全相同,并且不考虑在垂直方向上相应发生的形变.

如图 11-4 所示,取杆长方向为 x 轴方向,垂直于杆长方向的截面均用它的平衡位置 x 标记.在任一时刻 t,此截面相对于平衡位置的位移为 $u(x,t)$,对于杆的一小段$(x,x+\mathrm{d}x)$通过两端截面所受到的弹性力分别为 $P(x,t)S$ 和 $P(x+\mathrm{d}x,t)S$.其中 $P(x,t)$ 为 x 处的截面在时刻 t 时,单位面积所受的弹性力.

由牛顿第二定律可知:

$$\mathrm{d}m\frac{\partial^2 u}{\partial t^2} = [P(x+\mathrm{d}x,t) - P(x,t)]S$$

若杆的密度为 ρ,则

$$\mathrm{d}m = \rho\mathrm{d}xS$$

图　11-4

$$\rho \mathrm{d}x S \frac{\partial^2 u}{\partial t^2} = [P(x+\mathrm{d}x,t) - P(x,t)]S$$

$$\rho \frac{\partial^2 u}{\partial t^2} = \frac{\partial P}{\partial x}$$

略去杆长方向的形变,根据胡克定律,有

$$P = E \frac{\partial u}{\partial x}$$

其中,E 是杆的弹性模量,是物质常数.

$$\rho \frac{\partial^2 u}{\partial t^2} - E \frac{\partial^2 u}{\partial x^2} = 0$$

令 $a = \sqrt{\dfrac{E}{\rho}}$,则

$$\frac{\partial^2 u}{\partial t^2} - a^2 \frac{\partial^2 u}{\partial x^2} = 0 \quad\text{——} \quad \text{杆的纵振动方程}$$

杆的纵振动与弦的横振动机理不完全相同,偏微分方程形式完全一样.

波动方程为

$$\frac{\partial^2 u}{\partial t^2} - a^2 \, \mathbf{\nabla}^2 u = 0$$

$\mathbf{\nabla}^2 = \dfrac{\partial^2}{\partial x^2} + \dfrac{\partial^2}{\partial y^2} + \dfrac{\partial^2}{\partial z^2}$ 是拉普拉斯算符.

11.3　热传导方程

推导热传导方程的方法与前面完全相同.不同之处:具体的物理规律不同.波动方程遵循的是牛顿第二定律和胡克定律,而热传导方程遵循的是能量守恒定律和热传导的傅里叶定律.

热传导的傅里叶定律　设 $u(x,y,z,t)$ 表示连续介质内空间坐标为 (x,y,z) 点在时刻 t 的温度,若介质内存在温度差,而温度变化不大时,则热流密度 $\boldsymbol{q}$ 与温度梯度 $\mathbf{\nabla}u$ 成正比,比例系数 k 称为热导率,k 的大小与介质材料和温度有关,若温度变化不大时,k 近似地与温度 u 无关,则

$$\boldsymbol{q} = -k \, \mathbf{\nabla} u$$

负号表示热流方向与温度变化方向相反,即热量由高温流向低温.

1. 均匀各向同性介质中的热传导方程

如图 11-5 所示,介质内部的一个长方体微元,建立坐标系使坐标面与长方体表面重合.从时刻 t 到时刻 $t+\mathrm{d}t$,沿 x 轴方向流入长方体微元的热量为

$$[(q_x)_x - (q_x)_{x+\mathrm{d}x}]\mathrm{d}y\mathrm{d}z\mathrm{d}t = \left[-\left(k\frac{\partial u}{\partial x}\right)_x + \left(k\frac{\partial u}{\partial x}\right)_{x+\mathrm{d}x}\right]\mathrm{d}y\mathrm{d}z\mathrm{d}t = k\frac{\partial^2 u}{\partial x^2}\mathrm{d}x\mathrm{d}y\mathrm{d}z\mathrm{d}t$$

同理,在 $\mathrm{d}t$ 时间内沿 y,z 方向流入体积微元的热量分别为

$$[(q_y)_y - (q_y)_{y+\mathrm{d}y}]\mathrm{d}x\mathrm{d}z\mathrm{d}t = \left[-\left(k\frac{\partial u}{\partial y}\right)_y + \left(k\frac{\partial u}{\partial y}\right)_{y+\mathrm{d}y}\right]\mathrm{d}x\mathrm{d}z\mathrm{d}t = k\frac{\partial^2 u}{\partial y^2}\mathrm{d}x\mathrm{d}y\mathrm{d}z\mathrm{d}t$$

$$[(q_z)_z - (q_z)_{z+\mathrm{d}z}]\mathrm{d}x\mathrm{d}y\mathrm{d}t = \left[-\left(k\frac{\partial u}{\partial z}\right)_z + \left(k\frac{\partial u}{\partial z}\right)_{z+\mathrm{d}z}\right]\mathrm{d}x\mathrm{d}y\mathrm{d}t = k\frac{\partial^2 u}{\partial z^2}\mathrm{d}x\mathrm{d}y\mathrm{d}z\mathrm{d}t$$

流入体积微元的净热量为

$$k\left(\frac{\partial^2 u}{\partial x^2}+\frac{\partial^2 u}{\partial y^2}+\frac{\partial^2 u}{\partial z^2}\right)\mathrm{d}x\,\mathrm{d}y\,\mathrm{d}z\,\mathrm{d}t$$

（1）若体积微元内没有其他热源或消耗，由能量守恒定律可知：净流入的热量等于介质在此时间内温度升高所需的热量，即

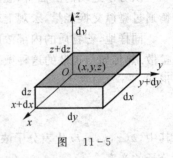

图　11-5

$$k\left(\frac{\partial^2 u}{\partial x^2}+\frac{\partial^2 u}{\partial y^2}+\frac{\partial^2 u}{\partial z^2}\right)\mathrm{d}x\,\mathrm{d}y\,\mathrm{d}z\,\mathrm{d}t=\rho\,\mathrm{d}x\,\mathrm{d}y\,\mathrm{d}z\,c\,\mathrm{d}u$$

$$k\,\nabla^2 u=\rho c\,\frac{\partial u}{\partial t}$$

$$\frac{\partial u}{\partial t}-\frac{k}{\rho c}\,\nabla^2 u=0$$

其中，ρ 为介质密度，c 为比热容.

令 $\kappa=\dfrac{k}{\rho c}$，则

$$\frac{\partial u}{\partial t}-\kappa\,\nabla^2 u=0$$

其中，κ 为温度传导率.

（2）若体积微元内有热量产生（化学反应、电流通过等），单位时间内单位体积中产生的热量为 $F(x,y,z,t)$，则有

$$k\left(\frac{\partial^2 u}{\partial x^2}+\frac{\partial^2 u}{\partial y^2}+\frac{\partial^2 u}{\partial z^2}\right)\mathrm{d}x\,\mathrm{d}y\,\mathrm{d}z\,\mathrm{d}t+F(x,y,z,t)\mathrm{d}x\,\mathrm{d}y\,\mathrm{d}z\,\mathrm{d}t=\rho\,\mathrm{d}x\,\mathrm{d}y\,\mathrm{d}z\,c\,\mathrm{d}u$$

$$k\,\nabla^2 u+F(x,y,z,t)=\rho c\,\frac{\partial u}{\partial t}$$

$$\frac{\partial u}{\partial t}-\frac{k}{\rho c}\,\nabla^2 u=\frac{F(x,y,z,t)}{\rho c}\equiv f(x,y,z,t)$$

令 $\kappa=\dfrac{k}{\rho c}$，则

$$\frac{\partial u}{\partial t}-\kappa\,\nabla^2 u=f(x,y,z,t)$$

2.其他介质中的热传导方程

若介质不均匀，热导率 k 与坐标有关，则

$$\left[(q_x)_x-(q_x)_{x+\mathrm{d}x}\right]\mathrm{d}y\,\mathrm{d}z\,\mathrm{d}t=\left[-\left(k\,\frac{\partial u}{\partial x}\right)_x+\left(k\,\frac{\partial u}{\partial x}\right)_{x+\mathrm{d}x}\right]\mathrm{d}y\,\mathrm{d}z\,\mathrm{d}t\neq k\,\frac{\partial^2 u}{\partial x^2}\mathrm{d}x\,\mathrm{d}y\,\mathrm{d}z\,\mathrm{d}t$$

热传导方程变为

$$\rho c\,\frac{\partial u}{\partial t}-\nabla(k\,\nabla u)=F(x,y,z,t)$$

令 $j=\rho c u$（热流强度），则上式变为

$$\frac{\partial j}{\partial t}-\nabla q=F(x,y,z,t)\quad\text{——　连续性方程}$$

对于各向异性的介质，热导率 k 与坐标方向 x,y,z 相关，傅里叶定律变为

$$q=-k\cdot\nabla u$$

k 是 3×3 矩阵，则热传导方程为

$$\rho c \frac{\partial u}{\partial t} - \boldsymbol{\nabla} (k \boldsymbol{\nabla} u) = F(x, y, z, t)$$

从分子运动的层面看,温度的高低表征了物质分子热运动的剧烈程度.分子热运动的不平衡通过碰撞交换能量,宏观上就表现为热量的传递.

同样地,若物质的内部浓度不均匀,通过分子运动发生物质交换,宏观上就表现为分子的扩散.热传导与扩散的这种微观机理上的相似性,决定了扩散方程与热传导方程具有相同的形式:

$$\frac{\partial u}{\partial t} - D \boldsymbol{\nabla}^2 u = f(x, y, z, t)$$

其中,$u(x, y, z, t)$ 代表分子浓度,D 是扩散系数,$f(x, y, z, t)$ 是单位时间内在单位体积中该种分子的产率.

例 1 在弦的横振动问题中,若弦受到一个与速率成正比的阻力,试导出弦的阻尼振动方程.

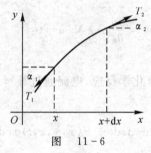

图 11-6

解 设位移函数为 $u(x, t)$,依题意,单位长弦受到的阻力为 $b \frac{\partial u}{\partial t}$,如图 11-6 所示,弦中任意一小段 $\mathrm{d}x$ 在振动过程中的受力情况为:

纵向(水平方向) $\qquad T_2 \cos \alpha_2 - T_1 \cos \alpha_1$

横向(竖直方向) $\qquad T_2 \sin \alpha_2 - T_1 \sin \alpha_1 - b \frac{\partial u}{\partial t} \bigg|_{x \sim x+\mathrm{d}x} \mathrm{d}x$

因为弦在作横振动,所以由牛顿第二定律有

$$T_2 \cos \alpha_2 - T_1 \cos \alpha_1 = 0$$

$$T_2 \sin \alpha_2 - T_1 \sin \alpha_1 - b \frac{\partial u}{\partial t} \bigg|_{x \sim x+\mathrm{d}x} \mathrm{d}x = \rho \mathrm{d}x \frac{\partial^2 u}{\partial t^2} \bigg|_{x \sim x+\mathrm{d}x}$$

在小振动条件下,运动方程化简为

$$T_1 = T_2 \equiv T$$

$$T_2 \frac{\partial u}{\partial x} \bigg|_{x+\mathrm{d}x} - T_1 \frac{\partial u}{\partial x} \bigg|_{x} - b \frac{\partial u}{\partial t} \bigg|_{x \sim x+\mathrm{d}x} \mathrm{d}x = \rho \mathrm{d}x \frac{\partial^2 u}{\partial t^2} \bigg|_{x \sim x+\mathrm{d}x}$$

即

$$T \frac{\partial^2 u}{\partial x^2} \mathrm{d}x - b \frac{\partial u}{\partial t} \bigg|_{x \sim x+\mathrm{d}x} \mathrm{d}x = \rho \mathrm{d}x \frac{\partial^2 u}{\partial t^2} \bigg|_{x \sim x+\mathrm{d}x}$$

$$T \frac{\partial^2 u}{\partial x^2} - b \frac{\partial u}{\partial t} = \rho \frac{\partial^2 u}{\partial t^2}$$

$$\frac{\partial^2 u}{\partial t^2} - \frac{T}{\rho} \frac{\partial^2 u}{\partial x^2} + \frac{b}{\rho} \frac{\partial u}{\partial t} = 0$$

故弦的阻尼横振动方程为

$$\frac{\partial^2 u}{\partial t^2} - a^2 \frac{\partial^2 u}{\partial x^2} + c \frac{\partial u}{\partial t} = 0 \quad \left(a = \sqrt{\frac{T}{\rho}}, \quad c = \frac{b}{\rho} \right)$$

例 2　设扩散物质的源强（即单位时间内单位体积所产生的扩散物质）为 $F(x, y, z, t)$，试导出扩散方程.

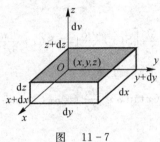

图　11 - 7

解　设粒子的浓度为 $u(x, y, z, t)$，考虑 dt 时间内 dv 中的粒子流动情况，如图 11-7 所示，由扩散定律知，流入的净粒子数为

x 方向：$\qquad [q_x(x, t) - q_x(x + dx, t)]dydzdt$

y 方向：$\qquad [q_y(y, t) - q_y(y + dy, t)]dxdzdt$

z 方向：$\qquad [q_z(z, t) - q_z(z + dz, t)]dxdydt$

源强产生的粒子数：$F(x, y, z, t)dxdydzdt$. 由质量守恒得

$$[q_x(x, t) - q_x(x + dx, t)]dydzdt + [q_y(y, t) - q_y(y + dy, t)]dxdzdt +$$
$$[q_z(z, t) - q_z(z + dz, t)]dxdydt + F(x, y, z, t)dxdydzdt =$$
$$[u(x, y, z, t + dt) - u(x, y, z, t)]dxdydz$$

两边同除以 $dxdydzdt$ 得

$$\frac{\partial q}{\partial x} + \frac{\partial q}{\partial y} + \frac{\partial q}{\partial z} + F(x, y, z, t) = \frac{\partial u}{\partial t}$$

扩散定律　单位时间通过单位截面的粒子数与浓度梯度成正比.

$$\vec{q} = -D \nabla u$$

负号表示扩散方向与浓度变化方向相反，即粒子由高浓度向低浓度扩散，即

$$\frac{\partial}{\partial x}\left(D \frac{\partial u}{\partial x}\right) + \frac{\partial}{\partial y}\left(D \frac{\partial u}{\partial y}\right) + \frac{\partial}{\partial z}\left(D \frac{\partial u}{\partial z}\right) + F(x, y, z, t) = \frac{\partial u}{\partial t}$$

若 D 为均匀的，即与 (x, y, z) 无关，则 $D\nabla^2 u + F(x, y, z, t) = \frac{\partial u}{\partial t}$，即

$$\frac{\partial u}{\partial t} - D \nabla^2 u = F(x, y, z, t)$$

例 3　试推导一均质细圆锥杆的纵振动方程.

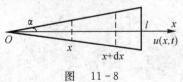

图　11 - 8

解 如图 11-8 所示,设杆做纵振动的位移函数为 $u(x,t)$,杆的弹性模量为 E,体密度为 ρ,在 x 处的横截面积为 $S(x)$,$\mathrm{d}x$ 做纵振动时的运动方程为:

纵向(水平方向)

$$E\left[S(x)\frac{\partial u}{\partial x}\right]_{x+\mathrm{d}x}-E\left[S(x)\frac{\partial u}{\partial x}\right]_{x}=\rho S(x)\mathrm{d}x\frac{\partial^2 u}{\partial t^2}$$

两边同除以 $\mathrm{d}x$,有

$$E\frac{\partial}{\partial x}\left[S(x)\frac{\partial u}{\partial x}\right]=\rho S(x)\frac{\partial^2 u}{\partial t^2}$$

将 $S(x)=\pi r^2=\pi(x\tan\alpha)^2$ 代入上式,可得

$$E\frac{\partial}{\partial x}\left[\pi(x\tan\alpha)^2\frac{\partial u}{\partial x}\right]=\rho\pi(x\tan\alpha)^2\frac{\partial^2 u}{\partial t^2}$$

约去 π 和 $\tan\alpha$,化简整理得

$$E\frac{\partial}{\partial x}\left(x^2\frac{\partial u}{\partial x}\right)=\rho x^2\frac{\partial^2 u}{\partial t^2}$$

令 $a^2=\dfrac{E}{\rho}$,则

$$\frac{\partial^2 u}{\partial t^2}-\frac{a^2}{x^2}\frac{\partial}{\partial x}\left(x^2\frac{\partial u}{\partial x}\right)=0$$

例4 长为 l 的均质柔软轻绳,一段固定在竖直轴上,绳子以角速度 ω 转动.试导出此绳相对于水平线的横振动方程.

解 此绳为柔软轻绳,可视为忽略掉质量的弦,如图 11-9 所示,设绳的平衡位置为水平线,位移函数为 $u(x,t)$,绳的线密度为 ρ,类似弦的横振动分析,$\mathrm{d}x$ 做横振动时的运动方程为:

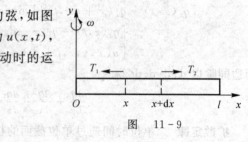

图 11-9

横向(竖直方向)

$$T_2\frac{\partial u}{\partial x}\bigg|_{x+\mathrm{d}x}-T_1\frac{\partial u}{\partial x}\bigg|_{x}=\rho\mathrm{d}x\frac{\partial^2 u}{\partial t^2}$$

即

$$T(x)\frac{\partial u}{\partial x}\bigg|_{x+\mathrm{d}x}-T(x)\frac{\partial u}{\partial x}\bigg|_{x}=\rho\mathrm{d}x\frac{\partial^2 u}{\partial t^2}$$

此绳以角速度 ω 转动,绳上任意一处 x 的张力,由 x 到 l 这段绳的惯性离心力所提供,得

$$T(x)=\int_x^l\omega^2 x\rho\mathrm{d}x=\frac{1}{2}\rho\omega^2(l^2-x^2)\quad(离心力=向心力=m\omega^2 r)$$

方程可化为

$$\left[\frac{1}{2}\rho\omega^2(l^2-x^2)\frac{\partial u}{\partial x}\right]_{x+\mathrm{d}x}-\left[\frac{1}{2}\rho\omega^2(l^2-x^2)\frac{\partial u}{\partial x}\right]_{x+\mathrm{d}x}=\rho\mathrm{d}x\frac{\partial^2 u}{\partial t^2}$$

两端同除以 $\rho\mathrm{d}x$,则

$$\frac{1}{2}\omega^2\frac{\partial}{\partial x}\left[(l^2-x^2)\frac{\partial u}{\partial x}\right]=\frac{\partial^2 u}{\partial t^2}$$

即

$$\frac{\partial^2 u}{\partial t^2}-\frac{1}{2}\omega^2\frac{\partial}{\partial x}\left[(l^2-x^2)\frac{\partial u}{\partial x}\right]=0$$

11.4　稳 定 问 题

一般方程和稳定态方程的类型见表 11 - 1.

表 11 - 1　一般方程和稳定态方程的类型

一般情况		稳定态	
热传导方程 （扩散方程）	$\dfrac{\partial u}{\partial t} - \kappa \nabla^2 u = f$	u 不随 t 变化 $\nabla^2 u = -\dfrac{f}{\kappa}$	泊松方程
		$f = 0 : \nabla^2 u = 0$	拉普拉斯方程
波动方程	静电场电势 $\nabla^2 u = -\dfrac{\rho}{\varepsilon_0}$	$\rho = 0 : \nabla^2 u = 0$	
	$\dfrac{\partial^2 u}{\partial t^2} - a^2 \nabla^2 u = 0$	$u(x,y,z,t) = v(x,y,z,t)\mathrm{e}^{i\omega t}$ 即 u 随 t 周期的变化 $\nabla^2 v + k^2 v = 0$ $k = \omega/a$ 为波数	亥姆霍兹方程

物理方程对应的数学方程见表 11 - 2.

表 11 - 2　物理方程对应的数学方程

物理	数学
波动方程	双曲型方程
热传导方程	抛物型方程
泊松方程	椭圆型方程
拉普拉斯方程	

以上 3 类方程的求解将是接下来的学习重点。

11.5　边界条件与初始条件

偏微分方程 $\dfrac{\partial^2 u(x,y)}{\partial x^2} = 0$ 的通解是：$u(x,y) = C_1(y) + xC_2(y)$，$C_1$ 与 C_2 是 y 的任意函数，可见解并不唯一.

要描述一个具有确定解的物理问题，数学上要构成一个定解问题：方程 ＋ 定解条件. 定解条件：初始条件、边界条件、连接条件.

定义　初始条件：完全描述物理问题的研究对象在初始时刻时，其内部及边界上任意一点的状况. 边界条件：完全描述物理问题的研究对象的边界上各点在任一时刻的状况. ① 第一

类边界条件:边界上各点的函数值——$u|_\Sigma$;② 第二类边界条件:边界上各点函数的法向微商值——$\dfrac{\partial u}{\partial n}\Big|_\Sigma$;③ 第三类边界条件:$u|_\Sigma$ 与 $\dfrac{\partial u}{\partial n}\Big|_\Sigma$ 的线性关系.

例 1 热传导方程 $\dfrac{\partial u}{\partial t}-\kappa\boldsymbol{\nabla}^2 u=0$,试列出其定解条件.

解 初始条件:

$$u|_{t=0}=\varphi(x,y,z),(x,y,z)\in\overline{V} \quad (\text{初始时刻各点的温度})$$

边界条件:

(1) $u|_\Sigma=\varphi(\Sigma,t)$ (边界上各点的温度).

(2) $\dfrac{\partial u}{\partial n}\Big|_\Sigma=\dfrac{1}{k}\varphi(\Sigma,t)$ (单位时间内通过单位面积的边界流入的热量为 $\varphi(\Sigma,t)$).

$\dfrac{\partial}{\partial n}$:法向微商,梯度矢量在外法线上的投影. 若边界绝热,则 $\varphi=0$,有 $\dfrac{\partial u}{\partial n}\Big|_\Sigma=0$.

(3) $-k\dfrac{\partial u}{\partial n}\Big|_\Sigma=h(u|_\Sigma-u_0)$ (介质通过边界按牛顿冷却定律散热).

牛顿冷却定律:单位时间通过单位面积表面与外界交换的热量正比于介质表面温度 $u|_\Sigma$ 与外界温度 u_0 之差,h 为比例系数.

例 2 长为 l 的均匀细杆,$x=0$ 端固定,另一端受到沿杆长方向的力 F,若撤去 F 的瞬间为 $t=0$ 时刻,求 $t>0$ 的杆的纵振动的定解条件.

解 边界条件:

$$u(x,t)|_{x=0}=0$$

$$\dfrac{\partial u}{\partial x}\Big|_{x=l}=0 \quad (t>0\text{ 无外力作用,即无应变})$$

初始条件:

$$E\dfrac{\partial u}{\partial x}\Big|_{t=0}=\dfrac{F}{S} \quad (\text{胡克定律})$$

$$u|_{t=0}=\int_0^x\dfrac{\partial u}{\partial x}\mathrm{d}x=\int_0^x\dfrac{F}{ES}\mathrm{d}x=\dfrac{F}{ES}x$$

$$\dfrac{\partial u}{\partial t}\Big|_{t=0}=0$$

其中,S 为横截面积,E 为弹性模量.

例 3 长为 l,$x=0$ 端固定的均匀细杆,处于静止状态中,当 $t=0$ 时,一个沿着杆长方向的力 F 加在杆的另一端上,求当 $t>0$ 时杆上各点位移的定解条件.

解 边界条件:

$$u(x,t)|_{x=0}=0$$

$$\dfrac{\partial u}{\partial x}\Big|_{x=l}=\dfrac{F}{ES} \quad (\text{胡克定律})$$

其中,S 为横截面积,E 为弹性模量.

初始条件:

$$u|_{t=0}=0$$

$$\dfrac{\partial u}{\partial t}\Big|_{t=0}=0$$

例 4　长为 l 的均匀杆的导热问题：

(1) 杆的两端温度保持零度；

(2) 杆的两端均绝热；

(3) 杆的一端恒温零度,另一端绝热；

试写出 3 种情况下的边界条件.

解　设 $u(x,t)$ 为杆的温度函数,

(1) $u\big|_{x=0}=0$,　$u\big|_{x=l}=0$.

(2) 杆长方向的热量流动由傅里叶定律知,热流密度 $q=-k\dfrac{\partial u}{\partial x}$,两端绝热,既无热量流动,因此

$$\frac{\partial u}{\partial x}\bigg|_{x=0}=0,\quad \frac{\partial u}{\partial x}\bigg|_{x=l}=0$$

(3)　$u\big|_{x=0}=0,\quad \dfrac{\partial u}{\partial x}\bigg|_{x=l}=0$　或　$\dfrac{\partial u}{\partial x}\bigg|_{x=0}=0,\quad u\big|_{x=l}=0$

以上均为齐次边界条件.

11.6　内部界面上的连接条件

定义　若微分方程成立的空间区域的内部出现结构上的跃变,所补充的相关条件称为连接条件或衔接条件.

例 1　试列出两种不同材料连接成的弦的连接条件.

解　对于第一段弦：

$$\frac{\partial^2 u_1(x,t)}{\partial t^2}-a_1^2\frac{\partial^2 u_1(x,t)}{\partial x^2}=0$$

对于第二段弦：

$$\frac{\partial^2 u_2(x,t)}{\partial t^2}-a_2^2\frac{\partial^2 u_2(x,t)}{\partial x^2}=0$$

设跃变严格地发生于一点,且连接非常牢固光滑.连接点 x_0 处的连接条件为

$$u_1(x,t)\big|_{x=x_0-\varepsilon}=u_2(x,t)\big|_{x=x_0+\varepsilon}\quad \text{（位移相等）}$$

$$\frac{\partial u_1(x,t)}{\partial x}\bigg|_{x=x_0-\varepsilon}=\frac{\partial u_2(x,t)}{\partial x}\bigg|_{x=x_0+\varepsilon}\quad \text{（张力相等）}$$

例 2　如图 11-10 所示,长为 l 的弦,在 x_0 处挂有质量为 m 的小球,试推导弦作横振动时 x_0 处的连接条件.

解　$u(x,t)=\begin{cases}u_1(x,t),&0\leqslant x\leqslant x_0,&t\geqslant 0\\ u_2(x,t),&x_0\leqslant x\leqslant l,&t\geqslant 0\end{cases}$

可知　　　　　　　$u_1(x_0,t)=u_2(x_0,t)$

受力分析后,由牛顿定律可知,在 x_0 处,有

纵向：$T_1\cos\theta_1-T_2\cos\theta_2=0$；

横向：$T_1\sin\theta_1+T_2\sin\theta_2-mg=m\dfrac{\partial^2 u}{\partial t^2}\bigg|_{x=x_0}$.

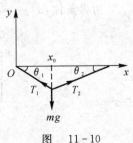

图　11-10

设小球引起的 θ_1,θ_2 很小,则

$$\cos\theta_1 \approx \cos\theta_2 \approx 1$$

$$\sin\theta_1 \approx \tan\theta_1 = -\frac{\partial u_1}{\partial x}\Big|_{x=x_0-\epsilon}, \quad \sin\theta_2 \approx \tan\theta_2 = \frac{\partial u_2}{\partial x}\Big|_{x=x_0+\epsilon}$$

因此有 $T_1 = T_2 \equiv T$.

$$T\left(\frac{\partial u_2}{\partial x}\Big|_{x=x_0+\epsilon} - \frac{\partial u_1}{\partial x}\Big|_{x=x_0-\epsilon}\right) = m\left(\frac{\partial^2 u}{\partial t^2}\Big|_{x=x_0} + g\right)$$

连接条件为

$$\begin{cases} u_1(x_0,t) = u_2(x_0,t) \\ \dfrac{\partial u_2}{\partial x}\Big|_{x_0+\epsilon} - \dfrac{\partial u_1}{\partial x}\Big|_{x_0-\epsilon} = \dfrac{m}{T}\left(\dfrac{\partial^2 u}{\partial t^2}\Big|_{x_0} + g\right) \end{cases}$$

例 3 均匀弦的某一点 x_0 上受到有限大小的力 $f(t)$,沿 u 轴负向,试列出弦的连接条件.

解 连接条件为

$$u(x,t)\big|_{x=x_0-\epsilon} = u(x,t)\big|_{x=x_0+\epsilon} \quad \text{(位移相等)}$$

$$T\left[\frac{\partial u(x,t)}{\partial x}\Big|_{x=x_0+\epsilon} - \frac{\partial u(x,t)}{\partial x}\Big|_{x=x_0-\epsilon}\right] = f(t) \quad \text{(张力与外力平衡)}$$

若此外力 $f(t)$ 由重物 M 提供,且重物与弦同步发生运动,两者之间无相对位移,则上式变为

$$T\left[\frac{\partial u(x,t)}{\partial x}\Big|_{x=x_0+\epsilon} - \frac{\partial u(x,t)}{\partial x}\Big|_{x=x_0-\epsilon}\right] = Mg + M\frac{\partial^2 u(x,t)}{\partial t^2}\Big|_{x=x_0}$$

例 4 试列出两种电介质的界面 Σ' 上的电势的连接条件.

解 连接条件:

$$u_1\big|_{\Sigma'} = u_2\big|_{\Sigma'} \quad \text{(电势连续)}$$

$$\varepsilon_1 \frac{\partial u_1}{\partial n}\Big|_{\Sigma'} = \varepsilon_2 \frac{\partial u_2}{\partial n}\Big|_{\Sigma'} \quad \text{(电位移矢量的法向分量连续)}$$

例 5 弹性杆原长为 l,一端固定,另一端被拉离平衡到位置 b 而静止,试导出在外力 $F(t)$ 作用下杆的定解问题.

解 如图 11-11 所示,设杆长方向为 x 轴,位移函数为 $u(x,t)$,单位质量受到的外力为 $f(t)$.弹性杆的纵振动所满足的方程为

$$\frac{\partial^2 u}{\partial t^2} - a^2 \frac{\partial^2 u}{\partial x^2} = f(t)$$

初始条件:$u\big|_{t=0} = \dfrac{b}{l}x, \quad \dfrac{\partial u}{\partial t}\Big|_{t=0} = 0;$

边界条件:$u\big|_{x=0} = 0, \quad E\dfrac{\partial u}{\partial x}\Big|_{x=l} = \dfrac{F(t)}{S}.$

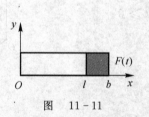

图 11-11

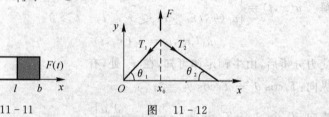

图 11-12

例 6 长为 l 的均匀弦,两端固定,弦中张力为 T,在 x_0 处以横向力 F 拉弦(见图 11-12),达到稳定后放手任其振动,若视振动为小振动试写出定解问题.

解 数理方程: $\dfrac{\partial^2 u}{\partial t^2} - a^2 \dfrac{\partial^2 u}{\partial x^2} = 0$;

边界条件: $u\big|_{x=0} = 0$, $\quad u\big|_{x=l} = 0$;

初始条件: $u\big|_{t=0} = \begin{cases} \dfrac{h}{x_0}x, & 0 \leqslant x \leqslant x_0 \\[2mm] \dfrac{h}{l-x_0}(l-x), & x_0 \leqslant x \leqslant l \end{cases}$, $\quad \dfrac{\partial u}{\partial t}\bigg|_{t=0} = 0$.

$t > 0$,F 已撤去,故无需连接条件.

在 x_0 的左、右两边,弦中的张力分别为 T_1 和 T_2,$t=0$ 时刻的受力分析.

竖直方向: $F - T_1 \sin\theta_1 - T_2 \sin\theta_2 = 0$;

水平方向: $T_2 \cos\theta_2 - T_1 \cos\theta_1 = 0$.

在小振动条件下:

$$\sin\theta_1 \approx \tan\theta_1 = \frac{h}{x_0}, \quad \sin\theta_2 \approx \tan\theta_2 = \frac{h}{l-x_0}$$

$$\cos\theta_1 \approx \cos\theta_2 \approx 1 \Rightarrow T_1 = T_2 \equiv T$$

可知

$$h = \frac{Fx_0(l-x_0)}{Tl}$$

初始条件: $u\big|_{t=0} = \begin{cases} \dfrac{F(l-x_0)}{Tl}x, & 0 \leqslant x \leqslant x_0 \\[2mm] \dfrac{Fx_0}{Tl}(l-x), & x_0 \leqslant x \leqslant l \end{cases}$, $\quad \dfrac{\partial u}{\partial t}\bigg|_{t=0} = 0$.

例 7 长为 l 的柱形管,一端封闭一端开放,管外空气中含有某种浓度为 u_0 的气体向管内扩散,试写出该扩散问题的定解问题.

解 如图 11-13 所示,设管长方向为 x 轴,浓度函数为 $u(x, t)$,$x=0$ 端封闭,

$x=l$ 端开放,管的横截面积为 S. 由扩散定律知:$\mathrm{d}t$ 时间内流入微元 $\mathrm{d}v = S\mathrm{d}x$ 内的气体分子满足的方程为

$$(q\big|_{x+\mathrm{d}x} - q\big|_x)S\mathrm{d}t = (u\big|_{t+\mathrm{d}t} - u\big|_t)S\mathrm{d}x$$

$$\left(\frac{\partial u}{\partial x}\bigg|_{x+\mathrm{d}x} - \frac{\partial u}{\partial x}\bigg|_x\right)DS\mathrm{d}t = (u\big|_{t+\mathrm{d}t} - u\big|_t)S\mathrm{d}x$$

两边同除 $S\mathrm{d}x\mathrm{d}t$,得

$$\frac{\partial^2 u}{\partial x^2}D = \frac{\partial u}{\partial t}$$

该扩散问题满足的方程为

$$\frac{\partial u}{\partial t} - D\frac{\partial^2 u}{\partial x^2} = 0$$

边界条件: $\dfrac{\partial u}{\partial x}\bigg|_{x=0} = 0$, $\quad u\big|_{x=l} = u_0$;

初始条件: $u\big|_{t=0} = 0$.

11.7　定解问题的适定性

定义　（解的适定性）① 存在性：定解问题有解；② 唯一性：定解问题的解是唯一的；③ 稳定性：定解问题中已知条件有微小改变时，解也只有微小改变.

具备解的适定性所必须满足的条件：对实际问题的物理抽象是合理的；初始条件完全确定地描写了初始时刻体系内部以及边界上任意一点的状况；边界条件完全而确定地描写了边界上任意一点在 $t \geqslant 0$ 时的状况.

例　有界空间内的热传导问题.

解
$$\begin{cases} \dfrac{\partial u}{\partial t} - \kappa \boldsymbol{\nabla}^2 u = f(x,y,z,t), & (x,y,z) \in V, t>0 \\ u\big|_\Sigma = \mu(\Sigma,t), & t \geqslant 0 \quad （边界条件） \\ u\big|_{t=0} = \varphi(x,y,z), & (x,y,z) \in V \quad （初始条件） \end{cases}$$

其中，$f(x,y,z,t), \mu(\Sigma,t), \varphi(x,y,z)$ 均为连续函数.

此定解问题的解 $u(x,y,z,t)$ 应当满足：

(1) 是 $(x,y,z) \in V, t \geqslant 0$ 内的连续函数；

(2) 在 $(x,y,z) \in V, t>0$ 内，$\dfrac{\partial^2 u}{\partial x^2}, \dfrac{\partial^2 u}{\partial y^2}, \dfrac{\partial^2 u}{\partial z^2}, \dfrac{\partial u}{\partial t}$，存在且连续；

(3) 满足热传导方程；

(4) 满足边界条件；

(5) 满足初始条件.

第 12 章　分离变量法

定解问题最常用的解法 —— 分离变量法.

核心思想:将未知函数按多个单元函数分开:

$$U(x,y,z,t) = X(x)Y(y)Z(z)T(t)$$

分离变量法可以实现:偏微分方程 $\Rightarrow$ 若干常微分方程.

求解常微分方程的基本步骤:特解→线性无关的特解叠加出通解→用定解条件定出叠加系数.

一阶线性偏微分方程的求解,转化为一阶线性常微分方程的求解.

通过分离变量使二阶及高阶偏微分方程进行变量分离后,难以定出待定系数.

而分离变量法是先找出满足方程及一部分定解问题的全部特解,然后再用另一部分定解条件定出叠加系数.

12.1　两端固定弦的自由振动

长为 l 两端固定的弦,发生自由振动的方程及定解条件为

$$\begin{cases} \dfrac{\partial^2 U}{\partial t^2} - a^2 \dfrac{\partial^2 U}{\partial x^2} = 0, & 0 < x < l, & t > 0 \\[2mm] U\big|_{x=0} = 0, & U\big|_{x=l} = 0, & t > 0 \\[2mm] U\big|_{t=0} = \varphi(x), & \dfrac{\partial U}{\partial t}\bigg|_{t=0} = \psi(x), & 0 \leqslant x \leqslant l \end{cases}$$

方程和边界条件是齐次的,初始条件为非齐次的.

(1) 第一步:分离变量,令

$$U(x,t) = X(x)T(t)$$

代入方程 $\dfrac{\partial^2 U}{\partial t^2} - a^2 \dfrac{\partial^2 U}{\partial x^2} = 0$,得

$$X(x)T''(t) - a^2 X''(x)T(t) = 0$$

移项,两端同除以 $X(x)T(t)$,有

$$\frac{1}{a^2} \frac{T''(t)}{T(t)} = \frac{X''(x)}{X(x)} \equiv -\lambda$$

与 x 无关的函数 = 与 t 无关的函数 $\equiv$ 与 x,t 均无关的常数,可知

$$T''(t) + \lambda a^2 T(t) = 0, \quad X''(x) + \lambda X(x) = 0$$

一维波动方程 $\Rightarrow$ 两个常微分方程.

选取相应的齐次定解条件,与其中一个常微分方程构成本征值问题.

将 $U(x,t) = X(x)T(t)$ 代入边界条件 $U\big|_{x=0} = 0, U\big|_{x=l} = 0$,得

$$X(0)T(t) = 0, \quad X(l)T(t) = 0$$

因为 $T(t) \neq 0$，所以 $X(0)=0, X(l)=0$，即

$$\begin{cases} X''(x) + \lambda X(x) = 0 \\ X(0) = 0 \\ X(l) = 0 \end{cases}$$

$X(x)$ 的常微分方程的定解问题称为本征值问题：① 常微分方程含有一个待定常数 λ；② 定解条件是一对齐次边界条件.

既满足齐次常微分方程，又满足齐次边界条件的非零解 $X(x)$，称为本征函数，相应的 λ 值称为本征值.

(2) 第二步：求解本征值.

当 $\lambda = 0$ 时，方程 $X''(x) + \lambda X(x) = 0$ 为 $X''(x) = 0$，其通解为 $X(x) = Ax + B$.

由边界条件 $X(0)=0, X(l)=0$ 知，$A=B=0$，即 $X(x)=0$. 因此，$\lambda=0$ 不是本征值.

当 $\lambda \neq 0$ 时，常微分方程的通解是

$$X(x) = A\sin\sqrt{\lambda}x + B\cos\sqrt{\lambda}x$$

由边界条件 $X(0)=0, X(l)=0$ 知，$B=0, A\sin\sqrt{\lambda}l=0$.

因为 $A \neq 0$，所以 $\sqrt{\lambda}l = n\pi$，即

$$\lambda_n = \left(\frac{n\pi}{l}\right)^2, \quad n=1,2,3\cdots$$

相应的本征函数为

$$X_n(x) = \sin\frac{n\pi}{l}x \quad (\text{取 } A=1)$$

(3) 第三步：求特解，并进一步叠加出一般解.

将 λ_n 代入方程 $T''(t) + \lambda a^2 T(t) = 0$，得

$$T_n(t) = C_n\sin\frac{n\pi}{l}at + D_n\cos\frac{n\pi}{l}at$$

可知满足偏微分方程和边界条件的特解为

$$U_n(x,t) = X_n(x)T_n(t) = \left(C_n\sin\frac{n\pi}{l}at + D_n\cos\frac{n\pi}{l}at\right)\sin\frac{n\pi}{l}x, \quad n=1,2,3,\cdots$$

$n \to \infty$，特解有无穷多个，将特解叠加，只要保证级数收敛可得一般解.

$$U(x,t) = \sum_{n=1}^{\infty}\left(C_n\sin\frac{n\pi}{l}at + D_n\cos\frac{n\pi}{l}at\right)\sin\frac{n\pi}{l}x$$

一般解既满足偏微分方程又满足边界条件，因而不同于通解.

将一般解代入初始条件，得

$$U\big|_{t=0} = U(x,0) = \sum_{n=1}^{\infty}D_n\sin\frac{n\pi}{l}x = \varphi(x)$$

$$\frac{\partial U}{\partial t}\bigg|_{t=0} = \sum_{n=1}^{\infty}\left(C_n\frac{n\pi a}{l}\cos\frac{n\pi}{l}at - D_n\frac{n\pi a}{l}\sin\frac{n\pi}{l}at\right)\sin\frac{n\pi}{l}x\bigg|_{t=0} = \sum_{n=1}^{\infty}C_n\frac{n\pi a}{l}\sin\frac{n\pi}{l}x = \psi(x)$$

(4) 第四步：利用本征函数的正交性定出叠加系数.

本征函数的正交性：

$$\int_0^l X_n(x)X_m(x)\mathrm{d}x = 0, \quad n \neq m$$

对于 $\sum_{n=1}^{\infty} D_n \sin \frac{n\pi}{l} x = \varphi(x)$，两端同乘以 $\sin \frac{m\pi}{l} x$，并积分，得

$$\int_0^l \varphi(x) \sin \frac{m\pi}{l} x \, dx = \int_0^l \sum_{n=1}^{\infty} D_n \sin \frac{n\pi}{l} x \sin \frac{m\pi}{l} x \, dx = \sum_{n=1}^{\infty} D_n \int_0^l \sin \frac{n\pi}{l} x \sin \frac{m\pi}{l} x \, dx$$

定义 本征函数的模方

$$\| X_n(x) \|^2 = \int_0^l X_n^2(x) \, dx = \int_0^l \sin^2 \sqrt{\lambda} x \, dx = \frac{l}{2}$$

故

$$D_n = \frac{2}{l} \int_0^l \varphi(x) \sin \frac{n\pi}{l} x \, dx$$

同理，对于 $\sum_{n=1}^{\infty} C_n \frac{n\pi a}{l} \sin \frac{n\pi}{l} x = \psi(x)$，两端同乘以 $\sin \frac{m\pi}{l} x$，并逐项积分可得

$$C_n = \frac{2}{n\pi a} \int_0^l \psi(x) \sin \frac{n\pi}{l} x \, dx$$

由以上讨论可知该定解问题的解为

$$U(x,t) = \sum_{n=1}^{\infty} \left[\frac{2}{n\pi a} \int_0^l \psi(x) \sin \frac{n\pi}{l} x \, dx \cdot \sin \frac{n\pi}{l} at + \frac{2}{l} \int_0^l \varphi(x) \sin \frac{n\pi}{l} x \, dx \cdot \cos \frac{n\pi}{l} at \right] \sin \frac{n\pi}{l} x$$

对于任一时刻 t，有界弦的总能量是：动能 + 势能，即

$$E(t) = \frac{1}{2} \int_0^l \rho \left(\frac{\partial u}{\partial t} \right)^2 dx + \frac{1}{2} \int_0^l T \left(\frac{\partial u}{\partial x} \right)^2 dx$$

将一般解

$$U(x,t) = \sum_{n=1}^{\infty} \left(C_n \sin \frac{n\pi}{l} at + D_n \cos \frac{n\pi}{l} at \right) \sin \frac{n\pi}{l} x$$

代入 $E(t)$，并利用正交性，得

$$E(t) = \frac{m\pi^2 a^2}{4l^2} \sum_{n=1}^{\infty} n^2 \left(| C_n |^2 + | D_n |^2 \right)$$

显然与 t 无关，即弦的总能量守恒.

分离变量法求解偏微分方程的基本步骤：

(1) 分离变量（齐次条件）；

(2) 求解本征值；

(3) 求出所有特解，叠加出一般解；

(4) 利用本征函数正交性定出叠加系数.

验证：

(1) 解函数是否满足偏微分方程 —— 级数解的收敛性（是否可以逐项求偏微商）；

(2) 解函数是否满足边界条件 —— 级数解的和函数是否连续；

(3) 定叠加系数时，逐项积分是否合法.

例 1 求如下定解问题的一般解：

$$\begin{cases} \dfrac{\partial^2 U}{\partial t^2} - a^2 \dfrac{\partial^2 U}{\partial x^2} = 0, \quad 0 < x < \pi, \quad t > 0 \\[2mm] U \big|_{x=0} = 0, \quad U \big|_{x=\pi} = 0 \quad \text{（边界条件）} \\[2mm] U \big|_{t=0} = 3\sin x, \quad \dfrac{\partial U}{\partial t} \bigg|_{t=0} = 0 \quad \text{（初始条件）} \end{cases}$$

解 第一步 令 $U(x,t)=X(x)T(t)$，代入方程 $\dfrac{\partial^2 U}{\partial t^2}-a^2\dfrac{\partial^2 U}{\partial x^2}=0$，得

$$X(x)T''(t)-a^2 X''(x)T(t)=0$$

移项，两端同除以 $X(x)T(t)$，有

$$\frac{1}{a^2}\frac{T''(t)}{T(t)}=\frac{X''(x)}{X(x)}\equiv-\lambda$$

可知
$$T''(t)+\lambda a^2 T(t)=0,\quad X''(x)+\lambda X(x)=0$$

将 $U(x,t)=X(x)T(t)$ 代入边界条件，得 $X(0)T(t)=0,X(\pi)T(t)=0$. $T(t)\neq0$，即 $X(0)=0,X(\pi)=0$. 故有本征值问题为

$$\begin{cases}X''(x)+\lambda X(x)=0\\ X(0)=0\\ X(l)=0\end{cases}$$

第二步 当 $\lambda=0$ 时，方程 $X''(x)+\lambda X(x)=0$ 为 $X''(x)=0$，其通解为 $X(x)=Ax+B$. 由边界条件 $X(0)=0,X(\pi)=0$ 知，$A=B=0$，即 $X(x)=0$. 因此，$\lambda=0$ 不是本征值.

当 $\lambda\neq0$ 时，常微分方程的通解是 $X(x)=A\sin\sqrt{\lambda}x+B\cos\sqrt{\lambda}x$. 因为 $X(0)=X(\pi)=0$，即

$$\begin{cases}B=0\\ A\sin\sqrt{\lambda}\pi+B\cos\sqrt{\lambda}\pi=0\end{cases}\Rightarrow\sqrt{\lambda}\pi=n\pi$$

所以
$$\lambda_n=n^2,\quad n=1,2,3\cdots$$

得本征函数为
$$X_n(x)=\sin nx$$

第三步 将 λ_n 代入方程 $T''(t)+\lambda a^2 T(t)=0$ 得 $T''(t)+(na)^2 T(t)=0$.
$$T_n(t)=C_n\sin nat+D_n\cos nat$$

故满足偏微分方程的特解为
$$U_n(x,t)=X_n(x)T_n(t)=(C_n\sin nat+D_n\cos nat)\sin nx$$

一般解为
$$U(x,t)=\sum_{n=1}^{\infty}(C_n\sin nat+D_n\cos nat)\sin nx$$

第四步 按照已推出的系数公式可知：
$$C_n=\frac{2}{n\pi a}\int_0^l\psi(x)\sin\frac{n\pi}{l}x\,dx=\frac{2}{n\pi a}\int_0^\pi 0\cdot\sin nx\,dx=0$$

$$D_n=\frac{2}{l}\int_0^l\varphi(x)\sin\frac{n\pi}{l}x\,dx=\frac{2}{\pi}\int_0^\pi\varphi(x)\sin nx\,dx=\frac{1}{2}\times\frac{2}{\pi}\int_{-\pi}^\pi\varphi(x)\sin nx\,dx$$

因为 $\varphi(x)=3\sin x$，由三角函数正交性知，当 $n\neq1$ 时，$D_n=0$，则

$$D_1=\frac{1}{\pi}\int_{-\pi}^\pi 3\sin^2 x\,dx=\frac{3}{\pi}\int_{-\pi}^\pi\frac{1-\cos 2x}{2}\,dx=\frac{3}{\pi}\left(\pi-\frac{1}{2}\int_{-\pi}^\pi\cos 2x\,dx\right)=3$$

所以
$$U(x,t)=3\cos at\sin x$$

或者将一般解直接代入初始条件：
$$U\big|_{t=0}=\sum_{n=1}^{\infty}D_n\sin nx=3\sin x\Rightarrow\begin{cases}D_n=0,\quad n\neq1\\ D_1=3\end{cases}$$

$$\frac{\partial U}{\partial t}\Big|_{t=0} = \sum_{n=1}^{\infty}(C_n na\cos nat - D_n na\sin nat)\sin nx\Big|_{t=0} = \sum_{n=1}^{\infty}C_n na\sin nx = 0 \Rightarrow C_n = 0$$

故
$$U(x,t) = 3\cos at\sin x$$

即
$$U(x,t) = 3\sin\left(at + \frac{\pi}{2}\right)\sin x$$

其中,$3\sin x$ 为各点的振幅分布,$\sin\left(at + \frac{\pi}{2}\right)$ 为相位因子,a 为角频率,与初始条件无关,称为

固有频率或本征频率;波数为 1(x 的系数);初相位为 $\frac{\pi}{2}$,由初始条件决定.

分离变量法的先决条件:

(1) 本征值问题有解;

(2) 定解问题的解一定可以按照本征函数展开 —— 本征函数的全体是完备的;

(3) 本征函数一定具有正交性.

例 2　求扩散场的定解问题:

$$\begin{cases} \dfrac{\partial U}{\partial t} - D\dfrac{\partial^2 U}{\partial x^2} = 0, & 0 < x < \pi, \quad t > 0 \\ U\big|_{x=0} = U\big|_{x=\pi} = 0 \\ U\big|_{t=0} = \sin x + 2\sin 3x \end{cases}$$

解　(1) 分离变量:令 $U(x,t) = X(x)T(t)$,方程化为 $X(x)T'(t) = dx''(x)T(t)$,则

$$\frac{T'(t)}{dt(t)} = \frac{X''(x)}{X(x)} \equiv -\lambda$$

$$\begin{cases} X''(x) + \lambda X(x) = 0, & X(0) = X(\pi) = 0 \\ T'(t) + \lambda dt(t) = 0 \end{cases}$$

(2) 求本征值问题:

$$\begin{cases} X''(x) + \lambda X(x) = 0 \\ X(0) = X(\pi) = 0 \end{cases}$$

$$\begin{cases} X(x) = A_0 x + B_0, & \lambda = 0 \\ X(x) = A\sin\sqrt{\lambda}\,x + B\cos\sqrt{\lambda}\,x, & \lambda \neq 0 \end{cases}$$

$$\begin{cases} X(x) = 0, & \lambda = 0 \\ X(x) = A\sin nx, & \lambda \neq 0, \quad n = 1,2,3,\cdots \end{cases}$$

由边界条件可知,$\lambda = 0$ 不是本征值,$\lambda_n = n^2$ 是本征值,本征函数为 $X_n(x) = \sin nx$.

(3) 求一般解:将 $\lambda_n = n^2$ 代入 $T'(t) + D\lambda T(t) = 0$ 得,$T'(t) + Dn^2 T(t) = 0$,其通解为

$$T_n(t) = C_n e^{-n^2 dt}$$

满足扩散方程的特解是

$$U_n(x,t) = X_n(x)T_n(t) = C_n e^{-n^2 dt}\sin nx$$

故一般解为

$$U(x,t) = \sum_{n=1}^{\infty}U_n(x,t) = \sum_{n=1}^{\infty}C_n e^{-n^2 dt}\sin nx$$

(4) 定系数:将一般解代入初始条件 $U\big|_{t=0} = \sin x + 2\sin 3x$,有

$$\sum_{n=1}^{\infty}C_n\sin nx = \sin x + 2\sin 3x$$

比较两边 $\sin nx$ 及系数,得

$$\begin{cases} a_1 = 1 \\ a_3 = 2 \\ a_n = 0 \quad (n \neq 1,3) \end{cases}$$

可知定解问题的一般解为

$$U(x,t) = e^{-dt}\sin x + 2e^{-9dt}\sin 3x$$

扩散场的浓度是一个随空间和时间连续变化的物理量.

12.2 分离变量法的物理诠释

(1) 特解:

$$U_n(x,t) = \left(C_n \sin \frac{n\pi}{l}at + D_n \cos \frac{n\pi}{l}at\right)\sin \frac{n\pi}{l}x, \quad n=1,2,3,\cdots$$

令 $C_n = A_n \cos \delta_n$,$D_n = A_n \sin \delta_n$,则

$$U_n(x,t) = A_n \sin(\omega_n t + \delta_n)\sin k_n x, \quad \omega_n = \frac{n\pi}{l}a, \quad k_n = \frac{n\pi}{l}$$

$U_n(x,t)$ 是一个驻波,$\sin(\omega_n t + \delta_n)$ 表示相位因子,ω_n 是驻波的角频率,与初始条件无关,称为固有频率或本征频率,k_n 为波数(单位长度上波的周期数),δ_n 是初位相,由初始条件决定.

(2) 波节: $$k_n x = m\pi$$

$$x = \frac{m\pi}{k_n} = \frac{m}{n}l \quad (在 m=0,1,2,\cdots,n-1 \text{ 的各点上,振幅} \equiv 0)$$

共有 $n+1$ 个波节(含两个端点).

(3) 波峰: $$k_n x = \left(m+\frac{1}{2}\right)\pi$$

$$x = \left(m+\frac{1}{2}\right)\frac{l}{n} \quad (在 m=0,1,2,\cdots,n-1 \text{ 的各点上,振幅} \equiv max)$$

共有 n 个波峰.

这种解法也称为驻波法.

(4) 基频:固有频率中的最小值.

$$\omega_1 = \frac{\pi}{l}a \text{——决定音调} \quad \left(a = \sqrt{\frac{T}{\rho}},\text{材料一定,改变张力 } T\right)$$

(5) 倍频: $$\omega_n = n\omega_1, \quad n=2,3,\cdots$$

基频和倍频的叠加系数 $\{C_n\}$,$\{D_n\}$ 的相对大小 —— 频谱分布.

$$\sum_{n=1}^{\infty} n^2(|C_n|^2 + |D_n|^2) \propto E(t) \text{——声强}$$

12.3 矩形区域内的稳定问题

齐次的波动方程和热传导方程:

一维情况: $\dfrac{\partial^2 U}{\partial t^2} - a^2 \dfrac{\partial^2 U}{\partial x^2} = 0$,$\dfrac{\partial U}{\partial t} - \kappa \dfrac{\partial^2 U}{\partial x^2} = 0$;

二维情况:$\dfrac{\partial^2 U}{\partial t^2} - a^2\left(\dfrac{\partial^2 U}{\partial x^2} + \dfrac{\partial^2 U}{\partial y^2}\right) = 0,\dfrac{\partial U}{\partial t} - \kappa\left(\dfrac{\partial^2 U}{\partial x^2} + \dfrac{\partial^2 U}{\partial y^2}\right) = 0;$

三维情况:$\dfrac{\partial^2 U}{\partial t^2} - a^2\left(\dfrac{\partial^2 U}{\partial x^2} + \dfrac{\partial^2 U}{\partial y^2} + \dfrac{\partial^2 U}{\partial z^2}\right) = 0,\dfrac{\partial U}{\partial t} - \kappa\left(\dfrac{\partial^2 U}{\partial x^2} + \dfrac{\partial^2 U}{\partial y^2} + \dfrac{\partial^2 U}{\partial z^2}\right) = 0.$

在稳定态,U 与 t 无关,波动方程和热传导方程 $\Rightarrow$ 拉普拉斯方程:$\mathbf{V}^2 U = 0.$

二维情况下的稳定问题(平面直角坐标)——矩形区域内的稳定问题.

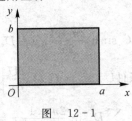

图　12-1

如图 12-1 所示,设有定解问题:

$$\begin{cases} \dfrac{\partial^2 U}{\partial x^2} + \dfrac{\partial^2 U}{\partial y^2} = 0, & 0 < x < a, \quad 0 < y < b \\[2mm] \left.U\right|_{x=0} = 0, \quad \left.\dfrac{\partial U}{\partial x}\right|_{x=a} = 0, \quad 0 \leqslant y \leqslant b \\[2mm] \left.U\right|_{y=0} = f(x), \quad \left.\dfrac{\partial U}{\partial y}\right|_{y=b} = 0, \quad 0 \leqslant x \leqslant a \end{cases}\Biggr\}\text{边界条件}$$

(1) 令 $U(x,y) = X(x)Y(y)$,代入方程 $\dfrac{\partial^2 U}{\partial x^2} + \dfrac{\partial^2 U}{\partial y^2} = 0$,得 $\dfrac{X''(x)}{X(x)} = -\dfrac{Y''(y)}{Y(y)} \equiv -\lambda$,即

$$X''(x) + \lambda X(x) = 0, \quad Y''(y) - \lambda Y(y) = 0$$

将 $U(x,y) = X(x)Y(y)$ 代入一对齐次边界条件 $\left.U\right|_{x=0} = 0, \left.\dfrac{\partial U}{\partial x}\right|_{x=a} = 0$,有 $X(0) = 0$,$X'(a) = 0$.

构成本征值问题:

$$\begin{cases} X''(x) + \lambda X(x) = 0 \\ X(0) = 0 \\ X'(a) = 0 \end{cases}$$

(2) 方程 $X''(x) + \lambda X(x) = 0$ 的通解为

$$X(x) = \begin{cases} A_0 x + B_0, & \lambda = 0 \\ A\sin\sqrt{\lambda}\,x + B\cos\sqrt{\lambda}\,x, & \lambda \neq 0 \end{cases}$$

由边界条件 $X(0) = 0, X'(a) = 0$ 知

$$\begin{cases} A_0 = B_0 = 0, & \lambda = 0 \\ A\sqrt{\lambda}\cos\sqrt{\lambda}\,x = 0, & B = 0, \quad \lambda \neq 0 \end{cases} \Rightarrow \quad \text{本征值}\ \lambda_n = \left(\dfrac{2n+1}{2a}\pi\right)^2$$

$$X(x) = \begin{cases} 0, & \lambda = 0, \quad \text{非本征函数} \\ \sin\dfrac{2n+1}{2a}\pi x, & n = 0, \pm 1, \pm 2, \cdots \end{cases}$$

本征函数 $X_n(x) = \sin\dfrac{2n+1}{2a}\pi x$,　$n = 0, \pm 1, \pm 2, \cdots$

（3）由 $Y''(y) - \lambda Y(y) = 0$ 可求出

$$Y_n(y) = C_n \sinh \frac{2n+1}{2a}\pi y + D_n \cosh \frac{2n+1}{2a}\pi y$$

定解问题的特解为

$$U_n(x,y) = X_n(x)Y_n(y) = \left(C_n \sinh \frac{2n+1}{2a}\pi y + D_n \cosh \frac{2n+1}{2a}\pi y\right) \sin \frac{2n+1}{2a}\pi x$$

一般解为

$$U(x,y) = \sum_{n=0}^{\infty} U_n(x,y) = \sum_{n=0}^{\infty}\left(C_n \sinh \frac{2n+1}{2a}\pi y + D_n \cosh \frac{2n+1}{2a}\pi y\right) \sin \frac{2n+1}{2a}\pi x$$

（4）将一般解代入一对非齐次条件 $U|_{y=0} = f(x), \dfrac{\partial U}{\partial y}\Big|_{y=b} = 0$，有

$$U|_{y=0} = \sum_{n=0}^{\infty} D_n \sin \frac{2n+1}{2a}\pi x = f(x)$$

$$\frac{\partial U}{\partial y}\Big|_{y=b} = \sum_{n=0}^{\infty}\frac{2n+1}{2a}\pi\left(C_n \cosh \frac{2n+1}{2a}\pi b - D_n \sinh \frac{2n+1}{2a}\pi b\right) \sin \frac{2n+1}{2a}\pi x = 0$$

定义函数 $\delta_{nm} = \begin{cases} 1, & n=m \\ 0, & n \neq m \end{cases}$，由正交性 $\displaystyle\int_0^a \left(\sin \frac{2n+1}{2\pi}\pi x \cdot \sin \frac{2m+1}{2\pi}\pi x\right) \mathrm{d}x = \frac{a}{2}\delta_{nm}$ 可知

$$\begin{cases} D_n = \dfrac{2}{a}\displaystyle\int_0^a f(x) \sin \frac{2n+1}{2a}\pi x \,\mathrm{d}x \\[2mm] C_n \cosh \dfrac{2n+1}{2a}\pi b + D_n \sinh \dfrac{2n+1}{2a}\pi b = 0 \end{cases} \Rightarrow \quad C_n = -D_n \tanh \frac{2n+1}{2a}\pi b$$

故

$$U(x,y) = \sum_{n=0}^{\infty}\left(C_n \sinh \frac{2n+1}{2a}\pi y + D_n \cosh \frac{2n+1}{2a}\pi y\right) \sin \frac{2n+1}{2a}\pi x =$$

$$\sum_{n=0}^{\infty}\left(-D_n \tanh \frac{2n+1}{2a}\pi b \sinh \frac{2n+1}{2a}\pi y + D_n \cosh \frac{2n+1}{2a}\pi y\right) \sin \frac{2n+1}{2a}\pi x =$$

$$\sum_{n=0}^{\infty}\left(-\tanh \frac{2n+1}{2a}\pi b \sinh \frac{2n+1}{2a}\pi y + \cosh \frac{2n+1}{2a}\pi y\right)\left(\frac{2}{a}\int_0^a f(x) \sin \frac{2n+1}{2a}\pi x \,\mathrm{d}x\right)$$

$$\sin \frac{2n+1}{2a}\pi x$$

可见，对于稳定问题（与 t 无关），采用一对齐次边界条件构成本征值问题，用另一对齐次边界条件定系数.

例 均匀薄板 $0 < x < a, 0 < y < \infty$，边界上温度为 $U|_{x=0} = U|_{x=a} = 0, U|_{y=0} = U_0, \lim\limits_{y\to\infty} U = 0$，求解板的稳定温度分布.

解 定解问题为

$$\begin{cases} \dfrac{\partial^2 U}{\partial x^2} + \dfrac{\partial^2 U}{\partial y^2} = 0 \\[2mm] U|_{x=0} = U|_{x=a} = 0 \\[2mm] U|_{y=0} = U_0, \quad U|_{y\to\infty} = 0 \end{cases}$$

（1）令 $U(x,y) = X(x)Y(y)$，则方程化为

$$X''(x)Y(y) + X(x)Y''(y) = 0$$

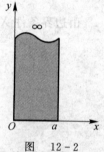

图 12-2

两边同除以 $X(x)Y(y)$,得

$$\frac{X''(x)}{X(x)} + \frac{Y''(y)}{Y(y)} = 0$$

令 $\dfrac{X''(x)}{X(x)} = -\dfrac{Y''(y)}{Y(y)} \equiv -\mu$,则

$$\begin{cases} X''(x) + \mu X(x) = 0 \\ Y''(y) - \mu Y(y) = 0 \end{cases}$$

由边界条件 $U|_{x=0} = U|_{x=a} = 0$ 知,$X(0) = X(a) = 0$.

(2) $\begin{cases} X''(x) + \mu X(x) = 0 \\ X(0) = X(a) = 0 \end{cases} \Rightarrow \begin{cases} \mu = -\dfrac{n^2\pi^2}{a^2} \\ X_n(x) = \sin\dfrac{n\pi x}{a} \end{cases}$, $\quad n = 1, 2, 3, \cdots$

(3) $Y''(y) - \left(-\dfrac{n^2\pi^2}{a^2}\right)Y(y) = 0 \Rightarrow y_n(y) = C_n e^{\frac{n\pi}{a}y} + D_n e^{-\frac{n\pi}{a}y}$

$$U_n(x,y) = \left(C_n e^{\frac{n\pi}{a}y} + D_n e^{-\frac{n\pi}{a}y}\right)\sin\frac{n\pi}{a}x$$

$$U(x,y) = \sum_{n=1}^{\infty}\left(C_n e^{\frac{n\pi}{a}y} + D_n e^{-\frac{n\pi}{a}y}\right)\sin\frac{n\pi}{a}x$$

(4) 将一般解代入 y 的边界条件,有

$$\begin{cases} U|_{y=0} = \displaystyle\sum_{n=1}^{\infty}(C_n + D_n)\sin\frac{n\pi}{a}x = U_0 \\ U|_{y\to\infty} = \displaystyle\sum_{n=1}^{\infty}(C_n e^{\infty} + D_n e^{-\infty})\sin\frac{n\pi}{a}x = 0 \Rightarrow C_n = 0 \end{cases} \Rightarrow \sum_{n=1}^{\infty}D_n\sin\frac{n\pi}{a}x = U_0$$

利用正交性知:

$$D_n = \frac{2}{a}\int_0^a U_0\sin\frac{n\pi}{a}x\,\mathrm{d}x = \frac{2U_0}{n\pi}\left(-\cos\frac{n\pi}{a}x\right)\Big|_0^a = \begin{cases} \dfrac{4U_0}{(2k+1)\pi}, & n = 2k+1 \\ 0, & n = 2k \end{cases}, \quad k = 0, 1, 2, \cdots$$

$$U(x,y) = \frac{4U_0}{\pi}\sum_{k=0}^{\infty}\frac{1}{2k+1}e^{-\frac{(2k+1)\pi}{a}y}\sin\frac{(2k+1)\pi}{a}x$$

12.4　多于两个自变量的定解问题

以矩形介质的热传导问题为例,假设介质四周绝热,定解问题为

$$\frac{\partial U}{\partial t} - \kappa\left(\frac{\partial^2 U}{\partial x^2} + \frac{\partial^2 U}{\partial y^2}\right) = 0, \quad 0 < x < a, \quad 0 < y < b, \quad t > 0$$

$$\begin{cases} \dfrac{\partial U}{\partial x}\bigg|_{x=0} = \dfrac{\partial U}{\partial x}\bigg|_{x=a} = 0, & 0 \leqslant y \leqslant b, \quad t \geqslant 0 \\ \dfrac{\partial U}{\partial y}\bigg|_{y=0} = \dfrac{\partial U}{\partial y}\bigg|_{y=b} = 0, & 0 \leqslant x \leqslant a, \quad t \geqslant 0 \end{cases} \quad \text{(边界条件)}$$

$$U|_{t=0} = \varphi(x,y), \quad 0 \leqslant x \leqslant a, \quad 0 \leqslant y \leqslant b \quad \text{(初始条件)}$$

(1) 令 $U(x,t) = X(x)Y(y)T(t)$ 代入方程,得

$$X(x)Y(y)T'(t) - \kappa\left[X''(x)Y(y)T(t) + X(x)Y''(y)T(t)\right] = 0$$

两边同除以 $X(x)Y(y)T(t)$ 得 $\dfrac{T'(t)}{T(t)} - \kappa\left[\dfrac{X''(x)}{X(x)} + \dfrac{Y''(y)}{Y(y)}\right] = 0$，即

$$\frac{X''(x)}{X(x)} + \frac{Y''(y)}{Y(y)} - \frac{1}{\kappa}\frac{T'(t)}{T(t)} = 0$$

令 $\dfrac{X''(x)}{X(x)} = -\mu, \dfrac{Y''(y)}{Y(y)} = -\gamma, \dfrac{1}{\kappa}\dfrac{T'(t)}{T(t)} = -\lambda$，则

$$\begin{cases} X''(x) + \mu X(x) = 0 \\ Y''(y) + \gamma Y(y) = 0 \\ T'(t) + \lambda\kappa T(t) = 0 \end{cases}$$

相当于引入常数 $\mu + \gamma - \lambda = 0$，对边界条件分离变量可得

$$X'(0) = 0, \quad X'(a) = 0$$
$$Y'(0) = 0, \quad Y'(b) = 0$$

得到 $X(x)$ 和 $Y(y)$ 的两个本征值问题.

(2) 求解 $X(x)$ 和 $Y(y)$ 的两个本征值问题：

$$\begin{cases} X''(x) + \mu X(x) = 0 \\ X'(0) = 0 \\ X'(a) = 0 \end{cases} \Rightarrow \begin{cases} A_0 x + B_0, & \mu = 0 \\ A\sin\sqrt{\mu}\,x + B\cos\sqrt{\mu}\,x, & \mu \neq 0 \\ A_0 = 0, \quad B_0 \text{ 任意}, & \mu = 0 \\ A = 0, \quad B \neq 0, \quad \sin\sqrt{\mu}\,a = 0, & \mu \neq 0 \end{cases}$$

本征值：$\mu_n = \left(\dfrac{n\pi}{a}\right)^2$，$n = 0,1,2,3,\cdots$；

本征函数：$X_n(x) = \cos\dfrac{n\pi}{a}x$.

$$\begin{cases} Y''(y) + \gamma Y(y) = 0 \\ Y'(0) = 0 \\ Y'(b) = 0 \end{cases} \Rightarrow \begin{cases} A_0 y + B_0, & \mu = 0 \\ A\sin\sqrt{\gamma}\,y + B\cos\sqrt{\gamma}\,y, & \mu \neq 0 \\ A_0 = 0, \quad B_0 \text{ 任意}, & \gamma = 0 \\ A = 0, \quad B \neq 0, \quad \sin\sqrt{\gamma}\,b = 0, & \gamma \neq 0 \end{cases}$$

本征值：$\gamma_m = \left(\dfrac{m\pi}{b}\right)^2$，$m = 0,1,2,3,\cdots$；

本征函数：$Y_n(y) = \cos\dfrac{m\pi}{b}y$.

(3) $T'(t) + \lambda\kappa T(t) = 0$ 的通解为 $T_{nm}(t) = A_{nm}\mathrm{e}^{-\lambda_{nm}\kappa t}$. 其中，$\lambda_{nm} = \mu_n + \gamma_m = \left(\dfrac{n\pi}{a}\right)^2 + \left(\dfrac{m\pi}{b}\right)^2$.

特解为

$$U_{nm}(x,y,t) = A_{nm}\cos\frac{n\pi}{a}x\cos\frac{m\pi}{b}y\exp\left\{-\left[\left(\frac{n\pi}{a}\right)^2 + \left(\frac{m\pi}{b}\right)^2\right]\kappa t\right\}$$

一般解为

$$U(x,y,t) = \sum_{n=0}^{\infty}\sum_{m=0}^{\infty}A_{nm}\cos\frac{n\pi}{a}x\cos\frac{m\pi}{b}y\exp\left\{-\left[\left(\frac{n\pi}{a}\right)^2 + \left(\frac{m\pi}{b}\right)^2\right]\kappa t\right\}$$

(4) 代入初始条件 $U|_{t=0} = \varphi(x,y)$，得

$$\sum_{n=0}^{\infty}\sum_{m=0}^{\infty}A_{nm}\cos\frac{n\pi}{a}x\cos\frac{m\pi}{b}y = \varphi(x,y)$$

当 $n \neq 0, m \neq 0$ 时,两边同乘以 $\cos \dfrac{n\pi}{a}x \cos \dfrac{m\pi}{b}y$,积分后,由正交性可知:

$$A_{nm} \int_0^a \left(\cos \frac{n\pi}{a}x\right)^2 \mathrm{d}x \int_0^b \left(\cos \frac{m\pi}{b}y\right)^2 \mathrm{d}y = \int_0^a \int_0^b \varphi(x,y) \cos \frac{n\pi}{a}x \cos \frac{m\pi}{b}y \mathrm{d}x \mathrm{d}y$$

$$A_{nm} \frac{a}{2} \frac{b}{2} = \int_0^a \int_0^b \varphi(x,y) \cos \frac{n\pi}{a}x \cos \frac{m\pi}{b}y \mathrm{d}x \mathrm{d}y$$

即

$$A_{nm} = \frac{4}{ab} \int_0^a \int_0^b \varphi(x,y) \cos \frac{n\pi}{a}x \cos \frac{m\pi}{b}y \mathrm{d}x \mathrm{d}y$$

当 $n \neq 0, m = 0$ 时,初始条件变为 $\displaystyle\sum_{n=0}^{\infty} A_{n0} \cos \frac{n\pi}{a}x = \varphi(x,y)$,两边同乘以 $\cos \dfrac{n\pi}{a}x$ 积分后,由正交性可知

$$A_{n0} \frac{a}{2} = \int_0^a \varphi(x,y) \cos \frac{n\pi}{a}x \mathrm{d}x$$

即

$$A_{n0} = \frac{2}{a} \int_0^a \varphi(x,y) \cos \frac{n\pi}{a}x \mathrm{d}x$$

当 $n = 0, m \neq 0$ 时,初始条件变为 $\displaystyle\sum_{m=0}^{\infty} A_{0m} \cos \frac{m\pi}{b}y = \varphi(x,y)$,两边同乘以 $\cos \dfrac{m\pi}{b}y$ 积分后,由正交性可知

$$A_{0m} \frac{b}{2} = \int_0^b \varphi(x,y) \cos \frac{m\pi}{b}y \mathrm{d}y$$

即

$$A_{0m} = \frac{2}{b} \int_0^b \varphi(x,y) \cos \frac{m\pi}{b}y \mathrm{d}y$$

当 $n = m = 0$ 时,由初始条件直接可知 $A_{00} = \varphi(x,y)$.

利用 δ 函数的性质将以上 4 种情况合并为

$$A_{nm} = \frac{4}{ab} \frac{1}{(1+\delta_{n0})(1+\delta_{m0})} \int_0^a \int_0^b \varphi(x,y) \cos \frac{n\pi}{a}x \cos \frac{m\pi}{b}y \mathrm{d}x \mathrm{d}y$$

$$U(x,y,t) = \sum_{n=0}^{\infty} \sum_{m=0}^{\infty} A_{nm} \cos \frac{n\pi}{a}x \cos \frac{m\pi}{b}y \exp\left\{-\left[\left(\frac{n\pi}{a}\right)^2 + \left(\frac{m\pi}{b}\right)^2\right] \kappa t\right\}$$

12.5　两端固定弦的受迫振动

以两端固定弦的受迫振动为例,求解非齐次方程的分离变量法如下.

纯粹由外力引起的两端固定弦的受迫振动,弦的初始位移和初速度均为零.定解问题为

$$\begin{cases} \dfrac{\partial^2 U}{\partial t^2} - a^2 \dfrac{\partial^2 U}{\partial x^2} = f(x,t), & 0 < x < l, \quad t > 0 \\[2mm] U\big|_{x=0} = U\big|_{x=l} = 0, & t \geqslant 0 \quad \text{(边界条件)} \\[2mm] U\big|_{t=0} = 0, \quad \dfrac{\partial U}{\partial t}\Big|_{t=0} = 0, & 0 \leqslant x \leqslant l \quad \text{(初始条件)} \end{cases}$$

处理方法有两种:方程齐次化法和本征函数展开法.

1. 方程齐次化法

方程齐次化法:边界条件保持齐次,而将方程齐次化.其适用于非齐次项 $f(x,t)$ 的形式简单,通常为单变量函数 $g(x)$ 或 $g(t)$.

(1) 先求出非齐次方程的一个特解 $v(x,t)$，即

$$\frac{\partial^2 v}{\partial t^2} - a^2 \frac{\partial^2 v}{\partial x^2} = f(x,t)$$

设 $U(x,t) = v(x,t) + w(x,t)$，代入原方程，有

$$\frac{\partial^2 v}{\partial t^2} + \frac{\partial^2 w}{\partial t^2} - a^2 \frac{\partial^2 v}{\partial x^2} - a^2 \frac{\partial^2 w}{\partial x^2} = f(x,t)$$

可知，$w(x,t)$ 是相应齐次方程的解为

$$\frac{\partial^2 w}{\partial t^2} - a^2 \frac{\partial^2 w}{\partial x^2} = 0$$

(2) 使用分离变量法.

前提条件：$w(0,t) = 0, w(l,t) = 0$.

$$\begin{cases} U|_{x=0} = v|_{x=0} + w|_{x=0} = 0 \\ U|_{x=l} = v|_{x=l} + w|_{x=l} = 0 \end{cases} \Rightarrow \begin{cases} v|_{x=0} = 0 \\ v|_{x=l} = 0 \end{cases}$$

即 $v(x,t)$ 同时满足非齐次方程和齐次边界条件.

对于 $w(x,t)$ 的定解问题：

$$\begin{cases} \dfrac{\partial^2 w}{\partial t^2} - \dfrac{\partial^2 w}{\partial x^2} = 0 \\ w|_{x=0} = 0, \quad w|_{x=l} = 0 \\ w|_{t=0} = -v|_{t=0}, \quad \dfrac{\partial w}{\partial t}\Big|_{t=0} = -\dfrac{\partial v}{\partial t}\Big|_{t=0} \end{cases}$$

$w(x,t)$ 的一般解为

$$w(x,t) = \sum_{n=1}^{\infty} \left(C_n \sin \frac{n\pi}{l} at + D_n \cos \frac{n\pi}{l} at \right) \sin \frac{n\pi}{l} x$$

$U(x,t)$ 的一般解为

$$U(x,t) = v(x,t) + \sum_{n=1}^{\infty} \left(C_n \sin \frac{n\pi}{l} at + D_n \cos \frac{n\pi}{l} at \right) \sin \frac{n\pi}{l} x$$

代入初始条件有

$$U|_{t=0} = v|_{t=0} + \sum_{n=1}^{\infty} D_n \sin \frac{n\pi}{l} x = 0$$

$$\frac{\partial U}{\partial t}\Big|_{t=0} = \frac{\partial v}{\partial t}\Big|_{t=0} + \sum_{n=1}^{\infty} C_n \frac{n\pi}{l} \sin \frac{n\pi}{l} x = 0$$

即

$$\sum_{n=1}^{\infty} D_n \sin \frac{n\pi}{l} x = -v(x,t)\big|_{t=0}, \qquad \sum_{n=1}^{\infty} C_n \frac{n\pi}{l} \sin \frac{n\pi}{l} x = -\frac{\partial v(x,t)}{\partial t}\Big|_{t=0}$$

由正交性定出系数为

$$C_n = -\frac{2}{n\pi a} \int_0^l \left[\frac{\partial v(x,t)}{\partial t}\Big|_{t=0} \sin \frac{n\pi}{l} x \right] \mathrm{d}x, \qquad D_n = -\frac{2}{l} \int_0^l v(x,0) \sin \frac{n\pi}{l} x \, \mathrm{d}x$$

方程齐次化法的适用范围：非齐次方程齐次化时，必须保持原有的边界条件不变；非齐次项 $f(x,t)$ 的形式较简单；初始条件可以是非齐次的.

例 1 求定解问题：

$$\begin{cases} \dfrac{\partial^2 U}{\partial t^2} - a^2 \dfrac{\partial^2 U}{\partial x^2} = f(x)\,, & 0 < x < l\,, \quad t > 0 \\[2mm] U\big|_{x=0} = U\big|_{x=l} = 0\,, & t \geqslant 0 \quad \text{（边界条件）} \\[2mm] U\big|_{t=0} = 0\,, \quad \dfrac{\partial U}{\partial t}\bigg|_{t=0} = 0\,, & 0 \leqslant x \leqslant l \quad \text{（初始条件）} \end{cases}$$

解　因为非齐次项为 $f(x)$，所以设 $U(x,t) = v(x) + w(x,t)$. $v(x)$ 是方程的特解，代入方程，得

$$v''(x) = -\frac{1}{a^2} f(x)$$

且 $v(0) = 0, v(x) = 0$，可求出 $v(x)$. 而 $w(x,t)$ 则满足定解问题：

$$\begin{cases} \dfrac{\partial^2 w}{\partial t^2} - a^2 \dfrac{\partial^2 w}{\partial x^2} = 0\,, & 0 < x < l\,, \quad t > 0 \\[2mm] w\big|_{x=0} = 0\,, \quad w\big|_{x=l} = 0\,, & t \geqslant 0 \quad \text{（边界条件）} \\[2mm] w\big|_{t=0} = -v(x)\,, \quad \dfrac{\partial w}{\partial t}\bigg|_{t=0} = 0\,, & 0 \leqslant x \leqslant l \quad \text{（初始条件）} \end{cases}$$

关于 $U(x,t)$ 的非齐次方程的定解问题 $\Rightarrow$ 关于 $w(x,t)$ 的齐次方程的定解问题.

按照齐次方程定解问题的分离变量法求解步骤即可求出 $w(x,t)$ 的一般解，故得

$$U(x,t) = v(x) + w(x,t)$$

例 2　长为 π，两端固定的弦，在单位质量上受力 $\sin x$ 的作用下由静止状态从水平位置开始做小振动，求其横振动的定解问题.

解　定解问题为

$$\begin{cases} \dfrac{\partial^2 U}{\partial t^2} - a^2 \dfrac{\partial^2 U}{\partial x^2} = \sin x\,, & 0 < x < \pi\,, \quad t > 0 \\[2mm] U\big|_{x=0} = U\big|_{x=\pi} = 0\,, & t \geqslant 0 \quad \text{（边界条件）} \\[2mm] U\big|_{t=0} = 0\,, \quad \dfrac{\partial U}{\partial t}\bigg|_{t=0} = 0\,, & 0 \leqslant x \leqslant \pi \quad \text{（初始条件）} \end{cases}$$

令 $U(x,t) = v(x) + w(x,t)$，代入定解问题，得

$$\begin{cases} \dfrac{\partial^2 w}{\partial t^2} - a^2 \left(\dfrac{\partial^2 v}{\partial x^2} + \dfrac{\partial^2 w}{\partial x^2} \right) = \sin x\,, & 0 < x < \pi\,, \quad t > 0 \\[2mm] (v+w)\big|_{x=0} = 0\,, \quad (v+w)\big|_{x=\pi} = 0\,, & t \geqslant 0 \\[2mm] (v+w)\big|_{t=0} = 0\,, \quad \dfrac{\partial w}{\partial t}\bigg|_{t=0} = 0\,, & 0 \leqslant x \leqslant \pi \end{cases}$$

视 $v(x)$ 为原方程的特解：$\begin{cases} -a^2 v''(x) = \sin x \\ v(0) = 0\,, \quad v(\pi) = 0 \end{cases}$，从而有

$$v''(x) = -\frac{1}{a^2} \sin x\,, \quad v'(x) = -\frac{1}{a^2}(-\cos x + A)\,, \quad v(x) = -\frac{1}{a^2}(-\sin x + Ax + B)$$

因为 $v(0) = 0$，所以 $B = 0$. 又因为 $v(p) = 0$，所以 $-\dfrac{1}{a^2} A\pi = 0$，即 $A = 0$，故 $v(x) = \dfrac{\sin x}{a^2}$.

则 $w(x,t)$ 满足的定解问题为

$$\begin{cases} \dfrac{\partial^2 w}{\partial t^2} - a^2 \dfrac{\partial^2 w}{\partial x^2} = 0, & 0 < x < \pi, \quad t > 0 \\[2mm] w\big|_{x=0} = 0, \quad w\big|_{x=\pi} = 0, & t \geqslant 0 \\[2mm] w\big|_{t=0} = -\dfrac{\sin x}{a^2}, \quad \dfrac{\partial w}{\partial t}\bigg|_{t=0} = 0, & 0 \leqslant x \leqslant \pi \end{cases}$$

由分离变量法可得 $w(x,t) = X(x)T(t)$，代入 $w(x,t)$ 的定解问题，得

$$\frac{X''(x)}{X(x)} = \frac{1}{a^2} \frac{T''(t)}{T(t)} \equiv -\lambda$$

$$\begin{cases} X''(x) + \lambda X(x) = 0, \quad X(0) = 0, \quad X(\pi) = 0 \\[2mm] T''(t) + a^2 \lambda T(t) = 0 \end{cases} \Rightarrow \begin{cases} \lambda_n = n^2, \quad n = 1,2,3,\cdots \\[2mm] X_n(x) = \sin nx \end{cases}$$

$$T''(t) + (an)^2 2T(t) = 0$$

$$T_n(t) = C_n \sin nat + D_n \cos nat$$

$$w_n(t) = (C_n \sin nat + D_n \cos nat) \sin nx$$

$$w(x,t) = \sum_{n=1}^{\infty} (C_n \sin nat + D_n \cos nat) \sin nx$$

将 $w(x,t)$ 的一般解代入 $w(x,t)$ 的初始条件，有

$$\begin{cases} w\big|_{t=0} = \sum_{n=1}^{\infty} D_n \sin nx = -\dfrac{\sin x}{a^2} \\[3mm] \dfrac{\partial w}{\partial t}\bigg|_{t=0} = \sum_{n=1}^{\infty} C_n na \sin nx = 0 \end{cases} \Rightarrow \begin{cases} D_1 = -\dfrac{1}{a^2} \\[2mm] D_n = 0, \quad n \neq 1 \end{cases}$$
$$\Rightarrow C_n = 0$$

因而有

$$w(x,t) = -\frac{\cos at}{a^2} \sin x$$

故

$$U(x,t) = \frac{\sin x}{a^2} - \frac{\cos at}{a^2} \sin x = \frac{\sin x}{a^2}(1 - \cos at)$$

例3 求解定解问题：

$$\begin{cases} \dfrac{\partial^2 U}{\partial t^2} - a^2 \dfrac{\partial^2 U}{\partial x^2} = A_0 \sin \omega t, & 0 < x < l, \quad t > 0 \\[2mm] U\big|_{x=0} = U\big|_{x=l} = 0, & t \geqslant 0 \quad (\text{边界条件}) \\[2mm] U\big|_{t=0} = 0, \quad \dfrac{\partial U}{\partial t}\bigg|_{t=0} = 0, & 0 \leqslant x \leqslant l \quad (\text{初始条件}) \end{cases}$$

其中，a, A_0, ω 均为已知常数.

解 令 $U(x,t) = v(x,t) + w(x,t)$，代入定解问题

$$\begin{cases} \dfrac{\partial^2 v}{\partial t^2} + \dfrac{\partial^2 w}{\partial t^2} - a^2 \left(\dfrac{\partial^2 v}{\partial x^2} + \dfrac{\partial^2 w}{\partial x^2} \right) = A_0 \sin \omega t, & 0 < x < l, \quad t > 0 \\[2mm] (v + w)\big|_{x=0} = 0, \quad (v + w)\big|_{x=l} = 0, & t \geqslant 0 \\[2mm] (v + w)\big|_{t=0} = 0, \quad \dfrac{\partial(v + w)}{\partial t}\bigg|_{t=0} = 0, & 0 \leqslant x \leqslant l \end{cases}$$

视 $v(x,t)$ 为原方程的特解，考虑到非齐次项，取 $v(x,t) = f(x) \sin \omega t$，特解 $v(x,t)$ 不可以

为 $v(t)$，必须保证边界条件的齐次性不改变.

将 $v(x,t)=f(x)\sin \omega t$ 代入原方程 $-f(x)\omega^2 \sin \omega t-a^2 f''(x)\sin \omega t=A_0 \sin \omega t$，得

$$\begin{cases} f''(x)+\dfrac{\omega^2}{a^2}f(x)=-\dfrac{A_0}{a^2} \\ f(0)=0, \quad f(l)=0 \end{cases} \Rightarrow \begin{cases} f(x)=-\dfrac{A_0}{\omega^2}+A\sin \dfrac{\omega}{a}x+B\cos \dfrac{\omega}{a}x \\ B=\dfrac{A_0}{\omega^2}, \quad A=\dfrac{A_0}{\omega^2}\tan \dfrac{\omega l}{2a} \end{cases}$$

因此

$$f(x)=-\frac{A_0}{\omega^2}\left[\left(1-\cos \frac{\omega}{a}x\right)-\tan \frac{\omega l}{2a}\sin \frac{\omega}{a}x\right]=-\frac{A_0}{\omega^2}\left\{1-\frac{\cos \left[\dfrac{\omega}{a}\left(x-\dfrac{l}{2}\right)\right]}{\cos \dfrac{\omega l}{2a}}\right\}$$

则特解 $v(x,t)$ 为

$$v(x,t)=-\frac{A_0}{\omega^2}\left\{1-\frac{\cos \left[\dfrac{\omega}{a}\left(x-\dfrac{l}{2}\right)\right]}{\cos \dfrac{\omega l}{2a}}\right\}\sin \omega t$$

而 $w(x,t)$ 满足的定解问题为

$$\begin{cases} \dfrac{\partial^2 w}{\partial t^2}-a^2 \dfrac{\partial^2 w}{\partial x^2}=0, \quad 0<x<l, \quad t>0 \\ w\big|_{x=0}=0, \quad w\big|_{x=l}=0, \quad t\geqslant 0 \\ w\big|_{t=0}=0, \quad \dfrac{\partial w}{\partial t}\bigg|_{t=0}=-\omega f(x), \quad 0\leqslant x\leqslant l \end{cases}$$

按照齐次方程的分离变量法可求出：

$$w(x,t)=\sum_{n=1}^{\infty}\left(C_n \sin \frac{n\pi}{l}at+D_n \cos \frac{n\pi}{l}at\right)\sin \frac{n\pi}{l}x$$

由初始条件定出：

$$w\big|_{t=0}=\sum_{n=1}^{\infty}D_n \sin \frac{n\pi}{l}x=0, \quad \Rightarrow \quad D_n=0$$

$$\frac{\partial w}{\partial t}\bigg|_{t=0}=\sum_{n=1}^{\infty}C_n \frac{n\pi a}{l}\sin \frac{n\pi}{l}x=-\omega f(x)$$

由正交性知：

$$C_n=-\frac{\omega}{n\pi a}\int_0^l f(x)\sin \frac{n\pi}{l}x\,\mathrm{d}x=-\frac{2A_0 \omega l^3}{\pi^2 a}\frac{1-(-1)^n}{n^2}\frac{1}{(n\pi a)^2-(\omega l)^2}$$

即 n 为奇数时 C_n 不为零，则

$$w(x,t)=\sum_{n=1}^{\infty}\left(C_n \sin \frac{n\pi}{l}at+D_n \cos \frac{n\pi}{l}at\right)\sin \frac{n\pi}{l}x$$

$$w(x,t)=-\frac{4A_0 \omega l^3}{\pi^2 a}\sum_{k=0}^{\infty}\frac{1}{(2k+1)^2}\frac{1}{[(2k+1)\pi a]^2-(\omega l)^2}\sin \frac{2k+1}{l}\pi x\sin \frac{2k+1}{l}\pi at$$

$$U(x,t)=f(x)\sin \omega t+w(x,t)=-\frac{A_0}{\omega^2}\left[\frac{1-\cos \dfrac{\omega(x-l/2)}{a}}{\cos \dfrac{\omega l}{2a}}\right]\sin \omega t-$$

$$\frac{4A_0\omega l^3}{\pi^2 a}\sum_{k=0}^{\infty}\frac{1}{(2k+1)^2}\frac{1}{[(2k+1)\pi a]^2-(\omega l)^2}\sin\frac{2k+1}{l}\pi x\sin\frac{2k+1}{l}\pi at$$

例 4 长为 π,两端固定的弦,在单位质量上受力 $\sin t$ 的作用下由静止状态从水平位置开始做小振动,求其横振动的定解问题.

解 定解问题为

$$\begin{cases}\dfrac{\partial^2 U}{\partial t^2}-a^2\dfrac{\partial^2 U}{\partial x^2}=\sin t, & 0<x<\pi, \quad t>0\\[2mm] U\big|_{x=0}=U\big|_{x=\pi}=0, \quad t\geqslant 0 \quad (边界条件)\\[2mm] U\big|_{t=0}=0, \quad \dfrac{\partial U}{\partial t}\Big|_{t=0}=0, \quad 0\leqslant x\leqslant \pi \quad (初始条件)\end{cases}$$

令 $U(x,t)=v(x,t)+w(x,t)$,代入定解问题,得

$$\begin{cases}\dfrac{\partial^2 v}{\partial t^2}+\dfrac{\partial^2 w}{\partial t^2}-a^2\left(\dfrac{\partial^2 v}{\partial x^2}+\dfrac{\partial^2 w}{\partial x^2}\right)=\sin t, & 0<x<\pi, \quad t>0\\[2mm] (v+w)\big|_{x=0}=0, \quad (v+w)\big|_{x=\pi}=0, \quad t\geqslant 0\\[2mm] (v+w)\big|_{t=0}=0, \quad \dfrac{\partial(v+w)}{\partial t}\Big|_{t=0}=0, \quad 0\leqslant x\leqslant \pi\end{cases}$$

特解 $v(x,t)$ 不可以为 $v(t)$,必须保证边界条件的齐次性不改变. 视 $v(x,t)$ 为原方程的特解,考虑到非齐次项,取 $v(x,t)=f(x)\sin t$,代入原方程,得

$$-f(x)\sin t-a^2 f''(x)\sin t=\sin t$$

$$\begin{cases}f''(x)+\dfrac{1}{a^2}f(x)=-\dfrac{1}{a^2}\\[2mm] f(0)=0, \quad f(l)=0\end{cases}\Rightarrow\begin{cases}f(x)=-1+A\sin\dfrac{x}{a}+B\cos\dfrac{x}{a}\\[3mm] B=1, \quad A=\dfrac{1-\cos\dfrac{\pi}{a}}{\sin\dfrac{\pi}{a}}=\tan\dfrac{\pi}{2a}\end{cases}$$

故

$$f(x)=-1+\tan\frac{\pi}{2a}\sin\frac{x}{a}+\cos\frac{x}{a}$$

则特解 $v(x,t)$ 为

$$v(x,t)=\left(\tan\frac{\pi}{2a}\sin\frac{x}{a}+\cos\frac{x}{a}-1\right)\sin t$$

而 $w(x,t)$ 满足的定解问题为

$$\begin{cases}\dfrac{\partial^2 w}{\partial t^2}-a^2\dfrac{\partial^2 w}{\partial x^2}=0, & 0<x<\pi, \quad t>0\\[2mm] w\big|_{x=0}=0, \quad w\big|_{x=\pi}=0, \quad t\geqslant 0\\[2mm] w\big|_{t=0}=0, \quad \dfrac{\partial w}{\partial t}\Big|_{t=0}=-\dfrac{\partial v}{\partial t}\Big|_{t=0}=1-\cos\dfrac{x}{a}-\tan\dfrac{\pi}{2a}\sin\dfrac{x}{a}, \quad 0\leqslant x\leqslant \pi\end{cases}$$

按照齐次方程的分离变量法可求出:

$$w(x,t)=\sum_{n=1}^{\infty}(C_n\sin nat+D_n\cos nat)\sin nx$$

由初始条件定出:

$$w\big|_{t=0}=\sum_{n=1}^{\infty}D_n\sin nx=0 \quad \Rightarrow \quad D_n=0$$

$$\frac{\partial w}{\partial t}\bigg|_{t=0} = \sum_{n=1}^{\infty} C_n na \sin nx = 1 - \cos\frac{x}{a} - \tan\frac{\pi}{2a}\sin\frac{x}{a}$$

由正交性知：

$$C_n = \frac{2}{n\pi a}\int_0^\pi \left(1 - \cos\frac{x}{a} - \tan\frac{\pi}{2a}\sin\frac{x}{a}\right)\sin nx\, \mathrm{d}x =$$

$$\frac{2}{n\pi a}\int_0^\pi \left[1 - \frac{\cos\frac{\pi}{2a}\cos\frac{x}{a} + \sin\frac{\pi}{2a}\sin\frac{x}{a}}{\cos\frac{\pi}{2a}}\right]\sin nx\, \mathrm{d}x =$$

$$\frac{2}{n\pi a}\int_0^\pi \left[1 - \frac{\cos\frac{2x-\pi}{2a}}{\cos\frac{\pi}{2a}}\right]\sin nx\, \mathrm{d}x =$$

$$\frac{2}{n\pi a}\int_0^\pi \sin nx\, \mathrm{d}x - \frac{2}{n\pi a}\frac{1}{\cos\frac{\pi}{2a}}\int_0^\pi \cos\frac{2x-\pi}{2a}\sin nx\, \mathrm{d}x$$

$$\int_0^\pi \sin nx\, \mathrm{d}x = \frac{-\cos nx}{n}\bigg|_0^\pi = \frac{1-(-1)^n}{n}$$

$$\int_0^\pi \sin nx \cos\frac{2x-\pi}{2a}\mathrm{d}x = \frac{1}{2}\int_0^\pi \left[\sin\left(nx + \frac{x}{a} - \frac{\pi}{2a}\right) + \sin\left(nx - \frac{x}{a} + \frac{\pi}{2a}\right)\right]\mathrm{d}x =$$

$$\frac{1}{2}\int_0^\pi \left\{\sin\left[\left(n+\frac{1}{a}\right)x - \frac{\pi}{2a}\right] + \sin\left[\left(n-\frac{1}{a}\right)x + \frac{\pi}{2a}\right]\right\}\mathrm{d}x =$$

$$\frac{1}{2}\frac{1}{n+1/a}\left[-\cos\left(nx + \frac{x}{a} - \frac{\pi}{2a}\right)\right]_0^\pi +$$

$$\frac{1}{2}\frac{1}{n-1/a}\left[-\cos\left(nx - \frac{x}{a} + \frac{\pi}{2a}\right)\right]_0^\pi =$$

$$\frac{1}{2}\frac{1}{n+1/a}\left[-\cos\left(n\pi + \frac{\pi}{2a}\right) + \cos\frac{\pi}{2a}\right] +$$

$$\frac{1}{2}\frac{1}{n-1/a}\left[-\cos\left(n\pi - \frac{\pi}{2a}\right) + \cos\frac{\pi}{2a}\right] =$$

$$\frac{1}{2}\frac{1}{n+1/a}\left[\cos\frac{\pi}{2a} - (-1)^n\cos\frac{\pi}{2a}\right] +$$

$$\frac{1}{2}\frac{1}{n-1/a}\left[\cos\frac{\pi}{2a} - (-1)^n\cos\frac{\pi}{2a}\right] =$$

$$\frac{1}{2}\cos\frac{\pi}{2a}\left[1-(-1)^n\right]\left(\frac{1}{n+1/a} + \frac{1}{n-1/a}\right)$$

$$C_n = \frac{2}{n\pi a}\left[(-1)^n - 1\right]\frac{1}{n} - \frac{1}{n\pi a}\left[1-(-1)^n\right]\left(\frac{1}{n+1/a} + \frac{1}{n-1/a}\right) =$$

$$\frac{1}{n\pi a}\left[1-(-1)^n\right]\left(\frac{2}{n} - \frac{1}{n+1/a} - \frac{1}{n-1/a}\right) = \frac{1}{n\pi a}\left[1-(-1)^n\right]\left[-\frac{2}{n(n^2a^2-1)}\right] =$$

$$\frac{1}{\pi a}\frac{1-(-1)^n}{n}\left(-\frac{2}{n^2a^2-1}\right)$$

即当 n 为偶数时，C_n 为零；当 n 为奇数时，有

$$C_n = -\frac{4}{\pi a(2k+1)}\frac{1}{(2k+1)^2a^2-1}$$

$$w(x,t) = -\sum_{k=0}^{\infty} \frac{4}{\pi a (2k+1)^2} \frac{1}{(2k+1)^2 a^2 - 1} \sin(2k+1)at \sin(2k+1)x$$

$$U(x,t) = \sin t \left(\tan \frac{\pi}{2a} \sin \frac{x}{a} + \cos \frac{x}{a} - 1 \right) - \sum_{k=0}^{\infty} \frac{4}{\pi a (2k+1)^2} \frac{\sin(2k+1)at \sin(2k+1)x}{[(2k+1)a]^2 - 1}$$

2. 本征函数展开法

本征函数展开法：按相应齐次问题本征函数作展开.

当方程的非齐次项 $f(x,t)$ 形式复杂，很难求出特解 $v(x,t)$ 时，寻找一组完备的本征函数：

$$\{X_n(x), \quad n = 1, 2, 3, \cdots\}$$

将 $U(x,t)$ 和 $f(x,t)$ 均按本征函数展开，有

$$U(x,t) = \sum_{n=1}^{\infty} T_n(t) X_n(x)$$

$$f(x,t) = \sum_{n=1}^{\infty} g_n(t) X_n(x)$$

只要求出 $T_n(t)$，就可知 $U(x,t)$ 了.

求解思路：非齐次偏微分方程定解问题 $\xrightarrow{\text{引入本征函数展开的试探解}}$ 非齐次常微分方程定解问题.

例如，纯粹由外力引起的两端固定弦的受迫振动，弦的初始位移和初速度均为零. 定解问题为

$$\begin{cases} \dfrac{\partial^2 U}{\partial t^2} - a^2 \dfrac{\partial^2 U}{\partial x^2} = f(x,t), & 0 < x < l, \quad t > 0 \\[2mm] U\big|_{x=0} = U\big|_{x=l} = 0, & t \geqslant 0 \text{（边界条件）} \\[2mm] U\big|_{t=0} = 0, \quad \dfrac{\partial U}{\partial t}\Big|_{t=0} = 0, & 0 \leqslant x \leqslant l \quad \text{（初始条件）} \end{cases}$$

其中，a 和 $f(x,t)$ 已知.

(1) 先求出相应齐次方程定解问题的本征函数 $\{X_n(x), n = 1, 2, 3, \cdots\}$.

$$\begin{cases} \dfrac{\partial^2 U}{\partial t^2} - a^2 \dfrac{\partial^2 U}{\partial x^2} = 0, & 0 < x < l, \quad t > 0 \\[2mm] U\big|_{x=0} = U\big|_{x=l} = 0, & t \geqslant 0 \quad \text{（边界条件）} \\[2mm] U\big|_{t=0} = 0, \quad \dfrac{\partial U}{\partial t}\Big|_{t=0} = 0, & 0 \leqslant x \leqslant l \quad \text{（初始条件）} \end{cases} \Rightarrow \begin{cases} \lambda_n \\ X_n(x) \end{cases}$$

(2) 按照本征函数作展开，并代入原方程. 设 $U(x,t) = \sum_{n=1}^{\infty} T_n(t) X_n(x)$，$f(x,t) = \sum_{n=1}^{\infty} g_n(t) X_n(x)$，由本征函数的正交性可知，$f(x,t)$ 的展开系数 $g_n(t)$ 为

$$g_n(t) = \frac{2}{l} \int_0^l f(x,t) X_n(x) \mathrm{d}x$$

代入原方程，得

$$\sum_{n=1}^{\infty} T''_n(t) X_n(x) - a^2 \sum_{n=1}^{\infty} T_n(t) X''_n(x) = \sum_{n=1}^{\infty} g_n(t) X_n(x)$$

又知 $X''_n(x) = -\lambda_n X_n(x)$，则

$$\sum_{n=1}^{\infty} T''_n(t) X_n(x) + a^2 \sum_{n=1}^{\infty} T_n(t) \lambda_n X_n(x) = \sum_{n=1}^{\infty} g_n(t) X_n(x)$$

结合正交性可知，$T''_n(t) + \lambda_n a^2 T_n(t) = g_n(t)$，将 $U(x,t) = \sum\limits_{n=1}^{\infty} T_n(t) X_n(x)$ 代入初始条件

为：$U|_{t=0} = 0, \dfrac{\partial U}{\partial t}\Big|_{t=0} = 0$，得 $T_n(0) = 0, T'_n(0) = 0$.

非齐次常微分方程定解问题为

$$\begin{cases} T''_n(t) + \lambda_n a^2 T_n(t) = g_n(t) \\ T_n(0) = 0, \quad T'_n(0) = 0 \end{cases}$$

（3）求解非齐次常微分方程定解问题.

采用积分变换法求解，对方程两边同时作拉普拉斯变换：

$$p^2 F(p) + \lambda_n a^2 F(p) = \mathscr{L}[g_n(t)] \quad \Rightarrow \quad F(p) = \frac{1}{p^2 + \lambda_n a^2} \mathscr{L}[g_n(t)]$$

其中用到：

$$\mathscr{L}[f''(t)] = p^2 F(p) - p f(0) - f'(0), \quad \mathscr{L}[\sin(kt)] = \frac{k}{p^2 + k^2}$$

再求反演，由卷积定理可知：

$$T_n(t) = \frac{1}{\sqrt{\lambda_n}\,a} \int_0^t g_n(\tau) \sin\sqrt{\lambda_n}\,a(t-\tau)\mathrm{d}\tau$$

故

$$U(x,t) = \sum_{n=1}^{\infty} T_n(t) X_n(x) = \sum_{n=1}^{\infty} \frac{1}{\sqrt{\lambda_n}\,a} \left[\int_0^t g_n(\tau)\sin\sqrt{\lambda_n}\,a(t-\tau)\mathrm{d}\tau\right] X_n(x)$$

例 5 长为 l 两端固定的弦，在单位长度上受横向力 $g(x)\sin\omega t$ 的作用下做小振动，已知弦的初始位移和速度分别为 $\varphi(x)$ 和 $\psi(x)$，求其横振动的规律.

解 定解问题为

$$\begin{cases} \dfrac{\partial^2 U}{\partial t^2} - a^2 \dfrac{\partial^2 U}{\partial x^2} = g(x)\sin\omega t, \quad 0 < x < l, \quad t > 0 \\ U|_{x=0} = U|_{x=l} = 0, \quad t \geqslant 0 \quad \text{（边界条件）} \\ U|_{t=0} = \varphi(x), \quad \dfrac{\partial U}{\partial t}\Big|_{t=0} = \psi(x), \quad 0 \leqslant x \leqslant l \quad \text{（初始条件）} \end{cases} \tag{12.1}$$

令 $U(x,t) = v(x,t) + w(x,t)$，代入定解问题式（12.1），有

$$\begin{cases} \dfrac{\partial^2 v}{\partial t^2} + \dfrac{\partial^2 w}{\partial t^2} - a^2\left(\dfrac{\partial^2 v}{\partial x^2} + \dfrac{\partial^2 w}{\partial x^2}\right) = g(x)\sin\omega t, \quad 0 < x < l, \quad t > 0 \\ (v+w)|_{x=0} = 0, \quad (v+w)|_{x=l} = 0, \quad t \geqslant 0 \\ (v+w)|_{t=0} = \varphi(x), \quad \dfrac{\partial(v+w)}{\partial t}\Big|_{t=0} = \psi(x), \quad 0 \leqslant x \leqslant l \end{cases}$$

即

$$
\begin{cases}
\dfrac{\partial^2 w}{\partial t^2} - a^2 \dfrac{\partial^2 w}{\partial x^2} = 0, & 0 < x < l, \quad t > 0 \\
w\big|_{x=0} = 0, \quad w\big|_{x=l} = 0, \quad t \geqslant 0 \\
w\big|_{t=0} = \varphi(x), \quad \dfrac{\partial w}{\partial t}\bigg|_{t=0} = \psi(x), \quad 0 \leqslant x \leqslant l
\end{cases} \tag{12.2}
$$

$$
\begin{cases}
\dfrac{\partial^2 v}{\partial t^2} - a^2 \dfrac{\partial^2 v}{\partial x^2} = g(x)\sin \omega t, & 0 < x < l, \quad t > 0 \\
v\big|_{x=0} = 0, \quad v\big|_{x=l} = 0, \quad t \geqslant 0 \\
v\big|_{t=0} = 0, \quad \dfrac{\partial v}{\partial t}\bigg|_{t=0} = 0, \quad 0 \leqslant x \leqslant l
\end{cases} \tag{12.3}
$$

定解问题式(12.2)的特解为

$$
w(x,t) = \sum_{n=1}^{\infty} \left(C_n \sin \frac{n\pi}{l}at + D_n \cos \frac{n\pi}{l}at \right) \sin \frac{n\pi}{l}x
$$

其中

$$
C_n = \frac{2}{n\pi a} \int_0^l \psi(x) \sin \frac{n\pi}{l}x \, \mathrm{d}x, \quad D_n = \frac{2}{l} \int_0^l \varphi(x) \sin \frac{n\pi}{l}x \, \mathrm{d}x
$$

将 $v(x,t)$ 按本征函数展开，令 $v(x,t) = \sum_{n=1}^{\infty} T_n(t) \sin \frac{n\pi}{l}x$，将非齐次项按本征函数展开有

$$
g(x)\sin \omega t = \sum_{n=1}^{\infty} f_n(t) \sin \frac{n\pi}{l}x
$$

由正交性可知

$$
f_n(t) = \int_0^l g(x)\sin \omega t \sin \frac{n\pi}{l}x \, \mathrm{d}x
$$

则定解问题式(12.3)的方程化为

$$
\sum_{n=1}^{\infty} T''_n(t) \sin \frac{n\pi}{l}x - a^2 \sum_{n=1}^{\infty} T_n(t) \frac{n\pi}{l} \frac{n\pi}{l} \left(-\sin \frac{n\pi}{l}x \right) = \sum_{n=1}^{\infty} f_n(t) \sin \frac{n\pi}{l}x
$$

由正交性可知

$$
T''_n(t) - \left(\frac{n\pi a}{l} \right)^2 T_n(t) = f_n(t)
$$

相应的初始条件为 $T_n(0) = 0, T'_n(0) = 0$，即

$$
\begin{cases}
T''_n(t) - \left(\dfrac{n\pi a}{l} \right)^2 T_n(t) = f_n(t) \\
T_n(0) = 0, \quad T'_n(0) = 0
\end{cases} \tag{12.4}
$$

对定解问题式(12.4)的方程两边作拉氏变换，有

$$
p^2 F_n(p) - p T_n(0) - T'_n(0) + \left(\frac{n\pi a}{l} \right)^2 F_n(p) = \mathscr{L}[f_n(t)]
$$

$$
p^2 F_n(p) + \left(\frac{n\pi a}{l} \right)^2 F_n(p) = \mathscr{L}[f_n(t)]
$$

$$
F_n(p) = \frac{\mathscr{L}[f_n(t)]}{p^2 + \left(\dfrac{n\pi a}{l} \right)^2} = \mathscr{L}[f_n(t)] \mathscr{L}[\sin (n\pi at/l)] \frac{l}{n\pi a}
$$

由卷积定理知

$$T_n(t) = \frac{l}{n\pi a}\int_0^t f_n(t-\tau)\sin\left(\frac{n\pi a\tau}{l}\right)\mathrm{d}\tau =$$

$$\frac{l}{n\pi a}\int_0^t \left(\int_0^l g(x)\sin\omega(t-\tau)\sin\frac{n\pi}{l}x\,\mathrm{d}x\right)\sin\left(\frac{n\pi a\tau}{l}\right)\mathrm{d}\tau =$$

$$\frac{l}{n\pi a}\int_0^t \sin\omega(t-\tau)\sin\frac{n\pi a}{l}\tau\,\mathrm{d}\tau\int_0^l g(x)\sin\frac{n\pi}{l}x\,\mathrm{d}x =$$

$$\frac{2}{n\pi a}\frac{\omega\sin\frac{n\pi a}{l}t - \frac{n\pi a}{l}\sin\omega t}{\omega^2 - \left(\frac{n\pi a}{l}\right)^2}\int_0^l g(x)\sin\frac{n\pi}{l}x\,\mathrm{d}x$$

$$v(x,t) = \frac{2}{\pi a}\sum_{n=1}^\infty \frac{\omega\sin\frac{n\pi a}{l}t - \frac{n\pi a}{l}\sin\omega t}{n\left[\omega^2 - \left(\frac{n\pi a}{l}\right)^2\right]}\left(\int_0^l g(x)\sin\frac{n\pi}{l}x\,\mathrm{d}x\right)\sin\frac{n\pi}{l}x$$

$$U(x,t) = v(x,t) + w(x,t) = \frac{2}{\pi a}\sum_{n=1}^\infty \frac{\omega\sin\frac{n\pi a}{l}t - \frac{n\pi a}{l}\sin\omega t}{n\left[\omega^2 - \left(\frac{n\pi a}{l}\right)^2\right]}\left(\int_0^l g(x)\sin\frac{n\pi}{l}x\,\mathrm{d}x\right)$$

$$\sin\frac{n\pi}{l}x + \sum_{n=1}^\infty\left(C_n\sin\frac{n\pi a}{l}t + D_n\cos\frac{n\pi a}{l}t\right)\sin\frac{n\pi}{l}x$$

其中

$$C_n = \frac{2}{n\pi a}\int_0^l \psi(x)\sin\frac{n\pi}{l}x\,\mathrm{d}x, \quad D_n = \frac{2}{l}\int_0^l \varphi(x)\sin\frac{n\pi}{l}x\,\mathrm{d}x$$

12.6　非齐次边界条件的齐次化

仍以一维波动方程为例. 为突出非齐次边界条件的处理,假定方程和初始条件是齐次的.

$$\begin{cases}\frac{\partial^2 U}{\partial t^2} - a^2\frac{\partial^2 U}{\partial x^2} = 0, & 0 < x < l, \ t > 0 \\ U|_{x=0} = \mu(t), \ U|_{x=l} = \nu(t), & t \geqslant 0 \quad (\text{边界条件}) \\ U|_{t=0} = 0, \ \left.\frac{\partial U}{\partial t}\right|_{t=0} = 0, & 0 \leqslant x \leqslant l \quad (\text{初始条件})\end{cases}$$

处理方法:非齐次边界条件定解问题 $\xrightarrow{\text{寻找一个特解}}$ 齐次边界条件非齐次偏微分方程定解问题.

1.边界条件的齐次化

例 1　求定解问题:

$$\begin{cases}\frac{\partial U}{\partial t} - \kappa\frac{\partial^2 U}{\partial x^2} = 0, & 0 < x < l, \ t > 0 \\ U|_{x=0} = A\sin\omega t, \ U|_{x=l} = 0, & t \geqslant 0 \quad (\text{边界条件}) \\ U|_{t=0} = 0, & 0 \leqslant x \leqslant l \quad (\text{初始条件})\end{cases}$$

解　考虑到非齐次边界条件的具体形式,令 $v(x,t) = C_1 x + C_2$,由边界条件知

$$v|_{x=0} = C_2 = A\sin\omega t$$

$$v_{x=l} = C_1 l + C_2 = C_1 l + A \sin \omega t \quad \Rightarrow \quad C_1 = -\frac{A \sin \omega t}{l}$$

得

$$v(x,t) = -\frac{A \sin \omega t}{l} x + A \sin \omega t = A \left(1 - \frac{x}{l} \right) \sin \omega t$$

令 $U(x,t) = A \left(1 - \dfrac{x}{l} \right) \sin \omega t + w(x,t)$，代入原定解问题得

$$\begin{cases} A\omega \left(1 - \dfrac{x}{l} \right) \cos \omega t + \dfrac{\partial w}{\partial t} - \kappa \dfrac{\partial^2 w}{\partial x^2} = 0, & 0 < x < l, \quad t > 0 \\ A \sin \omega t + w \big|_{x=0} = A \sin \omega t, \quad w \big|_{x=l} = 0, \quad t \geqslant 0 \\ w \big|_{t=0} = 0, \quad 0 \leqslant x \leqslant l \end{cases}$$

则 $w(x,t)$ 满足的定解问题为

$$\begin{cases} \dfrac{\partial w}{\partial t} - \kappa \dfrac{\partial^2 w}{\partial x^2} = -A\omega \left(1 - \dfrac{x}{l} \right) \cos \omega t, & 0 < x < l, \quad t > 0 \\ w \big|_{x=0} = 0, \quad w \big|_{x=l} = 0, \quad t \geqslant 0 \\ w \big|_{t=0} = 0, \quad 0 \leqslant x \leqslant l \end{cases}$$

将 $w(x,t)$ 和方程的非齐次项按本征函数展开，有

$$w(x,t) = \sum_{n=1}^{\infty} T_n(t) \sin \frac{n\pi}{l} x$$

$$-A\omega \left(1 - \frac{x}{l} \right) \cos \omega t = \sum_{n=1}^{\infty} g_n(t) \sin \frac{n\pi}{l} x$$

$$g_n(t) = -A\omega \cos \omega t \frac{2}{l} \int_0^l \left(1 - \frac{x}{l} \right) \sin \frac{n\pi}{l} x \, \mathrm{d}x =$$

$$-A\omega \cos \omega t \frac{2}{l} \left(-\frac{l}{n\pi} \cos \frac{n\pi}{l} x \,\Big|_0^l + \frac{1}{n\pi} x \cos \frac{n\pi}{l} x \,\Big|_0^l - \frac{l}{n^2 \pi^2} \sin \frac{n\pi}{l} x \,\Big|_0^l \right) =$$

$$-A\omega \cos \omega t \frac{2}{l} \left\{ -\frac{l}{n\pi} [(-1)^n - 1] + \frac{l}{n\pi} (-1)^n \right\} = -A\omega \cos \omega t \frac{2}{l} \cdot \frac{l}{n\pi} =$$

$$-A\omega \cos \omega t \frac{2}{n\pi}$$

将 $w(x,t)$ 和非齐次项的展开式代入 $w(x,t)$ 满足的定解问题，有

$$\begin{cases} \displaystyle\sum_{n=1}^{\infty} T'_n(t) \sin \frac{n\pi}{l} x - \kappa \sum_{n=1}^{\infty} T_n(t) \left(\frac{n\pi}{l} \right)^2 \left(-\sin \frac{n\pi}{l} x \right) = -\frac{2A\omega}{\pi} \sum_{n=1}^{\infty} \frac{\cos \omega t}{n} \sin \frac{n\pi}{l} x \\ T_n(0) = 0 \end{cases}$$

由正交性可知，$w(x,t)$ 满足的定解问题化简为 $T_n(t)$ 的定解问题：

$$\begin{cases} T'_n(t) + \kappa \left(\dfrac{n\pi}{l} \right)^2 T_n(t) = -\dfrac{2A\omega}{n\pi} \cos \omega t \\ T_n(0) = 0 \end{cases}$$

采用积分变换法求解，做拉普拉斯变换，得

$$pF(p) - T_n(0) + \kappa \left(\frac{n\pi}{l} \right)^2 F(p) = \mathscr{L} \left[-\frac{2A\omega}{n\pi} \cos \omega t \right] \quad \Rightarrow$$

$$F(p) = \frac{\mathscr{L}\left[-\dfrac{2A\omega}{n\pi}\cos \omega t\right]}{p + \kappa \left(\dfrac{n\pi}{l}\right)^2} \cdot \frac{1}{p + \kappa \left(\dfrac{n\pi}{l}\right)^2} = \mathscr{L}\left[\exp \left[-\kappa \left(\dfrac{n\pi}{l}\right)^2 t\right]\right]$$

$$T_n(t) = -\frac{2A\omega}{n\pi} \int_0^t \cos \omega(t-\tau) \exp \left[-\kappa \left(\frac{n\pi}{l}\right)^2 \tau\right] \mathrm{d}\tau =$$

$$\frac{2A\omega l^2}{\kappa^2 (n\pi)^4 + \omega^2 l^4} \frac{1}{n\pi} \left\{\kappa (n\pi)^2 \exp \left[-\kappa \left(\frac{n\pi}{l}\right)^2 \tau\right] - \kappa (n\pi)^2 \cos \omega t - \omega l^2 \sin \omega t\right\}$$

$$U(x,t) = A\left(1 - \frac{x}{l}\right) \sin \omega t + \sum_{n=1}^{\infty} T_n(t) \sin \frac{n\pi}{l}x$$

2. 方程和边界条件同时齐次化

例 2　求定解问题：一端固定、另一端做周期运动的弦的振动问题.

$$\begin{cases} \dfrac{\partial^2 U}{\partial t^2} - a^2 \dfrac{\partial^2 U}{\partial x^2} = 0, & 0 < x < l, \quad t > 0 \\[2mm] U\big|_{x=0} = 0, \quad \dfrac{\partial U}{\partial x}\bigg|_{x=l} = A\sin \omega t, \quad t \geqslant 0 \quad \text{（边界条件）} \\[2mm] U\big|_{t=0} = 0, \quad \dfrac{\partial U}{\partial t}\bigg|_{t=0} = 0, \quad 0 \leqslant x \leqslant l \quad \text{（初始条件）} \end{cases}$$

解　设 $U(x,t) = v(x,t) + w(x,t)$，代入定解问题，得

$$\begin{cases} \dfrac{\partial^2 v}{\partial t^2} + \dfrac{\partial^2 w}{\partial t^2} - a^2 \dfrac{\partial^2 v}{\partial x^2} - a^2 \dfrac{\partial^2 w}{\partial x^2} = 0, & 0 < x < l, \quad t > 0 \\[2mm] (v+w)\big|_{x=0} = 0, \quad \dfrac{\partial (v+w)}{\partial x}\bigg|_{x=l} = A\sin \omega t, \quad t \geqslant 0 \\[2mm] (v+w)\big|_{t=0} = 0, \quad \dfrac{\partial (v+w)}{\partial t}\bigg|_{t=0} = 0, \quad 0 \leqslant x \leqslant l \end{cases}$$

视 $v(x,t)$ 为原方程的特解，考虑到非齐次项，取 $v(x,t) = f(x)\sin \omega t$，将 $v(x,t)$ 代入原方程和边界条件，得

$$\begin{cases} -\omega^2 f(x)\sin \omega t - a^2 f''(x)\sin \omega t = 0, & 0 < x < l, \quad t > 0 \\[2mm] f(0)\sin \omega t\big|_{x=0} = 0, \quad f'(l)\sin \omega t\big|_{x=l} = A\sin \omega t, \quad t \geqslant 0 \end{cases}$$

$$\begin{cases} f''(x) = \dfrac{\omega^2}{a^2} f(x), & 0 < x < l, \quad t > 0 \\[2mm] f(0)\big|_{x=0} = 0, \quad f'(l)\big|_{x=l} = A, \quad t \geqslant 0 \end{cases}$$

$$f(x) = \frac{Aa}{\omega} \frac{1}{\cos \dfrac{\omega l}{a}} \sin \frac{\omega}{a}x$$

$$v(x,t) = \frac{Aa}{\omega} \frac{1}{\cos \dfrac{\omega l}{a}} \sin \frac{\omega}{a}x \sin \omega t$$

可知 $w(x,t)$ 所满足的定解问题为

$$\begin{cases} \dfrac{\partial^2 w}{\partial t^2} - a^2 \dfrac{\partial^2 w}{\partial x^2} = 0, \quad 0 < x < l, \quad t > 0 \\[3mm] w\big|_{x=0} = 0, \quad \dfrac{\partial w}{\partial x}\bigg|_{x=l} = 0, \quad t \geqslant 0 \\[3mm] w\big|_{t=0} = 0, \quad \dfrac{\partial w}{\partial t}\bigg|_{t=0} = -\dfrac{Aa}{\cos\dfrac{\omega l}{a}} \sin\dfrac{\omega}{a} x, \quad 0 \leqslant x \leqslant l \end{cases}$$

分离变量,将 $w(x,t) = X(x)T(t)$ 代入 $w(x,t)$ 的方程:

$$X(x)T''(t) - a^2 X''(x)T(t) = 0$$

即

$$\frac{X''(x)}{X(x)} = \frac{1}{a^2} \frac{T''(t)}{T(t)} \equiv -\lambda$$

当 $\lambda = 0$ 时,方程 $X''(x) + \lambda X(x) = 0$ 为 $X''(x) = 0$,方程的通解为 $X(x) = Ax + B$. 由边界条件 $X(0) = 0, X(l) = 0$ 知,$A = B = 0$ 即 $X(x) = 0$. 因此,$\lambda = 0$ 不是本征值.

当 $\lambda \neq 0$ 时,常微分方程的通解是 $X(x) = A\sin\sqrt{\lambda}x + B\cos\sqrt{\lambda}x$,由边界条件 $X(0) = 0$,$X'(l) = 0$ 知,$B = 0, A\sqrt{\lambda}\cos\sqrt{\lambda}l = 0$.

因为 $A \neq 0$,所以 $\sqrt{\lambda}l = \dfrac{2n+1}{2}\pi$,即 $\lambda_n = \left(\dfrac{2n+1}{2l}\pi\right)^2$, $n = 1, 2, 3, \cdots$ 相应的本征函数为

$$X_n(x) = \sin\frac{2n+1}{2l}\pi x, \quad A = 1$$

将 λ_n 代入方程 $T''(t) + \lambda a^2 T(t) = 0$,得

$$T_n(t) = C_n\sin\frac{2n+1}{2l}\pi at + D_n\cos\frac{2n+1}{2l}\pi at$$

可知 $w(x,t)$ 的一般解为

$$w(x,t) = \sum_{n=1}^{\infty} \left(C_n\sin\frac{2n+1}{2l}\pi at + D_n\cos\frac{2n+1}{2l}\pi at\right)\sin\frac{2n+1}{2l}\pi x$$

由 $w(x,t)$ 的初始条件知:

$$w\big|_{t=0} = \sum_{n=1}^{\infty} D_n\sin\frac{2n+1}{2l}\pi x = 0 \quad \Rightarrow \quad D_n = 0$$

$$\frac{\partial w}{\partial t}\bigg|_{t=0} = \sum_{n=1}^{\infty} C_n\sin\frac{2n+1}{2l}\pi x = -\frac{Aa}{\cos\dfrac{\omega l}{a}}\sin\frac{\omega}{a}x \quad \Rightarrow$$

$$C_n = -\frac{4A}{\cos\dfrac{\omega l}{a}} \frac{1}{2n+1}\int_0^l \sin\frac{\omega}{a}x \sin\frac{2n+1}{2l}\pi x \, dx = (-1)^n \frac{16A\omega l^2 a}{(2n+1)\pi\{(\omega l)^2 - [(2n+1)\pi a]^2\}}$$

$$w(x,t) = \sum_{n=1}^{\infty} (-1)^2 \frac{16A\omega l^2 a}{(2n+1)\pi\{(\omega l)^2 - [(2n+1)\pi a]^2\}}\sin\frac{2n+1}{2l}\pi at \cdot \sin\frac{2n+1}{2l}\pi x$$

$$v(x,t) = \frac{Aa}{\omega} \frac{1}{\cos\dfrac{\omega l}{a}}\sin\frac{\omega}{a}x \sin\omega t$$

故

$$U(x,t) = v(x,t) + w(x,t) = \frac{Aa}{\omega} \frac{1}{\cos\dfrac{\omega l}{a}}\sin\frac{\omega}{a}x \sin\omega t +$$

$$\sum_{n=1}^{\infty}(-1)^2\frac{16A\omega l^2 a}{(2n+1)\pi\{(\omega l)^2-[(2n+1)\pi a]^2\}}\sin\frac{2n+1}{2l}\pi at\sin\frac{2n+1}{2l}\pi x$$

例 3　有一长为 l 侧面绝热而初始温度为零度的均匀细杆,它的一端保持温度始终为零度,而另一端温度随时间直线上升,求杆的温度分布.

解　设杆长方向为 x 轴,$x=l$ 端保持温度始终为零度,$x=0$ 端温度随时间直线上升,比例系数为常数 c,则定解问题为

$$\begin{cases}\dfrac{\partial U}{\partial t}-\kappa\dfrac{\partial^2 U}{\partial x^2}=0,&0<x<l,\quad t>0\\[2mm]U\big|_{x=0}=ct,\quad U\big|_{x=l}=0,\quad t\geqslant 0\quad\text{(边界条件)}\\[2mm]U\big|_{t=0}=0,\quad 0\leqslant x\leqslant l\quad\text{(初始条件)}\end{cases}$$

令 $U(x,t)=v(x,t)+w(x,t)$,代入定解问题:

$$\begin{cases}\dfrac{\partial v}{\partial t}+\dfrac{\partial w}{\partial t}-\kappa\left(\dfrac{\partial^2 v}{\partial x^2}+\dfrac{\partial^2 w}{\partial x^2}\right)=0,&0<x<l,\quad t>0\\[2mm](v+w)\big|_{x=0}=ct,\quad(v+w)\big|_{x=l}=0,\quad t\geqslant 0\\[2mm](v+w)\big|_{t=0}=0,\quad 0\leqslant x\leqslant l\end{cases}$$

视 $v(x,t)$ 为原方程的特解,考虑到非齐次边界条件,取 $v(x,t)=Ax+B$,将 $v(x,t)$ 代入原定解问题的边界条件,得

$$v\big|_{x=0}=B=ct$$

$$v\big|_{x=l}=Al+B=0\quad\Rightarrow\quad A=-\frac{ct}{l}$$

可知

$$v(x,t)=-\frac{ct}{l}x+ct=\frac{ct}{l}(l-x)$$

原定解问题化为 $w(x,t)$ 满足的定解问题为

$$\begin{cases}\dfrac{\partial w}{\partial t}-\kappa\dfrac{\partial^2 w}{\partial x^2}=-\dfrac{c}{l}(l-x),&0<x<l,\quad t>0\\[2mm]w\big|_{x=0}=0,\quad w\big|_{x=l}=0,\quad t\geqslant 0\\[2mm]w\big|_{t=0}=0,\quad 0\leqslant x\leqslant l\end{cases}$$

将 $w(x,t)$ 和非齐次项按相应齐次方程的本征函数展开为

$$w(x,t)=\sum_{n=1}^{\infty}T_n(t)\sin\frac{n\pi}{l}x$$

$$-\frac{c}{l}(l-x)=\sum_{n=1}^{\infty}g_n(t)\sin\frac{n\pi}{l}x$$

$$g_n(t)=-\frac{2}{l}\int_0^l\frac{c}{l}(l-x)\sin\frac{n\pi}{l}x\,\mathrm{d}x=\frac{2c}{l^2}\int_0^l(x-l)\sin\frac{n\pi}{l}x\,\mathrm{d}x=$$

$$\frac{2c}{l^2}\left(-\frac{l}{n\pi}x\cos\frac{n\pi}{l}x\,\Big|_0^l+\frac{l}{n\pi}\sin\frac{n\pi}{l}x\,\Big|_0^l+\frac{l^2}{n\pi}\cos\frac{n\pi}{l}x\,\Big|_0^l\right)=$$

$$\frac{2c}{l^2}\left(-\frac{l^2}{n\pi}\cos n\pi+\frac{l^2}{n\pi}\cos n\pi-\frac{l^2}{n\pi}\right)=-\frac{2c}{n\pi}$$

则有

$$\begin{cases} \sum_{n=1}^{\infty} T'_n(t)\sin\frac{n\pi}{l}x - \kappa\sum_{n=1}^{\infty} T_n(t)\left(\frac{n\pi}{l}\right)^2\left(-\sin\frac{n\pi}{l}x\right) = -\frac{2c}{\pi}\sum_{n=1}^{\infty}\frac{1}{n}\sin\frac{n\pi}{l}x \\ T_n(0) = 0 \end{cases}$$

由正交性知

$$\begin{cases} T'_n(t) + \kappa\left(\frac{n\pi}{l}\right)^2 T_n(t) = -\frac{2c}{n\pi} \\ T_n(0) = 0 \end{cases}$$

一阶常微分方程 $y' + p(x)y = q(x)$ 的通解为

$$y(x) = e^{-\int p(x)dx}\left(\int q(x)e^{\int p(x)dx}dx + A\right)$$

故得

$$T_n(t) = e^{-\left(\frac{n\pi}{l}\right)^2\kappa t}\left[-\int\frac{2c}{n\pi}e^{\left(\frac{n\pi}{l}\right)^2\kappa t}dt + A\right] = e^{-\left(\frac{n\pi}{l}\right)^2\kappa t}\left[-\frac{2cl^2}{n^3\pi^3\kappa}e^{\left(\frac{n\pi}{l}\right)^2\kappa t} + A\right] = -\frac{2cl^2}{n^3\pi^3\kappa} + Ae^{-\left(\frac{n\pi}{l}\right)^2\kappa t}$$

$$T_n(0) = -\frac{2cl^2}{n^3\pi^3\kappa} + A = 0 \quad\Rightarrow\quad A = \frac{2cl^2}{n^3\pi^3\kappa}$$

$$T_n(t) = \frac{2cl^2}{n^3\pi^3\kappa}\left[e^{-\left(\frac{n\pi}{l}\right)^2\kappa t} - 1\right]$$

$$w(x,t) = \sum_{n=1}^{\infty}\frac{2cl^2}{n^3\pi^3\kappa}\left[e^{-\left(\frac{n\pi}{l}\right)^2\kappa t} - 1\right]\sin\frac{n\pi}{l}x$$

$$U(x,t) = v(x,t) + w(x,t) = \frac{ct}{l}(l-x) + \sum_{n=1}^{\infty}\frac{2cl^2}{n^3\pi^3\kappa}\left[e^{-\left(\frac{n\pi}{l}\right)^2\kappa t} - 1\right]\sin\frac{n\pi}{l}x$$

例 4 试求定解问题：

$$\begin{cases} \dfrac{\partial U}{\partial t} - a^2\dfrac{\partial^2 U}{\partial x^2} = 0, \quad 0 < x < l, \quad t > 0 \\ \dfrac{\partial U}{\partial x}\bigg|_{x=0} = P(t), \quad \dfrac{\partial U}{\partial x}\bigg|_{x=l} = Q(t), \quad t \geqslant 0 \quad \text{（边界条件）} \\ U\big|_{t=0} = \varphi(x), \quad \dfrac{\partial U}{\partial t}\bigg|_{t=0} = \psi(x), \quad 0 \leqslant x \leqslant l \quad \text{（初始条件）} \end{cases}$$

解 所给非齐次边界条件为第二类边界条件，令 $U(x,t) = v(x,t) + w(x,t)$，代入定解问题,得

$$\begin{cases} \dfrac{\partial^2 v}{\partial t^2} + \dfrac{\partial^2 w}{\partial t^2} - a^2\left(\dfrac{\partial^2 v}{\partial x^2} + \dfrac{\partial^2 w}{\partial x^2}\right) = 0, \quad 0 < x < l, \quad t > 0 \\ \dfrac{\partial(v+w)}{\partial x}\bigg|_{x=0} = P(t), \quad \dfrac{\partial(v+w)}{\partial x}\bigg|_{x=l} = Q(t), \quad t \geqslant 0 \\ (v+w)\big|_{t=0} = \varphi(x), \quad \dfrac{\partial(v+w)}{\partial t}\bigg|_{t=0} = \psi(x), \quad 0 \leqslant x \leqslant l \end{cases}$$

视 $v(x,t)$ 为原方程的特解，取 $v(x,t) = Ax^2 + Bx$，将 $v(x,t) = Ax^2 + Bx$ 代入原定解问题的边界条件,得

$$\frac{\partial v}{\partial x}\bigg|_{x=0} = B = P(t)$$

$$\frac{\partial v}{\partial x}\bigg|_{x=l} = 2Al + B = Q(t) \quad \Rightarrow \quad A = -\frac{Q(t) - P(t)}{2l}$$

可知：

$$v(x,t) = \frac{Q(t) - P(t)}{2l}x^2 + P(t)x$$

原定解问题可化为 $w(x,t)$ 满足的非齐次方程齐次边界条件的定解问题. 按照前例对非齐次项做相应齐次方程的本征函数展开,求出 $w(x,t)$ 即可知 $u(x,t)$.

第 13 章　正交曲面坐标系

上一章在直角坐标系下介绍了分离变量法求解定解问题的方法,从中可以解决各类一维线性、矩形和长方体形状的介质的定解问题.当介质是圆柱或球形时,定解问题的求解必须在相应的正交曲面坐标系下完成.

13.1　正交曲面坐标系

在正交曲面坐标系下求解定解问题的一般过程如图 13-1 所示.

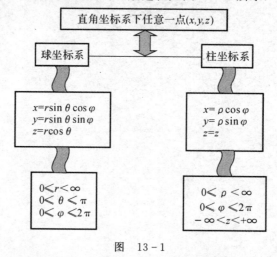

图　13-1

定义　(正交曲面坐标系)曲面坐标系$\{q_1,q_2,q_3\}$与直角坐标系的关系为
$$q_1 = \xi(x,y,z)$$
$$q_2 = \eta(x,y,z)$$
$$q_3 = \varepsilon(x,y,z)$$

其坐标面为 3 组曲面:$q_1 =$常数,$q_2 =$常数,$q_3 =$常数.对于任意 $a_0(q_1,q_2,q_3)$ 由通过该点的 3 个坐标面决定,q_1,q_2,q_3 相互独立 ⇒ 雅克比行列式不为零,即

$$\frac{\partial(q_1,q_2,q_3)}{\partial(x,y,z)} \equiv \begin{vmatrix} \dfrac{\partial q_1}{\partial x} & \dfrac{\partial q_1}{\partial y} & \dfrac{\partial q_1}{\partial z} \\ \dfrac{\partial q_2}{\partial x} & \dfrac{\partial q_2}{\partial y} & \dfrac{\partial q_2}{\partial z} \\ \dfrac{\partial q_3}{\partial x} & \dfrac{\partial q_3}{\partial y} & \dfrac{\partial q_3}{\partial z} \end{vmatrix} \neq 0$$

若 q_1,q_2,q_3 总是互相垂直,它就是正交曲面坐标系.

点 a_0 与其邻点的弧长：$ds = \sqrt{dx^2 + dy^2 + dz^2}$，而

$$dx = \frac{\partial x}{\partial q_1} dq_1 + \frac{\partial x}{\partial q_2} dq_2 + \frac{\partial x}{\partial q_3} dq_3$$

$$dy = \frac{\partial y}{\partial q_1} dq_1 + \frac{\partial y}{\partial q_2} dq_2 + \frac{\partial y}{\partial q_3} dq_3$$

$$dz = \frac{\partial z}{\partial q_1} dq_1 + \frac{\partial z}{\partial q_2} dq_2 + \frac{\partial z}{\partial q_3} dq_3$$

因此

$$ds = \sqrt{(h_1 dq_1)^2 + (h_2 dq_2)^2 + (h_3 dq_3)^2 + \sum_{i \neq j} h_{ij} dq_i dq_j}$$

其中

$$h_{ij} = \frac{\partial^2 x}{\partial q_i \partial q_j} + \frac{\partial^2 y}{\partial q_i \partial q_j} + \frac{\partial^2 z}{\partial q_i \partial q_j} \quad (i \neq j)$$

$h_i = \sqrt{\left(\frac{\partial x}{\partial q_i}\right)^2 + \left(\frac{\partial y}{\partial q_i}\right)^2 + \left(\frac{\partial z}{\partial q_i}\right)^2}$ 是坐标轴的度规因子，令 $ds = \sqrt{\sum_{i,j=1,2,3} g_{ij} dq_i dq_j}$，其中

$g_{ij} = g_{ji} = \frac{\partial x^2}{\partial q_i \partial q_j} + \frac{\partial y^2}{\partial q_i \partial q_j} + \frac{\partial z^2}{\partial q_i \partial q_j}$.

若 $g_{ij} = g_{ii} d_{ij}$，则 (q_1, q_2, q_3) 为正交曲面坐标系.

即

$$ds = \sqrt{(h_1 dq_1)^2 + (h_2 dq_2)^2 + (h_3 dq_3)^2} \quad \text{或} \quad h_{ij} = 0 \quad (i \neq j)$$

例 1　判断柱坐标系 $\begin{cases} x = \rho\cos\varphi \\ y = \rho\sin\varphi \\ z = z \end{cases}$ 是否为正交曲面坐标系.

解　$\qquad\qquad q_1 = \rho, \quad q_2 = \varphi, \quad q_3 = z$

$ds^2 = \sum_{i,j=1,2,3} g_{ij} dq_i dq_j = \left(\sum_{i=1,2,3} \frac{\partial x}{\partial q_i} dq_i\right)^2 + \left(\sum_{i=1,2,3} \frac{\partial y}{\partial q_i} dq_i\right)^2 + \left(\sum_{i=1,2,3} \frac{\partial z}{\partial q_i} dq_i\right)^2 =$

$(\cos\varphi d\rho - \rho\sin\varphi d\varphi)^2 + (\sin\varphi d\rho + \rho\cos\varphi d\varphi)^2 + (dz)^2 =$

$\cos^2\varphi (d\rho)^2 - 2\rho\cos\varphi\sin\varphi d\rho d\varphi + \rho^2\sin^2\varphi (d\varphi)^2 +$

$\sin^2\varphi (d\rho)^2 + 2\rho\cos\varphi\sin\varphi d\rho d\varphi + \rho^2\cos^2\varphi (d\varphi)^2 + (dz)^2 =$

$(d\rho)^2 + \rho^2 (d\varphi)^2 + (dz)^2$

$$g_{11} = 1, \quad g_{22} = \rho^2, \quad g_{33} = 1, \quad g_{ij(i \neq j)} = 0$$

故柱坐标系是正交曲面坐标系.

例 2　判断球坐标系 $\begin{cases} x = r\sin\theta\cos\varphi \\ y = r\sin\theta\sin\varphi \\ z = r\cos\theta \end{cases}$ 是否为正交曲面坐标系.

解　$\qquad\qquad q_1 = r, \quad q_2 = \theta, \quad q_3 = \varphi$

$ds^2 = \sum_{i,j=1,2,3} g_{ij} dq_i dq_j = \left(\sum_{i=1,2,3} \frac{\partial x}{\partial q_i} dq_i\right)^2 + \left(\sum_{i=1,2,3} \frac{\partial y}{\partial q_i} dq_i\right)^2 + \left(\sum_{i=1,2,3} \frac{\partial z}{\partial q_i} dq_i\right)^2 =$

$(\sin\theta\cos\varphi dr + r\cos\theta\cos\varphi d\theta - r\sin\theta\sin\varphi d\varphi)^2 +$

$(\sin\theta\sin\varphi dr + r\cos\theta\sin\varphi d\theta + r\sin\theta\cos\varphi d\varphi)^2 + (\cos\theta dr - r\sin\theta d\theta)^2 =$

$(dr)^2 + r^2 (d\theta)^2 + r^2\sin^2\theta (d\varphi)^2$

$$g_{11}=1, \quad g_{22}=r^2, \quad g_{33}=r^2\sin^2\theta, \quad g_{ij(i\neq j)}=0$$

因此,球坐标系是正交曲面坐标系.

正交曲面坐标系中的拉普拉斯算符:

直角坐标系:$\boldsymbol{\nabla}^2=\dfrac{\partial^2}{\partial x^2}+\dfrac{\partial^2}{\partial y^2}+\dfrac{\partial^2}{\partial z^2}$;

柱坐标系:$\boldsymbol{\nabla}^2=\dfrac{1}{\rho}\dfrac{\partial}{\partial\rho}\Big(\rho\dfrac{\partial}{\partial\rho}\Big)+\dfrac{1}{\rho^2}\dfrac{\partial^2}{\partial\varphi^2}+\dfrac{\partial^2}{\partial z^2}$;

球坐标系:$\boldsymbol{\nabla}^2=\dfrac{1}{r^2}\dfrac{\partial}{\partial r}\Big(r^2\dfrac{\partial}{\partial r}\Big)+\dfrac{1}{r^2\sin\theta}\dfrac{\partial}{\partial\theta}\Big(\sin\theta\dfrac{\partial}{\partial\theta}\Big)+\dfrac{1}{r^2\sin^2\theta}\dfrac{\partial^2}{\partial\varphi^2}$;

极坐标系:$\boldsymbol{\nabla}^2=\dfrac{1}{\rho}\dfrac{\partial}{\partial\rho}\Big(\rho\dfrac{\partial}{\partial\rho}\Big)+\dfrac{1}{\rho^2}\dfrac{\partial^2}{\partial\varphi^2}$.

13.2　圆形区域

圆形区域中的稳定问题:

$$\begin{cases}\dfrac{\partial^2 u}{\partial x^2}+\dfrac{\partial^2 u}{\partial y^2}=0, & x^2+y^2<a^2\\[2mm] u\big|_{x^2+y^2=a^2}=f & \text{(边界条件)}\end{cases}$$

可采用分离变量法求解,但是在直角坐标系下无法将边界条件分离变量.

采用平面极坐标系:

$$\begin{cases}\dfrac{1}{r}\dfrac{\partial}{\partial r}\Big(r\dfrac{\partial u}{\partial r}\Big)+\dfrac{1}{r^2}\dfrac{\partial^2 u}{\partial\varphi^2}=0, & 0<r<a, \quad 0\leqslant\varphi\leqslant 2\pi\\[2mm] u\big|_{r=a}=f(\varphi) & \text{(边界条件)}\end{cases}$$

补充原点处的有界条件:$u(r,\varphi)\big|_{r=0}$ 有界.

补充周期性条件:$u(r,\varphi)\big|_{\varphi=0}=u(r,\varphi)\big|_{\varphi=2\pi}$, $\dfrac{\partial u}{\partial\varphi}\Big|_{\varphi=0}=\dfrac{\partial u}{\partial\varphi}\Big|_{\varphi=2\pi}$.

定解问题化为

$$\begin{cases}\dfrac{1}{r}\dfrac{\partial}{\partial r}\Big(r\dfrac{\partial u}{\partial r}\Big)+\dfrac{1}{r^2}\dfrac{\partial^2 u}{\partial\varphi^2}=0, & 0<r<a, \quad 0\leqslant\varphi\leqslant 2\pi\\[2mm] u(r,\varphi)\big|_{\varphi=0}=u(r,\varphi)\big|_{\varphi=2\pi}, & 0<r<a\\[2mm] \dfrac{\partial u}{\partial r}\Big|_{\varphi=0}=\dfrac{\partial u}{\partial r}\Big|_{\varphi=2\pi}, & 0<r<a\\[2mm] u(r,\varphi)\big|_{r=0}\text{ 有界}, & 0<\varphi<2\pi\\[2mm] u(r,\varphi)\big|_{r=a}=f(\varphi), & 0<\varphi<2\pi\end{cases}$$

令 $u(r,\varphi)=R(r)\Phi(\varphi)$,分离变量,代入方程,得

$$\Phi\dfrac{1}{r}\dfrac{\mathrm{d}}{\mathrm{d}r}\Big(r\dfrac{\mathrm{d}R}{\mathrm{d}r}\Big)+R\dfrac{1}{r^2}\dfrac{\mathrm{d}^2\Phi}{\mathrm{d}\varphi^2}=0$$

两边同乘以 $\dfrac{r^2}{R\Phi}$,得

$$r\dfrac{\mathrm{d}}{\mathrm{d}r}\Big(r\dfrac{\mathrm{d}R}{\mathrm{d}r}\Big)\dfrac{1}{R}=-\dfrac{1}{\Phi}\dfrac{\mathrm{d}^2\Phi}{\mathrm{d}\varphi^2}\equiv\lambda$$

$$r \frac{\mathrm{d}}{\mathrm{d}r}\left(r \frac{\mathrm{d}R}{\mathrm{d}r}\right) - \lambda R = 0 \tag{13.1}$$

$$\frac{\mathrm{d}^2 \Phi}{\mathrm{d}\varphi^2} + \lambda \Phi = 0 \tag{13.2}$$

将 $u(r,\varphi) = R(r)\Phi(\varphi)$ 代入周期性条件：

$$u(r,\varphi)\big|_{\varphi=0} = u(r,\varphi)\big|_{\varphi=2\pi}, \quad \frac{\partial u}{\partial \varphi}\bigg|_{\varphi=0} = \frac{\partial u}{\partial \varphi}\bigg|_{\varphi=2\pi}$$

得 $\Phi(0) = \Phi(2\pi), \Phi'(0) = \Phi'(2\pi)$，有本征值问题：

$$\begin{cases} \dfrac{\mathrm{d}^2 \Phi}{\mathrm{d}\varphi^2} + \lambda \Phi = 0 \\[2mm] \Phi(0) = \Phi(2\pi) \\[2mm] \Phi'(0) = \Phi'(2\pi) \end{cases}$$

若 $\lambda = 0$，可知 $\Phi(\varphi) = C_1 \varphi + C_2$. 由周期性条件知 $C_2 = C_1 \varphi + C_2 \Rightarrow C_1 = 0, C_2$ 任意. 本征函数为 $\Phi_0(\varphi) = 1$.

若 $\lambda \neq 0$，可知 $\Phi(\varphi) = A\sin\sqrt{\lambda}\varphi + B\cos\sqrt{\lambda}\varphi$. 由周期性条件知：

$$B = A\sin 2\pi\sqrt{\lambda} + B\cos 2\pi\sqrt{\lambda} \quad \Rightarrow \quad A\sin 2\pi\sqrt{\lambda} + B(\cos 2\pi\sqrt{\lambda} - 1) = 0$$

$$A = A\cos 2\pi\sqrt{\lambda} - B\sin 2\pi\sqrt{\lambda} \quad \Rightarrow \quad A(\cos 2\pi\sqrt{\lambda} - 1) - B\sin 2\pi\sqrt{\lambda} = 0$$

$$A, B \text{ 有非零解} \quad \Leftrightarrow \quad \begin{vmatrix} \sin 2\pi\sqrt{\lambda} & \cos 2\pi\sqrt{\lambda} - 1 \\ \cos 2\pi\sqrt{\lambda} - 1 & -\sin 2\pi\sqrt{\lambda} \end{vmatrix} = 0$$

$\lambda_m = m^2, m = 1, 2, 3, \cdots$ 相应的 A, B 为任意值. 本征函数为

$$\Phi_{m1}(\varphi) = \sin m\varphi, \quad \Phi_{m2}(\varphi) = \cos m\varphi$$

因此，当 $\lambda = m^2, m = 0, 1, 2, \cdots$ 时，本征函数为 $\Phi_{m1}(\varphi) = \sin m\varphi, \Phi_{m2}(\varphi) = \cos m\varphi$.

对方程(13.1)作变换：令 $t = \ln r$，则 $\mathrm{d}t = \dfrac{1}{r}\mathrm{d}r, r\dfrac{\mathrm{d}}{\mathrm{d}r} = \dfrac{\mathrm{d}}{\mathrm{d}t}$，方程(13.1)化为 $\dfrac{\mathrm{d}^2 R}{\mathrm{d}t^2} - \lambda R = 0$.

本征值 $\lambda_0 = 0$，本征函数为

$$R_0(r) = C_0 + D_0 t = C_0 + D_0 \ln r$$

本征值 $\lambda_m = m^2$，本征函数为

$$R_m(r) = C_m \mathrm{e}^{mt} + D_m \mathrm{e}^{-mt} = C_m r^m + D_m r^{-m}$$

定解问题的全部特解为

$$u_0(r,\varphi) = R_0(r)\Phi_0(\varphi) = C_0 + D_0 \ln r$$

$$u_{m1}(r,\varphi) = R_m(r)\Phi_{m1}(\varphi) = (C_{m1} r^m + D_{m1} r^{-m})\sin m\varphi$$

$$u_{m2}(r,\varphi) = R_m(r)\Phi_{m2}(\varphi) = (C_{m2} r^m + D_{m2} r^{-m})\cos m\varphi$$

一般解为

$$u(r,\varphi) = C_0 + D_0 \ln r + \sum_{m=1}^{\infty}(C_{m1} r^m + D_{m1} r^{-m})\sin m\varphi + \sum_{m=1}^{\infty}(C_{m2} r^m + D_{m2} r^{-m})\cos m\varphi$$

将一般解代入周期性条件：

因为在 $r = 0$ 处，$u(0,\varphi)$ 有界，所以 $\ln r$ 和 r^{-m} 项的系数为零，即 $D_0 = 0, D_{m1} = 0, D_{m2} = 0$，有

$$u(r,\varphi) = C_0 + \sum_{m=1}^{\infty}(C_{m1}\sin m\varphi + C_{m2}\cos m\varphi)r^m$$

再代入边界条件：$u(r,\varphi)\big|_{r=a} = f(\varphi)$，有

$$u(a,\varphi) = C_0 + \sum_{m=1}^{\infty} (C_{m1}\sin m\varphi + C_{m2}\cos m\varphi)a^m = f(\varphi)$$

利用本征函数的正交性及 $\int_0^{2\pi}\sin^2 m\varphi\,\mathrm{d}\varphi = \pi$，$\int_0^{2\pi}\cos^2 m\varphi\,\mathrm{d}\varphi = \pi$，可知

$$C_0 = \frac{1}{2\pi}\int_0^{2\pi} f(\varphi)\,\mathrm{d}\varphi$$

$$C_{m1} = \frac{1}{a^m\pi}\int_0^{2\pi} f(\varphi)\sin m\varphi\,\mathrm{d}\varphi$$

$$C_{m2} = \frac{1}{a^m\pi}\int_0^{2\pi} f(\varphi)\cos m\varphi\,\mathrm{d}\varphi$$

13.3 亥姆霍兹方程在柱坐标系下的分离变量

三维空间的稳恒振动问题：$\dfrac{\partial^2 u}{\partial t^2} - a^2\boldsymbol{\nabla}^2 u = 0$

通常要求解的形式为

$$u(\vec{r},t) = v(\vec{r})\mathrm{e}^{-\mathrm{i}\omega t} \quad\text{——} T(t)\text{ 为随时间衰减的因子}$$

$$v(-\mathrm{i}\omega)^2\mathrm{e}^{-\mathrm{i}\omega t} - a^2\boldsymbol{\nabla}^2 v\mathrm{e}^{-\mathrm{i}\omega t} = 0$$

这样方程就化为

$$\boldsymbol{\nabla}^2 v + k^2 v = 0, \quad k = \frac{\omega}{a} \quad\text{——亥姆霍兹方程}$$

在柱坐标系下，亥姆霍兹方程 $\boldsymbol{\nabla}^2 v + k^2 v = 0$ 的具体形式为

$$\frac{1}{r}\frac{\partial}{\partial r}\Big(r\frac{\partial v}{\partial r}\Big) + \frac{1}{r^2}\frac{\partial^2 v}{\partial \varphi^2} + \frac{\partial^2 v}{\partial z^2} + k^2 v = 0$$

逐次分离变量，令 $v(r,\varphi,z) = w(r,\varphi)Z(z)$，代入上式，有

$$Z\frac{1}{r}\frac{\partial}{\partial r}\Big(r\frac{\partial w}{\partial r}\Big) + Z\frac{1}{r^2}\frac{\partial^2 w}{\partial \varphi^2} + w\frac{\mathrm{d}^2 Z}{\mathrm{d}z^2} + k^2 wZ = 0$$

两边同除以 wZ，得

$$\frac{1}{w}\frac{1}{r}\frac{\partial}{\partial r}\Big(r\frac{\partial w}{\partial r}\Big) + \frac{1}{w}\frac{1}{r^2}\frac{\partial^2 w}{\partial \varphi^2} + \frac{1}{Z}\frac{\mathrm{d}^2 Z}{\mathrm{d}z^2} + k^2 = 0$$

$$\frac{1}{w}\frac{1}{r}\frac{\partial}{\partial r}\Big(r\frac{\partial w}{\partial r}\Big) + \frac{1}{w}\frac{1}{r^2}\frac{\partial^2 w}{\partial \varphi^2} + k^2 = -\frac{1}{Z}\frac{\mathrm{d}^2 Z}{\mathrm{d}z^2} \equiv \lambda$$

$$\frac{1}{r}\frac{\partial}{\partial r}\Big(r\frac{\partial w}{\partial r}\Big) + \frac{1}{r^2}\frac{\partial^2 w}{\partial \varphi^2} + (k^2 - \lambda)w = 0, \quad \frac{\mathrm{d}^2 Z}{\mathrm{d}z^2} + \lambda Z = 0$$

再次分离变量，令 $w(r,\varphi) = R(r)\varPhi(\varphi)$，代入方程 $\dfrac{1}{r}\dfrac{\partial}{\partial r}\Big(r\dfrac{\partial w}{\partial r}\Big) + \dfrac{1}{r^2}\dfrac{\partial^2 w}{\partial \varphi^2} + (k^2 - \lambda)w = 0$，

得

$$\varPhi\frac{1}{r}\frac{\mathrm{d}}{\mathrm{d}r}\Big(r\frac{\mathrm{d}R}{\mathrm{d}r}\Big) + R\frac{1}{r^2}\frac{\mathrm{d}^2\varPhi}{\mathrm{d}\varphi^2} + (k^2 - \lambda)R\varPhi = 0$$

两边同乘以 $\dfrac{r^2}{R\varPhi}$，得

$$\frac{r^2}{R} \frac{1}{r} \frac{\mathrm{d}}{\mathrm{d}r}\Big(r \frac{\mathrm{d}R}{\mathrm{d}r}\Big) + r^2(k^2 - \lambda) = -\frac{1}{\Phi} \frac{\mathrm{d}^2 \Phi}{\mathrm{d}\varphi^2} \equiv \mu$$

$$\frac{1}{r} \frac{\mathrm{d}}{\mathrm{d}r}\Big(r \frac{\mathrm{d}R}{\mathrm{d}r}\Big) + \Big(k^2 - \lambda - \frac{\mu}{r^2}\Big)R = 0, \qquad \frac{\mathrm{d}^2 \Phi}{\mathrm{d}\varphi^2} + \mu \Phi = 0$$

小结　亥姆霍兹方程 $\boldsymbol{\nabla}^2 v + k^2 v = 0$ 在柱坐标系下有

$$\frac{1}{r} \frac{\partial}{\partial r}\Big(r \frac{\partial v}{\partial r}\Big) + \frac{1}{r^2} \frac{\partial^2 v}{\partial \varphi^2} + \frac{\partial^2 v}{\partial z^2} + k^2 v = 0$$

进行分离变量,得到

$$\frac{\mathrm{d}^2 Z}{\mathrm{d}z^2} + \lambda Z = 0$$

$$\frac{\mathrm{d}^2 \Phi}{\mathrm{d}\varphi^2} + \mu \Phi = 0$$

$$\frac{1}{r} \frac{\mathrm{d}}{\mathrm{d}r}\Big(r \frac{\mathrm{d}R}{\mathrm{d}r}\Big) + \Big(k^2 - \lambda - \frac{\mu}{r^2}\Big)R = 0 \quad\text{——贝塞尔方程}$$

13.4　亥姆霍兹方程在球坐标系下的分离变量

在球坐标系下,亥姆霍兹方程 $\boldsymbol{\nabla}^2 v + k^2 v = 0$ 的具体形式为

$$\frac{1}{r^2} \frac{\partial}{\partial r}\Big(r^2 \frac{\partial v}{\partial r}\Big) + \frac{1}{r^2 \sin\theta} \frac{\partial}{\partial \theta}\Big(\sin\theta \frac{\partial v}{\partial \theta}\Big) + \frac{1}{r^2 \sin^2\theta} \frac{\partial^2 v}{\partial \varphi^2} + k^2 v = 0$$

逐次分离变量,令 $v(r,\theta,\varphi) = R(r)S(\theta,\varphi)$,代入上式,有

$$S \frac{1}{r^2} \frac{\mathrm{d}}{\mathrm{d}r}\Big(r^2 \frac{\mathrm{d}R}{\mathrm{d}r}\Big) + R \frac{1}{r^2 \sin\theta} \frac{\partial}{\partial \theta}\Big(\sin\theta \frac{\partial S}{\partial \theta}\Big) + R \frac{1}{r^2 \sin^2\theta} \frac{\partial^2 S}{\partial \varphi^2} + k^2 R S = 0$$

两边同乘以 $\dfrac{r^2}{RS}$,得

$$\frac{r^2}{R} \frac{1}{r^2} \frac{\mathrm{d}}{\mathrm{d}r}\Big(r^2 \frac{\mathrm{d}R}{\mathrm{d}r}\Big) + \frac{r^2}{S} \frac{1}{r^2 \sin\theta} \frac{\partial}{\partial \theta}\Big(\sin\theta \frac{\partial S}{\partial \theta}\Big) + \frac{r^2}{S} \frac{1}{r^2 \sin^2\theta} \frac{\partial^2 S}{\partial \varphi^2} + k^2 r^2 = 0$$

$$\frac{r^2}{R}\Big[\frac{1}{r^2} \frac{\mathrm{d}}{\mathrm{d}r}\Big(r^2 \frac{\mathrm{d}R}{\mathrm{d}r}\Big) + k^2 R\Big] = -\frac{1}{S}\Big[\frac{1}{\sin\theta} \frac{\partial}{\partial \theta}\Big(\sin\theta \frac{\partial S}{\partial \theta}\Big) + \frac{1}{\sin^2\theta} \frac{\partial^2 S}{\partial \varphi^2}\Big] \equiv \lambda$$

$$\frac{1}{r^2} \frac{\mathrm{d}}{\mathrm{d}r}\Big(r^2 \frac{\mathrm{d}R}{\mathrm{d}r}\Big) + \Big(k^2 - \frac{\lambda}{r^2}\Big)R = 0 \tag{13.3}$$

$$\frac{1}{\sin\theta} \frac{\partial}{\partial \theta}\Big(\sin\theta \frac{\partial S}{\partial \theta}\Big) + \frac{1}{\sin^2\theta} \frac{\partial^2 S}{\partial \varphi^2} + \lambda S = 0 \tag{13.4}$$

再次分离变量,令 $S(\theta,\varphi) = \Theta(\theta)\Phi(\varphi)$,代入方程(13.4),得

$$\Phi \frac{1}{\sin\theta} \frac{\mathrm{d}}{\mathrm{d}\theta}\Big(\sin\theta \frac{\mathrm{d}\Theta}{\mathrm{d}\theta}\Big) + \Theta \frac{1}{\sin^2\theta} \frac{\mathrm{d}^2 \Phi}{\mathrm{d}\varphi^2} + \lambda \Theta \Phi = 0$$

两边同乘以 $\dfrac{\sin^2\theta}{\Theta\Phi}$,得

$$\frac{\sin^2\theta}{\Theta} \frac{1}{\sin\theta} \frac{\mathrm{d}}{\mathrm{d}\theta}\Big(\sin\theta \frac{\mathrm{d}\Theta}{\mathrm{d}\theta}\Big) + \frac{\sin^2\theta}{\Phi} \frac{1}{\sin^2\theta} \frac{\mathrm{d}^2 \Phi}{\mathrm{d}\varphi^2} + \lambda \sin^2\theta = 0$$

即

$$\frac{\sin^2\theta}{\Theta}\Big[\frac{1}{\sin\theta} \frac{\mathrm{d}}{\mathrm{d}\theta}\Big(\sin\theta \frac{\mathrm{d}\Theta}{\mathrm{d}\theta}\Big) + \lambda\Theta\Big] = -\frac{1}{\Phi} \frac{\mathrm{d}^2 \Phi}{\mathrm{d}\varphi^2} \equiv \mu$$

$$\frac{1}{\sin\theta}\frac{d}{d\theta}\left(\sin\theta\frac{d\Theta}{d\theta}\right)+\left(\lambda-\frac{\mu}{\sin^2\theta}\right)\Theta=0,\quad \frac{d^2\Phi}{d\varphi^2}+\mu\Phi=0$$

小结　亥姆霍兹方程 $\nabla^2 v+k^2 v=0$ 在球坐标系下有

$$\frac{1}{r^2}\frac{\partial}{\partial r}\left(r^2\frac{\partial v}{\partial r}\right)+\frac{1}{r^2\sin\theta}\frac{\partial}{\partial\theta}\left(\sin\theta\frac{\partial v}{\partial\theta}\right)+\frac{1}{r^2\sin^2\theta}\frac{\partial^2 v}{\partial\varphi^2}+k^2 v=0$$

进行分离变量,得

$$\frac{1}{r^2}\frac{d}{dr}\left(r^2\frac{dR}{dr}\right)+\left(k^2-\frac{\lambda}{r^2}\right)R=0$$

$$\frac{d^2\Phi}{d\varphi^2}+\mu\Phi=0$$

$$\frac{1}{\sin\theta}\frac{d}{d\theta}\left(\sin\theta\frac{d\Theta}{d\theta}\right)+\left(\lambda-\frac{\mu}{\sin^2\theta}\right)\Theta=0 \quad\text{——　连带勒让德方程}$$

当整个定解问题在绕极轴转动任意角不变时,即 $u=u(r,\theta)$ 而与 φ 无关时,亥姆霍兹方程变为

$$\frac{1}{r^2}\frac{\partial}{\partial r}\left(r^2\frac{\partial v}{\partial r}\right)+\frac{1}{r^2\sin\theta}\frac{\partial}{\partial\theta}\left(\sin\theta\frac{\partial v}{\partial\theta}\right)+k^2 v=0$$

分离变量,令 $v(r,\varphi,z)=R(r)\Theta(\theta)$,代入上式,有

$$\Theta\frac{1}{r^2}\frac{d}{dr}\left(r^2\frac{dR}{dr}\right)+R\frac{1}{r^2\sin\theta}\frac{d}{d\theta}\left(\sin\theta\frac{d\Theta}{d\theta}\right)+k^2 R\Theta=0$$

两边同乘以 $\dfrac{r^2}{R\Theta}$,得

$$\frac{r^2}{R}\frac{1}{r^2}\frac{d}{dr}\left(r^2\frac{dR}{dr}\right)+\frac{r^2}{\Theta}\frac{1}{r^2\sin\theta}\frac{d}{d\theta}\left(\sin\theta\frac{d\Theta}{d\theta}\right)+k^2 r^2=0$$

即

$$\frac{r^2}{R}\left[\frac{1}{r^2}\frac{d}{dr}\left(r^2\frac{dR}{dr}\right)+k^2 R\right]=-\frac{1}{\Theta}\frac{1}{\sin\theta}\frac{d}{d\theta}\left(\sin\theta\frac{d\Theta}{d\theta}\right)\equiv\lambda$$

$$\frac{1}{r^2}\frac{d}{dr}\left(r^2\frac{dR}{dr}\right)+\left(k^2-\frac{\lambda}{r^2}\right)R=0$$

$$\frac{1}{\sin\theta}\frac{d}{d\theta}\left(\sin\theta\frac{d\Theta}{d\theta}\right)+\lambda\Theta=0 \quad\text{——　勒让德方程}$$

第14章 球 函 数

连带勒让德方程：

$$\frac{1}{\sin\theta}\frac{\mathrm{d}}{\mathrm{d}\theta}\Big(\sin\theta\frac{\mathrm{d}\Theta}{\mathrm{d}\theta}\Big)+\Big(\lambda-\frac{\mu}{\sin^2\theta}\Big)\Theta=0$$

勒让德方程：

$$\frac{1}{\sin\theta}\frac{\mathrm{d}}{\mathrm{d}\theta}\Big(\sin\theta\frac{\mathrm{d}\Theta}{\mathrm{d}\theta}\Big)+\lambda\Theta=0$$

作变换：$x=\cos\theta, y(x)=\Theta(\theta)$，则

$$\mathrm{d}x=-\sin\theta\mathrm{d}\theta, \quad \frac{\mathrm{d}}{\mathrm{d}\theta}=-\sin\theta\frac{\mathrm{d}}{\mathrm{d}x}, \quad \frac{\mathrm{d}\Theta}{\mathrm{d}\theta}=\frac{\mathrm{d}y}{\mathrm{d}\theta}=\frac{\mathrm{d}y}{\mathrm{d}x}\frac{\mathrm{d}x}{\mathrm{d}\theta}=-\sin\theta\frac{\mathrm{d}y}{\mathrm{d}x}$$

代入方程可得

$$\frac{1}{\sin\theta}\Big(-\sin\theta\frac{\mathrm{d}}{\mathrm{d}x}\Big)\Big[\sin\theta(-\sin\theta)\frac{\mathrm{d}y}{\mathrm{d}x}\Big]+\Big(\lambda-\frac{\mu}{1-x^2}\Big)y=0$$

$$\frac{1}{\sin\theta}\Big(-\sin\theta\frac{\mathrm{d}}{\mathrm{d}x}\Big)\Big[\sin\theta(-\sin\theta)\frac{\mathrm{d}y}{\mathrm{d}x}\Big]+\lambda y=0$$

则有

$$\frac{\mathrm{d}}{\mathrm{d}x}\Big[(1-x^2)\frac{\mathrm{d}y}{\mathrm{d}x}\Big]+\Big(\lambda-\frac{\mu}{1-x^2}\Big)y=0$$

$$\frac{\mathrm{d}}{\mathrm{d}x}\Big[(1-x^2)\frac{\mathrm{d}y}{\mathrm{d}x}\Big]+\lambda y=0$$

本章的学习任务就是来研究以上两个方程的解及其主要性质，以及在分离变量法求解定解问题时的综合应用．

14.1 勒让德方程的解

勒让德方程：$\dfrac{\mathrm{d}}{\mathrm{d}z}\Big[(1-z^2)\dfrac{\mathrm{d}w}{\mathrm{d}z}\Big]+\lambda w=0 \Rightarrow (1-z^2)w''-2zw'+\lambda w=0.$

标准形式为

$$w''-\frac{2z}{1-z^2}w'+\frac{\lambda}{1-z^2}w=0$$

(1) $p(z)=-\dfrac{2z}{1-z^2}, \quad q(z)=\dfrac{\lambda}{1-z^2}$，可知奇点 $z_0=\pm1$，则

$$(z-z_0)p(z)=-(z-z_0)\frac{2z}{1-z^2}=\begin{cases}\dfrac{2z}{1+z}, & z_0=1\\[2mm]\dfrac{2z}{z-1}, & z_0=-1\end{cases}$$

$$(z - z_0)^2 q(z) = (z - z_0)^2 \frac{\lambda}{1 - z^2} = \begin{cases} \dfrac{1 - z}{1 + z}\lambda, & z_0 = 1 \\[2mm] \dfrac{1 + z}{1 - z}\lambda, & z_0 = -1 \end{cases}$$

$z_0 = \pm 1$ 是勒让德方程的正则奇点.

$$(2) \begin{cases} p(z) = -\dfrac{2z}{1 - z^2} \\[2mm] q(z) = \dfrac{\lambda}{1 - z^2} \end{cases} \xrightarrow{z = \frac{1}{t}} \begin{cases} p(1/t) = -\dfrac{2}{1 - (1/t)^2} \dfrac{1}{t} = \dfrac{2t}{1 - t^2} \\[2mm] q(1/t) = \dfrac{\lambda}{1 - z^2} = \dfrac{\lambda}{1 - (1/t)^2} = \dfrac{\lambda\, t^2}{t^2 - 1} \end{cases}$$

$$2 - \frac{1}{t} p(1/t) = 2 - \frac{1}{t} \frac{2t}{1 - t^2} = 2 - \frac{2}{1 - t^2} = -\frac{2t^2}{1 - t^2}$$

$$\frac{1}{t^2} q(1/t) = \frac{1}{t^2} \frac{\lambda\, t^2}{t^2 - 1} = \frac{\lambda}{t^2 - 1}$$

均在点 $t_0 = 0$ 解析，$z_0 = \infty$ 是勒让德方程的正则奇点.

勒让德方程有 3 个正则奇点：$z_0 = \pm 1, z_0 = \infty$.

1. 以常点为展开中心的级数解

$z = 0$ 是常点，解在 $|z| < 1$ 单位圆内解析，可展开为泰勒级数. 在第 6 章 6.2 节中例 1 已求出两个线性无关特解为

$$w_1(z) = \sum_{n=0}^{\infty} \frac{2^{2n}}{(2n)!} \left(-\frac{l}{2}\right)_n \left(\frac{l+1}{2}\right)_n z^{2n} = \sum_{n=0}^{\infty} C_{2n} z^{2n}$$

$$w_2(z) = \sum_{n=0}^{\infty} \frac{2^{2n}}{(2n+1)!} \left(-\frac{l-1}{2}\right)_n \left(1 + \frac{l}{2}\right)_n z^{2n+1} = \sum_{n=0}^{\infty} C_{2n+1} z^{2n+1}$$

其中，$l(l+1) = \lambda$.

对解的解析性的判断：

$$(\eta)_0 = 1, \quad (\eta)_n = \eta(\eta+1)(\eta+2)\cdots(\eta+n-1) = \frac{\Gamma(\eta+n)}{\Gamma(\eta)}$$

斯特林公式为

$$\Gamma(z) \sim z^{z-\frac{1}{2}} e^{-z} \sqrt{2\pi} \left(1 + \frac{1}{12z} + \frac{1}{288z^2} - \frac{139}{51\,840z^3} - \frac{571}{2\,488\,320z^4} + \cdots\right)$$

推得

$$C_{2n} \propto \frac{1}{n}, \quad C_{2n+1} \propto \frac{1}{n+1}$$

即

$$w_1(z) \propto \sum_{n=0}^{\infty} \frac{1}{n} z^{2n} = \ln \frac{1}{1 - z^2}, \quad w_2(z) \propto \sum_{n=0}^{\infty} \frac{1}{n + \frac{1}{2}} z^{2n+1} = \ln \frac{1+z}{1-z}$$

两个特解 $w_1(z)$ 和 $w_2(z)$ 在 $z = \pm 1$ 处均对数发散.

将 $w_1(z)$ 和 $w_2(z)$ 解析延拓到由 $z_0 = \infty$ 沿负实轴到 $z_0 = \pm 1$ 割开的复数平面上，支点为 $z_0 = \infty$ 和 $z_0 = \pm 1$.

2. 以奇点为展开中心的级数解

在 $z = 1$ 的邻域内求解，$z_0 = \pm 1$ 是正则奇点，$0 < |z - 1| < 2$ 内有两个正则解. 故设：

$$w(z) = (z - 1)^{\rho} \sum_{n=0}^{\infty} C_n (z - 1)^n$$

$$p(z) = -\frac{2z}{1-z^2} = \frac{2z}{(z+1)(z-1)} = \frac{1}{z-1}\frac{2(z-1)+2}{z+1} = \frac{2}{z+1} + \frac{1}{z-1}\frac{2}{z+1}$$

$$\frac{2}{z+1} = \frac{1}{1 - \dfrac{-(z-1)}{2}} = \sum_{n=0}^{\infty}\left(-\frac{1}{2}\right)^n(z-1)^n$$

$$p(z) = \sum_{n=0}^{\infty}\left(-\frac{1}{2}\right)^n(z-1)^n + \sum_{n=0}^{\infty}\left(-\frac{1}{2}\right)^n(z-1)^{n-1} = \sum_{l=0}^{\infty}a_l(z-1)^{l-1}$$

$$q(z) = \frac{\lambda}{1-z^2} = -\frac{\lambda}{(z+1)(z-1)} = -\frac{\lambda}{z-1}\frac{1}{z+1}$$

$$\frac{1}{z+1} = \frac{1}{2}\frac{1}{1-\dfrac{-(z-1)}{2}} = \frac{1}{2}\sum_{n=0}^{\infty}\left(-\frac{1}{2}\right)^n(z-1)^n$$

$$q(z) = -\frac{\lambda}{z-1}\frac{1}{2}\sum_{n=0}^{\infty}\left(\frac{1}{2}\right)^n(z-1)^n = \sum_{n=0}^{\infty}\lambda\left(\frac{1}{2}\right)^{n+1}(z-1)^{n-1} = \sum_{l=0}^{\infty}b_l(z-1)^{l-2}$$

其中，$a_0 = 1, a_1 = 1 - \dfrac{1}{2} = \dfrac{1}{2}, a_2 = -\dfrac{1}{2} + \dfrac{1}{4} = -\dfrac{1}{4}, \cdots, a_l = \left(-\dfrac{1}{2}\right)^{l-1} + \left(-\dfrac{1}{2}\right)^l; b_0 = 0, b_1 = -\dfrac{1}{2}\lambda, b_2 = \dfrac{1}{4}\lambda, \cdots, b_l = \lambda\left(-\dfrac{1}{2}\right)^l.$

将

$$w(z) = (z-1)^\rho\sum_{n=0}^{\infty}C_n(z-1)^n = \sum_{n=0}^{\infty}C_n(z-1)^{n+\rho}$$

$$p(z) = \sum_{l=0}^{\infty}a_l(z-1)^{l-1} = \sum_{l=0}^{\infty}\left[\left(-\frac{1}{2}\right)^{l-1} + \left(-\frac{1}{2}\right)^l\right](z-1)^{l-1}$$

$$q(z) = \sum_{l=0}^{\infty}b_l(z-1)^{l-2} = \sum_{n=0}^{\infty}\lambda\left(\frac{1}{2}\right)^{n+1}(z-1)^{n-1}$$

代入方程 $w'' - \dfrac{2z}{1-z^2}w' + \dfrac{\lambda}{1-z^2}w = 0$，可得指标方程和系数递推关系：

$$\rho(\rho-1) + a_0\rho + b_0 = 0 \quad \Rightarrow \quad \rho(\rho-1) + \rho = 0 \quad \Rightarrow \quad \rho_1 = \rho_2 = 0$$

$$[(n+\rho)(n+\rho-1) + a_0(n+\rho) + b_0]C_n + \sum_{l=0}^{n-1}[a_{n-l}(l+\rho) + b_{n-l}]C_l = 0$$

$$[n(n-1)+n]C_n + \sum_{l=0}^{n-1}\left[\left(-\frac{1}{2}\right)^{n-l-1}l + \left(-\frac{1}{2}\right)^{n-l}l + \lambda\left(-\frac{1}{2}\right)^{n-l}\right]C_l = 0$$

$$[n(n-1)+n]C_n + \sum_{l=0}^{n-1}(\lambda-l)\left(-\frac{1}{2}\right)^{n-l}C_l = 0$$

得

$$C_n = -\frac{n(n-1)-\lambda}{2n^2}C_{n-1} = (-1)^2\frac{n(n-1)-\lambda}{2n^2}\frac{(n-1)(n-2)-\lambda}{2(n-1)^2}C_{n-2} =$$

$$(-1)^3\frac{n(n-1)-\lambda}{2n^2}\frac{(n-1)(n-2)-\lambda}{2(n-1)^2}\frac{(n-2)(n-3)-\lambda}{2(n-2)^2}C_{n-3} = \cdots =$$

$$(-1)^n\frac{n(n-1)-\lambda}{2n^2}\frac{(n-1)(n-2)-\lambda}{2(n-1)^2}\frac{(n-2)(n-3)-\lambda}{2(n-2)^2}\cdots\frac{1\times0-\lambda}{2\times1^2}C_0$$

$$C_n = \frac{1}{2^n}\frac{1}{(n!)^2}\frac{\Gamma(\nu+n+1)}{\Gamma(\nu-n+1)}C_0, \quad \lambda = \nu(\nu+1)$$

取 $C_0 = 1$，则勒让德方程在 $z = 1$ 邻域内的第一解为

$$P_\nu(z) = \sum_{n=0}^{\infty} \frac{1}{(n!)^2} \frac{\Gamma(\nu+n+1)}{\Gamma(\nu-n+1)} \left(\frac{z-1}{2}\right)^n \quad \text{——} \nu \text{ 次第一类勒让德函数}$$

由于 $\rho_1 = \rho_2 = 0$，勒让德方程在 $z = 1$ 邻域内的第一解在圆域 $0 < |z-1| < 2$ 内解析，而第二解则一定含有对数项，$z = 1$ 是它的一个支点.

$$w_2(z) = Aw_1(z) \int_z \frac{1}{[w_1(z)]^2} \exp\left[-\int_z p(\xi)\mathrm{d}\xi\right]\mathrm{d}z$$

第二解称为 ν 次第二类勒让德函数，定义为

$$Q_\nu(z) = \frac{1}{2}P_\nu(z)\left[\ln\frac{z+1}{z-1} - 2\gamma - 2\Psi(\nu+1)\right] +$$

$$\sum_{n=0}^{\infty} \frac{1}{(n!)^2} \frac{\Gamma(\nu+n+1)}{\Gamma(\nu-n+1)}\left(1 + \frac{1}{2} + \frac{1}{3} + \cdots + \frac{1}{n}\right)\left(\frac{z-1}{2}\right)^n$$

γ 为欧拉数，$\Psi(z)$ 是 Γ 函数的对数微商，规定 $\mathrm{Re}\, z > 1$，$\mathrm{Im}\, z = 0$ 时，$\arg(z\pm1) = 0$.

小结　勒让德方程 $(1-z^2)w'' - 2zw' + \lambda w = 0$，以常点 $z = 0$ 为展开中心的级数解为

$$w_1(z) = \sum_{n=0}^{\infty} \frac{2^{2n}}{(2n)!}\left(-\frac{l}{2}\right)_n \left(\frac{l+1}{2}\right)_n z^{2n} \propto \ln\frac{1}{1-z^2}$$

$$w_2(z) = \sum_{n=0}^{\infty} \frac{2^{2n}}{(2n+1)!}\left(-\frac{l-1}{2}\right)_n \left(1+\frac{l}{2}\right)_n z^{2n+1} \propto \ln\frac{1+z}{1-z}$$

均在 $z = \pm 1$ 处对数发散.

以奇点 $z = 1$ 为展开中心的级数解为

$$P_\nu(z) = \sum_{n=0}^{\infty} \frac{1}{(n!)^2} \frac{\Gamma(\nu+n+1)}{\Gamma(\nu-n+1)}\left(\frac{z-1}{2}\right)^n$$

$$Q_\nu(z) = \frac{1}{2}P_\nu(z)\left[\ln\frac{z+1}{z-1} - 2\gamma - 2\Psi(\nu+1)\right] +$$

$$\sum_{n=0}^{\infty} \frac{1}{(n!)^2} \frac{\Gamma(\nu+n+1)}{\Gamma(\nu-n+1)}\left(1 + \frac{1}{2} + \frac{1}{3} + \cdots + \frac{1}{n}\right)\left(\frac{z-1}{2}\right)^n$$

14.2　勒让德多项式

球形区域内 $x^2 + y^2 + z^2 < a^2$ 的拉普拉斯方程边值问题为

$$\begin{cases} \nabla^2 u = 0, & x^2 + y^2 + z^2 < a^2 \\ u|_\Sigma = f(\Sigma) & \text{（边界条件）} \end{cases}$$

其中，Σ 为球面上的变点.

采用球坐标系，坐标原点为球心，边界条件的对称轴为极轴，故 u 与 φ 无关，$u = u(r,\theta)$，等价的定解问题为

$$\begin{cases} \dfrac{1}{r^2}\dfrac{\partial}{\partial r}\left(r^2\dfrac{\partial u}{\partial r}\right) + \dfrac{1}{r^2\sin\theta}\dfrac{\partial}{\partial\theta}\left(\sin\theta\dfrac{\partial u}{\partial\theta}\right) = 0, & 0 < r < a, \quad 0 < \theta < \pi \\ u|_{\theta=0} \text{ 有界}, \quad u|_{\theta=\pi} \text{ 有界} \\ u|_{r=0} \text{ 有界}, \quad u|_{r=a} = f(\theta) \end{cases}$$

令 $u(r,\theta) = R(r)\Theta(\theta)$，代入方程，得

$$\frac{1}{r^2}\Theta \frac{\mathrm{d}}{\mathrm{d}r}\Big(r^2\frac{\mathrm{d}R}{\mathrm{d}r}\Big) + \frac{1}{r^2\sin\theta}R\,\frac{\mathrm{d}}{\mathrm{d}\theta}\Big(\sin\theta\,\frac{\mathrm{d}\Theta}{\mathrm{d}\theta}\Big) = 0, \quad 0 < r < a, \quad 0 < \theta < \pi$$

两边同乘以 $\dfrac{r^2}{R\Theta}$，得

$$\frac{\mathrm{d}}{\mathrm{d}r}\Big(r^2\,\frac{\mathrm{d}R}{\mathrm{d}r}\Big)\frac{1}{R} + \frac{1}{\Theta}\,\frac{1}{\sin\theta}\,\frac{\mathrm{d}}{\mathrm{d}\theta}\Big(\sin\theta\,\frac{\mathrm{d}\Theta}{\mathrm{d}\theta}\Big) = 0$$

即

$$\frac{\mathrm{d}}{\mathrm{d}r}\Big(r^2\,\frac{\mathrm{d}R}{\mathrm{d}r}\Big)\frac{1}{R} = -\frac{1}{\Theta}\,\frac{1}{\sin\theta}\,\frac{\mathrm{d}}{\mathrm{d}\theta}\Big(\sin\theta\,\frac{\mathrm{d}\Theta}{\mathrm{d}\theta}\Big) \equiv \lambda$$

得

$$\frac{\mathrm{d}}{\mathrm{d}r}\Big(r^2\,\frac{\mathrm{d}R}{\mathrm{d}r}\Big) - \lambda R = 0, \qquad \frac{1}{\sin\theta}\,\frac{\mathrm{d}}{\mathrm{d}\theta}\Big(\sin\theta\,\frac{\mathrm{d}\Theta}{\mathrm{d}\theta}\Big) + \lambda\Theta = 0 \ \text{——勒让德方程}$$

由 $u\,|_{\theta=0}$ 有界，$u\,|_{\theta=\pi}$ 有界，知 $\Theta(0)$ 有界，$\Theta(\pi)$ 有界，有本征值问题：

$$\begin{cases}\dfrac{1}{\sin\theta}\,\dfrac{\mathrm{d}}{\mathrm{d}\theta}\Big(\sin\theta\,\dfrac{\mathrm{d}\Theta}{\mathrm{d}\theta}\Big) + \lambda\Theta = 0 \\[2mm] \Theta(0) \text{ 和 } \Theta(\pi) \text{ 有界}\end{cases}$$

作变换：$x = \cos\theta$，$y(x) = \Theta(\theta)$，$l = \nu(\nu+1)$，本征值问题化为

$$\begin{cases}\dfrac{\mathrm{d}}{\mathrm{d}x}\Big[(1-x^2)\,\dfrac{\mathrm{d}y}{\mathrm{d}x}\Big] + \lambda y = 0 \\[2mm] y(\pm 1) \text{ 有界}\end{cases}$$

$y(x)$ 方程的通解为 $y(x) = C_1 \mathrm{P}_\nu(x) + C_2 \mathrm{Q}_\nu(x)$

$$\mathrm{P}_\nu(z) = \sum_{n=0}^{\infty}\frac{1}{(n!)^2}\frac{\Gamma(\nu+n+1)}{\Gamma(\nu-n+1)}\Big(\frac{z-1}{2}\Big)^n$$

$$\mathrm{Q}_\nu(z) = \frac{1}{2}\mathrm{P}_\nu(z)\Big[\ln\frac{z+1}{z-1} - 2\gamma - 2\Psi(\nu+1)\Big] +$$

$$\sum_{n=0}^{\infty}\frac{1}{(n!)^2}\frac{\Gamma(\nu+n+1)}{\Gamma(\nu-n+1)}\Big(1+\frac{1}{2}+\frac{1}{3}+\cdots+\frac{1}{n}\Big)\Big(\frac{z-1}{2}\Big)^n$$

在 $x=1$ 处，$\mathrm{P}_\nu(x)$ 解析，故有界，而 $\mathrm{Q}_\nu(x)$ 发散，因为 $y(1)$ 有界，所以 $C_2 = 0$.

对于当 $C_1 = 1$，$x = -1$ 时，有

$$y(-1) = \mathrm{P}_\nu(-1) = \sum_{n=0}^{\infty}\frac{(-1)^n}{(n!)^2}\frac{\Gamma(\nu+n+1)}{\Gamma(\nu-n+1)} = \frac{\sin(n-\nu)\pi}{\pi}\sum_{n=0}^{\infty}\frac{(-1)^n\Gamma(\nu+n+1)\Gamma(n-\nu)}{(n!)^2}$$

其中，$\Gamma(z)\Gamma(1-z) = \dfrac{\pi}{\sin\pi z}$.

$$y(-1) = \sum_{n=0}^{\infty}\frac{\sin(n-\nu)\pi}{\pi}\frac{(-1)^n\Gamma(\nu+n+1)\Gamma(n-\nu)}{(n!)^2} =$$

$$\sum_{n=0}^{\infty}\frac{(-1)^n\sin(-\nu\pi)}{\pi}\frac{(-1)^n\Gamma(\nu+n+1)\Gamma(n-\nu)}{(n!)^2} =$$

$$-\frac{\sin\nu\pi}{\pi}\sum_{n=0}^{\infty}\frac{\Gamma(\nu+n+1)\Gamma(n-\nu)}{(n!)^2}$$

当 $n \to \infty$ 时，有

$$\Gamma(\nu+n+1)\Gamma(n-\nu) \sim \Gamma(n+1)\Gamma(n) = n!\ (n-1)!$$

$$y(-1) = -\frac{\sin\nu\pi}{\pi}\sum_{n=0}^{\infty}\frac{\Gamma(\nu+n+1)\Gamma(n-\nu)}{(n!)^2} \sim \sum_{n=0}^{\infty}\frac{1}{n}$$

因为 $\sum\limits_{n=0}^{\infty} \dfrac{1}{n} z^{2n} = \ln \dfrac{1}{1-z^2}$，所以 $\nu \neq$ 自然数，$y(-1)$ 发散. 因此，对于一般的 ν 值，$P_\nu(x)$ 在 $x=-1$ 处发散，必须截断 $P_\nu(x)$，使本征值问题：

$$\begin{cases} \dfrac{d}{dx}\left[(1-x^2)\dfrac{dy}{dx}\right] + \lambda y = 0 \\ y(\pm 1) \text{ 有界} \end{cases}$$

有非零解.

从 $P_\nu(x)$ 的具体形式看，只能 ν 为自然数. 因此，本征值为 $\lambda_l = l(l+1)$，本征函数为

$$y_l(x) = P_l(x) = \sum_{n=0}^{l} \dfrac{1}{(n!)^2} \dfrac{(l+n)!}{(l-n)!} \left(\dfrac{x-1}{2}\right)^n$$

$$P_l(x) = \sum_{n=0}^{l} \dfrac{1}{(n!)^2} \dfrac{(l+n)!}{(l-n)!} \left(\dfrac{x-1}{2}\right)^n \text{——} l \text{ 次勒让德多项式}$$

当 $x=1$，$P_l(1)=1$，$P_l(-1)=(-1)^l$ 时，低次的勒让德多项式为

$$P_0(x) = \sum_{n=0}^{0} \dfrac{1}{(n!)^2} \dfrac{(0+n)!}{(0-n)!} \left(\dfrac{x-1}{2}\right)^n = \dfrac{1}{(0!)^2} \dfrac{(0+0)!}{(0-0)!} \left(\dfrac{x-1}{2}\right)^0 = 1$$

$$P_1(x) = \sum_{n=0}^{1} \dfrac{1}{(n!)^2} \dfrac{(1+n)!}{(1-n)!} \left(\dfrac{x-1}{2}\right)^n = \dfrac{1}{(0!)^2} \dfrac{(1+0)!}{(1-0)!} \left(\dfrac{x-1}{2}\right)^0 +$$

$$\dfrac{1}{(1!)^2} \dfrac{(1+1)!}{(1-1)!} \left(\dfrac{x-1}{2}\right)^1 = 1 + (x-1) = x$$

$$P_2(x) = \sum_{n=0}^{2} \dfrac{1}{(n!)^2} \dfrac{(2+n)!}{(2-n)!} \left(\dfrac{x-1}{2}\right)^n = \dfrac{1}{(0!)^2} \dfrac{(2+0)!}{(2-0)!} \left(\dfrac{x-1}{2}\right)^0 +$$

$$\dfrac{1}{(1!)^2} \dfrac{(2+1)!}{(2-1)!} \left(\dfrac{x-1}{2}\right)^1 + \dfrac{1}{(2!)^2} \dfrac{(2+2)!}{(2-2)!} \left(\dfrac{x-1}{2}\right)^2 =$$

$$1 + 3(x-1) + 6\left(\dfrac{x-1}{2}\right)^2 = \dfrac{1}{2}(3x^2-1)$$

······

14.3 勒让德多项式的微分表示（罗巨格公式）

$$P_l(x) = \dfrac{1}{2^l l!} \dfrac{d^l}{dx^l} (x^2-1)^l$$

证明 因为

$$(x^2-1)^l = (x-1)^l(x+1)^l = (x-1)^l [2+(x-1)]^l =$$

$$(x-1)^l \sum_{n=0}^{l} \dfrac{l!}{n!(l-n)!} 2^{l-n} (x-1)^n = \sum_{n=0}^{l} \dfrac{l!}{n!(l-n)!} 2^{l-n}(x-1)^{l+n}$$

所以

$$\dfrac{1}{2^l l!} \dfrac{d^l}{dx^l}(x^2-1)^l = \dfrac{1}{2^l l!} \dfrac{d^l}{dx^l} \sum_{n=0}^{l} \dfrac{l!}{n!(l-n)!} 2^{l-n}(x-1)^{l+n} =$$

$$\dfrac{1}{2^l l!} \dfrac{d^l}{dx^l} \sum_{n=0}^{l} \dfrac{l!}{n!(l-n)!} 2^{l-n}(x-1)^{l+n} =$$

$$\frac{\mathrm{d}^l}{\mathrm{d}x^l} \sum_{n=0}^{l} \frac{1}{n!\,(l-n)!} 2^{-n}\,(x-1)^{l+n} =$$

$$\sum_{n=0}^{l} \frac{1}{n!\,(l-n)!} (l+n)(l+n-1)\cdots[l+n-(l-1)]\left(\frac{x-1}{2}\right)^n =$$

$$\sum_{n=0}^{l} \frac{1}{n!\,(l-n)!} \frac{(l+n)!}{n!} \left(\frac{x-1}{2}\right)^n =$$

$$\sum_{n=0}^{l} \frac{1}{(n!)^2} \frac{(l+n)!}{(l-n)!} \left(\frac{x-1}{2}\right)^n = \mathrm{P}_l(x)$$

由罗巨格公式可知勒让德多项式的奇偶性：

$$\mathrm{P}_l(-x) = (-1)^l \mathrm{P}_l(x)$$

$$\mathrm{P}_l(-1) = (-1)^l$$

证明　罗巨格公式：$\mathrm{P}_l(x) = \dfrac{1}{2^l l!} \dfrac{\mathrm{d}^l}{\mathrm{d}x^l} (x^2-1)^l$，则

$$\mathrm{P}_l(-x) = \frac{1}{2^l l!} \frac{\mathrm{d}^l}{\mathrm{d}(-x)^l} (x^2-1)^l = \frac{1}{2^l l!} (-1)^l \frac{\mathrm{d}^l}{\mathrm{d}x^l} (x^2-1)^l =$$

$$(-1)^l \frac{1}{2^l l!} \frac{\mathrm{d}^l}{\mathrm{d}x^l} (x^2-1)^l = \mathrm{P}_l(x)$$

由罗巨格公式可知，勒让德多项式在 $x=0$ 处的表达，将 $(x^2-1)^l$ 展开并微商，得

$$\frac{\mathrm{d}^l}{\mathrm{d}x^l} (x^2-1)^l = \frac{\mathrm{d}^l}{\mathrm{d}x^l} \sum_{k=0}^{l} \frac{l!}{k!\,(l-k)!} (-1)^k x^{2l-2k}$$

$$\mathrm{P}_l(x) = \frac{1}{2^l l!} \frac{\mathrm{d}^l}{\mathrm{d}x^l} (x^2-1)^l = \frac{1}{2^l l!} \frac{\mathrm{d}^l}{\mathrm{d}x^l} \sum_{k=0}^{l} \frac{l!}{k!\,(l-k)!} (-1)^k x^{2l-2k} =$$

$$\frac{1}{2^l l!} \sum_{k=0}^{l/2} \frac{l!}{k!\,(l-k)!} (-1)^k \frac{(2l-2k)!}{(l-2k)!} x^{l-2k} =$$

$$\sum_{k=0}^{l/2} (-1)^k \frac{(2l-2k)!}{2^l k!\,(l-k)!\,(l-2k)!} x^{l-2k}$$

$$\mathrm{P}_{2n}(0) = \sum_{k=0}^{n} (-1)^k \frac{(4n-2k)!}{2^{2n} k!\,(2n-k)!\,(2n-2k)!} x^{2n-2k} =$$

$$(-1)^n \frac{(4n-2n)!}{2^{2n} n!\,(2n-n)!\,(2n-2n)!} = (-1)^n \frac{(2n)!}{2^{2n} n!\,n!}$$

$$\mathrm{P}_{2n+1}(0) = \sum_{k=0}^{n} (-1)^k \frac{(4n+2-2k)!}{2^{2n} k!\,(2n+1-k)!\,(2n+1-2k)!} x^{2n+1-2k} = 0$$

$$\mathrm{P}_{2n}(0) = (-1)^n \frac{(2n)!}{2^{2n} n!\,n!}$$

$$\mathrm{P}_{2n+1}(0) = 0$$

例 1　计算积分 $\displaystyle\int_{-1}^{1} x^k \mathrm{P}_l(x) \mathrm{d}x (k,l$ 为自然数$)$.

解　判断被积函数的奇偶性：

$$\int_{-1}^{1} (-x)^k \mathrm{P}_l(-x) \mathrm{d}x = \int_{-1}^{1} (-1)^k x^k (-1)^{\pm l} \mathrm{P}_l(x) \mathrm{d}x = (-1)^{k\pm l} \int_{-1}^{1} x^k \mathrm{P}_l(x) \mathrm{d}x$$

当 $k\pm l =$ 奇数时，$\displaystyle\int_{-1}^{1} x^k \mathrm{P}_l(x) \mathrm{d}x = 0$　（奇函数）.

当 $k \pm l =$ 偶数时，

$$\int_{-1}^{1} x^k \mathrm{P}_l(x)\mathrm{d}x = \frac{1}{2^l l!}\int_{-1}^{1} x^k \frac{\mathrm{d}^l}{\mathrm{d}x^l}(x^2-1)^l \mathrm{d}x = \frac{1}{2^l l!}\left[x^k \frac{\mathrm{d}^{l-1}}{\mathrm{d}x^{l-1}}(x^2-1)^l\right]_{-1}^{1} -$$

$$\frac{1}{2^l l!}\int_{-1}^{1}\frac{\mathrm{d}^{l-1}}{\mathrm{d}x^{l-1}}(x^2-1)^l \mathrm{d}(x^k) = \frac{1}{2^l l!}\int_{-1}^{1}(-1)\frac{\mathrm{d}x^k}{\mathrm{d}x}\frac{\mathrm{d}^{l-1}}{\mathrm{d}x^{l-1}}(x^2-1)^l \mathrm{d}x$$

重复分部积分 l 次，有

$$\int_{-1}^{1} x^k \mathrm{P}_l(x)\mathrm{d}x = \frac{1}{2^l l!}\int_{-1}^{1}(-1)^l \frac{\mathrm{d}^l x^k}{\mathrm{d}x^l}(x^2-1)^l \mathrm{d}x$$

当 $k < l$ 时，$\dfrac{\mathrm{d}^l x^k}{\mathrm{d}x^l}=0$，故 $\displaystyle\int_{-1}^{1} x^k \mathrm{P}_l(x)\mathrm{d}x = 0$.

当 $k \geqslant l$ 时，令 $k = l+2n$，则有

$$\int_{-1}^{1} x^{l+2n}\mathrm{P}_l(x)\mathrm{d}x = \frac{1}{2^l l!}\int_{-1}^{1}(-1)^l \frac{\mathrm{d}^l x^{l+2n}}{\mathrm{d}x^l}(x^2-1)^l \mathrm{d}x = \frac{1}{2^l l!}\frac{(l+2n)!}{(2n)!}\int_{-1}^{1} x^{2n}(1-x^2)^l \mathrm{d}x$$

作变换 $x^2 = t$，利用 B 函数，有

$$\int_{-1}^{1} x^{l+2n}\mathrm{P}_l(x)\mathrm{d}x = \frac{1}{2^l l!}\frac{(l+2n)!}{(2n)!}\int_{-1}^{1} x^{2n}(1-x^2)^l \mathrm{d}x =$$

$$\frac{1}{2^l l!}\frac{(l+2n)!}{(2n)!}\int_{0}^{1} x^{2n-1}(1-x^2)^l \mathrm{d}x^2 =$$

$$\frac{1}{2^l l!}\frac{(l+2n)!}{(2n)!}\int_{0}^{1} t^{n-1/2}(1-t)^l \mathrm{d}t$$

$$\mathrm{B}(p,q) = \int_{0}^{1} t^{p-1}(1-t)^{q-1}\mathrm{d}t, \quad \mathrm{Re}\ p > 0, \quad \mathrm{Re}\ q > 0$$

$$\mathrm{B}(p,q) = \frac{\Gamma(p)\Gamma(q)}{\Gamma(p+q)}$$

$$\int_{-1}^{1} x^{l+2n}\mathrm{P}_l(x)\mathrm{d}x = \frac{1}{2^l l!}\frac{(l+2n)!}{(2n)!}\mathrm{B}(n+1/2, l+1) =$$

$$\frac{1}{2^l l!}\frac{(l+2n)!}{(2n)!}\frac{\Gamma(n+1/2)\Gamma(l+1)}{\Gamma(n+l+1+1/2)} =$$

$$\frac{1}{2^l}\frac{(l+2n)!}{(2n)!}\frac{\Gamma(n+1/2)}{\Gamma(n+l+1+1/2)} = \quad \left(\Gamma(2z) = 2^{2z-1}\pi^{-\frac{1}{2}}\Gamma(z)\Gamma\left(z+\frac{1}{2}\right)\right)$$

$$\frac{1}{2^l}\frac{(l+2n)!}{(2n)!}\frac{\Gamma(2n)}{2^{2n-1}\Gamma(n)}\frac{2^{2n+2l+1}\Gamma(n+l+1)}{\Gamma(2n+2l+2)} =$$

$$2^{l+2}\frac{(l+2n)!}{(2n)!}\frac{(2n-1)!}{(n-1)!}\frac{(n+l)!}{(2n+2l+1)!} =$$

$$2^{l+2}\frac{(l+2n)!}{(2n)}\frac{1}{(n-1)!}\frac{(n+l)!}{(2n+2l+1)!} = 2^{l+1}\frac{(l+2n)!}{n!}\frac{(l+n)!}{(2l+2n+1)!}$$

当 $k = l$，即 $n = 0$ 时，得

$$\int_{-1}^{1} x^l \mathrm{P}_l(x)\mathrm{d}x = 2^{l+1}\frac{l!\ l!}{(2l+1)!}$$

例 2 $f(x)$ 为 k 次多项式，试证明当 $k < l$ 时，$\displaystyle\int_{-1}^{1} f(x)\mathrm{P}_l(x)\mathrm{d}x = 0$，即 $f(x)$ 与 $\mathrm{P}_l(x)$ 在 $[-1,1]$ 上正交.

证明 $\displaystyle\int_{-1}^{1} f(x)\mathrm{P}_l(x)\mathrm{d}x = \frac{1}{2^l l!}\int_{-1}^{1} f(x)\frac{\mathrm{d}^l}{\mathrm{d}x^l}(x^2-1)^l \mathrm{d}x =$

$$\frac{1}{2^l l\,!}\left[\frac{\mathrm{d}}{\mathrm{d}x}f(x)\,\frac{\mathrm{d}^{l-1}}{\mathrm{d}x^{l-1}}(x^2-1)^l\right]_{-1}^{1}-$$

$$\frac{1}{2^l l\,!}\int_{-1}^{1}\frac{\mathrm{d}^{l-1}}{\mathrm{d}x^{l-1}}(x^2-1)^l\mathrm{d}f(x)=$$

$$-\frac{1}{2^l l\,!}\int_{-1}^{1}f'(x)\,\frac{\mathrm{d}^{l-1}}{\mathrm{d}x^{l-1}}(x^2-1)^l\mathrm{d}x=$$

$$(-1)^k\frac{1}{2^l l\,!}f^{(k)}(x)\left[\frac{\mathrm{d}^{l-k-1}}{\mathrm{d}x^{l-k-1}}(x^2-1)^l\right]_{-1}^{1}=0$$

14.4 勒让德多项式的正交完备性

定理 1 （勒让德多项式的正交性）不同次数的勒让德多项式在区间$[-1,1]$上正交.

$$\int_{-1}^{1}\mathrm{P}_l(x)\mathrm{P}_k(x)\mathrm{d}x=0,\quad l\neq k$$

$$\int_{-1}^{1}\mathrm{P}_l^2(x)\mathrm{d}x=\frac{2}{2l+1},\quad l=k$$

证明 对于$l\neq k$的情形,不妨设$k<l$,

$$\int_{-1}^{1}\mathrm{P}_l(x)\mathrm{P}_k(x)\mathrm{d}x=\frac{1}{2^l l\,!}\int_{-1}^{1}\mathrm{P}_k(x)\frac{\mathrm{d}^l}{\mathrm{d}x^l}(x^2-1)^l\mathrm{d}x=\frac{1}{2^l l\,!}\int_{-1}^{1}\mathrm{P}_k(x)\mathrm{d}\left[\frac{\mathrm{d}^{l-1}}{\mathrm{d}x^{l-1}}(x^2-1)^l\right]=$$

$$\frac{1}{2^l l\,!}\left[\mathrm{P}_k(x)\frac{\mathrm{d}^{l-1}}{\mathrm{d}x^{l-1}}(x^2-1)^l\right]_{-1}^{1}-\frac{1}{2^l l\,!}\int_{-1}^{1}\frac{\mathrm{d}\mathrm{P}_k(x)}{\mathrm{d}x}\frac{\mathrm{d}^{l-1}}{\mathrm{d}x^{l-1}}(x^2-1)^l\mathrm{d}x=$$

$$0-\frac{1}{2^l l\,!}\int_{-1}^{1}\frac{\mathrm{d}\mathrm{P}_k(x)}{\mathrm{d}x}\frac{\mathrm{d}^{l-1}}{\mathrm{d}x^{l-1}}(x^2-1)^l\mathrm{d}x=\quad（继续分部积分,k+1次后）$$

$$\frac{(-1)^{k+1}}{2^l l\,!}\int_{-1}^{1}\frac{\mathrm{d}^{k+1}\mathrm{P}_k(x)}{\mathrm{d}x^{k+1}}\frac{\mathrm{d}^{l-k-1}}{\mathrm{d}x^{l-k-1}}(x^2-1)^l\mathrm{d}x=0\qquad(\mathrm{P}_k^{(k+1)}(x)=0)$$

故

$$\int_{-1}^{1}\mathrm{P}_l(x)\mathrm{P}_k(x)\mathrm{d}x=0,\quad l\neq k$$

当$k=l$时,有

$$\int_{-1}^{1}\mathrm{P}_l^2(x)\mathrm{d}x=\int_{-1}^{1}\mathrm{P}_l(x)\sum_{n=0}^{l}\frac{1}{(n\,!)^2}\frac{(l+n)!}{(l-n)!}\left(\frac{x-1}{2}\right)^n\mathrm{d}x$$

$f(x)$为$k(k<l)$次多项式,与$\mathrm{P}_l(x)$在$[-1,1]$上正交,即$\int_{-1}^{1}f(x)\mathrm{P}_l(x)\mathrm{d}x=0$.

$$\int_{-1}^{1}\mathrm{P}_l^2(x)\mathrm{d}x=\int_{-1}^{1}\mathrm{P}_l(x)\frac{1}{(l\,!)^2}\frac{(l+l)!}{(l-l)!}\frac{x^l}{2^l}\mathrm{d}x=\frac{(2l)!}{2^l(l\,!)^2}\int_{-1}^{1}x^l\mathrm{P}_l(x)\mathrm{d}x=$$

$$\frac{(2l)!}{2^l(l\,!)^2}2^{l+1}\frac{l\,!\,l\,!}{(2l+1)!}=\frac{2}{2l+1}\qquad\left(\int_{-1}^{1}x^l\mathrm{P}_l(x)\mathrm{d}x=2^{l+1}\frac{l\,!\,l\,!}{(2l+1)!}\right)$$

勒让德多项式的正交性:

$$\int_{-1}^{1}\mathrm{P}_l(x)\mathrm{P}_k(x)\mathrm{d}x=\begin{cases}0,&l\neq k\\\dfrac{2}{2l+1},&l=k\end{cases}$$

$$\int_{-1}^{1}\mathrm{P}_l(x)\mathrm{P}_k(x)\mathrm{d}x=\frac{2}{2l+1}\delta_{kl}$$

$$\int_0^\pi P_l(\cos\theta)P_k(\cos\theta)\sin\theta d\theta = \frac{2}{2l+1}\delta_{kl}$$

定理 2 （勒让德多项式的完备性）在区间 $[-1,1]$ 上的任意分段连续函数 $f(x)$ 可以展开

为 $f(x) = \sum_{l=0}^\infty c_l P_l(x)$，其中，$c_l = \frac{2l+1}{2}\int_{-1}^1 f(x)P_l(x)dx$.

例 将函数 $f(x) = x^3$ 按勒让德多项式展开.

解 令 $x^3 = \sum_{l=0}^\infty c_l P_l(x)$，由勒让德多项式的正交性可知：

$$c_l = \frac{2l+1}{2}\int_{-1}^1 x^3 P_l(x)dx$$

已经讨论过 $x^k P_l(x)$，当 $k\pm l=$ 奇数时，$\int_{-1}^1 x^k P_l(x)dx=0$；当 $k<l$ 时，$\int_{-1}^1 x^k P_l(x)dx=0$.

此处 $k=3$，即除了 c_1,c_3 外，其余 $c_l=0$. 则 $x^3 = c_1 P_1(x) + c_3 P_3(x)$：

$$P_l(x) = \sum_{n=0}^l \frac{1}{(n!)^2}\frac{(l+n)!}{(l-n)!}\left(\frac{x-1}{2}\right)^n, \quad P_1(x)=x, \quad P_3(x)=\frac{1}{2}(5x^3-3x)$$

$$c_l = \frac{2l+1}{2}\int_{-1}^1 x^3 P_l(x)dx$$

得

$$c_1 = \frac{3}{2}\int_{-1}^1 x^4 dx = \frac{3}{2}\times\frac{x^5}{5}\bigg|_{-1}^1 = \frac{3}{5}$$

$$c_3 = \frac{7}{2}\int_{-1}^1 x^3\times\frac{1}{2}(5x^3-3x)dx = \frac{7}{2}\int_{-1}^1\frac{5}{2}x^6 dx - \frac{7}{2}\int_{-1}^1\frac{3}{2}x^4 dx =$$

$$\frac{7}{2}\times\frac{5}{2}\times\frac{x^7}{7}\bigg|_{-1}^1 - \frac{7}{2}\times\frac{3}{2}\times\frac{x^5}{5}\bigg|_{-1}^1 = \frac{5}{2}-\frac{21}{10} = \frac{2}{5}$$

故

$$x^3 = \frac{3}{5}P_1(x) + \frac{2}{5}P_3(x)$$

定理 3 （勒让德多项式的完备性*）在区间 $[0,\pi]$ 上的任意分段连续函数 $f(\theta)$ 可以展开

为 $f(\theta) = \sum_{l=0}^\infty c_l P_l(\cos\theta)$，其中，$c_l = \frac{2l+1}{2}\int_0^\pi f(\theta)P_l(\cos\theta)\sin\theta d\theta$.

14.5 勒让德多项式的生成函数

一般地，特殊函数不是初等函数. 是否会存在某个初等函数，它在某一点的邻域内的级数展开的系数是一族特殊函数呢？

定义 初等函数 $= \sum_n$ 特殊函数$(z-z_0)^n$，称该初等函数为这个特殊函数的生成函数（母函数）.

勒让德多项式的生成函数？勒让德多项式是首先在势论中引进的.

设在极轴方向上 $(\theta=0)$ 距原点 r 处放有一个单位电荷，如图 14-1 所示，此点电荷在空间某点 (r',θ,φ) 的电势（显然与 φ 无关）为

$$\frac{1}{\sqrt{r^2 + r'^2 - 2rr'\cos\theta}} = \begin{cases} \dfrac{1}{r}\dfrac{1}{\sqrt{1-2xt+t^2}}, & t=\dfrac{r'}{r} \\[3mm] \dfrac{1}{r'}\dfrac{1}{\sqrt{1-2xt+t^2}}, & t=\dfrac{r}{r'} \end{cases}$$

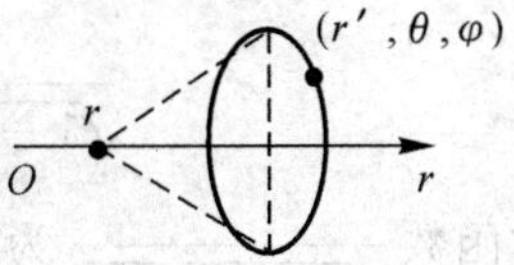

图 14-1

其中 $x=\cos\theta$，并规定多值函数 $\dfrac{1}{\sqrt{1-2xt+t^2}}$ 的单值分支为

$\dfrac{1}{\sqrt{1-2xt+t^2}}\Big|_{t=0}=1$，这样规定之后，在 $t=0$ 的邻域内 $\dfrac{1}{\sqrt{1-2xt+t^2}}$ 解析，则

$$|t| < |x \pm \sqrt{x^2-1}|$$

因而可以在 $t=0$ 的邻域内作泰勒展开：

$$\frac{1}{\sqrt{1-2xt+t^2}} = \frac{1}{\sqrt{1-2t+t^2-2(x-1)t}} = \frac{1}{\sqrt{(1-t)^2-2(x-1)t}} =$$

$$\frac{1}{1-t}\frac{1}{\sqrt{1-\dfrac{2(x-1)t}{(1-t)^2}}}$$

$$f(z) = \frac{1}{\sqrt{1+z}} = \sum_{k=0}^{\infty}\frac{f^{(k)}(0)}{k!}z^k = \sum_{k=0}^{\infty}\frac{1}{k!}\left(-\frac{1}{2}\right)\left(-\frac{3}{2}\right)\cdots\left(\frac{1}{2}-k\right)z^k$$

$$\frac{1}{\sqrt{1-2xt+t^2}} = \frac{1}{1-t}\sum_{k=0}^{\infty}\frac{1}{k!}\left(-\frac{1}{2}\right)\left(-\frac{3}{2}\right)\cdots\left(\frac{1}{2}-k\right)\left[-\frac{2(x-1)t}{(1-t)^2}\right]^k =$$

$$\sum_{k=0}^{\infty}\frac{1}{k!}(-1)^k\frac{1}{2}\frac{3}{2}\cdots\left(k-\frac{1}{2}\right)(-1)^k 2^k\frac{(x-1)^k t^k}{(1-t)^{2k+1}} =$$

$$\sum_{k=0}^{\infty}\frac{1}{k!}[1\times3\cdots(2k-1)]\frac{(x-1)^k t^k}{(1-t)^{2k+1}} =$$

$$\sum_{k=0}^{\infty}\frac{(2k)!}{k!\,2^k k!}(x-1)^k t^k\frac{1}{(1-t)^{2k+1}}$$

$$\frac{1}{(1-t)^{2k+1}} = \frac{1}{(2k)!}\frac{\mathrm{d}^{2k}}{\mathrm{d}t^{2k}}\frac{1}{1-t} = \frac{1}{(2k)!}\frac{\mathrm{d}^{2k}}{\mathrm{d}t^{2k}}\sum_{n=0}^{\infty}t^n =$$

$$\frac{1}{(2k)!}\sum_{n=2k}^{\infty}n(n-1)\cdots(n-2k+1)t^{n-2k} = \frac{1}{(2k)!}\sum_{n=2k}^{\infty}\frac{n!}{(n-2k)!}t^{n-2k} =$$

$$\sum_{n=0}^{\infty}\frac{(2k+n)!}{n!\,(2k)!}t^n$$

$$\frac{1}{\sqrt{1-2xt+t^2}} = \sum_{k=0}^{\infty}\frac{(2k)!}{k!\,2^k k!}(x-1)^k t^k\sum_{n=0}^{\infty}\frac{(2k+n)!}{n!\,(2k)!}t^n =$$

$$\sum_{k=0}^{\infty}\sum_{n=0}^{\infty}\frac{1}{k!\,2^k k!}(x-1)^k\frac{(2k+n)!}{n!}t^{n+k} =$$

$$\sum_{l=0}^{\infty}\left[\sum_{k=0}^{l}\frac{1}{k!\,2^k k!}(x-1)^k\frac{(2k+l-k)!}{(l-k)!}\right]t^l =$$

$$\sum_{l=0}^{\infty}\left[\sum_{k=0}^{l}\frac{1}{k!\,2^k k!}(x-1)^k\frac{(k+l)!}{(l-k)!}\right]t^l =$$

$$\sum_{l=0}^{\infty}\left[\sum_{k=0}^{l}\frac{(l+k)!}{(l-k)!\,k!\,k!}\left(\frac{x-1}{2}\right)^k\right]t^l$$

$$\frac{1}{\sqrt{1-2xt+t^2}} = \sum_{l=0}^{\infty} P_l(x)t^l, \quad |t| < |x \pm \sqrt{x^2-1}|$$

称函数 $\dfrac{1}{\sqrt{1-2xt+t^2}}$ 为勒让德多项式的生成函数.

由生成函数可推出 $x=1$,则

$$\frac{1}{\sqrt{1-2t+t^2}} = \frac{1}{1-t} = \sum_{l=0}^{\infty} t^l = \sum_{l=0}^{\infty} P_l(1)t^l, \quad P_l(1) = 1$$

也可知:

$$\sum_{l=0}^{\infty} P_l(x)t^l = \frac{1}{\sqrt{1-2xt+t^2}} = \frac{1}{\sqrt{1-2(-x)(-t)+(-t)^2}} = \sum_{l=0}^{\infty} P_l(-x)(-t)^l =$$

$$\sum_{n=0}^{\infty} P_l(-x)(-1)^l t^l$$

$$P_l(-x) = (-1)^l P_l(x)$$

14.6 勒让德多项式的递推关系

(1) 由生成函数 $\dfrac{1}{\sqrt{1-2xt+t^2}} = \sum\limits_{l=0}^{\infty} P_l(x)t^l$,两端对 t 微商,有

$$-\frac{1}{2} \frac{-2x+2t}{(1-2xt+t^2)^{3/2}} = \sum_{l=1}^{\infty} l P_l(x)t^{l-1}$$

$$\frac{x-t}{\sqrt{1-2xt+t^2}} = (1-2xt+t^2) \sum_{l=0}^{\infty} (l+1)P_{l+1}(x)t^l$$

$$(x-t) \sum_{l=0}^{\infty} P_l(x)t^l = (1-2xt+t^2) \sum_{l=0}^{\infty} (l+1)P_{l+1}(x)t^l$$

比较 t^l 的系数:$xP_l(x) - P_{l-1}(x) = (l+1)P_{l+1}(x) - 2xlP_l(x) + (l-1)P_{l-1}(x)$,整理后,得
$(2l+1)xP_l(x) = (l+1)P_{l+1}(x) + lP_{l-1}(x)$ ——3 个邻次勒让德多项式的关系

(2) 由生成函数:$\dfrac{1}{\sqrt{1-2xt+t^2}} = \sum\limits_{l=0}^{\infty} P_l(x)t^l$,两端对 x 微商,有

$$-\frac{1}{2} \frac{-2t}{(1-2xt+t^2)^{3/2}} = \sum_{l=0}^{\infty} P'_l(x)t^l$$

$$\frac{t}{\sqrt{1-2xt+t^2}} = (1-2xt+t^2) \sum_{l=0}^{\infty} P'_l(x)t^l$$

$$t \sum_{l=0}^{\infty} P_l(x)t^l = (1-2xt+t^2) \sum_{l=0}^{\infty} P'_l(x)t^l$$

比较 t^{l+1} 的系数,得

$$P_l(x) = P'_{l+1}(x) - 2xP'_l(x) + P'_{l-1}(x)$$ —— 勒让德多项式与 3 个邻次导数的关系

$$(2l+1)xP_l(x) = (l+1)P_{l+1}(x) + lP_{l-1}(x) \tag{14.1}$$

$$P_l(x) = P'_{l+1}(x) - 2xP'_l(x) + P'_{l-1}(x) \tag{14.2}$$

将式(14.1) 对 x 求导与式(14.2) 联立,有

$$\begin{cases} (2l+1)P_l(x) + (2l+1)xP'_l(x) = (l+1)P'_{l+1}(x) + lP'_{l-1}(x) \\ P_l(x) = P'_{l+1}(x) - 2xP'_l(x) + P'_{l-1}(x) \end{cases}$$

消去 $P'_{l-1}(x)$，得

$$(2l+1)P_l(x) + (2l+1)xP'_l(x) - lP_l(x) = (l+1)P'_{l+1}(x) - lP'_{l+1}(x) + 2xlP'_l(x)$$

$$P'_{l+1}(x) = xP'_l(x) + (l+1)P_l(x) \text{——勒让德多项式及其导数与邻次导数的关系}$$

消去 $P'_{l+1}(x)$，得

$$(2l+1)P_l(x) + (2l+1)xP'_l(x) - (l+1)P_l(x) = lP'_{l-1}(x) +$$
$$2x(l+1)P'_l(x) - (l+1)P'_{l-1}(x)$$

$$P'_{l-1}(x) = xP'_l(x) - lP_l(x) \text{——勒让德多项式及其导数与邻次导数的关系} \Rightarrow$$

$$P_l(x) = \frac{1}{2l+1}[P'_{l+1}(x) - P'_{l-1}(x)] \text{——勒让德多项式与邻次导数的关系}$$

例 1　计算积分 $I = \int_{-1}^{1} x^2 P_l(x) P_{l+2}(x) \mathrm{d}x$.

解　由勒让德多项式的递推关系可知：$(2l+1)xP_l(x) = (l+1)P_{l+1}(x) + lP_{l-1}(x)$.

$$xP_l(x) = \frac{l+1}{2l+1}P_{l+1}(x) + \frac{l}{2l+1}P_{l-1}(x), \quad xP_{l+2}(x) = \frac{l+3}{2l+5}P_{l+3}(x) + \frac{l+2}{2l+5}P_{l+1}(x)$$

$$I = \int_{-1}^{1} x^2 P_l(x) P_{l+2}(x) \mathrm{d}x =$$

$$\int_{-1}^{1} \left[\frac{l+1}{2l+1}P_{l+1}(x) + \frac{l}{2l+1}P_{l-1}(x)\right]\left[\frac{l+3}{2l+5}P_{l+3}(x) + \frac{l+2}{2l+5}P_{l+1}(x)\right]\mathrm{d}x =$$

$$\frac{(l+1)(l+2)}{(2l+1)(2l+5)}\int_{-1}^{1} P_{l+1}^2(x)\mathrm{d}x = \frac{(l+1)(l+2)}{(2l+1)(2l+5)}\frac{2}{2(l+1)+1} =$$

$$\frac{2(l+1)(l+2)}{(2l+1)(2l+3)(2l+5)}$$

例 2　将函数 $f(x) = |x|$ 按勒让德多项式展开.

解　令 $|x| = \sum_{l=0}^{\infty} c_l P_l(x)$，由勒让德多项式的正交性可知

$$c_l = \frac{2l+1}{2}\int_{-1}^{1} |x| P_l(x)\mathrm{d}x$$

因为 $f(x) = |x|$ 是偶函数，所以当 $l = 2n+1, n = 0,1,2,\cdots$ 时，$c_l = c_{2n+1} = 0$，则

$$c_{2n} = \frac{4n+1}{2}\int_{-1}^{1} |x| P_{2n}(x)\mathrm{d}x = (4n+1)\int_0^1 xP_{2n}(x)\mathrm{d}x$$

$$P_l(x) = \frac{1}{2l+1}[P'_{l+1}(x) - P'_{l-1}(x)]$$

$$c_{2n} = (4n+1)\int_0^1 xP_{2n}(x)\mathrm{d}x = \int_0^1 x[P'_{2n+1}(x) - P'_{2n-1}(x)]\mathrm{d}x$$

$$c_{2n} = \int_0^1 xP'_{2n+1}(x)\mathrm{d}x - \int_0^1 xP'_{2n-1}(x)\mathrm{d}x =$$

$$xP_{2n+1}(x)\Big|_0^1 - \int_0^1 P_{2n+1}(x)\mathrm{d}x - xP_{2n-1}(x)\Big|_0^1 + \int_0^1 P_{2n-1}(x)\mathrm{d}x =$$

$$P_{2n+1}(1) - P_{2n-1}(1) + \int_0^1 P_{2n-1}(x)\mathrm{d}x - \int_0^1 P_{2n+1}(x)\mathrm{d}x =$$

$$\int_0^1 P_{2n-1}(x)\mathrm{d}x - \int_0^1 P_{2n+1}(x)\mathrm{d}x \qquad (P_l(1) = 1)$$

由 $P_l(x) = \dfrac{1}{2l+1}\left[P'_{l+1}(x) - P'_{l-1}(x)\right]$，可知

$$\int_0^1 P_{2n+1}(x)\mathrm{d}x = \frac{1}{2(2n+1)+1}\int_0^1\left[P'_{2n+1+1}(x) - P'_{2n+1-1}(x)\right]\mathrm{d}x = \frac{1}{4n+3}\left[P_{2n+2}(x) - P_{2n}(x)\right]_0^1 =$$

$$\frac{1}{4n+3}\left[P_{2n}(0) - P_{2n+2}(0)\right] = \qquad \left(P_{2n}(0) = (-1)^n\frac{(2n)!}{2^{2n}n!\ n!}\right)$$

$$\frac{1}{4n+3}\left[\frac{(-1)^n(2n)!}{2^{2n}n!\ n!} - \frac{(-1)^{n+1}(2n+2)!}{2^{2n+2}(n+1)!\ (n+1)!}\right] =$$

$$\frac{1}{4n+3}\left[\frac{(-1)^n(2n)!}{2^{2n}n!\ n!} - \frac{(-1)^{n+1}(2n+2)!}{2^{2n+2}(n+1)!\ (n+1)!}\right] =$$

$$\frac{(-1)^n(2n+2)!}{2^{2n+2}\left[(n+1)!\ \right]^2}\frac{1}{4n+3}\left[\frac{2^2(n+1)^2}{(2n+1)(2n+2)}+1\right] = \frac{(-1)^n(2n+2)!}{2^{2n+2}\left[(n+1)!\ \right]^2}\frac{1}{2n+1}$$

将 n 换为 $n-1$，可知

$$\int_0^1 P_{2n-1}(x)\mathrm{d}x = \frac{(-1)^{n-1}(2n)!}{2^{2n}(n!)^2}\frac{1}{2n-1}$$

$$c_{2n} = \int_0^1 P_{2n-1}(x)\mathrm{d}x - \int_0^1 P_{2n+1}(x)\mathrm{d}x =$$

$$\frac{(-1)^{n-1}(2n)!}{2^{2n}(n!)^2}\frac{1}{2n-1} - \frac{(-1)^n(2n+2)!}{2^{2n+2}\left[(n+1)!\ \right]^2}\frac{1}{2n+1} = \frac{(-1)^{n-1}(2n)!\ (4n+1)}{2^{2n+1}(n!)^2(2n-1)(n+1)}$$

$$|x| = \sum_{n=0}^{\infty}\frac{(-1)^{n-1}(2n)!\ (4n+1)}{2^{2n+1}(n!)^2(2n-1)(n+1)}P_{2n}(x), \qquad |x| < 1$$

14.7　勒让德多项式应用举例

例 1　（均匀电场中的导体球）设在电场强度为 E_0 的均匀电场中放进一个半径为 a 的球，求球外任意一点的电势.

解　由静电学知识可知，导体球成为等势体，球面上分布有感生面电荷. 球外任意一点的电势＝原均匀电场电势＋感生电荷电势.

因为球外无电荷，所以球外的电势满足拉普拉斯方程. 采用球坐标系，坐标原点为球心，极轴方向为电场方向，由均匀电场和球体的对称性可知，感生电荷绕极轴不变，因而球外任意一点的电势与 φ 无，则

$$u(r,\theta) = u_a(r,\theta) + u_e(r,\theta)$$

u_a 为均匀电场电势，u_e 为感生电荷电势，若坐标原点处的电势为 u_0，则

$$u_a(r,\theta) = -E_0 r\cos\theta + u_0$$

u_e 的定解问题为

$$\begin{cases}\dfrac{1}{r^2}\dfrac{\partial}{\partial r}\left(r^2\dfrac{\partial u_e}{\partial r}\right) + \dfrac{1}{r^2\sin\theta}\dfrac{\partial}{\partial\theta}\left(\sin\theta\dfrac{\partial u_e}{\partial\theta}\right) = 0, & 0 < r < \infty, \quad 0 < \theta < \pi \\[2mm] u_e\big|_{\theta=0} \text{有界}, & u_e\big|_{\theta=\pi} \text{有界} \\[2mm] u_e\big|_{r=a} = E_0 a\cos\theta - u_0, & u_e\big|_{r\to\infty} = 0 \quad \text{（感生电荷只分布于球面）}\end{cases}$$

令 $u_e = R(r)\Theta(\theta)$，分离变量得

$$\begin{cases} \dfrac{1}{\sin\theta}\dfrac{d}{d\theta}\left(\sin\theta\dfrac{d\Theta}{d\theta}\right)+\lambda\Theta=0, & \dfrac{d}{dr}\left(r^2\dfrac{dR}{dr}\right)-\lambda R=0 \\ \Theta(0)\text{ 有界}, & \Theta(\pi)\text{ 有界} \end{cases}$$

该本征值问题在 14.2 节中讨论过,可知本征值 $\lambda=l(l+1),l=0,1,2,\cdots$,本征函数 $\Theta(\theta)=P_l(\cos\theta)$. 作变换 $t=\ln r$,关于 $R(r)$ 的微分方程可化为

$$\frac{d^2R_l}{dt^2}+\frac{dr_l}{dt}-l(l+1)R_l=0$$

$$R_l(r)=A_l e^{lt}+B_l e^{-(l+1)t}=A_l r^l+B_l r^{-l-1}$$

一般解为

$$u_e(r,\theta)=\sum_{l=0}^{\infty}(A_l r^l+B_l r^{-l-1})P_l(\cos\theta)$$

因为 $u_e\big|_{r\to\infty}=0$,所以 $A_l=0$,则

$$u_e\big|_{r=a}=E_0 a\cos\theta-u_0$$

有

$$\sum_{l=0}^{\infty}B_l a^{-l-1}P_l(\cos\theta)=E_0 a P_1(\cos\theta)-u_0 P_0(\cos\theta)$$

得

$$B_0=-u_0 a, \quad B_1=E_0 a^3, \quad B_{l\geqslant 2}=0$$

故

$$u_e(r,\theta)=-u_0\frac{a}{r}+\frac{E_0 a^3}{r^2}\cos\theta$$

u_e 反映出均匀电场中的接地球面上的感生电荷,相当于位于坐标原点的点电荷和电偶极子的叠加:$-4\pi\varepsilon_0 u_0 a+4\pi\varepsilon_0 E_0 a^3$,故

$$u(r,\theta)=(-E_0 r\cos\theta+u_0)+\left(-u_0\frac{a}{r}+\frac{E_0 a^3}{r^2}\cos\theta\right)=u_0\left(1-\frac{a}{r}\right)-E_0\left(1-\frac{a^3}{r^2}\right)r\cos\theta$$

例 2 (均匀带电细圆环的静电势)设有一半径为 a,总电荷量为 Q 的带电细圆环,求其空间任意一点的静电势.

解 因为环外无电荷,所以环外各点的电势均满足拉普拉斯方程. 采用球坐标系,环心为坐标原点,极轴方向垂直于圆环面,空间任意一点的电势与 φ 无关,$u=u(r,\theta)$,静电势 u 的定解问题为

$$\begin{cases} \dfrac{1}{r^2}\dfrac{\partial}{\partial r}\left(r^2\dfrac{\partial u}{\partial r}\right)+\dfrac{1}{r^2\sin\theta}\dfrac{\partial}{\partial\theta}\left(\sin\theta\dfrac{\partial u}{\partial\theta}\right)=-\dfrac{1}{\varepsilon_0}\rho(r,\theta), & 0<r<\infty, \quad 0<\theta<\pi \\ u\big|_{\theta=0}\text{ 有界}, \quad u\big|_{\theta=\pi}\text{ 有界} \\ u\big|_{r=0}\text{ 有界}, \quad u\big|_{r\to\infty}=0 \end{cases}$$

其中,$\rho(r,\theta)=C\delta(r-a)\delta\left(\theta-\dfrac{\pi}{2}\right)$,是电荷密度分布函数,有

$$\iiint\rho(r,\theta)dv=Q$$

$$\iiint C\delta(r-a)\delta\left(\theta-\frac{\pi}{2}\right)r^2\sin\theta\,dr d\theta d\varphi=Q$$

$$C\int r^2\delta(r-a)dr\int\sin\theta\delta\left(\theta-\frac{\pi}{2}\right)d\theta\int d\varphi=Q \quad \left(\int f(x)\delta(x)dx=f(0)\right)$$

$$Ca^2\sin\frac{\pi}{2}2\pi=Q \quad\Rightarrow\quad C=\frac{Q}{2\pi a^2}$$

$$\rho(r,\theta) = \frac{Q}{2\pi a^2}\delta(r-a)\delta(\theta-\frac{\pi}{2})$$

当 $r \neq a$ 时，$\delta(r-a) = 0$，$\rho(r,\theta) = 0$，方程退化为相应的齐次方程：

$$\frac{1}{r^2}\frac{\partial}{\partial r}\left(r^2\frac{\partial u}{\partial r}\right) + \frac{1}{r^2\sin\theta}\frac{\partial}{\partial\theta}\left(\sin\theta\frac{\partial u}{\partial\theta}\right) = 0$$

一般解为

$$u(r,\theta) = \sum_{l=0}^{\infty}(A_l r^l + B_l r^{-l-1})P_l(\cos\theta)$$

边界条件：$u\big|_{r=0}$ 有界，$u\big|_{r\to\infty} = 0$，可知

$$u(r,\theta) = \begin{cases} \displaystyle\sum_{l=0}^{\infty}A_l r^l P_l(\cos\theta), & r < a \\[3mm] \displaystyle\sum_{l=0}^{\infty}B_l r^{-l-1}P_l(\cos\theta), & r > a \end{cases}$$

将球面 $r=a$ 看作界面，界面上存在电荷分布 $\dfrac{Q}{2\pi a^2}\delta(r-a)\delta(\theta-\dfrac{\pi}{2})$. 定系数：

$$\frac{1}{r^2}\frac{\partial}{\partial r}\left(r^2\frac{\partial u}{\partial r}\right) + \frac{1}{r^2\sin\theta}\frac{\partial}{\partial\theta}\left(\sin\theta\frac{\partial u}{\partial\theta}\right) = -\frac{Q}{\varepsilon_0 2\pi a^2}\delta(r-a)\delta(\theta-\frac{\pi}{2})$$

$$\frac{\partial}{\partial r}\left(r^2\frac{\partial u}{\partial r}\right) + \frac{1}{\sin\theta}\frac{\partial}{\partial\theta}\left(\sin\theta\frac{\partial u}{\partial\theta}\right) = -\frac{r^2 Q}{\varepsilon_0 2\pi a^2}\delta(r-a)\delta(\theta-\frac{\pi}{2})$$

在界面处作 r 的积分：

$$r^2\frac{\partial u}{\partial r}\bigg|_{r=a-0}^{r=a+0} + \frac{1}{\sin\theta}\frac{\partial}{\partial\theta}\left(\sin\theta\frac{\partial u}{\partial\theta}\right)r\bigg|_{r=a-0}^{r=a+0} = -\frac{a^2 Q}{\varepsilon_0 2\pi a^2}\delta(\theta-\frac{\pi}{2})$$

$$\frac{\partial u}{\partial r}\bigg|_{r=a-0}^{r=a+0} = -\frac{Q}{\varepsilon_0 2\pi a^2}\delta(\theta-\frac{\pi}{2})$$

故 $u(r,\theta)$ 的导数在球面 $r=a$ 上不连续.

对 δ 函数作勒让德多项式展开：

$$\delta(\theta-\frac{\pi}{2}) = \sum_{l=0}^{\infty}\left[\frac{2l+1}{2}\int_0^{\pi}\delta(\theta-\frac{\pi}{2})P_l(\cos\theta)\sin\theta d\theta\right]P_l(\cos\theta) =$$

$$\sum_{l=0}^{\infty}\left[\frac{2l+1}{2}P_l(0)\sin\frac{\pi}{2}\right]P_l(\cos\theta) = \sum_{l=0}^{\infty}\frac{2l+1}{2}P_l(0)P_l(\cos\theta)$$

$$\frac{\partial u}{\partial r}\bigg|_{r=a-0}^{r=a+0} = -\frac{Q}{\varepsilon_0 2\pi a^2}\sum_{l=0}^{\infty}\frac{2l+1}{2}P_l(0)P_l(\cos\theta)$$

$$\frac{\partial}{\partial r}\sum_{l=0}^{\infty}B_l r^{-l-1}P_l(\cos\theta)\bigg|_{r=a+0} - \frac{\partial}{\partial r}\sum_{l=0}^{\infty}A_l r^l P_l(\cos\theta)\bigg|_{r=a-0} = -\frac{Q}{2\pi\varepsilon_0 a^2}\sum_{l=0}^{\infty}\frac{2l+1}{2}P_l(0)P_l(\cos\theta)$$

$$\sum_{l=0}^{\infty}B_l(-l-1)a^{-l-2}P_l(\cos\theta) - \sum_{l=1}^{\infty}A_l l a^{l-1}P_l(\cos\theta) = -\frac{Q}{2\pi\varepsilon_0 a^2}\sum_{l=0}^{\infty}\frac{2l+1}{2}P_l(0)P_l(\cos\theta)$$

比较 $P_l(\cos\theta)$ 的系数，得

$$B_l(-l-1)a^{-l-2} - A_l l a^{l-1} = -\frac{Q}{2\pi\varepsilon_0 a^2}\frac{2l+1}{2}P_l(0)$$

又知 δ 函数是间断函数的导数，则 $u(r,\theta)$ 在球面 $r=a$ 上连续，有

$$u(r,\theta)\Big|_{r=a-0}^{r=a+0}=0 \quad\Rightarrow\quad A_l a^l P_l(\cos\theta)=B_l a^{-l-1}P_l(\cos\theta)$$

$$\begin{cases} A_l l a^{l+1}+B_l(l+1)a^{-l}=-\dfrac{(2l+1)Q}{4\pi\varepsilon_0}P_l(0) \\[2mm] A_l a^l=B_l a^{-l-1} \end{cases} \Rightarrow \begin{cases} A_l=-\dfrac{Q}{4\pi\varepsilon_0}a^{-l-1}P_l(0) \\[2mm] B_l=\dfrac{Q}{4\pi\varepsilon_0}a^l P_l(0) \end{cases}$$

又知
$$P_{2n}(0)=(-1)^n\frac{(2n)!}{2^{2n}n!\,n!},\quad P_{2n+1}(0)=0$$

故
$$A_{2l+1}=B_{2l+1}=0$$

$$A_{2l}=-\frac{Q}{4\pi\varepsilon_0}a^{-l-1}P_{2l}(0),\quad B_{2l}=\frac{Q}{4\pi\varepsilon_0}a^l P_{2l}(0)$$

代入 $u(r,\theta)=\begin{cases}\displaystyle\sum_{l=0}^{\infty}A_l r^l P_l(\cos\theta),& r<a\\[4mm]\displaystyle\sum_{l=0}^{\infty}B_l r^{-l-1}P_l(\cos\theta),& r>a\end{cases}$

得
$$u(r,\theta)=\begin{cases}\dfrac{Q}{4\pi\varepsilon_0}\dfrac{1}{a}\displaystyle\sum_{l=0}^{\infty}\left(\dfrac{r}{a}\right)^{2l}P_{2l}(0)P_{2l}(\cos\theta),& r<a\\[5mm]\dfrac{Q}{4\pi\varepsilon_0}\dfrac{1}{a}\displaystyle\sum_{l=0}^{\infty}\left(\dfrac{a}{r}\right)^{2l+1}P_{2l}(0)P_{2l}(\cos\theta),& r>a\end{cases}$$

偶次勒让德多项式反映了静电势对于圆环面的反射不变性：$u(r,\theta)=u(r,\pi-\theta)$.

例 3 有一内半径为 a，外半径为 $2a$ 的均匀球壳，内表面温度保持零度，外表面温度保持 u_0，求球壳的稳定温度分布.

解 因为球壳内无热源和热损失，所以球壳各点的温度均满足拉普拉斯方程. 采用球坐标系，球心为坐标原点，由边界温度可知，空间任意一点的温度与 θ,φ 无关，$u=u(r)$，温度 u 的定解问题为

$$\begin{cases}\dfrac{1}{r^2}\dfrac{\mathrm{d}}{\mathrm{d}r}\left(r^2\dfrac{\mathrm{d}u}{\mathrm{d}r}\right)=0,& a<r<2a\\[3mm]u|_{r=a}=0,\quad u|_{r=2a}=u_0\end{cases}$$

解常微分方程 $\dfrac{\mathrm{d}^2 u}{\mathrm{d}r^2}+\dfrac{2}{r}\dfrac{\mathrm{d}u}{\mathrm{d}r}=0$，得 $u(r)=C_1+\dfrac{C_2}{r}$，代入边界条件，得

$$\begin{cases}C_1+\dfrac{C_2}{a}=0\\[3mm]C_1+\dfrac{C_2}{2a}=u_0\end{cases}\Rightarrow\begin{cases}C_1=2u_0\\C_2=-2au_0\end{cases}\Rightarrow u(r)=2u_0\left(1-\dfrac{a}{r}\right)$$

例 4 求定解问题：

$$\begin{cases}\nabla^2 u=0,& 0<r<a\\[2mm]u|_{r=0}\ \text{有界}\\[2mm]\left[\dfrac{\partial u}{\partial r}+hu\right]_{r=a}=\begin{cases}b\cos\theta,& 0\leqslant\theta\leqslant\pi/2\\0,& \pi/2<\theta\leqslant\pi\end{cases}\end{cases}$$

解 采用球坐标系，由边界条件可知，u 与 φ 无关，$u=u(r,\theta)$，u 的定解问题化为

$$\begin{cases} \dfrac{1}{r^2}\dfrac{\partial}{\partial r}\left(r^2\dfrac{\partial u}{\partial r}\right)+\dfrac{1}{r^2\sin\theta}\dfrac{\partial}{\partial\theta}\left(\sin\theta\dfrac{\partial u}{\partial\theta}\right)=0, \quad 0<r<a \\ u\big|_{r=0} \text{ 有界} \\ \left[\dfrac{\partial u}{\partial r}+hu\right]\Big|_{r=a}=\begin{cases} b\cos\theta, & 0\leqslant\theta\leqslant\pi/2 \\ 0, & \pi/2<\theta\leqslant\pi \end{cases} \end{cases}$$

令 $u=R(r)\Theta(\theta)$，分离变量得

$$\begin{cases} \dfrac{1}{\sin\theta}\dfrac{\mathrm{d}}{\mathrm{d}\theta}\left(\sin\theta\dfrac{\mathrm{d}\Theta}{\mathrm{d}\theta}\right)+\lambda\Theta=0, \quad \dfrac{\mathrm{d}}{\mathrm{d}r}\left(r^2\dfrac{\mathrm{d}R}{\mathrm{d}r}\right)-\lambda R=0 \\ \Theta(0) \text{ 有界}, \quad \Theta(\pi) \text{ 有界} \end{cases}$$

该本征值问题在 14.2 节中讨论过，可知本征值 $\lambda=l(l+1),l=0,1,2,\cdots$，本征函数 $\Theta(\theta)=P_l(\cos\theta)$。作变换 $t=\ln r$，关于 $R(r)$ 的微分方程可化为

$$\dfrac{\mathrm{d}^2R_l}{\mathrm{d}t^2}+\dfrac{\mathrm{d}r_l}{\mathrm{d}t}-l(l+1)R_l=0$$

$$R_l(r)=A_l\mathrm{e}^{lt}+B_l\mathrm{e}^{-(l+1)t}=A_lr^l+B_lr^{-l-1}$$

一般解为

$$u(r,\theta)=\sum_{l=0}^{\infty}(A_lr^l+B_lr^{-l-1})P_l(\cos\theta)$$

代入边界条件 $u\big|_{r=0}$ 有界，得 $B_l=0$，$u(r,\theta)=\sum_{l=0}^{\infty}A_lr^lP_l(\cos\theta)$.

代入边界条件 $\left[\dfrac{\partial u}{\partial r}+hu\right]\Big|_{r=a}=\begin{cases} b\cos\theta, & 0\leqslant\theta\leqslant\dfrac{\pi}{2} \\ 0, & \dfrac{\pi}{2}<\theta\leqslant\pi \end{cases}$ 得

$$\sum_{l=1}^{\infty}A_lla^{l-1}P_l(\cos\theta)+h\sum_{l=0}^{\infty}A_la^lP_l(\cos\theta)=\begin{cases} b\cos\theta, & 0\leqslant\theta\leqslant\dfrac{\pi}{2} \\ 0, & \dfrac{\pi}{2}<\theta\leqslant\pi \end{cases}$$

作变换 $\cos\theta=x$，即

$$\sum_{l=0}^{\infty}A_lP_l(x)+h\sum_{l=0}^{\infty}A_la^lP_l(x)=\begin{cases} bx, & 0\leqslant x\leqslant1 \\ 0, & -1\leqslant x<0 \end{cases}$$

$$\sum_{l=0}^{\infty}A_la^{l-1}(l+ha)P_l(x)=\begin{cases} bx, & 0\leqslant x\leqslant1 \\ 0, & -1\leqslant x<0 \end{cases}$$

利用勒让德多项式的正交性定系数 A_l：

$$\int_{-1}^{1}\sum_{l=1}^{\infty}A_la^{l-1}(l+ha)P_l(x)P_k(x)\mathrm{d}x=\int_0^1bxP_k(x)\mathrm{d}x+\int_{-1}^0 0\cdot P_k(x)\mathrm{d}x$$

$$A_la^{l-1}(l+ha)\int_{-1}^{1}P_l(x)P_l(x)\mathrm{d}x=\int_0^1bxP_l(x)\mathrm{d}x$$

$$A_la^{l-1}(l+ha)\dfrac{2}{2l+1}=\int_0^1bxP_l(x)\mathrm{d}x$$

$$A_l=\dfrac{(2l+1)b}{2a^{l-1}(l+ha)}\int_0^1xP_l(x)\mathrm{d}x$$

当 $l = 0$ 时，$\int_0^1 x \mathrm{P}_l(x) \mathrm{d}x = \int_0^1 x \mathrm{P}_0(x) \mathrm{d}x = \int_0^1 x \mathrm{d}x = \dfrac{1}{2} \quad \Rightarrow \quad A_0 = \dfrac{b}{4h}$

当 $l = 2n + 1$ 时，$\mathrm{P}_{2n+1}(x)$ 为奇函数，有

$$\int_0^1 x \mathrm{P}_l(x) \mathrm{d}x = \int_0^1 \mathrm{P}_1(x) \mathrm{P}_{2n+1}(x) \mathrm{d}x = \frac{1}{2} \int_{-1}^1 \mathrm{P}_1(x) \mathrm{P}_{2n+1}(x) \mathrm{d}x =$$

$$\begin{cases} \dfrac{1}{2} \int_{-1}^1 \mathrm{P}_1^2(x) \mathrm{d}x = \dfrac{1}{2} \times \dfrac{2}{2 \times 1 + 1} = \dfrac{1}{3}, & n = 0 \\[2mm] 0, & n \neq 0 \end{cases}$$

$$A_1 = \frac{b}{2(l + ha)}, \quad A_{2n+1} = 0, \quad n = 1, 2, 3 \cdots$$

当 $l = 2n$ 时，$n \neq 0$，有

$$\int_0^1 x \mathrm{P}_l(x) \mathrm{d}x = \int_0^1 x \mathrm{P}_{2n}(x) \mathrm{d}x = \frac{1}{2 \times 2n + 1} \int_0^1 \left[x \mathrm{P'}_{2n+1}(x) - x \mathrm{P'}_{2n-1}(x) \right] \mathrm{d}x =$$

$$\frac{1}{4} \left[\int_0^1 \mathrm{P}_{2n-1}(x) \mathrm{d}x - \int_0^1 \mathrm{P}_{2n+1}(x) \mathrm{d}x \right] = \frac{(-1)^{n+1}(2n-2)!}{2^{2n}(n-1)!\,(n+1)!}$$

$$A_{2n} = \frac{(4n+1)b}{2a^{2n-1}(2n+ha)} \frac{(-1)^{n+1}(2n-2)!}{2^{2n}(n-1)!\,(n+1)!}, \quad n = 1, 2, 3 \cdots$$

$$u(r, \theta) = \sum_{l=0}^\infty A_l r^l \mathrm{P}_l(\cos \theta) = \frac{b}{4h} + \frac{b}{2(1+ha)} r \mathrm{P}_1(\cos \theta) +$$

$$\frac{ab}{2} \sum_{n=1}^\infty \frac{(-1)^{n+1}(4n+1)(2n-2)!}{(2n+ha)2^{2n}(n-1)!\,(n+1)!} \left(\frac{r}{a} \right)^{2n} \mathrm{P}_{2n}(\cos \theta)$$

14.8　连带勒让德函数

连带勒让德方程的本征值问题：

$$\begin{cases} \dfrac{\mathrm{d}}{\mathrm{d}x} \left[(1 - x^2) \dfrac{\mathrm{d}y}{\mathrm{d}x} \right] + \left(\lambda - \dfrac{m^2}{1 - x^2} \right) y = 0 \\[3mm] y(\pm 1) \text{ 有界} \end{cases}$$

首先，解连带勒让德方程：

$$\frac{\mathrm{d}}{\mathrm{d}z} \left[(1 - z^2) \frac{\mathrm{d}w}{\mathrm{d}z} \right] + \left(\lambda - \frac{m^2}{1 - z^2} \right) w = 0$$

方程的标准形式为

$$w'' + \frac{2z}{z^2 - 1} w' + \frac{1}{1 - z^2} \left(\lambda - \frac{m^2}{1 - z^2} \right) w = 0$$

$$p(z) = \frac{2z}{z^2 - 1}, \quad q(z) = \frac{1}{1 - z^2} \left(\lambda - \frac{m^2}{1 - z^2} \right) \quad \Rightarrow \quad z_0 = \pm 1 \text{ 是方程的奇点}$$

$$\begin{cases} (z-1)p(z) \big|_{z=1} = \dfrac{2z}{z+1} \Big|_{z=1} = 1 \\[3mm] (z-1)^2 q(z) \big|_{z=1} = \dfrac{1-z}{1+z} \left(\lambda - \dfrac{m^2}{1 - z^2} \right) \Big|_{z=1} = -\dfrac{m^2}{4} \end{cases} \Rightarrow \quad z_0 = 1 \text{ 是方程的正则奇点}$$

$$\begin{cases} (z+1)p(z) \big|_{z=-1} = \dfrac{2z}{z-1} \Big|_{z=-1} = 1 \\[3mm] (z+1)^2 q(z) \big|_{z=-1} = \dfrac{1+z}{1-z} \left(\lambda - \dfrac{m^2}{1 - z^2} \right) \Big|_{z=-1} = -\dfrac{m^2}{4} \end{cases} \Rightarrow \quad z_0 = -1 \text{ 是方程的正则奇点}$$

$$\begin{cases} \dfrac{2}{t} - \dfrac{1}{t^2} p\left(\dfrac{1}{t}\right) = \dfrac{2}{t} - \dfrac{1}{t^2} \dfrac{2/t}{(1/t)^2 - 1} = \dfrac{2}{t} - \dfrac{2}{t - t^3} = \dfrac{2}{t} \dfrac{t^2}{t^2 - 1} \\ \dfrac{1}{t^4} q\left(\dfrac{1}{t}\right) = \dfrac{1}{t^4} \dfrac{t^2}{1 - t^2}\left(\lambda - \dfrac{t^2 m^2}{1 - t^2}\right) = \dfrac{1}{t^2} \dfrac{1}{1 - t^2}\left(\lambda - \dfrac{t^2 m^2}{1 - t^2}\right) \end{cases}$$

$\Rightarrow \quad t = 0$ 即 $z = \infty$ 是方程的奇点

$$\begin{cases} t\left[\dfrac{2}{t} - \dfrac{1}{t^2} p\left(\dfrac{1}{t}\right)\right]_{t=0} = 2\dfrac{t^2}{t^2 - 1}\bigg|_{t=0} = 0 \\ t^2\left[\dfrac{1}{t^4} q\left(\dfrac{1}{t}\right)\right]_{t=0} = \dfrac{1}{1 - t^2}\left(\lambda - \dfrac{t^2 m^2}{1 - t^2}\right)_{t=0} = \lambda \end{cases}$$

$\Rightarrow \quad t = 0$，即 $z = \infty$ 是方程的正则奇点

指标方程：$\rho(\rho - 1) + a_0 \rho + b_0 = 0.$

$$\lim_{z \to z_0}(z - z_0) p(z) = a_0, \quad \lim_{z \to z_0}(z - z_0)^2 q(z) = b_0$$

$$z_0 = \pm 1, \quad a_0 = 1, \quad b_0 = -\dfrac{m^2}{4}, \quad \rho(\rho - 1) + \rho - \dfrac{m^2}{4} = 0$$

可知 $z_0 = \pm 1$ 处的指标为 $\rho = \pm\dfrac{m}{2}$，设 $w(z) = (z^2 - 1)^{\frac{m}{2}} v(z)$，则

$$w' = \dfrac{m}{2}(z^2 - 1)^{\frac{m}{2}-1} 2zv + (z^2 - 1)^{\frac{m}{2}} v' = zm(z^2 - 1)^{\frac{m}{2}-1} v + (z^2 - 1)^{\frac{m}{2}} v'$$

$$w'' = m(z^2 - 1)^{\frac{m}{2}-1} v + zm\left(\dfrac{m}{2} - 1\right)(z^2 - 1)^{\frac{m}{2}-2} 2zv + zm(z^2 - 1)^{\frac{m}{2}-1} v' +$$

$$\dfrac{m}{2}(z^2 - 1)^{\frac{m}{2}-1} 2zv' + (z^2 - 1)^{\frac{m}{2}} v'' = z^2 m(m - 2)(z^2 - 1)^{\frac{m}{2}-2} v +$$

$$m(z^2 - 1)^{\frac{m}{2}-1} v + 2zm(z^2 - 1)^{\frac{m}{2}-1} v' + (z^2 - 1)^{\frac{m}{2}} v''$$

代入方程 $(z^2 - 1)w'' + 2zw' + \left(\dfrac{m^2}{1 - z^2} - \lambda\right)w = 0$ 有

$$(z^2 - 1)w'' = z^2 m(m - 2)(z^2 - 1)^{\frac{m}{2}-1} v + m(z^2 - 1)^{\frac{m}{2}} v + 2zm(z^2 - 1)^{\frac{m}{2}} v' + (z^2 - 1)^{\frac{m}{2}+1} v''$$

$$2zw' = 2z^2 m(z^2 - 1)^{\frac{m}{2}-1} v + 2z(z^2 - 1)^{\frac{m}{2}} v'$$

$$\left(\dfrac{m^2}{1 - z^2} - \lambda\right)w = \left(\dfrac{m^2}{1 - z^2} - \lambda\right)(z^2 - 1)^{\frac{m}{2}} v$$

得到

$$(z^2 - 1)^{\frac{m}{2}+1} v'' + 2z(m + 1)(z^2 - 1)^{\frac{m}{2}} v' +$$

$$\left\{[z^2 m(m - 2) + 2z^2 m](z^2 - 1)^{\frac{m}{2}-1} + \left(\dfrac{m^2}{1 - z^2} - \lambda + m\right)(z^2 - 1)^{\frac{m}{2}}\right\} v = 0$$

约去 $(z^2 - 1)^{\frac{m}{2}}$，得

$$(z^2 - 1)v'' + 2z(m + 1)v' + \left\{[z^2 m(m - 2) + 2z^2 m](z^2 - 1)^{-1} + \left(\dfrac{m^2}{1 - z^2} - \lambda + m\right)\right\} v = 0$$

其中，$\{\cdot\} = \dfrac{z^2 m^2}{z^2 - 1} + \dfrac{m^2}{z^2 - 1} - \lambda + m = m^2 - \lambda + m = m(m + 1) - \lambda.$

得

$$(1 - z^2)v'' - 2(m + 1)zv' + [\lambda - m(m + 1)]v = 0 \quad\text{—— 超球微分方程}$$

$$p(z) = \dfrac{2z(m + 1)}{z^2 - 1}, \quad q(z) = \dfrac{\lambda - m(m + 1)}{1 - z^2} \quad \Rightarrow \quad z_0 = \pm 1 \text{ 是方程的奇点}$$

$$\begin{cases} (z-1)p(z)\big|_{z=1} = \dfrac{2z(m+1)}{z+1}\bigg|_{z=1} = m+1 \\ (z-1)^2 q(z)\big|_{z=1} = \dfrac{1-z}{1+z}[\lambda - m(m+1)]\big|_{z=1} = 0 \end{cases} \Rightarrow \quad z_0 = 1 \text{ 是方程的正则奇点}$$

$$\begin{cases} (z+1)p(z)\big|_{z=-1} = \dfrac{2z(m+1)}{z-1}\bigg|_{z=-1} = 0 \\ (z+1)^2 q(z)\big|_{z=-1} = \dfrac{1+z}{1-z}[\lambda - m(m+1)]\big|_{z=-1} = 0 \end{cases} \Rightarrow \quad z_0 = -1 \text{ 是方程的正则奇点}$$

指标方程：$\rho(\rho-1) + a_0\rho + b_0 = 0$.

$$\lim_{z\to z_0}(z-z_0)p(z) = a_0, \quad \lim_{z\to z_0}(z-z_0)^2 q(z) = b_0$$

$$z_0 = \pm 1, \quad a_0 = m+1, \quad b_0 = 0, \quad \rho(\rho-1) + (m+1)\rho = 0$$

可知 $z_0 = \pm 1$ 处的指标为 $\rho_1 = 0, \rho_2 = -m$，代入 $v(z) = (z-z_0)^\rho \sum\limits_{n=0}^{\infty} c_n(z-z_0)$，对应 $\rho_2 = -m$ 的解在 $z = \pm 1$ 点一定发散.

用数学归纳法可以证明：超球微分方程可以通过勒让德方程微商 m 次得到 $w^{(m)}(z) = v(z)$.

令 $\lambda = \nu(\nu+1)$ 可得连带勒让德方程的两个线性无关解为

$$P_\nu^m(z) = (z^2-1)^{\frac{m}{2}} \frac{d^m P_\nu(z)}{dz^m}, \quad Q_\nu^m(z) = (z^2-1)^{\frac{m}{2}} \frac{d^m Q_\nu(z)}{dz^m}$$

由 $P_\nu(z), Q_\nu(z)$ 可知，$P_\nu^m(z), Q_\nu^m(z)$ 是多值函数，支点为 ± 1 和 ∞. 从 $z = \infty$ 沿实轴到 $z = 1$ 作割线，且 $|\arg(z \pm 1)| < \pi$.

$P_\nu^m(z), Q_\nu^m(z)$ 在单值分支上解析，而在割线两侧不连续，这不是本征值问题的解. 本征值问题的解是 $-1 < x < 1$ 上的解.

定义 （霍尔森定义）

$$P_\nu^m(x) \equiv i^m P_\nu^m(x+i0) \equiv i^{-m} P_\nu^m(x-i0) \equiv (-1)^m (1-x^2)^{\frac{m}{2}} \frac{d^m P_\nu(x)}{dx^m}$$

$$Q_\nu^m(x) \equiv \frac{(-1)^m}{2}[i^{-m} Q_\nu^m(x+i0) + i^m Q_\nu^m(x-i0)] \equiv (-1)^m (1-x^2)^{\frac{m}{2}} \frac{d^m Q_\nu(x)}{dx^m}$$

连带勒让德方程的通解为

$$y(x) = C_1 P_\nu^m(x) + C_2 Q_\nu^m(x)$$

连带勒让德方程的本征值问题要求 $y(\pm 1)$ 有界. 14.2 节中已讨论过：在 $x = 1$ 处，$P_\nu(x)$ 有界，$Q_\nu(x)$ 对数发散. 因此，在 $x = 1$ 处，$(1-x^2)^{\frac{m}{2}} P_\nu^{(m)}(x)$ 也有界，而 $(1-x^2)^{\frac{m}{2}} Q_\nu^{(m)}(x)$ 对数发散.

$y(1)$ 有界 $\Rightarrow C_2 = 0$，对于一般的 ν 值，$P_\nu(x)$ 是无穷级数，在 $x = -1$ 处对数发散.

$y(-1)$ 有界 $\Rightarrow \nu \geqslant m$ 是自然数. 因此，本征值 $\lambda_l = l(l+1)$，本征函数 $y_l(x) = P_l^m(x) \equiv (-1)^m (1-x^2)^{\frac{m}{2}} \frac{d^m P_l(x)}{dx^m}$，关联勒让德函数（$m$ 阶 l 次勒让德函数）$P_l^m(x) \equiv (-1)^m \cdot (1-x^2)^{\frac{m}{2}} \frac{d^m P_l(x)}{dx^m}$，即

$$P_l^0(x) = (-1)^0 (1-x^2)^{\frac{0}{2}} P_l(x) = P_l(x)$$

$$\mathrm{P}_1^1(x) = (-1)^1 (1-x^2)^{\frac{1}{2}} \frac{\mathrm{d}\mathrm{P}_1(x)}{\mathrm{d}x} = -(1-x^2)^{\frac{1}{2}} = -\sin\theta$$

$$\mathrm{P}_2^1(x) = (-1)^1 (1-x^2)^{\frac{1}{2}} \frac{\mathrm{d}\mathrm{P}_2(x)}{\mathrm{d}x} = -(1-x^2)^{\frac{1}{2}} \frac{\mathrm{d}}{\mathrm{d}x} \frac{1}{2}(3x^2-1) = -3x(1-x^2) =$$

$$-\frac{3}{2}\sin 2\theta$$

$$\mathrm{P}_2^2(x) = (-1)^2 (1-x^2)^{\frac{2}{2}} \frac{\mathrm{d}^2\mathrm{P}_2(x)}{\mathrm{d}x^2} = (1-x^2) \frac{\mathrm{d}^2}{\mathrm{d}x^2} \frac{1}{2}(3x^2-1) = 3(1-x^2) =$$

$$\frac{3}{2}(1-\cos 2\theta)$$

$\mathrm{P}_l^{-m}(x)$ 与 $\mathrm{P}_l^m(x)$ 线性相关，$\mathrm{P}_l^{-m}(x) = (-1)^m \frac{(l-m)!}{(l+m)!} \mathrm{P}_l^m(x)$.

定理 （连带勒让德函数的正交性）相同阶不同次的连带勒让德函数在区间$[-1,1]$上正交，即

$$\int_{-1}^1 \mathrm{P}_l^m(x) \mathrm{P}_k^m(x) \mathrm{d}x = 0, \quad k \neq l$$

模方：
$$\int_{-1}^1 \mathrm{P}_l^m(x) \mathrm{P}_l^m(x) \mathrm{d}x = \frac{(l+m)!}{(l-m)!} \frac{2}{2l+1}$$

$$\int_{-1}^1 \mathrm{P}_l^m(x) \mathrm{P}_k^m(x) \mathrm{d}x = \frac{(l+m)!}{(l-m)!} \frac{2}{2l+1} \delta_{lk}$$

$$\int_0^\pi \mathrm{P}_l^m(\cos\theta) \mathrm{P}_k^m(\cos\theta) \sin\theta \mathrm{d}\theta = \frac{(l+m)!}{(l-m)!} \frac{2}{2l+1} \delta_{lk}$$

例 一均匀球体，球面温度为$(1+3\cos\theta)\sin\theta\cos\varphi$，求球内的稳定温度分布.

解 采用球坐标系，由边界条件可知，u 与 θ, φ 有关，$u = u(r, \theta, \varphi)$，$u$ 的定解问题为

$$\begin{cases} \dfrac{1}{r^2} \dfrac{\partial}{\partial r}\left(r^2 \dfrac{\partial u}{\partial r}\right) + \dfrac{1}{r^2\sin\theta} \dfrac{\partial}{\partial\theta}\left(\sin\theta \dfrac{\partial u}{\partial\theta}\right) + \dfrac{1}{r^2\sin^2\theta} \dfrac{\partial^2 u}{\partial\varphi^2} = 0, \quad 0 < r < a \\ u|_{r=a} = (1+3\cos\theta)\sin\theta\cos\varphi \end{cases}$$

令 $u(r, \theta, \varphi) = R(r)S(\theta, \varphi)$，分离变量得

$$S \frac{1}{r^2} \frac{\mathrm{d}}{\mathrm{d}r}\left(r^2 \frac{\mathrm{d}R}{\mathrm{d}r}\right) + R \frac{1}{r^2\sin\theta} \frac{\partial}{\partial\theta}\left(\sin\theta \frac{\partial S}{\partial\theta}\right) + R \frac{1}{r^2\sin^2\theta} \frac{\partial^2 S}{\partial\varphi^2} = 0$$

两边同乘以 $\dfrac{r^2}{RS}$，得

$$\frac{1}{R} \frac{\mathrm{d}}{\mathrm{d}r}\left(r^2 \frac{\mathrm{d}R}{\mathrm{d}r}\right) = -\frac{1}{S\sin\theta} \frac{\partial}{\partial\theta}\left(\sin\theta \frac{\partial S}{\partial\theta}\right) - \frac{1}{S\sin^2\theta} \frac{\partial^2 S}{\partial\varphi^2} \equiv \lambda$$

即

$$\frac{\mathrm{d}}{\mathrm{d}r}\left(r^2 \frac{\mathrm{d}R}{\mathrm{d}r}\right) - \lambda R = 0, \quad \frac{1}{\sin\theta} \frac{\partial}{\partial\theta}\left(\sin\theta \frac{\partial S}{\partial\theta}\right) + \frac{1}{\sin^2\theta} \frac{\partial^2 S}{\partial\varphi^2} + \lambda S = 0$$

易知 $R_l(r) = r^l (\lambda = l(l+1), R(0)$ 有限$)$，令 $S(\theta, \varphi) = \Theta(\theta)\Phi(\varphi)$，继续分离变量得

$$\Phi \frac{1}{\sin\theta} \frac{\mathrm{d}}{\mathrm{d}\theta}\left(\sin\theta \frac{\mathrm{d}\Theta}{\mathrm{d}\theta}\right) + \Theta \frac{1}{\sin^2\theta} \frac{\mathrm{d}^2\Phi}{\mathrm{d}\varphi^2} + \lambda\Theta\Phi = 0$$

两边同乘以 $\dfrac{\sin^2\theta}{\Theta\Phi}$，得

$$\frac{\sin\theta}{\Theta} \frac{\mathrm{d}}{\mathrm{d}\theta}\left(\sin\theta \frac{\mathrm{d}\Theta}{\mathrm{d}\theta}\right) + \frac{1}{\Phi} \frac{\mathrm{d}^2\Phi}{\mathrm{d}\varphi^2} + \lambda\sin^2\theta = 0$$

$$-\frac{1}{\Phi}\frac{\mathrm{d}^2\Phi}{\mathrm{d}\varphi^2}=\frac{\sin^2\theta}{\Theta}\left[\frac{1}{\sin\theta}\frac{\mathrm{d}}{\mathrm{d}\theta}\left(\sin\theta\frac{\mathrm{d}\Theta}{\mathrm{d}\theta}\right)+\lambda\Theta\right]=\mu$$

$$\frac{1}{\sin\theta}\frac{\mathrm{d}}{\mathrm{d}\theta}\left(\sin\theta\frac{\mathrm{d}\Theta}{\mathrm{d}\theta}\right)+\left(\lambda-\frac{\mu}{\sin^2\theta}\right)\Theta=0,\quad \Phi''+\mu\Phi=0$$

易知 $\Theta_l(\theta)=\mathrm{P}_l^m(\cos\theta)$ $(\Theta(0),\Theta(\pi)$ 有限$),m^2=\mu,$

$$\Phi_l(\varphi)=A_l^m\cos m\varphi+B_l^m\sin m\varphi$$

一般解为

$$u(r,\theta,\varphi)=\sum_{l=0}^{\infty}\sum_{m=0}^{l}r^l(A_l^m\cos m\varphi+B_l^m\sin m\varphi)\mathrm{P}_l^m(\cos\theta)$$

$$u(a,\theta,\varphi)=\sum_{l=0}^{\infty}\sum_{m=0}^{l}a^l(A_l^m\cos m\varphi+B_l^m\sin m\varphi)\mathrm{P}_l^m(\cos\theta)=(1+3\cos\theta)\sin\theta\cos\varphi$$

对比两边 $\cos m\varphi$ 和 $\sin m\varphi$ 的系数,得

$$\sum_{l=0}^{\infty}a^lA_l^1\mathrm{P}_l^1(\cos\theta)=\sin\theta+\frac{3}{2}\sin 2\theta=-\mathrm{P}_1^1(\cos\theta)-\mathrm{P}_2^1(\cos\theta)$$

$$a^lA_l^m\mathrm{P}_l^m(\cos\theta)=0,\quad m\neq 1$$

$$a^lB_l^m\mathrm{P}_l^m(\cos\theta)=0$$

$$\begin{cases}A_2^1a^2=-1\\A_1^1a=-1\end{cases}\Rightarrow\begin{cases}A_2^1=-\dfrac{1}{a^2}\\[2mm]A_1^1=-\dfrac{1}{a}\end{cases}$$

故

$$u(r,\theta,\varphi)=-\frac{r}{a}\cos\varphi\mathrm{P}_1^1(\cos\theta)-\frac{r^2}{a^2}\cos\varphi\mathrm{P}_2^1(\cos\theta)=\frac{r}{a}\cos\varphi\sin\theta+\frac{3r^2}{2a^2}\cos\varphi\sin 2\theta$$

14.9　球面调和函数

前文已经讨论过球内拉普拉斯方程的第一类边值问题的定解问题为

$$\begin{cases}\dfrac{1}{r^2}\dfrac{\partial}{\partial r}\left(r^2\dfrac{\partial u}{\partial r}\right)+\dfrac{1}{r^2\sin\theta}\dfrac{\partial}{\partial\theta}\left(\sin\theta\dfrac{\partial u}{\partial\theta}\right)+\dfrac{1}{r^2\sin^2\theta}\dfrac{\partial^2 u}{\partial\varphi^2}=0\\[3mm]u\big|_{\theta=0}\text{ 有界},\quad u\big|_{\theta=\pi}\\[2mm]u\big|_{\varphi=0}=u\big|_{\varphi=2\pi},\quad \dfrac{\partial u}{\partial\varphi}\Big|_{\varphi=0}=\dfrac{\partial u}{\partial\varphi}\Big|_{\varphi=2\pi}\\[2mm]u\big|_{r=0}\text{ 有界},\quad u\big|_{r=a}=f(\theta,\varphi)\end{cases}$$

令 $u(r,\theta,\varphi)=R(r)S(\theta,\varphi)$,分离变量得

$$\begin{cases}\dfrac{\mathrm{d}}{\mathrm{d}r}\left(r^2\dfrac{\mathrm{d}R}{\mathrm{d}r}\right)-\lambda R=0\\[3mm]R(0)\text{ 有界}\end{cases}$$

$$\begin{cases}\dfrac{1}{\sin\theta}\dfrac{\partial}{\partial\theta}\left(\sin\theta\dfrac{\partial S}{\partial\theta}\right)+\dfrac{1}{\sin^2\theta}\dfrac{\partial^2 S}{\partial\varphi^2}+\lambda S=0\\[3mm]S\big|_{\theta=0}\text{ 有界},\quad S\big|_{\theta=\pi}\text{ 有界}\\[2mm]S\big|_{\varphi=0}=S\big|_{\varphi=2\pi},\quad \dfrac{\partial S}{\partial\varphi}\Big|_{\varphi=0}=\dfrac{\partial S}{\partial\varphi}\Big|_{\varphi=2\pi}\end{cases}$$

其中

$$\frac{1}{\sin\theta}\frac{\partial}{\partial\theta}\left(\sin\theta\frac{\partial S}{\partial\theta}\right)+\frac{1}{\sin^2\theta}\frac{\partial^2 S}{\partial\varphi^2}+\lambda S=0 \quad\text{—— 球函数方程}$$

令 $S(\theta,\varphi)=\Theta(\theta)\Phi(\varphi)$,继续分离变量得

$$\begin{cases}\dfrac{1}{\sin\theta}\dfrac{d}{d\theta}\left(\sin\theta\dfrac{d\Theta}{d\theta}\right)+\left(\lambda-\dfrac{\mu}{\sin^2\theta}\right)\Theta=0\\ \Theta(0)\text{ 有界},\quad \Theta(\pi)\text{ 有界}\end{cases}\Rightarrow\quad\Theta_l(\theta)=P_l^m(\cos\theta)$$

$$\begin{cases}\Phi''+m\Phi=0\\ \Phi(0)=\Phi(2\pi),\quad \Phi'(0)=\Phi'(2\pi)\end{cases}\Rightarrow\quad\Phi_l(\varphi)=A_l^m\cos m\varphi+B_l^m\sin m\varphi$$

球函数方程的本征值为 $\lambda_l=l(l+1),l=0,1,2,\cdots$ 对应一个 λ 有 $2l+1$ 个本征函数:

$$\left.\begin{array}{l}S_{lm1}(\theta,\varphi)=P_l^m(\cos\theta)\cos m\varphi,\quad m=0,1,2,\cdots,l\\ S_{lm2}(\theta,\varphi)=P_l^m(\cos\theta)\sin m\varphi,\quad m=1,2,3,\cdots,l\end{array}\right\}\quad\text{—— 球面调和函数(球谐函数)}$$

模方:

$$\int_0^\pi\int_0^{2\pi}S_{lm1}^2(\theta,\varphi)\sin\theta d\theta d\varphi=\int_0^\pi\left[P_l^m(\cos\theta)\right]^2\sin\theta d\theta\int_0^{2\pi}\cos^2 m\varphi d\varphi=$$

$$\frac{(l+m)!}{(l-m)!}\frac{2\pi}{2l+1}(1+\delta_{m0})$$

$$\int_0^\pi\int_0^{2\pi}S_{lm2}^2(\theta,\varphi)\sin\theta d\theta d\varphi=\int_0^\pi\left[P_l^m(\cos\theta)\right]^2\sin\theta d\theta\int_0^{2\pi}\sin^2 m\varphi d\varphi=$$

$$\frac{(l+m)!}{(l-m)!}\frac{2\pi}{2l+1}$$

通常,物理学中的球面调和函数是指:

$$S_{lm}(\theta,\varphi)=P_l^{|m|}(\cos\theta)e^{im\varphi},\quad m=0,\pm1,\pm2,\cdots,\pm l$$

其正交性为

$$\int_0^\pi\int_0^{2\pi}S_{lm}(\theta,\varphi)S_{kn}^*(\theta,\varphi)\sin\theta d\theta d\varphi=\frac{(l+|m|)!}{(l-|m|)!}\frac{4\pi}{2l+1}\delta_{lk}\delta_{mn}$$

令

$$Y_l^m(\theta,\varphi)=\sqrt{\frac{(l-|m|)!}{(l+|m|)!}\frac{2l+1}{4\pi}}P_l^{|m|}(\cos\theta)e^{im\varphi},\quad m=0,\pm1,\pm2,\cdots,\pm l\quad(l\text{ 阶球函数})$$

满足正交归一性 $\displaystyle\int_0^\pi\int_0^{2\pi}Y_l^m(\theta,\varphi)Y_k^n(\theta,\varphi)\sin\theta d\theta d\varphi=\delta_{lk}\delta_{mn}$,有

$$Y_0^0(\theta,\varphi)=\frac{1}{\sqrt{4\pi}}$$

$$Y_1^0(\theta,\varphi)=\sqrt{\frac{3}{4\pi}}\cos\theta$$

$$Y_1^{\pm1}(\theta,\varphi)=\pm\sqrt{\frac{3}{8\pi}}\sin\theta e^{\pm i\varphi}$$

$$Y_2^0(\theta,\varphi)=\sqrt{\frac{5}{16\pi}}(3\cos^2\theta-1)$$

$$Y_2^{\pm1}(\theta,\varphi)=\pm\sqrt{\frac{15}{8\pi}}\sin\theta\cos\theta e^{\pm i\varphi}$$

$$Y_2^{\pm2}(\theta,\varphi)=\sqrt{\frac{15}{32\pi}}\,\sin^2\theta e^{\pm i2\varphi}$$

……

例 1 将函数 $f(\theta,\varphi)=(1+3\cos\theta)\sin\theta\cos\varphi$ 按球函数展开.

解 $f(\theta,\varphi)=(1+3\cos\theta)\sin\theta\cos\varphi=(\sin\theta+3\cos\theta\sin\theta)\dfrac{e^{i\varphi}+e^{-i\varphi}}{2}=$

$$\frac{1}{2}(\sin\theta e^{i\varphi}+\sin\theta e^{-i\varphi})+\frac{3}{2}(\cos\theta\sin\theta e^{i\varphi}+\cos\theta\sin\theta e^{-i\varphi})=$$

$$\frac{1}{2}\sqrt{\frac{8\pi}{3}}\left(\sqrt{\frac{3}{8\pi}}\sin\theta e^{i\varphi}+\sqrt{\frac{3}{8\pi}}\sin\theta e^{-i\varphi}\right)+$$

$$\frac{3}{2}\sqrt{\frac{8\pi}{15}}\left(\sqrt{\frac{15}{8\pi}}\cos\theta\sin\theta e^{i\varphi}+\sqrt{\frac{15}{8\pi}}\cos\theta\sin\theta e^{-i\varphi}\right)=$$

$$\sqrt{\frac{2\pi}{3}}(Y_1^1-Y_1^{-1})+\sqrt{\frac{6\pi}{5}}(Y_2^1-Y_2^{-1})$$

例 2 一均匀球体,球面温度为 $(1+3\cos\theta)\sin\theta\cos\varphi$,求球内的稳定温度分布.

解 采用球坐标系,由边界条件可知,u 与 θ,φ 有关,$u=u(r,\theta,\varphi)$,u 的定解问题为

$$\begin{cases}\dfrac{1}{r^2}\dfrac{\partial}{\partial r}\left(r^2\dfrac{\partial u}{\partial r}\right)+\dfrac{1}{r^2\sin\theta}\dfrac{\partial}{\partial\theta}\left(\sin\theta\dfrac{\partial u}{\partial\theta}\right)+\dfrac{1}{r^2\sin^2\theta}\dfrac{\partial^2 u}{\partial\varphi^2}=0,\quad 0<r<a\\[2mm] u\big|_{r=a}=(1+3\cos\theta)\sin\theta\cos\varphi\end{cases}$$

令 $u(r,\theta,\varphi)=R(r)Y_l^m(\theta,\varphi)$,分离变量得

$$Y\frac{1}{r^2}\frac{d}{dr}\left(r^2\frac{dR}{dr}\right)+R\frac{1}{r^2\sin\theta}\frac{\partial}{\partial\theta}\left(\sin\theta\frac{\partial Y}{\partial\theta}\right)+R\frac{1}{r^2\sin^2\theta}\frac{\partial^2 Y}{\partial\varphi^2}=0$$

两边同乘以 $\dfrac{r^2}{RY}$,得

$$\frac{1}{R}\frac{d}{dr}\left(r^2\frac{dR}{dr}\right)=-\frac{1}{Y\sin\theta}\frac{\partial}{\partial\theta}\left(\sin\theta\frac{\partial Y}{\partial\theta}\right)-\frac{1}{Y\sin^2\theta}\frac{\partial^2 Y}{\partial\varphi^2}\equiv\lambda$$

由 $\dfrac{d}{dr}\left(r^2\dfrac{dR}{dr}\right)-\lambda R=0$ 知,$R_l(r)=r^l(\lambda=l(l+1),R(0)$ 有限$)$,则

$$u(r,\theta,\varphi)=\sum_{l=0}^{\infty}\sum_{m=-l}^{l}C_l r^l Y_l^m(\theta,\varphi)$$

代入已知边界条件 $u\big|_{r=a}=(1+3\cos\theta)\sin\theta\cos\varphi$,得

$$\sum_{l=0}^{\infty}\sum_{m=-l}^{l}C_{l,m}a^l Y_l^m(\theta,\varphi)=(1+3\cos\theta)\sin\theta\cos\varphi=\sqrt{\frac{2\pi}{3}}(Y_1^1-Y_1^{-1})+\sqrt{\frac{6\pi}{5}}(Y_2^1-Y_2^{-1})$$

$$\begin{cases}C_{1,1}a=\sqrt{\dfrac{2\pi}{3}}\\[2mm]C_{1,-1}a=-\sqrt{\dfrac{2\pi}{3}}\\[2mm]C_{2,1}a^2=\sqrt{\dfrac{6\pi}{5}}\\[2mm]C_{2,-1}a^2=-\sqrt{\dfrac{6\pi}{5}}\\[2mm]C_{l,m}a^l=0\quad(l\neq 1,2;\ m\neq\pm1)\end{cases}\Rightarrow\begin{cases}C_{1,1}=\dfrac{1}{a}\sqrt{\dfrac{2\pi}{3}}\\[2mm]C_{1,-1}=-\dfrac{1}{a}\sqrt{\dfrac{2\pi}{3}}\\[2mm]C_{2,1}=\dfrac{1}{a^2}\sqrt{\dfrac{6\pi}{5}}\\[2mm]C_{2,-1}=-\dfrac{1}{a^2}\sqrt{\dfrac{6\pi}{5}}\\[2mm]C_{l,m}=0\quad(l\neq 1,2;\ m\neq\pm1)\end{cases}$$

可知

$$u(r,\theta,\varphi) = \sqrt{\frac{2\pi}{3}}\,\frac{r}{a}(Y_1^1 - Y_1^{-1}) + \sqrt{\frac{6\pi}{5}}\,\frac{r^2}{a^2}(Y_2^1 - Y_2^{-1}) =$$

$$\frac{1}{2}\frac{r}{a}(\sin\theta e^{i\varphi} + \sin\theta e^{-i\varphi}) + \frac{3}{2}\frac{r^2}{a^2}(\sin\theta\cos\theta e^{i\varphi} + \sin\theta\cos\theta e^{-i\varphi}) =$$

$$\frac{r}{a}\sin\theta\cos\varphi + \frac{3}{2}\frac{r^2}{a^2}\sin 2\theta\cos\varphi$$

第15章 柱 函 数

$$\mathbf{\nabla}^2 v + k^2 v = 0$$

$$\frac{1}{r}\frac{\partial}{\partial r}\left(r\frac{\partial v}{\partial r}\right) + \frac{1}{r^2}\frac{\partial^2 v}{\partial \varphi^2} + \frac{\partial^2 v}{\partial z^2} + k^2 v = 0 \quad\Rightarrow\quad \begin{cases} \dfrac{\mathrm{d}^2 Z}{\mathrm{d}z^2} + \lambda Z = 0 \\[2mm] \dfrac{\mathrm{d}^2 \Phi}{\mathrm{d}\varphi^2} + \mu\Phi = 0 \\[2mm] \dfrac{1}{r}\dfrac{\mathrm{d}}{\mathrm{d}r}\left(r\dfrac{\mathrm{d}R}{\mathrm{d}r}\right) + \left(k^2 - \lambda - \dfrac{\mu}{r^2}\right)R = 0 \end{cases}$$

亥姆霍兹方程在柱坐标系下分离变量得到的常微分方程为

$$\frac{1}{r}\frac{\mathrm{d}}{\mathrm{d}r}\left(r\frac{\mathrm{d}R}{\mathrm{d}r}\right) + \left(k^2 - \lambda - \frac{\mu}{r^2}\right)R = 0$$

若 $k^2 - l \neq 0$，作变换 $x = \sqrt{k^2 - \lambda}\, r, y(x) = R(r)$，则

$$\mathrm{d}x = \sqrt{k^2 - \lambda}\, \mathrm{d}r, \qquad \frac{\mathrm{d}}{\mathrm{d}r} = \sqrt{k^2 - \lambda}\,\frac{\mathrm{d}}{\mathrm{d}x}, \qquad \frac{\mathrm{d}R}{\mathrm{d}r} = \frac{\mathrm{d}y}{\mathrm{d}r} = \frac{\mathrm{d}y}{\mathrm{d}x}\frac{\mathrm{d}x}{\mathrm{d}r} = \sqrt{k^2 - \lambda}\,\frac{\mathrm{d}y}{\mathrm{d}x}$$

代入方程可得

$$\sqrt{k^2 - \lambda}\,\frac{1}{x}\sqrt{k^2 - \lambda}\,\frac{\mathrm{d}}{\mathrm{d}x}\left(\frac{x}{\sqrt{k^2 - \lambda}}\sqrt{k^2 - \lambda}\,\frac{\mathrm{d}y}{\mathrm{d}x}\right) + \left(k^2 - \lambda - \mu\frac{k^2 - \lambda}{x^2}\right)y = 0$$

则有

$$\frac{k^2 - \lambda}{x}\frac{\mathrm{d}}{\mathrm{d}x}\left(x\frac{\mathrm{d}y}{\mathrm{d}x}\right) + (k^2 - \lambda)\left(1 - \frac{\mu}{x^2}\right)y = 0$$

即

$$\frac{1}{x}\frac{\mathrm{d}}{\mathrm{d}x}\left(x\frac{\mathrm{d}y}{\mathrm{d}x}\right) + \left(1 - \frac{\mu}{x^2}\right)y = 0$$

令 $\mu = \nu^2$，则

$$\frac{1}{x}\frac{\mathrm{d}}{\mathrm{d}x}\left(x\frac{\mathrm{d}y}{\mathrm{d}x}\right) + \left(1 - \frac{\nu^2}{x^2}\right)y = 0 \quad\text{——}\nu\text{ 阶贝塞尔方程}$$

本章就来讨论该方程的解、解函数的主要性质，以及分离变量法中涉及的各种问题.

对 ν 阶贝塞尔方程进行化简：有 $\dfrac{1}{x}y' + y'' + \left(1 - \dfrac{\nu^2}{x^2}\right)y = 0$；

标准形式为：$y'' + \dfrac{1}{x}y' + \left(1 - \dfrac{\nu^2}{x^2}\right)y = 0$；

系数函数为：$p(x) = \dfrac{1}{x}, q(x) = 1 - \dfrac{\nu^2}{x^2}$；

方程的奇点为：$x = 0, \infty$.

$xp(x) = 1$, $\quad x^2 q(x) = x^2 - \nu^2 \quad\Rightarrow\quad x = 0$ 是正则奇点

$2 - \dfrac{1}{t}p(1/t) = 1$, $\quad \dfrac{1}{t^2}q(1/t) = \dfrac{1}{t^2} - \nu^2 \quad\Rightarrow t = 0$ 处不解析，$x = \infty$ 是非正则奇点

15.1　贝塞尔函数和诺依曼函数

当 $\nu \neq$ 整数时,贝塞尔方程的两个线性无关解为 $J_{\pm\nu}(x) = \sum_{k=0}^{\infty} \dfrac{(-1)^k}{k!\ \Gamma(k \pm \nu + 1)} \left(\dfrac{x}{2}\right)^{2k\pm\nu}$,

其称为 $\pm\nu$ 阶贝塞尔函数(第一类贝塞尔函数).

当 $\nu =$ 整数 n 时,$J_n(x)$ 与 $J_{-n}(x)$ 线性相关,引入第二类贝塞尔函数(诺依曼函数):

$N_\nu(x) = \dfrac{\cos\nu\pi J_\nu(x) - J_{-\nu}(x)}{\sin\nu\pi}$,无论 ν 是否为整数,$J_n(x)$ 与 $N_n(x)$ 总是线性无关.

15.2　贝塞尔函数的递推关系

基本递推关系:

$$\frac{\mathrm{d}}{\mathrm{d}x}\left[x^\nu J_\nu(x)\right] = x^\nu J_{\nu-1}(x), \qquad \frac{\mathrm{d}}{\mathrm{d}x}\left[x^{-\nu} J_\nu(x)\right] = -x^{-\nu} J_{\nu+1}(x)$$

证明
$$J_{\pm\nu}(x) = \sum_{k=0}^{\infty} \frac{(-1)^k}{k!\ \Gamma(k \pm \nu + 1)} \left(\frac{x}{2}\right)^{2k\pm\nu}$$

达朗贝尔判别法:

$$\left|\frac{u_{k+1}}{u_k}\right| = \left|\left[\frac{(-1)^{k+1}}{(k+1)!\ \Gamma(k+1 \pm \nu + 1)}\left(\frac{x}{2}\right)^{2k+2\pm\nu}\right] \Big/ \left[\frac{(-1)^k}{k!\ \Gamma(k \pm \nu + 1)}\left(\frac{x}{2}\right)^{2k\pm\nu}\right]\right| =$$

$$\left|\frac{x^2}{4(k+1)(k \pm \nu + 1)}\right| < 1 \quad (z\Gamma(z) = \Gamma(z+1))$$

可知级数在全平面收敛,可以逐项微商,有

$$\frac{\mathrm{d}}{\mathrm{d}x}\left[x^\nu J_\nu(x)\right] = \sum_{k=0}^{\infty} \frac{(-1)^k}{k!\ \Gamma(k+\nu+1)}\frac{1}{2^{2k+\nu}}\frac{\mathrm{d}}{\mathrm{d}x}x^{2k+2\nu} = \sum_{k=0}^{\infty} \frac{(-1)^k}{k!\ \Gamma(k+\nu+1)}\frac{k+\nu}{2^{2k+\nu-1}}x^{2k+2\nu-1} =$$

$$\sum_{k=0}^{\infty} \frac{(-1)^k}{k!\ \Gamma(k+\nu)}\frac{1}{2^{2k+\nu-1}}x^{2k+2\nu-1} = x^\nu \sum_{k=0}^{\infty} \frac{(-1)^k}{k!\ \Gamma(k+\nu)}\frac{1}{2^{2k+\nu-1}}x^{2k+\nu-1} =$$

$$x^\nu J_{\nu-1}(x) \quad (z\Gamma(z) = \Gamma(z+1))$$

$$\frac{\mathrm{d}}{\mathrm{d}x}\left[x^{-\nu} J_\nu(x)\right] = \sum_{k=0}^{\infty} \frac{(-1)^k}{k!\ \Gamma(k+\nu+1)}\frac{1}{2^{2k+\nu}}\frac{\mathrm{d}}{\mathrm{d}x}x^{2k} = \sum_{k=1}^{\infty} \frac{(-1)^k}{k!\ \Gamma(k+\nu+1)}\frac{2k}{2^{2k+\nu}}x^{2k-1} =$$

$$\sum_{k=1}^{\infty} \frac{(-1)^k}{(k-1)!\ \Gamma(k+\nu+1)}\frac{1}{2^{2k+\nu-1}}x^{2k-1} =$$

$$\sum_{k=0}^{\infty} \frac{(-1)^{k+1}}{k!\ \Gamma(k+\nu+2)}\frac{1}{2^{2k+\nu+1}}x^{2k+1} =$$

$$-\sum_{k=0}^{\infty} \frac{(-1)^k}{k!\ \Gamma(k+\nu+2)}\frac{1}{2^{2k+\nu+1}}x^{2k+\nu+1}x^{-\nu} = -x^{-\nu} J_{\nu+1}(x)$$

由基本递推关系,有

$$\begin{cases} \dfrac{\mathrm{d}}{\mathrm{d}x}\left[x^\nu J_\nu(x)\right] = x^\nu J_{\nu-1}(x) \\[2mm] \dfrac{\mathrm{d}}{\mathrm{d}x}\left[x^{-\nu} J_\nu(x)\right] = -x^{-\nu} J_{\nu+1}(x) \end{cases} \Rightarrow \begin{cases} \nu x^{\nu-1} J_\nu(x) + x^\nu J'_\nu(x) = x^\nu J_{\nu-1}(x) \\[2mm] -\nu x^{-\nu-1} J_\nu(x) + x^{-\nu} J'_\nu(x) = -x^{-\nu} J_{\nu+1}(x) \end{cases}$$

即
$$\begin{cases} \nu J_\nu(x) + x J'_\nu(x) = x J_{\nu-1}(x) & (15.1) \\ -\nu J_\nu(x) + x J'_\nu(x) = -x J_{\nu+1}(x) & (15.2) \end{cases}$$

式(15.1)＋式(15.2)：

$$J_{\nu-1}(x) - J_{\nu+1}(x) = 2 J'_\nu(x)$$

式(15.1)－式(15.2)：

$$J_{\nu-1}(x) + J_{\nu+1}(x) = \frac{2\nu}{x} J_\nu(x)$$

因此,任意整数阶贝塞尔函数总可以用零阶和一阶贝塞尔函数表示.

令 $\nu = 0$,有

$$\begin{cases} J_{\nu-1}(x) - J_{\nu+1}(x) = 2 J'_\nu(x) \\ J_{\nu-1}(x) + J_{\nu+1}(x) = \frac{2\nu}{x} J_\nu(x) \end{cases} \Rightarrow \begin{cases} J_{-1}(x) - J_1(x) = 2 J'_0(x) \\ J_{-1}(x) + J_1(x) = 0 \end{cases} \Rightarrow -J_1(x) = J'_0(x)$$

由 ν 阶贝塞尔函数的递推关系可知,ν 阶诺依曼函数的递推关系为

$$\begin{cases} \dfrac{d}{dx}\left[x^\nu N_\nu(x) \right] = x^\nu N_{\nu-1}(x) \\[2mm] \dfrac{d}{dx}\left[x^{-\nu} N_\nu(x) \right] = -x^{-\nu} N_{\nu+1}(x) \end{cases}$$

定义 (柱函数)满足递推关系 $\begin{cases} \dfrac{d}{dx}\left[x^\nu u_\nu(x) \right] = x^\nu u_{\nu-1}(x) \\[2mm] \dfrac{d}{dx}\left[x^{-\nu} u_\nu(x) \right] = -x^{-\nu} u_{\nu+1}(x) \end{cases}$ 的函数 $\{u_\nu(x)\}$ 统称为柱

函数.

柱函数一定是贝塞尔方程的解.

第一类柱函数 —— 第一类贝塞尔函数(贝塞尔函数);

第二类柱函数 —— 第二类贝塞尔函数(诺依曼函数).

例 1 计算积分 $\int J_3(x) dx$.

解 由基本递推关系：$\dfrac{d}{dx}\left[x^{-\nu} J_\nu(x) \right] = -x^{-\nu} J_{\nu+1}(x)$,可知

$$\int J_3(x) dx = \int x^2 \left[x^{-2} J_3(x) \right] dx = -\int x^2 \frac{d}{dx}\left[x^{-2} J_2(x) \right] dx = -J_2(x) + 2\int x^{-1} J_2(x) dx =$$
$$-J_2(x) - 2x^{-1} J_1(x) + C$$

例 2 计算积分 $\int_0^1 (1-x^2) J_0(\mu x) x \, dx$,其中 $J_0(\mu) = 0$.

解 利用递推关系 $\dfrac{d}{dx}\left[x^\nu J_\nu(x) \right] = x^\nu J_{\nu-1}(x)$,分部积分得

$$\int_0^1 (1-x^2) J_0(\mu x) x \, dx = \int_0^1 (1-x^2) \frac{1}{\mu} \frac{d}{dx}\left[x J_1(\mu x) \right] dx =$$
$$(1-x^2) \frac{1}{\mu} \left[x J_1(\mu x) \right]_0^1 - \frac{1}{\mu} \int_0^1 x J_1(\mu x) d(1-x^2) =$$
$$0 + \frac{2}{\mu} \int_0^1 x^2 J_1(\mu x) dx = \frac{2}{\mu^4} \int_0^1 (\mu x)^2 J_1(\mu x) d(\mu x) =$$

$$\frac{2}{\mu^2} x^2 J_2(\mu x) \Big|_0^1 = \frac{2}{\mu^2} J_2(\mu)$$

因为 $J_{\nu-1}(x) + J_{\nu+1}(x) = \frac{2\nu}{x} J_\nu(x)$，所以 $J_2(\mu) = \frac{2}{\mu} J_1(\mu) - J_0(\mu)$.

故

$$\int_0^1 (1-x^2) J_0(\mu x) x \, dx = \frac{2}{\mu^2} \left[\frac{2}{\mu} J_1(\mu) - J_0(\mu) \right] = \frac{4}{\mu^3} J_1(\mu)$$

例 3　计算积分 $\int x^4 J_1(x) dx$.

解　方法一：利用递推关系 $\dfrac{d}{dx}[x^\nu J_\nu(x)] = x^\nu J_{\nu-1}(x)$，可知

$$\int x^4 J_1(x) dx = \int x^2 [x^2 J_1(x)] dx = \int x^2 \frac{d}{dx}[x^2 J_2(x)] dx = x^4 J_2(x) - 2\int x^3 J_2(x) dx =$$

$$x^4 J_2(x) - 2\int \frac{d}{dx}[x^3 J_3(x)] dx = x^4 J_2(x) - 2x^3 J_3(x) + C$$

又有

$$J_{\nu-1}(x) + J_{\nu+1}(x) = \frac{2\nu}{x} J_\nu(x)$$

$$\int x^4 J_1(x) dx = x^4 \left[\frac{2}{x} J_1(x) - J_0(x) \right] - 2x^3 \left[\frac{4}{x} J_2(x) - J_1(x) \right] =$$

$$4x^3 J_1(x) - x^4 J_0(x) - 8x^2 \left[\frac{2}{x} J_1(x) - J_0(x) \right] =$$

$$(4x^3 - 16x) J_1(x) + (-x^4 + 8x^2) J_0(x)$$

方法二：利用递推关系 $\dfrac{d}{dx}[x^{-\nu} J_\nu(x)] = -x^{-\nu} J_{\nu+1}(x)$，可知令 $\nu = 0, -J_1(x) = J'_0(x)$.

$$\int x^4 J_1(x) dx = -\int x^4 J'_0(x) dx = -x^4 J_0(x) + 4\int x^3 J_0(x) dx =$$

$$-x^4 J_0(x) + 4\int x^2 [x J_0(x)] dx = -x^4 J_0(x) + 4\int x^2 \frac{d}{dx}[x J_1(x)] dx =$$

$$-x^4 J_0(x) + 4x^3 J_1(x) - 8\int x^2 J_1(x) dx =$$

$$-x^4 J_0(x) + 4x^3 J_1(x) - 8x^2 J_2(x) + C =$$

$$-x^4 J_0(x) + 4x^3 J_1(x) - 8x^2 \left[\frac{2}{x} J_1(x) - J_0(x) \right] =$$

$$(4x^3 - 16x) J_1(x) + (-x^4 + 8x^2) J_0(x)$$

不同的方法，相同的结果，相同的本质.

15.3　贝塞尔函数的渐进展开

$$J_\nu(x) = \sum_{k=0}^\infty \frac{(-1)^k}{k! \, \Gamma(k+\nu+1)} \left(\frac{x}{2} \right)^{2k+\nu} = \frac{1}{\Gamma(\nu+1)} \left(\frac{x}{2} \right)^\nu + \sum_{k=1}^\infty \frac{(-1)^k}{k! \, \Gamma(k+\nu+1)} \left(\frac{x}{2} \right)^{2k+\nu}$$

贝塞尔函数渐进展开的两种基本类型：

(1) 适用于 $x \to 0$：$J_\nu(x) = \dfrac{1}{\Gamma(\nu+1)} \left(\dfrac{x}{2} \right)^\nu + o(x^{\nu+2})$.

(2) 适用于 $x \to \infty$: $\mathrm{J}_\nu(x) \sim \sqrt{\dfrac{2}{\pi x}} \cos \left(x - \dfrac{\nu \pi}{2} - \dfrac{\pi}{4} \right)$, $|\arg x| < \pi$.

15.4　整数阶贝塞尔函数的生成函数和积分表示

(1) $\mathrm{J}_n(x)$ 的生成函数展开式: $\exp \left[\dfrac{x}{2} \left(t - \dfrac{1}{t} \right) \right] = \sum\limits_{n=-\infty}^{\infty} \mathrm{J}_n(x) t^n$, $0 < |t| < \infty$.

在第 5 章 5.5 节例 2 中已讨论,证明略.

(2) $\mathrm{J}_n(x)$ 的积分表示: $\mathrm{J}_n(x) = \dfrac{1}{\pi} \displaystyle\int_0^{\pi} \cos (x \sin \theta - n\theta) \mathrm{d}\theta$.

证明　令 $t = \mathrm{e}^{\mathrm{i}\theta}$,代入生成函数展开式中

$$\exp \left[\frac{x}{2} \left(t - \frac{1}{t} \right) \right] = \exp \left[\frac{x}{2} (\mathrm{e}^{\mathrm{i}\theta} - \mathrm{e}^{-\mathrm{i}\theta}) \right] = \mathrm{e}^{\mathrm{i}x \sin \theta} = \sum_{n=-\infty}^{\infty} \mathrm{J}_n(x) \mathrm{e}^{\mathrm{i}n\theta}$$

这正是函数 $\mathrm{e}^{\mathrm{i}x \sin \theta}$ 的傅里叶展开式(复数形式),由傅里叶展开的系数公式知:

$$\mathrm{J}_n(x) = \frac{1}{2\pi} \int_{-\pi}^{\pi} \mathrm{e}^{\mathrm{i}x \sin \theta} (\mathrm{e}^{\mathrm{i}n\theta})^* \mathrm{d}\theta = \frac{1}{2\pi} \int_{-\pi}^{\pi} \mathrm{e}^{\mathrm{i}x \sin \theta - \mathrm{i}n\theta} \mathrm{d}\theta =$$

$$\frac{1}{2\pi} \int_{-\pi}^{\pi} \left[\cos (x \sin \theta - n\theta) + \mathrm{i} \sin (x \sin \theta - n\theta) \right] \mathrm{d}\theta =$$

$$\frac{1}{2\pi} \int_{-\pi}^{\pi} \cos (x \sin \theta - n\theta) \mathrm{d}\theta = \frac{1}{\pi} \int_0^{\pi} \cos (x \sin \theta - n\theta) \mathrm{d}\theta$$

例 1　计算积分 $\displaystyle\int_0^{\infty} \mathrm{e}^{-ax} \mathrm{J}_0(bx) \mathrm{d}x$, $\mathrm{Re}\, a > 0$.

解　方法一:代入贝塞尔函数的级数表示,并逐项积分,有

$$\int_0^{\infty} \mathrm{e}^{-ax} \mathrm{J}_0(bx) \mathrm{d}x = \int_0^{\infty} \mathrm{e}^{-ax} \sum_{k=0}^{\infty} \frac{(-1)^k}{k!\, \Gamma(k+0+1)} \left(\frac{bx}{2} \right)^{2k} \mathrm{d}x = \int_0^{\infty} \mathrm{e}^{-ax} \sum_{k=0}^{\infty} \frac{(-1)^k}{k!\, k!} \left(\frac{bx}{2} \right)^{2k} \mathrm{d}x =$$

$$\sum_{k=0}^{\infty} \frac{(-1)^k}{k!\, k!} \left(\frac{b}{2} \right)^{2k} \int_0^{\infty} \mathrm{e}^{-ax} x^{2k} \mathrm{d}x = \sum_{k=0}^{\infty} \frac{(-1)^k}{k!\, k!} \left(\frac{b}{2} \right)^{2k} \frac{(2k)!}{a^{2k+1}} =$$

$$\frac{1}{a} \sum_{k=0}^{\infty} \frac{(-1)^k (2k)!}{k!\, k!\, 2^{2k}} \left(\frac{b}{a} \right)^{2k} = \frac{1}{a} \sum_{k=0}^{\infty} \frac{(-1)^k (2k)!}{k!\, k!\, 2^{2k}} \left(\frac{b}{a} \right)^{2k} =$$

$$\frac{1}{a} \sum_{k=0}^{\infty} \frac{(-1)^k \left[(2k-1)(2k-3)(2k-5) \cdots 3 \times 1 \right]}{k!\, 2^k} \left(\frac{b}{a} \right)^{2k} =$$

$$\frac{1}{a} \sum_{k=0}^{\infty} \frac{1}{k!} \left(-\frac{1}{2} \right) \left(-\frac{3}{2} \right) \left(-\frac{5}{2} \right) \cdots \left(-\frac{2k-1}{2} \right) \left(\frac{b}{a} \right)^{2k}$$

$$f(z) = \frac{1}{\sqrt{1+z}} = \sum_{k=0}^{\infty} \frac{f^{(k)}(0)}{k!} z^k = \sum_{k=0}^{\infty} \frac{1}{k!} \left(-\frac{1}{2} \right) \left(-\frac{3}{2} \right) \cdots \left(\frac{1}{2} - k \right) z^k, \quad |z| < 1$$

$$\int_0^{\infty} \mathrm{e}^{-ax} \mathrm{J}_0(bx) \mathrm{d}x = \frac{1}{a} \left[1 + \left(\frac{b}{a} \right)^2 \right]^{-\frac{1}{2}} = \frac{1}{\sqrt{a^2 + b^2}}, \quad \left| \frac{b}{a} \right| < 1$$

方法二:用 $\mathrm{J}_n(x)$ 的积分表示来计算:

$$\int_0^{\infty} \mathrm{e}^{-ax} \mathrm{J}_0(bx) \mathrm{d}x = \int_0^{\infty} \mathrm{e}^{-ax} \left[\frac{1}{\pi} \int_0^{\pi} \cos (bx \sin \theta) \mathrm{d}\theta \right] \mathrm{d}x = \int_0^{\infty} \mathrm{e}^{-ax} \left(\frac{1}{2\pi} \int_{-\pi}^{\pi} \mathrm{e}^{\mathrm{i}bx \sin \theta} \mathrm{d}\theta \right) \mathrm{d}x =$$

$$\frac{1}{2\pi} \int_{-\pi}^{\pi} \mathrm{d}\theta \int_0^{\infty} \mathrm{e}^{-(a - \mathrm{i}b \sin \theta)x} \mathrm{d}x = \frac{1}{2\pi} \int_{-\pi}^{\pi} \frac{\mathrm{d}\theta}{a - \mathrm{i}b \sin \theta}$$

令 $z = e^{i\theta}, \sin\theta = \dfrac{z^2-1}{2iz}, d\theta = \dfrac{dz}{iz}$

$$\int_0^\infty e^{-ax} J_0(bx) dx = \frac{1}{2\pi} \oint_{|z|=1} \frac{\dfrac{dz}{iz}}{a - \dfrac{b(z^2-1)}{2z}} = \frac{1}{2\pi i} \oint_{|z|=1} \frac{2}{-bz^2 + 2az + b} dz =$$

$$\frac{1}{-bz+a}\Big|_{z=a-\frac{\sqrt{a^2+b^2}}{b}} = \frac{1}{\sqrt{a^2+b^2}}$$

例 2 利用生成函数证明：

$$\cos x = J_0(x) + 2\sum_{m=1}^\infty (-1)^m J_{2m}(x), \quad \sin x = 2\sum_{m=0}^\infty (-1)^m J_{2m+1}(x)$$

分析 $\exp\left[\dfrac{x}{2}\left(t - \dfrac{1}{t}\right)\right] = \sum_{n=-\infty}^\infty J_n(x) t^n, e^{ix} = \cos x + i\sin x$, 寻找使 $\exp\left[\dfrac{x}{2}\left(t - \dfrac{1}{t}\right)\right] = e^{ix}$ 成立的 t, 即 $\dfrac{1}{2}\left(t - \dfrac{1}{t}\right) = i, t^2 - 2it - 1 = 0, t^2 - 2it + i^2 = 0, t = i.$

证明 令 $t = i$, 则 $\exp\left[\dfrac{x}{2}\left(t - \dfrac{1}{t}\right)\right] = e^{ix} = \sum_{n=-\infty}^\infty J_n(x) i^n.$

即

$$\cos x + i\sin x = \sum_{n=-\infty}^{-1} J_n(x) i^n + J_0(x) + \sum_{n=1}^\infty J_n(x) i^n =$$

$$\sum_{n=1}^\infty J_{-n}(x) i^{-n} + J_0(x) + \sum_{n=1}^\infty J_n(x) i^n =$$

$$\sum_{n=1}^\infty (-1)^n J_n(x) i^{-n} + J_0(x) + \sum_{n=1}^\infty J_n(x) i^n =$$

$$J_0(x) + \sum_{n=1}^\infty \left[(-1)^n \frac{1}{i^n} + i^n\right] J_n(x) = J_0(x) + \sum_{n=1}^\infty 2i^n J_n(x)$$

其中

$$(-1)^n \frac{1}{i^n} = (-1)^n \frac{1}{i^n} \frac{i^n}{i^n} = (-1)^n \frac{i^n}{(-1)^n} = i^n$$

$$\cos x + i\sin x = J_0(x) + 2\sum_{m=1}^\infty i^{2m} J_{2m}(x) + 2\sum_{m=1}^\infty i^{2m+1} J_{2m+1}(x) =$$

$$J_0(x) + 2\sum_{m=1}^\infty (-1)^m J_{2m}(x) + 2i\sum_{m=1}^\infty (-1)^m J_{2m+1}(x)$$

实、虚部分别相等, 则

$$\cos x = J_0(x) + 2\sum_{m=1}^\infty (-1)^m J_{2m}(x), \quad \sin x = 2\sum_{m=0}^\infty (-1)^m J_{2m+1}(x)$$

贝塞尔函数的物理意义：

令 $J_n(x)$ 的生成函数展开式中 $t = ie^{i\theta}$, 代入

$$\exp\left[\frac{x}{2}\left(t - \frac{1}{t}\right)\right] = \sum_{n=-\infty}^\infty J_n(x) t^n, \quad 0 < |t| < \infty$$

可以得到

$$e^{ix\cos\theta} = \sum_{n=-\infty}^\infty J_n(x) i^n e^{in\theta} = \sum_{n=-\infty}^{-1} J_n(x) i^n e^{in\theta} + J_0(x) + \sum_{n=1}^\infty J_n(x) i^n e^{in\theta} =$$

$$\sum_{n=1}^{\infty} J_{-n}(x) i^{-n} e^{-in\theta} + J_0(x) + \sum_{n=1}^{\infty} J_n(x) i^n e^{in\theta} =$$

$$\sum_{n=1}^{\infty} (-1)^n J_n(x) i^{-n} e^{-in\theta} + J_0(x) + \sum_{n=1}^{\infty} J_n(x) i^n e^{in\theta} =$$

$$\sum_{n=1}^{\infty} J_n(x) i^n e^{-in\theta} + J_0(x) + \sum_{n=1}^{\infty} J_n(x) i^n e^{in\theta} \doteq J_0(x) + 2\sum_{n=1}^{\infty} J_n(x) i^n \cos n\theta$$

再令 $x = kr$，有

$$e^{ikr\cos\theta} = J_0(kr) + 2\sum_{n=1}^{\infty} i^n J_n(kr) \cos n\theta$$

若 r,θ 为坐标变量(柱坐标)，k 为波数，取相位的时间因子为 $e^{-i\omega t}$，则上式两端分别对应于波动过程相位因子的空间部分：$e^{ikr\cos\theta}$ 是沿 x 轴正方向传播的平面波，其等相位面是 $kr\cos\theta - \omega t = \text{cons.}$ 右端各项中的 $J_0(kr)$ 和 $J_n(kr)$ 描述的是柱面波.

$e^{ix\cos\theta} = J_0(x) + 2\sum_{n=1}^{\infty} J_n(x) i^n \cos n\theta$ 的物理含义：平面波按柱面波展开. 为什么 $J_n(kr)$ 描述的就是柱面波呢？

$$J_\nu(kr) \sim \sqrt{\frac{2}{\pi kr}} \cos\left(kr - \frac{\nu\pi}{2} - \frac{\pi}{4}\right), \quad |\arg kr| < \pi \qquad \text{(第二类渐进展开)}$$

当 r 足够大时，$J_n(kr)$ 所描述的波动过程的相位是：

$$\cos\left(kr - \frac{\nu\pi}{2} - \frac{\pi}{4}\right) e^{-i\omega t} = \frac{e^{i\left(kr - \frac{\nu\pi}{2} - \frac{\pi}{4} - \omega t\right)} + e^{-i\left(kr - \frac{\nu\pi}{2} - \frac{\pi}{4} + \omega t\right)}}{2}$$

等相面是柱面：$kr - \frac{\nu\pi}{2} - \frac{\pi}{4} \mp \omega t = \text{cons.}$ 分别描述的是不断扩大的发散柱面波，或不断收缩的会聚柱面波.

因为 $J_n(kr)$ 的第二类渐进展开式中含有与 $\sqrt{r}$ 成反比的振幅因子，所以波动过程的能流密度与 r 成反比. 而圆柱的侧面积与 r 成正比，因此，单位时间内流过每个圆柱面的总能量不变.

$J_\nu(kr) \sim \sqrt{\frac{2}{\pi kr}} \cos\left(kr - \frac{\nu\pi}{2} - \frac{\pi}{4}\right), |\arg kr| < \pi$，描述的是一个不衰减的柱面波.

15.5 贝塞尔方程的本征值问题

求四周固定的圆形薄膜的固有频率.

取平面极坐标系，圆形薄膜中心为坐标原点. 定解问题为

$$\begin{cases} \dfrac{\partial^2 u}{\partial t^2} - c^2\left[\dfrac{1}{r}\dfrac{\partial}{\partial r}\left(r\dfrac{\partial u}{\partial r}\right) + \dfrac{1}{r^2}\dfrac{\partial^2 u}{\partial \varphi^2}\right] = 0 \quad\text{——振动方程} \\[2mm] u\big|_{r=0} \text{ 有界}, \quad u\big|_{r=a} = 0 \\[2mm] u\big|_{\varphi=0} = u\big|_{\varphi=2\pi}, \quad \dfrac{\partial u}{\partial \varphi}\bigg|_{\varphi=0} = \dfrac{\partial u}{\partial \varphi}\bigg|_{\varphi=2\pi} \end{cases} \quad\text{边界条件}$$

令 $u(r,\varphi,t) = v(r,\varphi)e^{-i\omega t}$，代入方程得

$$v(-\omega^2 e^{-i\omega t}) - c^2 e^{-i\omega t}\left[\frac{1}{r}\frac{\partial}{\partial r}\left(r\frac{\partial v}{\partial r}\right) + \frac{1}{r^2}\frac{\partial^2 v}{\partial \varphi^2}\right] = 0$$

$$-\omega^2 v - c^2 \left[\frac{1}{r} \frac{\partial}{\partial r} \left(r \frac{\partial v}{\partial r} \right) + \frac{1}{r^2} \frac{\partial^2 v}{\partial \varphi^2} \right] = 0$$

$$\frac{1}{r} \frac{\partial}{\partial r} \left(r \frac{\partial v}{\partial r} \right) + \frac{1}{r^2} \frac{\partial^2 v}{\partial \varphi^2} + \frac{\omega^2}{c^2} v = 0$$

令 $k = \omega/c$，则

$$\begin{cases} \dfrac{1}{r} \dfrac{\partial}{\partial r} \left(r \dfrac{\partial v}{\partial r} \right) + \dfrac{1}{r^2} \dfrac{\partial^2 v}{\partial \varphi^2} + k^2 v = 0 \\[2mm] v\big|_{r=0} \text{ 有界}, \quad v\big|_{r=a} = 0 \\[2mm] v\big|_{\varphi=0} = u\big|_{\varphi=2\pi}, \quad \dfrac{\partial v}{\partial \varphi}\bigg|_{\varphi=0} = \dfrac{\partial v}{\partial \varphi}\bigg|_{\varphi=2\pi} \end{cases}$$

再次分离变量，令 $v(r,\varphi) = R(r)\Phi(\varphi)$，代入方程得

$$\Phi \frac{1}{r} \frac{\mathrm{d}}{\mathrm{d}r} \left(r \frac{\mathrm{d}R}{\mathrm{d}r} \right) + R \frac{1}{r^2} \frac{\mathrm{d}^2\Phi}{\mathrm{d}\varphi^2} + k^2 R\Phi = 0$$

两边同乘以 $\dfrac{r^2}{R\Phi}$ 得

$$\frac{r^2}{R} \frac{1}{r} \frac{\mathrm{d}}{\mathrm{d}r} \left(r \frac{\mathrm{d}R}{\mathrm{d}r} \right) + r^2 k^2 = -\frac{1}{\Phi} \frac{\mathrm{d}^2\Phi}{\mathrm{d}\varphi^2} \equiv \mu$$

有

$$\frac{1}{r} \frac{\mathrm{d}}{\mathrm{d}r} \left(r \frac{\mathrm{d}R}{\mathrm{d}r} \right) + \left(k^2 - \frac{\mu}{r^2} \right) R = 0, \quad \frac{\mathrm{d}^2\Phi}{\mathrm{d}\varphi^2} + \mu\Phi = 0$$

第一个本征值问题：

$$\begin{cases} \dfrac{\mathrm{d}^2\Phi}{\mathrm{d}\varphi^2} + \mu\Phi = 0 \\[2mm] \Phi(0) = \Phi(2\pi), \quad \Phi'(0) = \Phi'(2\pi) \quad\text{—— 周期性条件} \end{cases}$$

若 $\mu = 0$，可知 $\Phi(\varphi) = C_1\varphi + C_2$. 由周期性条件知 $C_2 = C_1\varphi + C_2 \Rightarrow C_1 = 0, C_2$ 任意. 本征函数为 $\Phi_0(\varphi) = 1$.

若 $\mu \neq 0$，可知 $\Phi(\varphi) = A\sin\sqrt{\mu}\varphi + B\cos\sqrt{\mu}\varphi$.

由周期性条件知

$$B = A\sin 2\pi\sqrt{\mu} + B\cos 2\pi\sqrt{\mu} \Rightarrow A\sin 2\pi\sqrt{\mu} + B(\cos 2\pi\sqrt{\mu} - 1) = 0$$

$$A = A\cos 2\pi\sqrt{\mu} - B\sin 2\pi\sqrt{\mu} \Rightarrow A(\cos 2\pi\sqrt{\mu} - 1) - B\sin 2\pi\sqrt{\mu} = 0$$

$$A, B \text{ 有非零解} \iff \begin{vmatrix} \sin 2\pi\sqrt{\mu} & \cos 2\pi\sqrt{\mu} - 1 \\ \cos 2\pi\sqrt{\mu} - 1 & -\sin 2\pi\sqrt{\mu} \end{vmatrix} = 0$$

$\mu_m = m^2, m = 1, 2, 3, \cdots$ 相应的 A, B 为任意值，本征函数为 $\Phi_{m1}(\varphi) = \sin m\varphi$，$\Phi_{m2}(\varphi) = \cos m\varphi$.

第二个本征值问题：

$$\begin{cases} \dfrac{1}{r} \dfrac{\mathrm{d}}{\mathrm{d}r} \left(r \dfrac{\mathrm{d}R}{\mathrm{d}r} \right) + \left(k^2 - \dfrac{\mu}{r^2} \right) R = 0 \\[2mm] R(0) \text{ 有界}, \quad R(a) = 0 \end{cases}$$

对方程作变换，令 $kr = x, R(r) = y(x)$，则

$$k\,\mathrm{d}r = \mathrm{d}x, \quad \frac{\mathrm{d}}{\mathrm{d}r} = k \frac{\mathrm{d}}{\mathrm{d}x}, \quad \frac{\mathrm{d}R}{\mathrm{d}r} = \frac{\mathrm{d}y}{\mathrm{d}r} = \frac{\mathrm{d}y}{\mathrm{d}x} \frac{\mathrm{d}x}{\mathrm{d}r} = k \frac{\mathrm{d}y}{\mathrm{d}x}$$

$$\frac{k}{x}k\,\frac{\mathrm{d}}{\mathrm{d}x}\left(\frac{x}{k}k\,\frac{\mathrm{d}y}{\mathrm{d}x}\right)+\left(k^2-\frac{m^2k^2}{x^2}\right)y=0$$

$$\frac{k^2}{x}\,\frac{\mathrm{d}}{\mathrm{d}x}\left(x\,\frac{\mathrm{d}y}{\mathrm{d}x}\right)+k^2\left(1-\frac{m^2}{x^2}\right)y=0$$

$$\frac{1}{x}\,\frac{\mathrm{d}}{\mathrm{d}x}\left(x\,\frac{\mathrm{d}y}{\mathrm{d}x}\right)+\left(1-\frac{m^2}{x^2}\right)y=0 \qquad \text{—— 整数阶贝塞尔方程}$$

通解为 $$R(r)=C\mathrm{J}_m(kr)+D\mathrm{N}_m(kr)$$

因为 $R(0)$ 有界,所以 $D=0$($\mathrm{N}_m(kr)$ 在 0 点发散). 又因为 $R(a)=0$,所以 $\mathrm{J}_m(ka)=0$.

$\mathrm{J}_m(x)=\sum_{l=0}^{\infty}\dfrac{(-1)^l}{l\,!\ \Gamma(l+\nu+1)}\left(\dfrac{x}{2}\right)^{2l+m}$,对于 $\mathrm{J}_m(x)=0$ 的 x 有很多个,记 m 阶贝塞尔函数 $\mathrm{J}_m(x)$ 的第 i 个零点为:$\mu_i^{(m)}$,$i=1,2,3,\cdots$.

本征值:$k_{mi}^2=\left(\dfrac{\mu_i^{(m)}}{a}\right)^2$;

本征函数:$R_{mi}(r)=\mathrm{J}_m(k_{mi}r)$,$\omega=kc$ $\Rightarrow$ $\omega_{mi}=\dfrac{\mu_i^{(m)}}{c}$.

关于 $\mathrm{J}_n(x)$ 零点的结论:当 $n>-1$ 或为整数时,$\mathrm{J}_n(x)$ 有无穷多个零点,它们全部都是实数,对称地分布在实轴上.

1.$\mathrm{J}_m(k_{mi}r)$ 的正交性

$R_{mi}(r)=\mathrm{J}_m(k_{mi}r)$ 满足

$$\frac{1}{r}\,\frac{\mathrm{d}}{\mathrm{d}r}\left[r\,\frac{\mathrm{d}\mathrm{J}_m(k_{mi}r)}{\mathrm{d}r}\right]+\left(k_{mi}^2-\frac{m^2}{r^2}\right)\mathrm{J}_m(k_{mi}r)=0 \tag{15.3}$$

$\mathrm{J}_m(0)$ 有界,$\mathrm{J}_m(k_{mi}r)=0$.

$R(r)=\mathrm{J}_m(kr)$ 满足

$$\frac{1}{r}\,\frac{\mathrm{d}}{\mathrm{d}r}\left[r\,\frac{\mathrm{d}\mathrm{J}_m(kr)}{\mathrm{d}r}\right]+\left(k^2-\frac{m^2}{r^2}\right)\mathrm{J}_m(kr)=0 \tag{15.4}$$

$\mathrm{J}_m(0)$ 有界,k 为任意实数,一般 $\mathrm{J}_m(ka)\neq0$.

$$\int_0^a\left[r\mathrm{J}_m(kr)\times\text{式}(15.3)-r\mathrm{J}_m(k_{mi}r)\times\text{式}(15.4)\right]\mathrm{d}r=$$

$$\int_0^a\left\{\mathrm{J}_m(kr)\,\frac{\mathrm{d}}{\mathrm{d}r}\left[r\,\frac{\mathrm{d}\mathrm{J}_m(k_{mi}r)}{\mathrm{d}r}\right]-\mathrm{J}_m(k_{mi}r)\,\frac{\mathrm{d}}{\mathrm{d}r}\left[r\,\frac{\mathrm{d}\mathrm{J}_m(kr)}{\mathrm{d}r}\right]+\left(k_{mi}^2-\frac{m^2}{r^2}\right)\mathrm{J}_m(k_{mi}r)r\mathrm{J}_m(kr)-\right.$$

$$\left.\left(k^2-\frac{m^2}{r^2}\right)\mathrm{J}_m(kr)r\mathrm{J}_m(k_{mi}r)\right\}\mathrm{d}r=0$$

$$\int_0^a\left\{\mathrm{J}_m(kr)\,\frac{\mathrm{d}}{\mathrm{d}r}\left[r\,\frac{\mathrm{d}\mathrm{J}_m(k_{mi}r)}{\mathrm{d}r}\right]-\mathrm{J}_m(k_{mi}r)\,\frac{\mathrm{d}}{\mathrm{d}r}\left[r\,\frac{\mathrm{d}\mathrm{J}_m(kr)}{\mathrm{d}r}\right]+k_{mi}^2\mathrm{J}_m(k_{mi}r)r\mathrm{J}_m(kr)-\right.$$

$$\left.k^2\mathrm{J}_m(kr)r\mathrm{J}_m(k_{mi}r)\right\}\mathrm{d}r=0$$

$$(k_{mi}^2-k^2)\int_0^a\mathrm{J}_m(k_{mi}r)\mathrm{J}_m(kr)r\mathrm{d}r=$$

$$\int_0^a\left\{-\mathrm{J}_m(kr)\,\frac{\mathrm{d}}{\mathrm{d}r}\left[r\,\frac{\mathrm{d}\mathrm{J}_m(k_{mi}r)}{\mathrm{d}r}\right]+\mathrm{J}_m(k_{mi}r)\,\frac{\mathrm{d}}{\mathrm{d}r}\left[r\,\frac{\mathrm{d}\mathrm{J}_m(kr)}{\mathrm{d}r}\right]\right\}\mathrm{d}r=$$

$$-\mathrm{J}_m(kr)r\,\frac{\mathrm{d}\mathrm{J}_m(k_{mi}r)}{\mathrm{d}r}\bigg|_0^a+\int_0^a r\,\frac{\mathrm{d}\mathrm{J}_m(k_{mi}r)}{\mathrm{d}r}\mathrm{d}\left[\mathrm{J}_m(kr)\right]+$$

$$\mathrm{J}_m(k_{mi}r)r\frac{\mathrm{d}\mathrm{J}_m(kr)}{\mathrm{d}r}\Big|_0^a - \int_0^a r\frac{\mathrm{d}\mathrm{J}_m(kr)}{\mathrm{d}r}\mathrm{d}[\mathrm{J}_m(k_{mi}r)] =$$

$$-\mathrm{J}_m(kr)r\frac{\mathrm{d}\mathrm{J}_m(k_{mi}r)}{\mathrm{d}r}\Big|_0^a + \int_0^a r\frac{\mathrm{d}\mathrm{J}_m(k_{mi}r)}{\mathrm{d}r}\frac{\mathrm{d}\mathrm{J}_m(kr)}{\mathrm{d}r}\mathrm{d}r +$$

$$\mathrm{J}_m(k_{mi}r)r\frac{\mathrm{d}\mathrm{J}_m(kr)}{\mathrm{d}r}\Big|_0^a - \int_0^a r\frac{\mathrm{d}\mathrm{J}_m(kr)}{\mathrm{d}r}\frac{\mathrm{d}\mathrm{J}_m(k_{mi}r)}{\mathrm{d}r}\mathrm{d}r =$$

$$r\left[\mathrm{J}_m(k_{mi}r)\frac{\mathrm{d}\mathrm{J}_m(kr)}{\mathrm{d}r} - \mathrm{J}_m(kr)\frac{\mathrm{d}\mathrm{J}_m(k_{mi}r)}{\mathrm{d}r}\right]_0^a$$

代入边界条件 $R(a)=0$,即 $\mathrm{J}_m(k_{mi}a)=0$,则

$$(k_{mi}^2 - k^2)\int_0^a \mathrm{J}_m(k_{mi}r)\mathrm{J}_m(kr)r\mathrm{d}r = -a\mathrm{J}_m(ka)\frac{\mathrm{d}\mathrm{J}_m(k_{mi}r)}{\mathrm{d}r}\Big|_{r=a}$$

$$(k_{mi}^2 - k^2)\int_0^a \mathrm{J}_m(k_{mi}r)\mathrm{J}_m(kr)r\mathrm{d}r = -k_{mi}a\mathrm{J}_m(ka)\mathrm{J}'_m(k_{mi}a)$$

当 $k=k_{mj} \neq k_{mi}$ 时,有

$$(k_{mi}^2 - k_{mj}^2)\int_0^a \mathrm{J}_m(k_{mi}r)\mathrm{J}_m(k_{mj}r)r\mathrm{d}r = -k_{mi}a\mathrm{J}_m(k_{mj}a)\mathrm{J}'_m(k_{mi}a) = 0$$

$$\int_0^a \mathrm{J}_m(k_{mi}r)\mathrm{J}_m(k_{mj}r)r\mathrm{d}r = 0$$

$\mathrm{J}_m(k_{mi}r)$ 和 $\mathrm{J}_m(k_{mj}r)$ 以权重 r 正交.

当 $k=k_{mj}$ 时,有

$$(k_{mi}^2 - k^2)\int_0^a \mathrm{J}_m(k_{mi}r)\mathrm{J}_m(kr)r\mathrm{d}r = -k_{mi}a\mathrm{J}_m(ka)\mathrm{J}'_m(k_{mi}a)$$

上式两端同除以 $k_{mi}^2 - k^2$,再取极限 $k \to k_{mi}$,则

$$\int_0^a \mathrm{J}_m^2(k_{mi}r)r\mathrm{d}r = -\lim_{k\to k_{mi}}\frac{k_{mi}a}{k_{mi}^2 - k^2}\mathrm{J}_m(ka)\mathrm{J}'_m(k_{mi}a) = -k_{mi}a\mathrm{J}'_m(k_{mi}a)\lim_{k\to k_{mi}}\frac{\mathrm{J}_m(ka)}{k_{mi}^2 - k^2} =$$

$$-k_{mi}a\mathrm{J}'_m(k_{mi}a)\frac{\mathrm{J}'_m(k_{mi}a)a}{-2k_{mi}} = \frac{a^2}{2}[\mathrm{J}'_m(k_{mi}a)]^2 \qquad (\text{模方})$$

2. $\mathrm{J}_m(k_{mi}r)$ 的完备性

若函数 $f(r)$ 在区间 $[0,a]$ 上连续,且只有有限个极大和极小值,则可按本征函数 $\mathrm{J}_m(k_{mi}r)$ 展开:

$$f(r) = \sum_{i=1}^\infty b_i\mathrm{J}_m(k_{mi}r), \qquad b_i = \frac{\int_0^a f(r)\mathrm{J}_m(k_{mi}r)r\mathrm{d}r}{\int_0^a \mathrm{J}_m^2(k_{mi}r)r\mathrm{d}r}$$

级数在区间 $[\delta, a+\delta](\delta > 0)$ 上一致收敛.

例1 将 $f(r)=r$ 在 $[0,a]$ 上展开为 $\mathrm{J}_1\left(\dfrac{\mu_i}{a}r\right)$ 的级数,μ_i 为 $\mathrm{J}_1(x)$ 的第 i 个正零点.

解 令 $f(r)=r=\displaystyle\sum_{i=1}^\infty b_i\mathrm{J}_1\left(\dfrac{\mu_i}{a}r\right)$,由整数阶贝塞尔的完备性和贝塞尔函数的基本递推关系

$\dfrac{\mathrm{d}}{\mathrm{d}x}[x^{-\nu}\mathrm{J}_\nu(x)] = -x^{-\nu}\mathrm{J}_{\nu+1}(x)$ 可知:

$$b_i = \frac{\int_0^a r\mathrm{J}_1\left(\mu_i\frac{r}{a}\right)r\mathrm{d}r}{\int_0^a \mathrm{J}_1^2\left(\mu_i\frac{r}{a}\right)r\mathrm{d}r} = \frac{\int_0^a r^2\mathrm{J}_1\left(\mu_i\frac{r}{a}\right)\mathrm{d}r}{\frac{a^2}{2}[\mathrm{J}'_1(\mu_i)]^2} = \frac{\int_0^a r^2\mathrm{J}_1\left(\mu_i\frac{r}{a}\right)\mathrm{d}r}{\frac{a^2}{2}[-\mathrm{J}_2(\mu_i)]^2}$$

$$\int_0^a r^2 J_1\left(\mu_i \frac{r}{a}\right) dr = \int_0^a \frac{a^3}{\mu_i^3}\left(\mu_i \frac{r}{a}\right)^2 J_1\left(\mu_i \frac{r}{a}\right) d\left(\mu_i \frac{r}{a}\right) = \frac{a^3}{\mu_i^3}\int_0^a d\left[\left(\mu_i \frac{r}{a}\right)^2 J_2\left(\mu_i \frac{r}{a}\right)\right] =$$

$$\frac{a^3}{\mu_i^3}(\mu_i)^2 J_2(\mu_i) = \frac{a^3}{\mu_i} J_2(\mu_i)$$

$$b_i = \frac{2a}{\mu_i J_2(\mu_i)}$$

$$f(r) = r = \sum_{i=1}^{\infty} \frac{2a}{\mu_i J_2(\mu_i)} J_1\left(\frac{\mu_i}{a}r\right)$$

例 2 将 $f(x) = 1$ 在 $[0,1]$ 上展开为 $J_0(x)$ 的级数，μ_i 为 $J_0(x)$ 的第 i 个正零点.

解 令 $f(x) = 1 = \sum_{i=1}^{\infty} b_i J_0(\mu_i x)$，

$$b_i = \frac{\int_0^1 J_0(\mu_i x) x \, dx}{\int_0^1 J_0^2(\mu_i x) x \, dx} = \frac{2\int_0^1 x J_0(\mu_i x) \, dx}{[J_0'(\mu_i)]^2} = \frac{2\int_0^1 x J_0(\mu_i x) \, dx}{J_1^2(\mu_i)}$$

$$\int_0^1 x J_0(\mu_i x) \, dx = \int_0^1 \frac{1}{\mu_i^2}(\mu_i x) J_0(\mu_i x) \, d(\mu_i x) = \frac{1}{\mu_i^2}\int_0^1 d[(\mu_i x) J_1(\mu_i x)] =$$

$$\frac{1}{\mu_i^2}\mu_i J_1(\mu_i) = \frac{1}{\mu_i} J_1(\mu_i)$$

$$b_i = \frac{2}{\mu_i J_1(\mu_i)}$$

$$f(x) = 1 = \sum_{i=1}^{\infty} \frac{2}{\mu_i J_1(\mu_i)} J_0(\mu_i x)$$

例 3 （圆柱体的冷却）设有一半径为 a 的无限长圆柱体，表面温度为零，初始温度为 $u_0 f(r)$，求柱体内温度的分布与变化.

解 取圆柱体的轴为 z 轴，显然温度与 z 和 φ 无关，取 $u = u(r,t)$，定解问题为

$$\begin{cases} \dfrac{\partial u}{\partial t} - \kappa \dfrac{1}{r}\dfrac{\partial}{\partial r}\left(r\dfrac{\partial u}{\partial r}\right) = 0 \\ u|_{r=0}, \quad u|_{r=a} = 0 \\ u|_{t=0} = u_0 f(r) \end{cases}$$

分离变量，令 $u(r,t) = R(r)T(t)$ 代入方程得

$$R\frac{dT}{dt} - \kappa T \frac{1}{r}\frac{d}{dr}\left(r\frac{dR}{dr}\right) = 0$$

有

$$\frac{1}{\kappa T}\frac{dT}{dt} = \frac{1}{R}\frac{1}{r}\frac{d}{dr}\left(r\frac{dR}{dr}\right) \equiv -\lambda$$

可得本征值问题：

$$\begin{cases} \dfrac{1}{r}\dfrac{d}{dr}\left(r\dfrac{dR}{dr}\right) + \lambda R = 0 \quad \text{——零阶的贝塞尔方程} \\ R(0) \text{ 有界}, \quad R(a) = 0 \end{cases}$$

和

$$T' + \lambda\kappa T = 0 \Rightarrow T(t) = Ce^{-\lambda\kappa t}$$

μ_i 是 $J_0(x)$ 的第 i 个正零点，本征值：$\lambda = \left(\dfrac{\mu_i}{a}\right)^2$，本征函数：$R_i(r) = J_0\left(\dfrac{\mu_i}{a}r\right)$.

一般解为

$$u(r,t) = \sum_{i=1}^{\infty} C_i J_0\left(\mu_i \frac{r}{a}\right) \exp\left[-\kappa\left(\frac{\mu_i}{a}\right)^2 t\right]$$

将其代入初始条件：$u(r,0) = \sum_{i=1}^{\infty} C_i J_0\left(\mu_i \frac{r}{a}\right) = u_0 f(r)$，得

$$C_i = \frac{\int_0^a u_0 f(r) J_0\left(\mu_i \frac{r}{a}\right) r \, \mathrm{d}r}{\int_0^a J_0^2\left(\mu_i \frac{r}{a}\right) r \, \mathrm{d}r}$$

由 $\int_0^a J_m^2(k_{mi}r) r \, \mathrm{d}r = \frac{a^2}{2}\left[J'_m(k_{mi}a)\right]^2$ 和 $-J_1(x) = J'_0(x)$ 得

$$\int_0^a J_0^2\left(\mu_i \frac{r}{a}\right) r \, \mathrm{d}r = \frac{a^2}{2}\left[J'_0(\mu_i)\right]^2 = \frac{a^2}{2} J_1^2(\mu_i)$$

则

$$C_i = \frac{\int_0^a u_0 f(r) J_0\left(\mu_i \frac{r}{a}\right) r \, \mathrm{d}r}{\int_0^a J_0^2\left(\mu_i \frac{r}{a}\right) r \, \mathrm{d}r} = \frac{2u_0}{a^2 J_1^2(\mu_i)} \int_0^a f(r) J_0\left(\mu_i \frac{r}{a}\right) r \, \mathrm{d}r$$

故

$$u(r,t) = \sum_{i=1}^{\infty} \frac{2u_0}{a^2 J_1^2(\mu_i)}\left[\int_0^a f(r) J_0\left(\mu_i \frac{r}{a}\right) r \, \mathrm{d}r\right] J_0\left(\mu_i \frac{r}{a}\right) \exp\left[-\kappa\left(\frac{\mu_i}{a}\right)^2 t\right]$$

例4 半径为 a 的均匀圆柱，高为 h，柱侧面保持零度，上下两底温度分别为 $f_1(r)$，$f_2(r)$，求柱体内稳定的温度分布.

解 取圆柱体的轴为 z 轴，如图 15 - 1 所示，显然温度与 φ 无关，取 $u = u(r,z)$，定解问题为

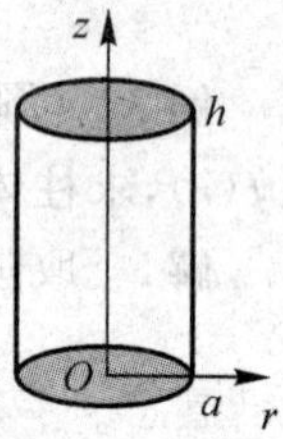

$$\begin{cases} \dfrac{1}{r}\dfrac{\partial}{\partial r}\left(r\dfrac{\partial u}{\partial r}\right) + \dfrac{\partial^2 u}{\partial z^2} = 0 \\ u|_{r=0} \text{ 有界}, \quad u|_{r=a} = 0 \\ u|_{z=0} = f_1(r), \quad u|_{z=h} = f_2(r) \end{cases}$$

图　15 - 1

分离变量，令 $u(r,z) = R(r)Z(z)$，代入方程得

$$Z\frac{1}{r}\frac{\mathrm{d}}{\mathrm{d}r}\left(r\frac{\mathrm{d}R}{\mathrm{d}r}\right) + R\frac{\mathrm{d}^2 Z}{\mathrm{d}z^2} = 0$$

即

$$\frac{1}{Z}\frac{\mathrm{d}^2 Z}{\mathrm{d}z^2} = -\frac{1}{R}\frac{1}{r}\frac{\mathrm{d}}{\mathrm{d}r}\left(r\frac{\mathrm{d}R}{\mathrm{d}r}\right) \equiv \lambda$$

有本征值问题：

$$\begin{cases} \dfrac{1}{r}\dfrac{\mathrm{d}}{\mathrm{d}r}\left(r\dfrac{\mathrm{d}R}{\mathrm{d}r}\right) + \lambda R = 0 \quad \text{——零阶的贝塞尔方程} \\ R(0) \text{ 有界}, \quad R(a) = 0 \end{cases}$$

和

$$\begin{cases} Z'' - \lambda Z = 0 \\ Z(0) = f_1(r), \quad Z(h) = f_2(r) \end{cases} \Rightarrow \quad Z_i(z) = C_i \mathrm{e}^{\frac{\mu_i}{a}z} + D_i \mathrm{e}^{-\frac{\mu_i}{a}z}$$

μ_i 是 $J_0(x)$ 的第 i 个正零点，本征值：$\lambda = \left(\dfrac{\mu_i}{a}\right)^2$，本征函数：$R_i(r) = J_0\left(\dfrac{\mu_i}{a}r\right)$.

一般解为

$$u(r,t) = \sum_{i=1}^{\infty} \left(C_i \mathrm{e}^{\frac{\mu_i}{a}z} + D_i \mathrm{e}^{-\frac{\mu_i}{a}z}\right) J_0\left(\mu_i \frac{r}{a}\right)$$

将其代入边界条件,得

$$\begin{cases} u(r,0) = \sum_{i=1}^{\infty} (C_i + D_i) J_0\left(\mu_i \frac{r}{a}\right) = f_1(r) \\ u(r,h) = \sum_{i=1}^{\infty} (C_i e^{\frac{\mu_i}{a}h} + D_i e^{-\frac{\mu_i}{a}h}) J_0\left(\mu_i \frac{r}{a}\right) = f_2(r) \end{cases}$$

由零阶贝塞尔函数的正交性可知:

$$(C_i + D_i) \int_0^a J_0^2\left(\mu_i \frac{r}{a}\right) r\,\mathrm{d}r = \int_0^a f_1(r) J_0\left(\mu_i \frac{r}{a}\right) r\,\mathrm{d}r$$

$$(C_i e^{\frac{\mu_i}{a}z} + D_i e^{-\frac{\mu_i}{a}z}) \int_0^a J_0^2\left(\mu_i \frac{r}{a}\right) r\,\mathrm{d}r = \int_0^a f_2(r) J_0\left(\mu_i \frac{r}{a}\right) r\,\mathrm{d}r$$

令 $C_i + D_i = \dfrac{\int_0^a f_1(r) J_0\left(\mu_i \frac{r}{a}\right) r\,\mathrm{d}r}{\frac{a^2}{2} J_1^2(\mu_i)} \equiv F_{1i}$, $\quad C_i e^{\frac{\mu_i}{a}z} + D_i e^{-\frac{\mu_i}{a}z} = \dfrac{\int_0^a f_2(r) J_0\left(\mu_i \frac{r}{a}\right) r\,\mathrm{d}r}{\frac{a^2}{2} J_1^2(\mu_i)} \equiv F_{2i}$

可知

$$C_i = \frac{-F_{1i} e^{-\frac{\mu_i}{a}h} + F_{2i}}{e^{\frac{\mu_i}{a}h} - e^{-\frac{\mu_i}{a}h}}, \quad D_i = \frac{F_{1i} e^{\frac{\mu_i}{a}h} - F_{2i}}{e^{\frac{\mu_i}{a}h} - e^{-\frac{\mu_i}{a}h}}$$

故

$$u(r,z) = \sum_{i=1}^{\infty} (C_i e^{\frac{\mu_i}{a}z} + D_i e^{-\frac{\mu_i}{a}z}) J_0\left(\mu_i \frac{r}{a}\right)$$

15.6 半奇数阶贝塞尔函数

$$J_\nu(x) = \sum_{k=0}^{\infty} \frac{(-1)^k}{k!\ \Gamma(k+\nu+1)} \left(\frac{x}{2}\right)^{2k+\nu}$$

令 $v = \dfrac{1}{2}$,有

$$J_{\frac{1}{2}}(x) = \sum_{k=0}^{\infty} \frac{(-1)^k}{k!\ \Gamma\left(k+\frac{3}{2}\right)} \left(\frac{x}{2}\right)^{2k+\frac{1}{2}} =$$

$$\sum_{k=0}^{\infty} \frac{(-1)^k}{\Gamma(k+1)\Gamma\left(k+\frac{3}{2}\right)} \left(\frac{x}{2}\right)^{2k+\frac{1}{2}} = \qquad (\Gamma(k+1) = k!\ )$$

$$\sum_{k=0}^{\infty} \frac{(-1)^k 2^{2(k+1)-1}\pi^{-\frac{1}{2}}}{\Gamma(2k+2)} \left(\frac{x}{2}\right)^{2k+\frac{1}{2}} = \qquad \left(\Gamma(2z) = 2^{2z-1}\pi^{-\frac{1}{2}}\Gamma(z)\Gamma\left(z+\frac{1}{2}\right)\right)$$

$$\sqrt{\frac{2}{\pi x}} \sum_{k=0}^{\infty} \frac{(-1)^k}{(2k+1)!} x^{2k+1} = \sqrt{\frac{2}{\pi x}} \sin x$$

令 $v = -\dfrac{1}{2}$,有

$$J_{-\frac{1}{2}}(x) = \sum_{k=0}^{\infty} \frac{(-1)^k}{k!\ \Gamma\left(k+\frac{1}{2}\right)} \left(\frac{x}{2}\right)^{2k-\frac{1}{2}} =$$

$$\sum_{k=0}^{\infty} \frac{(-1)^k}{\Gamma(k+1)\Gamma\left(k+\frac{1}{2}\right)}\left(\frac{x}{2}\right)^{2k-\frac{1}{2}} = \qquad (\Gamma(k+1)=k!\,)$$

$$\sum_{k=0}^{\infty} \frac{(-1)^k}{k\,\Gamma(k)\Gamma\left(k+\frac{1}{2}\right)}\left(\frac{x}{2}\right)^{2k-\frac{1}{2}} = \qquad (\Gamma(k+1)=k\Gamma(k))$$

$$\sum_{k=0}^{\infty} \frac{(-1)^k 2^{2k-1}\pi^{-\frac{1}{2}}}{k\,\Gamma(2k)}\left(\frac{x}{2}\right)^{2k-\frac{1}{2}} = \qquad \left(\Gamma(2z)=2^{2z-1}\pi^{-\frac{1}{2}}\Gamma(z)\Gamma\left(z+\frac{1}{2}\right)\right)$$

$$\sqrt{\frac{2}{\pi x}}\sum_{k=0}^{\infty}\frac{(-1)^k}{2k\,\Gamma(2k)}x^{2k} = \sqrt{\frac{2}{\pi x}}\sum_{k=0}^{\infty}\frac{(-1)^k}{(2k)!}x^{2k} = \sqrt{\frac{2}{\pi x}}\cos x$$

由 $J_{\nu-1}(x)+J_{\nu+1}(x)=\dfrac{2\nu}{x}J_{\nu}(x)$ 知：

当 $v=\dfrac{1}{2}$ 时，有

$$J_{\frac{3}{2}}(x) = \frac{1}{x}J_{\frac{1}{2}}(x)-J_{-\frac{1}{2}}(x) = \frac{1}{x}\sqrt{\frac{2}{\pi x}}\sin x - \sqrt{\frac{2}{\pi x}}\cos x = \sqrt{\frac{2}{\pi x}}\left(\frac{\sin x}{x}-\cos x\right)$$

当 $v=-\dfrac{1}{2}$ 时，有

$$J_{-\frac{3}{2}}(x) = -\frac{1}{x}J_{-\frac{1}{2}}(x)-J_{\frac{1}{2}}(x) = -\frac{1}{x}\sqrt{\frac{2}{\pi x}}\cos x - \sqrt{\frac{2}{\pi x}}\sin x = -\sqrt{\frac{2}{\pi x}}\left(\frac{\cos x}{x}-\sin x\right)$$

当 $v=\pm n+\dfrac{1}{2}$ 时，$J_{\nu}(x)$ 与 $J_{\pm\frac{1}{2}}(x)$ 的关系？

由基本递推关系：$\begin{cases}\dfrac{\mathrm{d}}{\mathrm{d}x}\left[x^{\nu}J_{\nu}(x)\right]=x^{\nu}J_{\nu-1}(x) \\[2mm] \dfrac{\mathrm{d}}{\mathrm{d}x}\left[x^{-\nu}J_{\nu}(x)\right]=-x^{-\nu}J_{\nu+1}(x)\end{cases}$ ，可知：

$$\begin{cases}\dfrac{1}{x}\dfrac{\mathrm{d}}{\mathrm{d}x}\left[x^{\nu}J_{\nu}(x)\right]=x^{\nu-1}J_{\nu-1}(x) \\[3mm] -\dfrac{1}{x}\dfrac{\mathrm{d}}{\mathrm{d}x}\left[x^{-\nu}J_{\nu}(x)\right]=x^{-(\nu+1)}J_{\nu+1}(x)\end{cases}$$

对上式两边分别作运算 $\dfrac{1}{x}\dfrac{\mathrm{d}}{\mathrm{d}x}$ ，$-\dfrac{1}{x}\dfrac{\mathrm{d}}{\mathrm{d}x}$ 可得

$$\begin{cases}\dfrac{1}{x}\dfrac{\mathrm{d}}{\mathrm{d}x}\left\{\dfrac{1}{x}\dfrac{\mathrm{d}}{\mathrm{d}x}\left[x^{\nu}J_{\nu}(x)\right]\right\}=\dfrac{1}{x}\dfrac{\mathrm{d}}{\mathrm{d}x}\left[x^{\nu-1}J_{\nu-1}(x)\right]=x^{\nu-2}J_{\nu-2}(x) \\[3mm] -\dfrac{1}{x}\dfrac{\mathrm{d}}{\mathrm{d}x}\left\{-\dfrac{1}{x}\dfrac{\mathrm{d}}{\mathrm{d}x}\left[x^{-\nu}J_{\nu}(x)\right]\right\}=-\dfrac{1}{x}\dfrac{\mathrm{d}}{\mathrm{d}x}\left[x^{-(\nu+1)}J_{\nu+1}(x)\right]=x^{-(\nu+2)}J_{\nu+2}(x)\end{cases}$$

重复 n 次同样的运算后，有

$$\begin{cases}\left(\dfrac{1}{x}\dfrac{\mathrm{d}}{\mathrm{d}x}\right)^n\left[x^{\nu}J_{\nu}(x)\right]=x^{\nu-n}J_{\nu-n}(x) \quad\Rightarrow\quad \left(\dfrac{1}{x}\dfrac{\mathrm{d}}{\mathrm{d}x}\right)^n\left[x^{\frac{1}{2}}J_{\frac{1}{2}}(x)\right]=x^{-n+\frac{1}{2}}J_{-n+\frac{1}{2}}(x) \\[3mm] \left(-\dfrac{1}{x}\dfrac{\mathrm{d}}{\mathrm{d}x}\right)^n\left[x^{-\nu}J_{\nu}(x)\right]=x^{-(\nu+n)}J_{\nu+n}(x) \quad\Rightarrow\quad \left(-\dfrac{1}{x}\dfrac{\mathrm{d}}{\mathrm{d}x}\right)^n\left[x^{-\frac{1}{2}}J_{\frac{1}{2}}(x)\right]=x^{-n-\frac{1}{2}}J_{n+\frac{1}{2}}(x)\end{cases}$$

即

$$\begin{cases} J_{-n+\frac{1}{2}}(x) = x^{-n+\frac{1}{2}} \left(\frac{1}{x} \frac{d}{dx} \right)^n \cdot \left[x^{\frac{1}{2}} J_{\frac{1}{2}}(x) \right] \\ J_{n+\frac{1}{2}}(x) = x^{-n-\frac{1}{2}} \left(-\frac{1}{x} \frac{d}{dx} \right)^n \left[x^{-\frac{1}{2}} J_{\frac{1}{2}}(x) \right] \end{cases}$$

任意半奇数阶贝塞尔函数本质上是三角函数和幂函数的复合函数.

$J_{n+\frac{1}{2}}(x)$ 与 $J_{-(n+\frac{1}{2})}(x)$ 线性无关, $N_{n+\frac{1}{2}}(x)$ 与 $J_{-(n+\frac{1}{2})}(x)$ 线性相关.

15.7 球贝塞尔函数

亥姆霍兹方程在球坐标系下分离变量可得

$$\begin{cases} \dfrac{1}{r^2} \dfrac{d}{dr} \left(r^2 \dfrac{dR}{dr} \right) + \left(k^2 - \dfrac{\lambda}{r^2} \right) R = 0 \\ \dfrac{1}{\sin\theta} \dfrac{d}{d\theta} \left(\sin\theta \dfrac{d\Theta}{d\theta} \right) + \left(\lambda - \dfrac{\mu}{\sin^2\theta} \right) \Theta = 0 \quad \text{——连带勒让德方程,} \quad \lambda = l(l+1) \\ \Phi'' + \mu\Phi = 0 \end{cases}$$

对第一个方程作变换,令 $kr = x, R(r) = y(x)$,则

$$kdr = dx, \qquad \frac{d}{dr} = k\frac{d}{dx}, \qquad \frac{dR}{dr} = \frac{dy}{dr} = \frac{dy}{dx}\frac{dx}{dr} = k\frac{dy}{dx}$$

$$\frac{k^2}{x^2} k \frac{d}{dx} \left(\frac{x^2}{k^2} k \frac{dy}{dx} \right) + \left(k^2 - \frac{\lambda}{x^2} k^2 \right) y = 0$$

$$\frac{k^2}{x^2} \frac{d}{dx} \left(x^2 \frac{dy}{dx} \right) + k^2 \left(1 - \frac{\lambda}{x^2} \right) y = 0$$

令 $\lambda = l(l+1)$,有

$$\frac{1}{x^2} \frac{d}{dx} \left(x^2 \frac{dy}{dx} \right) + \left[1 - \frac{l(l+1)}{x^2} \right] y = 0 \quad \text{——球贝塞尔方程}$$

化为标准形为

$$y'' + \frac{2}{x} y' + \left[1 - \frac{l(l+1)}{x^2} \right] y = 0$$

$$x = 0, \quad xp(x) = 2, \quad x^2 q(x) = x^2 - l(l+1)$$

$$x = \infty, \quad 2 - \frac{1}{t} p\left(\frac{1}{t} \right) = 0, \quad \frac{1}{t^2} q\left(\frac{1}{t} \right) = \frac{1}{t^2} - l(l+1)$$

可知 $x = 0$ 是方程的正则奇点, $x = \infty$ 是方程的非正则奇点.

$x = 0$ 点的指标方程为

$$\rho(\rho - 1) + 2\rho - l(l+1) = 0 \quad \Rightarrow \quad \rho_1 = l, \quad \rho_2 = l+1$$

而贝塞尔方程在 $x = 0$ 点的指标为 $\pm\nu$.

作变换 $y(x) = \dfrac{v(x)}{\sqrt{x}}$,则

$$y' = -\frac{1}{2} x^{-\frac{3}{2}} v + x^{-\frac{1}{2}} v', \qquad y'' = \frac{3}{4} x^{-\frac{5}{2}} v - x^{-\frac{3}{2}} v' + x^{-\frac{1}{2}} v''$$

球贝塞尔方程化为

$$v'' + \frac{1}{x} v' + \left[1 - \frac{1}{4x^2} - \frac{l(l+1)}{x^2} \right] v = 0$$

$x = 0, xp(x) = 1, x^2 q(x) = x^2 - \dfrac{1}{4} - l(l+1)$，故 $x = 0$ 是正则奇点.

$x = 0$ 点的指标方程为

$$\rho(\rho - 1) + \rho - \frac{1}{4} - l(l+1) = 0 \Rightarrow \rho = \pm \left(l + \frac{1}{2} \right)$$

实际上，$v(x)$ 满足的方程 $\dfrac{1}{x} \dfrac{\mathrm{d}}{\mathrm{d}x} \left(x \dfrac{\mathrm{d}v}{\mathrm{d}x} \right) + \left[1 - \dfrac{\left(l + \frac{1}{2} \right)^2}{x^2} \right] v = 0$ 是 $l + \dfrac{1}{2}$ 阶贝塞尔方程.

$v(x)$ 的两个线性无关解为 $\mathrm{J}_{n + \frac{1}{2}}(x)$ 和 $\mathrm{J}_{-(l + \frac{1}{2})}(x) \cong \mathrm{N}_{l + \frac{1}{2}}(x)$.

球贝塞尔方程的解 $y(x) = \dfrac{v(x)}{\sqrt{x}}$ 的两个线性无关解取为

$$\mathrm{j}_l(x) = \sqrt{\frac{\pi}{2x}} \mathrm{J}_{l + \frac{1}{2}}(x) = \frac{\sqrt{\pi}}{2} \sum_{n=0}^{\infty} \frac{(-1)^n}{n! \, \Gamma\left(n + l + \frac{3}{2} \right)} \left(\frac{x}{2} \right)^{2n + l} \text{——球贝塞尔函数}$$

$$\mathrm{n}_l(x) = \sqrt{\frac{\pi}{2x}} \mathrm{N}_{l + \frac{1}{2}}(x) = (-1)^{l+1} \frac{\sqrt{\pi}}{2} \sum_{n=0}^{\infty} \frac{(-1)^n}{n! \, \Gamma\left(n - l + \frac{1}{2} \right)} \left(\frac{x}{2} \right)^{2n - l - 1} \text{——球诺依曼函数}$$

$$\mathrm{n}_l(x) = (-1)^{l+1} \mathrm{j}_{-l-1}(x)$$

可知：

$$\mathrm{j}_0(x) = \sqrt{\frac{\pi}{2x}} \mathrm{J}_{\frac{1}{2}}(x) = \sqrt{\frac{\pi}{2x}} \sqrt{\frac{2}{\pi x}} \sin x = \frac{\sin x}{x}$$

$$\mathrm{j}_1(x) = \sqrt{\frac{\pi}{2x}} \mathrm{J}_{\frac{3}{2}}(x) = \sqrt{\frac{\pi}{2x}} \sqrt{\frac{2}{\pi x}} \left(\frac{\sin x}{x} - \cos x \right) = \frac{1}{x^2}(\sin x - x \cos x)$$

$$\mathrm{j}_2(x) = \sqrt{\frac{\pi}{2x}} \mathrm{J}_{\frac{5}{2}}(x) = \sqrt{\frac{\pi}{2x}} \sqrt{\frac{2}{\pi x}} \left(\frac{3 - x^2}{x^2} \sin x - \frac{3}{x} \cos x \right) = \frac{1}{x^3} \left[(3 - x^2) \sin x - 3x \cos x \right]$$

$\cdots\cdots$

$$\mathrm{n}_0(x) = -\frac{\cos x}{x}$$

$$\mathrm{n}_1(x) = -\frac{1}{x^2}(\cos x + x \sin x)$$

$$\mathrm{n}_2(x) = -\frac{1}{x^3} \left[(3 - x^2) \cos x + 3x \sin x \right]$$

$\cdots\cdots$

例 1 将函数 $\mathrm{e}^{\mathrm{i}kr\cos\theta}$ 按勒让德多项式展开.

解 令 $\mathrm{e}^{\mathrm{i}kr\cos\theta} = \displaystyle\sum_{l=0}^{\infty} b_l(kr) \mathrm{P}_l(\cos\theta)$，由勒让德多项式的正交完备性可知：

$$b_l = \frac{2l+1}{2} \int_{-1}^{1} f(x) \mathrm{P}_l(x) \mathrm{d}x = \frac{2l+1}{2} \int_{-1}^{1} \mathrm{e}^{\mathrm{i}krx} \mathrm{P}_l(x) \mathrm{d}x = \frac{2l+1}{2} \sum_{n=0}^{\infty} \frac{(\mathrm{i}kr)^n}{n!} \int_{-1}^{1} x^n \mathrm{P}_l(x) \mathrm{d}x$$

已知 $n < l$ 的积分为 0，取 $n = l + 2m$，则

$$b_l = \frac{2l+1}{2} \sum_{m=0}^{\infty} \frac{(\mathrm{i}kr)^{l+2m}}{(l+2m)!} \int_{-1}^{1} x^{l+2m} \mathrm{P}_l(x) \mathrm{d}x$$

$$\int_{-1}^{1} x^{l+2m} \mathrm{P}_l(x) \mathrm{d}x = 2^{l+1} \frac{(l+2m)!}{m!} \frac{(l+m)!}{(2l+2m+1)!} = 2^{l+1} \frac{(l+2m)!}{m!} \frac{\Gamma(l+m+1)}{\Gamma(2l+2m+2)} =$$

$$2^{l+1} \frac{(l+2m)!\ \sqrt{\pi}}{m!\ 2^{1-2(l+m+1)}\Gamma(l+m+\frac{3}{2})} = \frac{(l+2m)!\ \sqrt{\pi}}{2^{l+2m}m!\ \Gamma(l+m+\frac{3}{2})}$$

$$b_l = \frac{2l+1}{2}\sum_{m=0}^{\infty}\frac{(\mathrm{i}kr)^{l+2m}}{(l+2m)!}\ \frac{(l+2m)!\ \sqrt{\pi}}{2^{l+2m}m!\ \Gamma(l+m+\frac{3}{2})} =$$

$$\frac{2l+1}{2}\mathrm{i}^l\sqrt{\pi}\sum_{m=0}^{\infty}\frac{(-1)^m}{m!\ \Gamma(l+m+\frac{3}{2})}\left(\frac{kr}{2}\right)^{l+2m} = (2l+1)\mathrm{i}^l\mathrm{j}_l(kr)$$

$$\mathrm{e}^{\mathrm{i}kr\cos\theta} = \sum_{l=0}^{\infty}(2l+1)\mathrm{i}^l\mathrm{j}_l(kr)\mathrm{P}_l(\cos\theta)$$

$$\mathrm{j}_l(kr) \sim \frac{1}{kr}\sin\left(kr - \frac{l\pi}{2}\right)$$

展开式的物理含义:平面波按球面波展开.

例 2 半径为 a 的均匀导热介质球,原来温度为 u_0,将其放入冰水中,使球面保持零度,求球内的温度变化.

解 定解问题为

$$\begin{cases} \dfrac{\partial u}{\partial t} - \kappa\ \boldsymbol{\nabla}^2 u = 0 \\[2mm] u\big|_{r=a} = 0 \\[2mm] u\big|_{t=0} = u_0 \end{cases}$$

可知 $u(r,\theta,\varphi,t) = u(r,t) \equiv R(r)T(t)$,代入方程 $\dfrac{\partial u}{\partial t} - \kappa\dfrac{1}{r^2}\dfrac{\partial}{\partial r}\left(r^2\dfrac{\partial u}{\partial r}\right) = 0$

$$R\frac{\mathrm{d}T}{\mathrm{d}t} - \kappa T\frac{1}{r^2}\frac{\mathrm{d}}{\mathrm{d}r}\left(r^2\frac{\mathrm{d}R}{\mathrm{d}r}\right) = 0$$

$$\frac{1}{\kappa T}\frac{\mathrm{d}T}{\mathrm{d}t} = \frac{1}{R}\frac{1}{r^2}\frac{\mathrm{d}}{\mathrm{d}r}\left(r^2\frac{\mathrm{d}R}{\mathrm{d}r}\right) \equiv -k^2$$

得 $\qquad T' + k^2\kappa T = 0, \qquad \dfrac{1}{r^2}\dfrac{\mathrm{d}}{\mathrm{d}r}\left(r^2\dfrac{\mathrm{d}R}{\mathrm{d}r}\right) + k^2 R = 0$ ——0 阶球贝塞尔方程

有本征值问题:

$$\begin{cases} \dfrac{1}{r^2}\dfrac{\mathrm{d}}{\mathrm{d}r}\left(r^2\dfrac{\mathrm{d}R}{\mathrm{d}r}\right) + k^2 R = 0 \\[2mm] R(0)\ \text{有界}, \quad R(a) = 0 \end{cases}$$

故 $\qquad\qquad R(r) = \mathrm{j}_0(kr) = \dfrac{\sin kr}{kr}$

由边界条件可知 $R(a) = \dfrac{\sin ka}{ka} = 0, ka = m\pi, m = 1,2,3\cdots.$

本征值:$k_m^2 = \left(\dfrac{m\pi}{a}\right)^2, m = 1,2,3\cdots.$

本征函数:$R(r) = \dfrac{a}{m\pi r}\sin\dfrac{m\pi r}{a}, m = 1,2,3\cdots.$

$$T' + \left(\frac{m\pi}{a}\right)^2\kappa T = 0, \qquad T_m(t) = C_m\mathrm{e}^{-\left(\frac{m\pi}{a}\right)^2\kappa t}$$

一般解为

$$u(r,t) = \sum_{m=1}^{\infty} C_m \frac{a}{m\pi r} \sin \frac{m\pi r}{a} \mathrm{e}^{-\left(\frac{m\pi}{a}\right)^2 \kappa t}$$

代入初始条件：$u\big|_{t=0} = \sum_{m=1}^{\infty} C_m \frac{a}{m\pi r} \sin \frac{m\pi r}{a} = u_0$，两边同乘以 $r\sin \frac{m\pi r}{a}$，再 $\int_0^a \mathrm{d}r$ 得

$$\int_0^a \sum_{m=1}^{\infty} C_m \frac{a}{m\pi r} \sin \frac{m\pi r}{a} r\sin \frac{m\pi r}{a} \mathrm{d}r = \int_0^a u_0 r\sin \frac{m\pi r}{a} \mathrm{d}r$$

$$C_m \int_0^a \frac{a}{m\pi} \sin^2 \frac{m\pi r}{a} \mathrm{d}r = \int_0^a u_0 r\sin \frac{m\pi r}{a} \mathrm{d}r$$

$$C_m = \frac{\int_0^a u_0 r\sin \frac{m\pi r}{a}\mathrm{d}r}{\int_0^a \frac{a}{m\pi} \sin^2 \frac{m\pi r}{a}\mathrm{d}r} = u_0 \frac{\int_0^a \frac{m\pi r}{a}\sin \frac{m\pi r}{a}\mathrm{d}\frac{m\pi r}{a}}{\int_0^a \sin^2 \frac{m\pi r}{a}\mathrm{d}\frac{m\pi r}{a}} = u_0 \frac{\int_0^{m\pi} x\sin x \mathrm{d}x}{\int_0^{m\pi} \sin^2 x\mathrm{d}x} =$$

$$u_0 \frac{(\sin x - x\cos x)\big|_0^{m\pi}}{\left(\frac{x}{2} - \frac{1}{4}\sin x\right)\big|_0^{m\pi}} = u_0 \frac{\sin m\pi - m\pi\cos m\pi}{\frac{m\pi}{2} - \frac{1}{4}\sin m\pi} = u_0 \frac{-(-1)^m m\pi}{\frac{m\pi}{2}} = (-1)^{m+1} 2u_0$$

故得

$$u(r,t) = \sum_{m=1}^{\infty} (-1)^{m+1} \frac{2au_0}{m\pi r}\sin \frac{m\pi r}{a} \mathrm{e}^{-\left(\frac{m\pi}{a}\right)^2 \kappa t}$$

第 16 章 积分变换的应用

定义 若函数 $f(x)$ 在 $(-\infty,+\infty)$ 上连续、分段光滑且绝对可积，则称 $G(\omega)=\int_{-\infty}^{\infty} f(x)\mathrm{e}^{-\mathrm{i}\omega x}\mathrm{d}x$ 为 $f(x)$ 的傅里叶变换. 记作 $\mathscr{F}[f(x)]=G(\omega)$，而 $f(x)=\dfrac{1}{2\pi}\int_{-\infty}^{\infty} G(\omega)\mathrm{e}^{\mathrm{i}\omega x}\mathrm{d}\omega$ 为 $G(\omega)$ 的傅里叶逆变换，记作 $\mathscr{L}^{-1}[G(\omega)]=f(x)$.

拉普拉斯变换和傅里叶变换的基本性质见表 $16-1$.

表 16-1

性　　质	$\mathscr{L}[f(t)]=F(p)$	$\mathscr{F}[f(x)]=G(\omega)$
线性性质	$\mathscr{L}[af_1(t)+bf_2(t)]=aF_1(p)+bF_2(p)$	$\mathscr{F}[af_1(x)+bf_2(x)]=aG_1(\omega)+bG_2(\omega)$
位移性质	$\mathscr{L}[\exp(p_0 t)f(t)]=F(p-p_0)$	$\mathscr{F}[\exp(\mathrm{i}\omega_0 x)f(x)]=G(\omega-\omega_0)$
延迟性质	$\mathscr{L}[f(t-t)]=\exp(-pt)F(p)$	$\mathscr{F}[f(x-x_0)]=\exp(-\mathrm{i}\omega_0 x)G(\omega)$
相似性质	$\mathscr{L}[f(at)]=\dfrac{1}{a}F(p/a)$	$\mathscr{F}[f(ax)]=\dfrac{1}{\|a\|}G(\omega/a)$
微分性质	$\mathscr{L}[f(n)(t)]=p^n F(p)-p^{n-1}f(0)-$ $p^{n-2}f'(0)-\cdots-f^{(n-1)}(0)$	$\mathscr{F}[f(n)(x)]=(\mathrm{i}\omega)^n G(\omega)$ $\|x\|\to\infty,\quad f^{(n-1)}(x)\to 0,\quad n=1,2,3,\cdots$
积分性质	$\mathscr{L}\left[\int_0^t f(\tau)\mathrm{d}\tau\right]=\dfrac{F(p)}{p}$	$\mathscr{F}\left[\int_{x_0}^x f(\xi)\mathrm{d}\xi\right]=\dfrac{G(\omega)}{\mathrm{i}\omega}$
卷积性质	$\mathscr{L}[f_1(t)*f_2(t)]=F_1(p)F_2(p)$	$\mathscr{F}[f_1(x)*f_2(x)]=G_1(\omega)*G_2(\omega)$ $\mathscr{F}[f_1(x)f_2(x)]=\dfrac{1}{2\pi}G_1(\omega)*G_2(\omega)$
卷　　积	$f_1(t)*f_2(t)=\int_0^t f_1(\tau)f_2(t-\tau)\mathrm{d}\tau$	$f_1(x)*f_2(x)=\int_{-\infty}^{\infty} f_1(\xi)f_2(x-\xi)\mathrm{d}\xi$

例 1 用傅里叶变换求解热传导方程的初值问题：

$$\begin{cases}\dfrac{\partial u}{\partial t}-\kappa\dfrac{\partial^2 u}{\partial x^2}=0,\quad -\infty<x<\infty,\quad t>0\\[2mm] u\big|_{t=0}=\cos x\end{cases}$$

解 作傅里叶变换，有

$$\mathscr{F}[u(x,t)]=\int_{-\infty}^{\infty} u(x,t)\mathrm{e}^{-\mathrm{i}\omega x}\mathrm{d}x=\widetilde{u}(\omega,t),\quad \mathscr{F}[\cos x]=\int_{-\infty}^{\infty}\cos x\,\mathrm{e}^{-\mathrm{i}\omega x}\mathrm{d}x=\widetilde{\varphi}(\omega)$$

定解问题化为

$$\begin{cases} \dfrac{\mathrm{d}\widetilde{u}(\omega,t)}{\mathrm{d}t} - \kappa(\mathrm{i}\omega)^2\widetilde{u}(\omega,t) = 0 \\ \widetilde{u}(\omega,0) = \widetilde{\varphi}(\omega) \end{cases}$$

易解得
$$\widetilde{u}(\omega,t) = A\mathrm{e}^{-\kappa\omega^2 t}, \quad A = \widetilde{\varphi}(\omega)$$

即
$$\widetilde{u}(\omega,t) = \widetilde{\varphi}(\omega)\mathrm{e}^{-\kappa\omega^2 t}$$

作傅里叶逆变换,有

$$u(x,t) = \mathscr{L}^{-1}[\widetilde{u}(\omega,t)] = \mathscr{L}^{-1}[\widetilde{\varphi}(\omega)\mathrm{e}^{-\kappa\omega^2 t}] = \cos x * \mathscr{L}^{-1}[\mathrm{e}^{-\kappa\omega^2 t}]$$

$$\mathscr{L}^{-1}[\mathrm{e}^{-\kappa\omega^2 t}] = \frac{1}{2\pi}\int_{-\infty}^{\infty}\mathrm{e}^{-\kappa\omega^2 t}\mathrm{e}^{\mathrm{i}\omega x}\mathrm{d}\omega = \frac{1}{2\pi}\int_{-\infty}^{\infty}\mathrm{e}^{-\kappa\omega^2 t}(\cos\omega x + \mathrm{i}\sin\omega x)\mathrm{d}\omega =$$

$$\frac{1}{\pi}\int_0^{\infty}\mathrm{e}^{-\kappa\omega^2 t}\cos\omega x\,\mathrm{d}\omega = \frac{1}{\pi}\frac{1}{2}\mathrm{e}^{-\frac{x^2}{4\kappa t}}\sqrt{\frac{\pi}{\kappa t}} = \frac{1}{2\sqrt{\kappa t\pi}}\mathrm{e}^{-\frac{x^2}{4\kappa t}}$$

上式中应用了积分公式:$\displaystyle\int_0^{\infty}\mathrm{e}^{-ax^2}\cos bx\,\mathrm{d}x = \frac{1}{2}\mathrm{e}^{-\frac{b^2}{4a}}\sqrt{\frac{\pi}{a}}, a > 0.$

故

$$u(x,t) = \cos x * \frac{1}{2\sqrt{\kappa t\pi}}\mathrm{e}^{-\frac{x^2}{4\kappa t}} = \frac{1}{2\sqrt{\kappa t\pi}}\int_{-\infty}^{\infty}\mathrm{e}^{-\frac{\xi^2}{4\kappa t}}\cos(x-\xi)\mathrm{d}\xi =$$

$$\frac{1}{2\sqrt{\kappa t\pi}}\left(\int_{-\infty}^{\infty}\mathrm{e}^{-\frac{\xi^2}{4\kappa t}}\cos x\cos\xi\mathrm{d}\xi + \int_{-\infty}^{\infty}\mathrm{e}^{-\frac{\xi^2}{4\kappa t}}\sin x\sin\xi\mathrm{d}\xi\right) =$$

$$\frac{\cos x}{2\sqrt{\kappa t\pi}}\int_{-\infty}^{\infty}\mathrm{e}^{-\frac{\xi^2}{4\kappa t}}\cos\xi\mathrm{d}\xi = \frac{\cos x}{2\sqrt{\kappa t\pi}}\frac{1}{2}\mathrm{e}^{-\kappa t}2\sqrt{\kappa t\pi} = \frac{\cos x}{2}\mathrm{e}^{-\kappa t}$$

例2 求高斯分布函数 $f(t) = \dfrac{1}{\sqrt{2\pi}\,\sigma}\mathrm{e}^{-\frac{t^2}{2\sigma^2}}$ 的频谱分布函数.

解 令 $a = \dfrac{1}{\sqrt{2\pi}\,\sigma}, b = \dfrac{1}{2\sigma^2}$,则

$$G(\omega) = \mathscr{F}[f(t)] = \int_{-\infty}^{\infty}f(t)\mathrm{e}^{-\mathrm{i}\omega t}\mathrm{d}t = \int_{-\infty}^{\infty}a\mathrm{e}^{-bt^2}\mathrm{e}^{-\mathrm{i}\omega t}\mathrm{d}t = a\int_{-\infty}^{\infty}\mathrm{e}^{-(bt^2+\mathrm{i}\omega t)}\mathrm{d}t =$$

$$a\int_{-\infty}^{\infty}\mathrm{e}^{-b\left(t+\frac{\mathrm{i}\omega}{2b}\right)^2}\mathrm{e}^{-\frac{\omega^2}{4b}}\mathrm{d}t = a\mathrm{e}^{-\frac{\omega^2}{4b}}\int_{-\infty}^{\infty}\mathrm{e}^{-b\tau^2}\mathrm{d}\tau = a\mathrm{e}^{-\frac{\omega^2}{4b}}\sqrt{\frac{\pi}{b}} =$$

$$\frac{1}{\sqrt{2\pi}\,\sigma}\mathrm{e}^{-\frac{\omega^2}{4}2\sigma^2}\sqrt{2\sigma^2\pi} = \mathrm{e}^{-\frac{\omega^2\sigma^2}{2}}$$

例3 求如图 16-1 所示的单个矩形脉冲的频谱.

解 由图 16-1 可知

$$f(t) = \begin{cases} 0, & t < -\dfrac{\tau}{2} \\ E, & -\dfrac{\tau}{2} \leqslant t \leqslant \dfrac{\tau}{2} \\ 0, & t > \dfrac{\tau}{2} \end{cases}$$

图 16-1

$$G(\omega) = \mathscr{F}[f(t)] = \int_{-\infty}^{\infty}f(t)\mathrm{e}^{-\mathrm{i}\omega t}\mathrm{d}t = \int_{-\frac{\tau}{2}}^{\frac{\tau}{2}}E\mathrm{e}^{-\mathrm{i}\omega t}\mathrm{d}t = \frac{E}{-\mathrm{i}\omega}\mathrm{e}^{-\mathrm{i}\omega t}\bigg|_{-\frac{\tau}{2}}^{\frac{\tau}{2}} =$$

$$\frac{E}{-i\omega}(e^{-i\omega\frac{\tau}{2}} - e^{i\omega\frac{\tau}{2}}) = \frac{2E}{\omega}\sin\frac{\omega\tau}{2}$$

例 4 试求一根半无限长的弦在外力 $f(t) = \cos\omega t$ 作用下的振动,设弦的一端固定,另一端自由,初始位移和初始速度均为零.

解 定解问题为

$$\begin{cases} \dfrac{\partial^2 u}{\partial t^2} - a^2\dfrac{\partial^2 u}{\partial x^2} = \cos\omega t, \quad x > 0, \quad t > 0 \\ u(x,0) = 0, \quad \dfrac{\partial u}{\partial t}\bigg|_{t=0} = 0 \\ u(0,t) = 0, \quad \lim_{x\to\infty}\dfrac{\partial u}{\partial x} = 0 \end{cases}$$

作拉普拉斯变换:

$$\mathscr{L}[u(x,t)] = \tilde{u}(x,p), \quad \mathscr{L}[\cos\omega t] = \tilde{f}(p) = \frac{p}{p^2+\omega^2}$$

定解问题化为

$$\begin{cases} p^2\tilde{u} - a^2\dfrac{d^2\tilde{u}}{dx^2} = \tilde{f}(p) \Rightarrow \dfrac{d^2\tilde{u}}{dx^2} - \dfrac{p^2}{a^2}\tilde{u} = -\dfrac{\tilde{f}(p)}{a^2} \\ \tilde{u}(0,p) = 0 \\ \lim_{x\to\infty}\dfrac{d\tilde{u}}{dx} = 0 \end{cases}$$

$$\tilde{u}(x,p) = Ce^{\frac{px}{a}} + De^{-\frac{px}{a}} + \frac{\tilde{f}(p)}{p^2}$$

$$\lim_{x\to\infty}\frac{d\tilde{u}}{dx} = 0 \Rightarrow C = 0, \quad \tilde{u}(0,p) = D + \frac{\tilde{f}(p)}{p^2} = 0 \Rightarrow D = -\frac{\tilde{f}(p)}{p^2}$$

$$\tilde{u}(x,p) = -\frac{\tilde{f}(p)}{p^2}e^{-\frac{px}{a}} + \frac{\tilde{f}(p)}{p^2} = \frac{\tilde{f}(p)}{p^2}(1 - e^{-\frac{px}{a}}) = \frac{1}{p(p^2+\omega^2)}(1 - e^{-\frac{px}{a}})$$

$$u(x,t) = \mathscr{L}^{-1}[\tilde{u}(x,p)] = \mathscr{L}^{-1}\left[\frac{1}{p(p^2+\omega^2)}(1 - e^{-\frac{px}{a}})\right] =$$

$$\mathscr{L}^{-1}\left[\frac{1}{\omega^2}\left(\frac{1}{p} - \frac{p}{p^2+\omega^2}\right)(1 - e^{-\frac{px}{a}})\right] =$$

$$\frac{1}{\omega^2}\mathscr{L}^{-1}\left[\left(\frac{1}{p} - \frac{p}{p^2+\omega^2}\right) - e^{-\frac{px}{a}}\left(\frac{1}{p} - \frac{p}{p^2+\omega^2}\right)\right]$$

$$\mathscr{L}^{-1}\left[\frac{1}{p} - \frac{p}{p^2+\omega^2}\right] = 1 - \cos\omega t = 2\sin^2\frac{\omega t}{2}$$

$$u(x,t) = \frac{1}{\omega^2}\left[2\sin^2\frac{\omega t}{2} - 2\sin^2\frac{\omega\left(t-\frac{\pi}{a}\right)}{2}\right] = \frac{2}{\omega^2}\left[\sin^2\frac{\omega t}{2} - \sin^2\frac{\omega\left(t-\frac{\pi}{a}\right)}{2}\right]$$

第 17 章 格林函数法

格林函数法是理论物理研究中的常用方法之一.

预备知识:若函数 $u(x,y,z)=u(r)$, $v(x,y,z)=v(r)$, $\mathrm{d}r=\mathrm{d}x\mathrm{d}y\mathrm{d}z$ 在区域 V 及其边界面 S 连续,规定 S 的外法线方向为正.

格林第一公式:$\iiint\limits_{V} u\nabla^2 v\mathrm{d}\vec{r}=\iint\limits_{\Sigma} u\nabla v\mathrm{d}\vec{\Sigma}-\iiint\limits_{V}\nabla u\nabla v\mathrm{d}\vec{r}$

格林第二公式:$\iiint\limits_{V}(u\nabla^2 v-v\nabla^2 u)\mathrm{d}\vec{r}=\iint\limits_{\Sigma}(u\nabla v-v\nabla u)\mathrm{d}\vec{\Sigma}$

证明 （1）格林第一公式.

$$\iiint\limits_{V} u\nabla^2 v\mathrm{d}\vec{r}+\iiint\limits_{V}\nabla u\nabla v\mathrm{d}\vec{r}=\iiint\limits_{V} u\left(\frac{\partial^2 v}{\partial x^2}+\frac{\partial^2 v}{\partial y^2}+\frac{\partial^2 v}{\partial z^2}\right)\mathrm{d}r+\iiint\limits_{V}\left(\frac{\partial u}{\partial x}\frac{\partial v}{\partial x}+\frac{\partial u}{\partial y}\frac{\partial v}{\partial y}+\frac{\partial u}{\partial z}\frac{\partial v}{\partial z}\right)\mathrm{d}r=$$

$$\iiint\limits_{V}\left[\frac{\partial}{\partial x}\left(u\frac{\partial v}{\partial x}\right)+\frac{\partial}{\partial y}\left(u\frac{\partial v}{\partial y}\right)+\frac{\partial}{\partial z}\left(u\frac{\partial v}{\partial z}\right)\right]\mathrm{d}r=$$

$$\iint\limits_{\Sigma}\left(u\frac{\partial v}{\partial x}\cos\alpha+u\frac{\partial v}{\partial y}\cos\beta+u\frac{\partial v}{\partial z}\cos\gamma\right)\mathrm{d}\Sigma= \quad \text{（高斯公式）}$$

$$\iint\limits_{\Sigma} u\frac{\partial v}{\partial n}\mathrm{d}\vec{\Sigma}= \quad \text{（方向导数）}$$

$$\iint\limits_{\Sigma} u\nabla v\mathrm{d}\vec{\Sigma}$$

（2）格林第二公式.

由格林第一公式知:

$$\iiint\limits_{V} u\nabla^2 v\mathrm{d}\vec{r}=\iint\limits_{\Sigma} u\nabla v\mathrm{d}\vec{\Sigma}-\iiint\limits_{V}\nabla u\nabla v\mathrm{d}\vec{r} \tag{17.1}$$

将式(17.1)中的 u 和 v 交换位置,得

$$\iiint\limits_{V} v\nabla^2 u\mathrm{d}\vec{r}=\iint\limits_{\Sigma} v\nabla u\mathrm{d}\vec{\Sigma}-\iiint\limits_{V}\nabla v\nabla u\mathrm{d}\vec{r} \tag{17.2}$$

式(17.1)－式(17.2),得

$$\iiint\limits_{V}(u\nabla^2 v-v\nabla^2 u)\mathrm{d}\vec{r}=\iint\limits_{\Sigma}(u\nabla v-v\nabla u)\mathrm{d}\vec{\Sigma}$$

格林公式通常指格林第二公式,在格林函数法求解定解问题时常要用到.

17.1　格林函数的概念

定义 （格林函数）在区间 $[a,b]$ 上,考虑边值问题:

$$\begin{cases} p(x)y''(x) + y'(x)[p'(x) + q(x)] = -\varphi(x) \\ [\alpha y(x) + \beta y'(x)]_{x=a} = 0, \quad \alpha、\beta \text{ 为常数} \\ [\alpha y(x) + \beta y'(x)]_{x=b} = 0 \end{cases}$$

构造函数 G,对于给定的 x_0,$G = \begin{cases} G_1(x), & x < x_0 \\ G_2(x), & x > x_0 \end{cases}$,并且满足以下 4 个条件:

(1)G_1 和 G_2 在所定义的区间上满足方程:

$$p(x)y''(x) + y'(x)[p'(x) + q(x)] = 0$$

即当 $x < x_0$ 时,$p(x)G''_1(x) + G'_1(x)[p'(x) + q(x)] = 0$

当 $x > x_0$ 时,$p(x)G''_2(x) + G'_2(x)[p'(x) + q(x)] = 0$.

(2)G 满足边界条件,即 $\alpha G_1(a) + \beta G'_1(a) = 0$,$\alpha G_2(b) + \beta G'_2(b) = 0$.

(3)G 在 x_0 点连续,即 $G_1(x_0) = G_2(x_0)$.

(4)G' 以 $x = x_0$ 为一不连续点,其跳跃是 $-\dfrac{1}{p(x_0)}$.

满足条件(1)~(4)所定义的函数 G 称为与该边值问题相联系的格林函数.

y 的边值问题 $\Rightarrow G$ 的边值问题.

$$\begin{cases} p(x)G''(x;x_0) + G'(x;x_0)[p'(x) + q(x)] = \delta(x - x_0) \\ \alpha G(a;x_0) + \beta G'y(a;x_0) = 0, \quad \alpha、\beta \text{ 为常数} \\ \alpha G(b;x_0) + \beta G'(b;x_0) = 0 \end{cases}$$

以上是以微分方程为例定义的格林函数(见图 17-1),下面从偏微分方程的角度理解格林函数的概念.

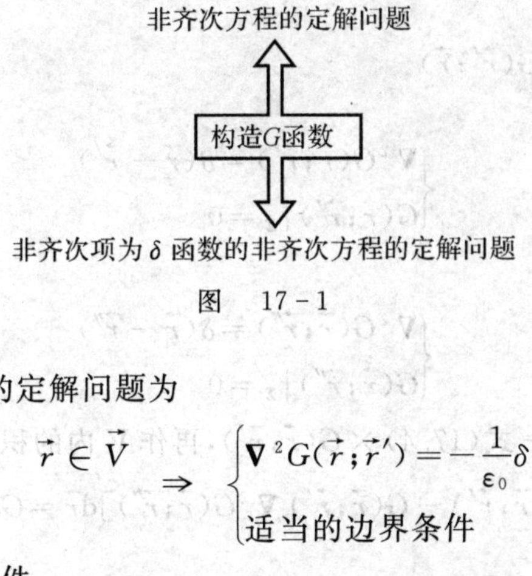

非齐次方程的定解问题

$\Updownarrow$

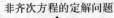

构造 G 函数

$\Updownarrow$

非齐次项为 δ 函数的非齐次方程的定解问题

图　17-1

以静电场为例,静电势的定解问题为

$$\begin{cases} \nabla^2 u(\vec{r}) = -\dfrac{1}{\varepsilon_0}\rho(\vec{r}), & \vec{r} \in \vec{V} \\ u|_{\Sigma} = f(\Sigma) \end{cases} \Rightarrow \begin{cases} \nabla^2 G(\vec{r};\vec{r}') = -\dfrac{1}{\varepsilon_0}\delta(\vec{r} - \vec{r}'), & \vec{r},\vec{r}' \in \vec{V} \\ \text{适当的边界条件} \end{cases}$$

现在确定适当的边界条件:

$$\nabla^2 u(\vec{r}) = -\dfrac{1}{\varepsilon_0}\rho(\vec{r}), \quad \nabla^2 G(\vec{r};\vec{r}') = -\dfrac{1}{\varepsilon_0}\delta(\vec{r} - \vec{r})$$

$u(\vec{r}) \times \nabla^2 G(\vec{r},\vec{r}') - G(\vec{r},\vec{r}') \times \nabla^2 u(\vec{r})$,得

$$\iiint_V d\vec{r} \iiint_V u(\vec{r}) \times \nabla^2 G(\vec{r},\vec{r}') - G(\vec{r},\vec{r}') \times \nabla^2 u(\vec{r}) d\vec{r} = -\dfrac{1}{\varepsilon_0}\left[u(\vec{r}') - \iiint_V G(\vec{r};\vec{r}')\rho(\vec{r})d\vec{r} \right]$$

由格林公式可知:

$$\iint_{\Sigma}[u(\vec{r})\,\boldsymbol{\nabla}G(\vec{r},\vec{r}') - G(\vec{r},\vec{r}')\,\boldsymbol{\nabla}u(\vec{r})]\mathrm{d}\vec{\Sigma} = -\frac{1}{\varepsilon_0}\Big[u(\vec{r}') - \iiint_V G(\vec{r};\vec{r}')\rho(\vec{r})\mathrm{d}\vec{r}\Big]$$

$$u(\vec{r}') = \iiint_V G(\vec{r};\vec{r}')\rho(\vec{r})\mathrm{d}\vec{r} - \varepsilon_0 \iint_{\Sigma}[u(\vec{r})\,\boldsymbol{\nabla}G(\vec{r},\vec{r}') - G(\vec{r},\vec{r}')\,\boldsymbol{\nabla}u(\vec{r})]\mathrm{d}\vec{\Sigma}$$

上式中，$u(\vec{r})|_{\Sigma}=f(\Sigma)$，而 $\boldsymbol{\nabla}u(\vec{r})$ 未知. 只有 $G(\vec{r};\vec{r}')_{\Sigma}=0$，才能求出：

$$u(\vec{r}') = \iiint_V G(\vec{r};\vec{r}')\rho(\vec{r})\mathrm{d}\vec{r} - \varepsilon_0 \iint_{\Sigma}f(\Sigma)\,\boldsymbol{\nabla}G(\vec{r},\vec{r}')|_{\Sigma}\mathrm{d}\vec{\Sigma}$$

$G(\vec{r};\vec{r}')_{\Sigma}=0$，正是要寻找的适当的边界条件.

将 $\vec{r}'$ 与 $\vec{r}$ 互换，得

$$u(\vec{r}) = \iiint_V G(\vec{r}';\vec{r})\rho(\vec{r}')\mathrm{d}\vec{r}' - \varepsilon_0 \iint_{\Sigma}f(\Sigma')\,\boldsymbol{\nabla}'G(\vec{r}',\vec{r})_{\Sigma}\mathrm{d}\vec{\Sigma}' =$$

$$\iiint_V G(\vec{r}';\vec{r})\rho(\vec{r}')\mathrm{d}\vec{r}' - \varepsilon_0 \iint_{\Sigma}f(\Sigma')\frac{\partial G(\vec{r}',\vec{r})}{\partial n'}\Big|_{\Sigma}\mathrm{d}\vec{\Sigma}'$$

$\boldsymbol{\nabla}'$ 与 $\dfrac{\partial}{\partial n'}$ 指对 $\vec{r}'$ 微商.

静电场定解问题的格林函数 = 单位点电荷在齐次边界条件下的电势

稳定问题的 G 函数 = 定解问题 $\begin{cases} \text{非齐次项为 }\delta\text{ 函数的原数理方程} \\ \text{同类型边界条件的边界条件} \end{cases}$ 的解

17.2 稳定问题格林函数的一般性质

1. 对称性：$G(\vec{r};\vec{r}') = G(\vec{r}';\vec{r})$

证明 对于

$$\begin{cases} \boldsymbol{\nabla}^2 G(\vec{r};\vec{r}') = \delta(\vec{r}-\vec{r}') \\ G(\vec{r};\vec{r}')|_{\Sigma}=0 \end{cases} \tag{17.3}$$

将 $\vec{r}'$ 换为 $\vec{r}''$：

$$\begin{cases} \boldsymbol{\nabla}^2 G(\vec{r};\vec{r}'') = \delta(\vec{r}-\vec{r}'') \\ G(\vec{r};\vec{r}'')|_{\Sigma}=0 \end{cases} \tag{17.4}$$

式(17.3)$\times G(\vec{r};\vec{r}'')$ — 式(17.4)$\times G(\vec{r};\vec{r}')$，再作 V 内的积分，有

$$\iiint_V [G(\vec{r};\vec{r}'')\,\boldsymbol{\nabla}^2 G(\vec{r};\vec{r}') - G(\vec{r};\vec{r}')\,\boldsymbol{\nabla}^2 G(\vec{r};\vec{r}'')]\mathrm{d}\vec{r} = G(\vec{r}';\vec{r}'') - G(\vec{r}'';\vec{r}')$$

由格林公式可知：

$$\iint_{\Sigma}[G(\vec{r};\vec{r}'')\,\boldsymbol{\nabla}G(\vec{r};\vec{r}') - G(\vec{r};\vec{r}')\,\boldsymbol{\nabla}G(\vec{r};\vec{r}'')]\mathrm{d}\vec{\Sigma} = G(\vec{r}';\vec{r}'') - G(\vec{r}'';\vec{r}')$$

代入边界条件 $G(\vec{r};\vec{r}')|_{\Sigma}=0$，$G(\vec{r};\vec{r}'')|_{\Sigma}=0$，得

$$0 = G(\vec{r}';\vec{r}'') - G(\vec{r}'';\vec{r}')$$

将 $\vec{r}''$ 换为 $\vec{r}$：$G(\vec{r};\vec{r}') = G(\vec{r}';\vec{r})$.

2. 点源附近的发散行为

为了便于讨论，将格林函数分为两部分：$G(\vec{r};\vec{r}_0) = G^{\infty}(\vec{r};\vec{r}_0) + G^{\Sigma}(\vec{r};\vec{r}_0)$.

$G^{\infty}(\vec{r};\vec{r}_0)$:$\vec{r}_0$ 点源对 $\vec{r}$ 点的直接影响 —— 无界空间格林函数;

$G^{\Sigma}(\vec{r};\vec{r}_0)$:$\vec{r}_0$ 点源通过边界 Σ 对 $\vec{r}$ 点的直接影响.

由 $\mathbf{\nabla}^2 G(\vec{r};\vec{r}_0)=\delta(\vec{r}-\vec{r}_0)$ 可知,$\vec{r}_0$ 为奇点,在点源附近,即 $|\vec{r}-\vec{r}_0|\ll r_0$,$\vec{r}_0$ 对 $\vec{r}$ 的直接影响远远大于间接影响,即 $G^{\infty}\gg G^{\Sigma}$.$G^{\infty}(\vec{r};\vec{r}_0)$ 关于 $\vec{r}_0$ 中心对称,其大小与 $\vec{R}=\vec{r}-\vec{r}_0$ 的方向无关,只与 R 的大小 $|\vec{r}-\vec{r}_0|$ 有关.

故
$$G(\vec{r};\vec{r}_0)\sim G^{\infty}(\vec{r};\vec{r}_0)=g(\vec{r})$$

当 $R\ll r_0$ 时,方程化为 $\mathbf{\nabla}^2 g(\vec{r})=\delta(\vec{r}-\vec{r}_0)$.

(1) 三维情况:$\mathbf{\nabla}^2 g(\vec{r})=\delta(\vec{r}-\vec{r}_0)$.

以 r_0 为圆心,ε 为半径的球体内,作 $\iiint\limits_V \mathrm{d}\vec{r}$,即 $\iiint\limits_V \mathbf{\nabla}^2 g(\vec{r})\mathrm{d}\vec{r}=1$.

球坐标系下,有

$$\mathbf{\nabla}^2=\frac{1}{r^2}\frac{\partial}{\partial r}\left(r^2\frac{\partial}{\partial r}\right)+\frac{1}{r^2\sin\theta}\frac{\partial}{\partial\theta}\left(\sin\theta\frac{\partial}{\partial\theta}\right)+\frac{1}{r^2\sin^2\theta}\frac{\partial^2}{\partial\varphi^2}$$

$\mathrm{d}\vec{r}=R^2\sin\theta\mathrm{d}r\mathrm{d}\theta\mathrm{d}\varphi$,$g(\vec{R})$ 关于 $\vec{r}_0$ 中心对称.

$$\iiint\limits_V \frac{1}{R^2}\frac{\mathrm{d}}{\mathrm{d}r}\left[R^2\frac{\mathrm{d}g(R)}{\mathrm{d}r}\right]R^2\sin\theta\mathrm{d}r\mathrm{d}\theta\mathrm{d}\varphi=1$$

$$\int_0^\varepsilon \frac{\mathrm{d}}{\mathrm{d}r}\left[R^2\frac{\mathrm{d}g(R)}{\mathrm{d}r}\right]\mathrm{d}r\int_0^\pi\sin\theta\mathrm{d}\theta\int_0^{2\pi}\mathrm{d}\varphi=1$$

$$\int_0^\varepsilon \frac{\mathrm{d}}{\mathrm{d}r}\left[R^2\frac{\mathrm{d}g(R)}{\mathrm{d}r}\right]\mathrm{d}r=\frac{1}{4\pi}\ \Rightarrow\ R^2\frac{\mathrm{d}g(R)}{\mathrm{d}r}=\frac{1}{4\pi}\ \Rightarrow\ \frac{\mathrm{d}g(R)}{\mathrm{d}r}=\frac{1}{4\pi R^2}$$

$$g(R)=-\frac{1}{4\pi R}\quad(R\ll r_0)$$

故
$$G(\vec{r};\vec{r}_0)\sim\frac{-1}{4\pi|\vec{r}-\vec{r}_0|}\quad(R\ll r_0)$$

(2) 二维情况:$\mathbf{\nabla}^2 g(\vec{r})=\delta(\vec{r}-\vec{r}_0)$.

以 r_0 为圆心,ε 为半径的圆域内,作 $\iint\limits_S \mathrm{d}\vec{R}$,即 $\iint\limits_S \mathbf{\nabla}^2 g(\vec{R})\mathrm{d}\vec{R}=1$.

极坐标系下,有

$$\mathbf{\nabla}^2=\frac{1}{\rho}\frac{\partial}{\partial\rho}\left(\rho\frac{\partial}{\partial\rho}\right)+\frac{1}{\rho^2}\frac{\partial^2}{\partial\varphi^2}$$

$\mathrm{d}\vec{R}=R\mathrm{d}R\mathrm{d}\varphi$,　$g(\vec{R})$ 关于 $\vec{r}_0$ 中心对称.

$$\iiint\limits_V \frac{1}{R}\frac{\mathrm{d}}{\mathrm{d}r}\left[R\frac{\mathrm{d}g(R)}{\mathrm{d}r}\right]R\mathrm{d}r\mathrm{d}\varphi=1$$

$$\int_0^\varepsilon \frac{\mathrm{d}}{\mathrm{d}r}\left[R\frac{\mathrm{d}g(R)}{\mathrm{d}r}\right]\mathrm{d}r\int_0^{2\pi}\mathrm{d}\varphi=1$$

$$\int_0^\varepsilon \frac{\mathrm{d}}{\mathrm{d}r}\left[R\frac{\mathrm{d}g(R)}{\mathrm{d}r}\right]\mathrm{d}r=\frac{1}{2\pi}\ \Rightarrow\ R\frac{\mathrm{d}g(R)}{\mathrm{d}r}=\frac{1}{2\pi}\ \Rightarrow\ \frac{\mathrm{d}g(R)}{\mathrm{d}r}=\frac{1}{2\pi R}$$

$$g(R)=\frac{1}{4\pi}\ln R\quad(R\ll r_0)$$

故
$$G(\vec{r};\vec{r}_0)\sim\frac{1}{2\pi}\ln|\vec{r}-\vec{r}_0|\quad(R\ll r_0)$$

(3) 一维情况:$\mathbf{V}^2 g(\vec{R}) = \delta(\vec{r} - \vec{r}_0)$.

$$\frac{d^2}{dx^2} g(|\vec{x} - \vec{x}_0|) = \delta(\vec{x} - \vec{x}_0)$$

在区间$[\vec{x}_0 - \vec{\epsilon}, \vec{x}_0 + \vec{\epsilon}]$($\epsilon \ll |x_0|$)上积分,得

$$\frac{dg(|\vec{x} - \vec{x}_0|)}{dx}\bigg|_{\vec{x} = \vec{x}_0 - \vec{\epsilon}} - \frac{dg(|\vec{x} - \vec{x}_0|)}{dx}\bigg|_{\vec{x} = \vec{x}_0 + \vec{\epsilon}} = 1$$

即

$$\frac{dg(|\vec{x} - \vec{x}_0|)}{dx}\bigg|_{\vec{x} = \vec{x}_0 - 0} - \frac{dg(|\vec{x} - \vec{x}_0|)}{dx}\bigg|_{\vec{x} = \vec{x}_0 + 0} = 1$$

$G(\vec{x}; \vec{x}_0)$的一阶导数在$\vec{x}_0$处不连续.

因此,格林函数在点源附近的发散行为为随着维数的降低而减弱.

三维情况:$G(\vec{r}; \vec{r}_0) \sim \dfrac{-1}{4\pi |\vec{r} - \vec{r}_0|}$ ($R \ll r_0$);

二维情况:$G(\vec{r}; \vec{r}_0) \sim \dfrac{1}{2\pi} \ln |\vec{r} - \vec{r}_0|$($R \ll r_0$)($\ln x$ 在 $x = 0$ 发散行为比 $x^{-\nu}$($\nu > 0$) 都弱);

一维情况:$G(\vec{x}; \vec{x}_0)$的一阶导数在$\vec{x}_0$处不连续.

17.3　三维无界空间亥姆霍兹方程的格林函数

$$\mathbf{V}^2 G(\vec{r}; \vec{r}_0) + k^2 G(\vec{r}; \vec{r}_0) = -\frac{1}{\epsilon_0} \delta(\vec{r} - \vec{r}_0)$$

解　方法一:　用傅里叶积分变换法求解.

记$\mathscr{F}[G(\vec{r}; \vec{r}_0)] = \iiint_\infty G(\vec{r}; \vec{r}_0) e^{-i\vec{\omega} \cdot \vec{r}} d\vec{r} = \tilde{G}(\vec{\omega}; \vec{r}_0)$,则$\mathscr{F}[\mathbf{V}^2 G(\vec{r}; \vec{r}_0)] = -\omega^2 \tilde{G}(\vec{\omega}; \vec{r}_0)$. 由

微分性$\mathscr{F}[f^{(n)}(x)] = (i\omega)^n \mathscr{F}[f(x)]$可知:

$$\mathscr{F}[\delta(\vec{r} - \vec{r}_0)] = \iiint_\infty \delta(\vec{r} - \vec{r}_0) e^{-i\vec{\omega} \cdot \vec{r}} d\vec{r} = e^{-i\vec{\omega} \cdot \vec{r}_0}$$

对方程实施三重傅里叶积分变换,有

$$-\omega^2 \tilde{G}(\vec{\omega}; \vec{r}_0) + k^2 \tilde{G}(\vec{\omega}; \vec{r}_0) = -\frac{1}{\epsilon_0} e^{-i\vec{\omega} \cdot \vec{r}_0}$$

得

$$\tilde{G}(\vec{\omega}; \vec{r}_0) = \frac{1}{\epsilon_0} \frac{e^{-i\vec{\omega} \cdot \vec{r}_0}}{\omega^2 - k^2}$$

$$\mathscr{L}^{-1}[\tilde{G}(\vec{\omega}; \vec{r}_0)] = G(\vec{r}; \vec{r}_0) = \frac{1}{(2\pi)^3} \iiint_\infty \frac{1}{\epsilon_0} \frac{e^{-i\vec{\omega} \cdot \vec{r}_0}}{\omega^2 - k^2} e^{i\vec{\omega} \cdot \vec{r}} d\vec{\omega} = \frac{1}{\epsilon_0} \frac{1}{(2\pi)^3} \iiint_\infty \frac{e^{i\vec{\omega} \cdot (\vec{r} - \vec{r}_0)}}{\omega^2 - k^2} d\vec{\omega}$$

如图 17-2 所示,取 ω_z 沿$(\vec{r} - \vec{r}_0)$的方向,$\vec{\omega}$ 与 $(\vec{r} - \vec{r}_0)$ 的起点均重合于原点,则

$$\vec{\omega}(\vec{r} - \vec{r}_0) = |\vec{\omega}| |\vec{r} - \vec{r}_0| \cos\theta = \omega R \cos\theta$$

其中,$R = \sqrt{(x - x_0)^2 + (y - y_0)^2 + (z - z_0)^2}$,又知 $d\vec{\omega} = d\omega_x d\omega_y d\omega_z = \omega^2 \sin\theta d\omega d\theta d\varphi$,则

$$\iiint_\infty \frac{e^{i\vec{\omega} \cdot (\vec{r} - \vec{r}_0)}}{\omega^2 - k^2} d\vec{\omega} = \int_0^{2\pi} \int_0^\pi \int_0^\infty \frac{e^{i\omega R \cos\theta}}{\omega^2 - k^2} \omega^2 \sin\theta d\omega d\theta d\varphi =$$

$$2\pi \int_0^\pi \frac{\omega^2}{\omega^2 - k^2} d\omega \int_0^\infty e^{i\omega R \cos\theta} \sin\theta d\theta =$$

$$2\pi\int_0^\infty \frac{\omega^2}{\omega^2-k^2}d\omega\int_0^\pi -\frac{1}{i\omega R}e^{i\omega R\cos\theta}d(i\omega R\cos\theta)=$$

$$-\frac{2\pi}{iR}\int_0^\infty \frac{\omega}{\omega^2-k^2}(e^{-i\omega R}-e^{i\omega R})d\omega=$$

$$-\frac{4\pi}{iR}\int_0^\infty \frac{\omega\sin\omega R}{\omega^2-k^2}d\omega=$$

$$-\frac{4\pi}{iR}\pi\,\mathrm{res}\left[\frac{\omega e^{i\omega R}}{\omega^2-k^2},k\right]=-\frac{4\pi}{iR}\frac{\omega e^{i\omega R}}{2\omega}\Bigg|_{\omega=k}=$$

$$\frac{2\pi^2}{R}e^{ikR}$$

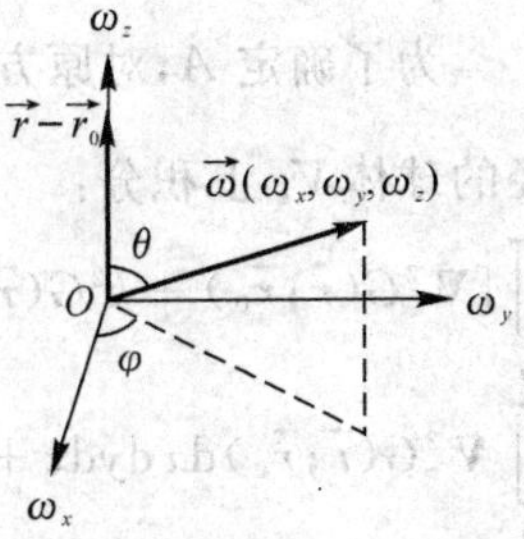

图　17-2

$$G(\vec{r};\vec{r}_0)=\frac{1}{\varepsilon_0}\frac{1}{(2\pi)^3}\iiint\frac{e^{i\vec{\omega}\cdot(\vec{r}-\vec{r}_0)}}{\omega^2-k^2}d\vec{\omega}=\frac{1}{\varepsilon_0}\frac{1}{(2\pi)^3}\frac{2\pi^2}{R}e^{ikR}=\frac{1}{4\pi\varepsilon_0}\frac{e^{ik|\vec{r}-\vec{r}_0|}}{|\vec{r}-\vec{r}_0|}$$

方法二：选取点源 $\vec{r}_0$ 所在位置 (x_0,y_0,z_0) 为球坐标原点，由于 $G(\vec{r};\vec{r}_0)$ 的球对称性（与 θ，φ 无关），故当 $r\neq 0$ 时，在球坐标系 (r,θ,φ) 中原方程：

$$\nabla^2 G(\vec{r};\vec{r}_0)+k^2 G(\vec{r};\vec{r}_0)=-\frac{1}{\varepsilon_0}\delta(\vec{r}-\vec{r}_0)$$

$$\nabla^2=\frac{1}{r^2}\frac{\partial}{\partial r}\left(r^2\frac{\partial}{\partial r}\right)+\frac{1}{r^2\sin\theta}\frac{\partial}{\partial\theta}\left(\sin\theta\frac{\partial}{\partial\theta}\right)+\frac{1}{r^2\sin^2\theta}\frac{\partial^2}{\partial\varphi^2}$$

可写为

$$\frac{1}{r^2}\frac{d}{dr}\left[r^2\frac{dG(\vec{r};\vec{r}_0)}{dr}\right]+k^2 G(\vec{r};\vec{r}_0)=0$$

$$\frac{d^2}{dr^2}G(\vec{r};\vec{r}_0)+\frac{2}{r}\frac{d}{dr}G(\vec{r};\vec{r}_0)+k^2 G(\vec{r};\vec{r}_0)=0$$

两边同乘以 r，有

$$r\frac{d^2 G}{dr^2}+2\frac{dG}{dr}+k^2 rG=0$$

$$\left(r\frac{d}{dr}\frac{dG}{dr}+\frac{dG}{dr}\right)+\frac{dG}{dr}+k^2 rG=0$$

$$\frac{d}{dr}\left(r\frac{dG}{dr}\right)+\frac{dG}{dr}+k^2 rG=0$$

$$\frac{d}{dr}\left(r\frac{dG}{dr}+G\right)+k^2 rG=0$$

$$\frac{d}{dr}\frac{d}{dr}(rG)+k^2 rG=0$$

$$\frac{d^2}{dr^2}(rG)+k^2(rG)=0$$

通解为

$$rG=Ae^{ikr}+Be^{-ikr}$$

$$G=A\frac{e^{ikr}}{r}+B\frac{e^{-ikr}}{r}$$

亥姆霍兹方程是波动方程分离掉时间因子 $e^{-i\omega t}$ 得到的，而 $\dfrac{e^{-ikr}}{r}$ 代表原点向外发散的球面波，故 $B=0$，$G=A\dfrac{e^{ikr}}{r}$.

为了确定 A,对原方程:$\mathbf{\nabla}^2 G(\vec{r};\vec{r}_0) + k^2 G(\vec{r};\vec{r}_0) = -\frac{1}{\varepsilon_0}\delta(\vec{r}-\vec{r}_0)$ 在以 r_0 为圆心,ε 为半径的球体 V_ε 上积分:

$$\iiint_{V_\varepsilon}[\mathbf{\nabla}^2 G(\vec{r};\vec{r}_0) + k^2 G(\vec{r};\vec{r}_0)]\mathrm{d}x\mathrm{d}y\mathrm{d}z = -\frac{1}{\varepsilon_0}\iiint_{V_\varepsilon}\delta(x-x_0)\delta(y-y_0)\delta(z-z_0)\mathrm{d}x\mathrm{d}y\mathrm{d}z = -\frac{1}{\varepsilon_0}$$

$$\iiint_{V_\varepsilon}\mathbf{\nabla}^2 G(\vec{r};\vec{r}_0)\mathrm{d}x\mathrm{d}y\mathrm{d}z + k^2\iiint_{V_\varepsilon}G(\vec{r};\vec{r}_0)\mathrm{d}x\mathrm{d}y\mathrm{d}z = -\frac{1}{\varepsilon_0}$$

格林公式:$\iiint_V(u\mathbf{\nabla}^2 v - v\mathbf{\nabla}^2 u)\mathrm{d}\vec{r} = \iint_\Sigma(u\mathbf{\nabla}v - v\mathbf{\nabla}u)\mathrm{d}\vec{\Sigma}$,令 $u=1,v=G$,得

$$\iint_\sigma \frac{\partial}{\partial n}G(\vec{r};\vec{r}_0)\mathrm{d}\sigma + k^2\iiint_{V_\varepsilon}G(\vec{r};\vec{r}_0)\mathrm{d}x\mathrm{d}y\mathrm{d}z = -\frac{1}{\varepsilon_0}$$

$$\int_0^{2\pi}\int_0^\pi \frac{\partial}{\partial r}G(\vec{r};\vec{r}_0)r^2\sin\theta\mathrm{d}\theta\mathrm{d}\varphi + k^2\iiint_{V_\varepsilon}G(\vec{r};\vec{r}_0)\mathrm{d}x\mathrm{d}y\mathrm{d}z = -\frac{1}{\varepsilon_0}$$

将 $G = A\dfrac{\mathrm{e}^{\mathrm{i}kr}}{r}$,代入上式,且有

$$\lim_{\varepsilon\to 0}G = \lim_{r\to 0}A\frac{\mathrm{e}^{\mathrm{i}kr}}{r} = A\lim_{r\to 0}\frac{\cos kr + \mathrm{i}\sin kr}{r} = A\lim_{r\to 0}\left(\frac{1}{r}+\mathrm{i}k\right)$$

$$\lim_{\varepsilon\to 0}\frac{\partial G}{\partial r} = \lim_{r\to 0}A\frac{\partial}{\partial r}\frac{\mathrm{e}^{\mathrm{i}kr}}{r} = A\lim_{r\to 0}\frac{\partial}{\partial r}\left(\frac{1}{r}+\mathrm{i}k\right) = \lim_{r\to 0}\left(-\frac{A}{r^2}\right)$$

得

$$\lim_{r\to 0}\left[\int_0^{2\pi}\int_0^\pi \frac{\partial}{\partial r}G(\vec{r};\vec{r}_0)r^2\sin\theta\mathrm{d}\theta\mathrm{d}\varphi + k^2\iiint_{V_\varepsilon}G(\vec{r};\vec{r}_0)\mathrm{d}x\mathrm{d}y\mathrm{d}z\right] = -\frac{1}{\varepsilon_0}$$

$$\lim_{r\to 0}\left[\int_0^{2\pi}\int_0^\pi\left(-\frac{A}{r^2}\right)r^2\sin\theta\mathrm{d}\theta\mathrm{d}\varphi + k^2\iiint_{V_\varepsilon}A\left(\frac{1}{r}+\mathrm{i}k\right)r^2\sin\theta\mathrm{d}r\mathrm{d}\theta\mathrm{d}\varphi\right] = -\frac{1}{\varepsilon_0} - 4\pi A + 0 = -\frac{1}{\varepsilon_0}$$

故

$$A = \frac{1}{4\pi\varepsilon_0}$$

$$G = \frac{1}{4\pi\varepsilon_0}\frac{\mathrm{e}^{\mathrm{i}kr}}{r} = \frac{1}{4\pi\varepsilon_0}\frac{\mathrm{e}^{\mathrm{i}k|\vec{r}-\vec{r}_0|}}{\vec{r}-\vec{r}_0}$$

17.4 圆内泊松方程第一边值问题的格林函数

一些基本概念:

(1) 称定解问题$\mathbf{\nabla}^2 G = -\delta(x-x_0,y-y_0,z-z_0)$ 的解为三维泊松方程的格林函数. 通过积分直接求解,可得三维泊松方程的格林函数为 $G = \dfrac{1}{4\pi|\vec{r}-\vec{r}_0|}$.

(2) 称定解问题$\mathbf{\nabla}^2 G = -\delta(x-x_0,y-y_0)$ 的解为二维泊松方程的格林函数. 通过积分直接求解,可得二维泊松方程的格林函数为 $G = \dfrac{1}{2\pi}\ln\dfrac{1}{|\vec{\rho}-\vec{\rho}_0|}$.

(3) 称定解问题$\begin{cases}\mathbf{\nabla}^2 G = -\delta(x-x_0,y-y_0,z-z_0)\\ G|_\Sigma = 0\end{cases}$的解为三维泊松方程的迪利科莱-格林函数. 易推得 $G = \dfrac{1}{4\pi|\vec{r}-\vec{r}_0|} + g$.

$$\begin{cases} \boldsymbol{\nabla}^2 g = 0 \\ g\big|_{\Sigma} = -\dfrac{1}{4\pi\,|\vec{r}-\vec{r}_0|}\bigg|_{\Sigma} \end{cases}$$

(4) 称定解问题 $\begin{cases} \boldsymbol{\nabla}^2 G = -\delta(x-x_0,y-y_0) \\ G_{\Sigma} = 0 \end{cases}$ 的解为二维泊松方程的迪利科莱-格林函数.

易知 $G = \dfrac{1}{2\pi}\ln\dfrac{1}{|\vec{\rho}-\vec{\rho}_0|} + g.$

$$\begin{cases} \boldsymbol{\nabla}^2 g = 0 \\ g\big|_{\Sigma} = -\dfrac{1}{2\pi}\ln\dfrac{2}{|\vec{\rho}-\vec{\rho}_0|}\bigg|_{\Sigma} \end{cases}$$

迪利科莱-格林函数可用本征函数展开法和电像法求解.

一些已求得的迪利科莱-格林函数:

(1) $\begin{cases} \boldsymbol{\nabla}^2 G = -\delta(x-x_0,y-y_0,z-z_0), \quad z>0 \text{ 或 } z<0 \\ G\big|_{z=0} = 0 \end{cases}$ 的解 $G = \dfrac{1}{4\pi\,|\vec{r}-\vec{r}_0|} +$

$\dfrac{1}{4\pi\,|\vec{r}-\vec{r}_1|}$, 即半空间的迪利科莱-格林函数. $\vec{r}_1$ 是 $\vec{r}$ 和 $\vec{r}_0$ 关于边界 $z=0$ 的像点之间的距离.

(2) $\begin{cases} \boldsymbol{\nabla}^2 G = -\delta(x-x_0,y-y_0,z-z_0), \quad r<a \text{ 或 } r>a \\ G\big|_{r=a} = 0 \end{cases}$ 的解 $G = \dfrac{1}{4\pi\,|\vec{r}-\vec{r}_0|} +$

$\dfrac{a/r_0}{4\pi\,|\vec{r}-\vec{r}_1|}$, 即球域的迪利科莱-格林函数

(3) $\begin{cases} \boldsymbol{\nabla}^2 G = -\delta(x-x_0,y-y_0), \quad y>0 \text{ 或 } y<0 \\ G\big|_{y=0} = 0 \end{cases}$ 的解 $G = \dfrac{1}{2\pi}\ln\dfrac{|\vec{r}-\vec{r}_1|}{|\vec{r}-\vec{r}_0|}$, 即半平面的

迪利科莱-格林函数.

(4) $\begin{cases} \boldsymbol{\nabla}^2 G = -\delta(x-x_0,y-y_0), \quad r<a \text{ 或 } r>a \\ G\big|_{r=a} = 0 \end{cases}$ 的解 $G = \dfrac{1}{2\pi}\ln\dfrac{r_0 r_1}{ar}$, 即圆域的迪利科

莱-格林函数.

现在以圆域的迪利科莱-格林函数为例,介绍求解过程:本征函数展开法和电像法.

定解问题为

$$\begin{cases} \boldsymbol{\nabla}^2 G = -\delta(x-x_0,y-y_0), \quad r=\sqrt{x^2+y^2}<a, r_0=\sqrt{x_0^2+y_0^2}<a \\ G\big|_{r=a} = 0 \end{cases}$$

解 方法一:本征函数展开法.

求解思路:在极坐标系下,$\boldsymbol{\nabla}^2 = \dfrac{1}{r}\dfrac{\partial}{\partial r}\left(r\dfrac{\partial}{\partial r}\right) + \dfrac{1}{r^2}\dfrac{\partial^2}{\partial\varphi^2}$,坐标原点为圆心,则相应齐次方程

$\boldsymbol{\nabla}^2 G = 0$ 的通解为 $G = \sum\limits_{m=1}^{\infty}[R_{m1}(r)\cos m\varphi + R_{m2}(r)\sin m\varphi] + R_0(r).$

将 $\delta(x-x_0,y-y_0)$ 也按该组本征函数展开为

$$\delta(\vec{r}-\vec{r}_0) = \delta(x-x_0)\delta(y-y_0) = \frac{1}{r_0}\delta(r-r_0)\delta(\varphi-\varphi_0) =$$

$$\frac{1}{2\pi r_0}\delta(r-r_0)\left[1 + 2\sum_{m=1}^{\infty}(\cos m\varphi\cos m\varphi_0 - \sin m\varphi\sin m\varphi_0)\right]$$

将展开式代入原方程,问题转化为求解 $R_0(r),R_{m1}(r),R_{m2}(r)$.

按照以上思路,有

$$\left[\frac{1}{r}\frac{\partial}{\partial r}\left(r\frac{\partial}{\partial r}\right)+\frac{1}{r^2}\frac{\partial^2}{\partial\varphi^2}\right]G=-\delta(x-x_0,y-y_0)$$

$$G=\sum_{m=1}^{\infty}\left[R_{m1}(r)\cos m\varphi+R_{m2}(r)\sin m\varphi\right]+R_0(r)$$

$$\delta(\vec{r}-\vec{r_0})=\frac{1}{2\pi r_0}\delta(r-r_0)\left[1+2\sum_{m=1}^{\infty}(\cos m\varphi\cos m\varphi_0-\sin m\varphi\sin m\varphi_0)\right]$$

$$\frac{1}{r}\frac{\mathrm{d}}{\mathrm{d}r}\left[r\frac{\mathrm{d}r_0(r)}{\mathrm{d}r}\right]=-\frac{1}{2\pi\varepsilon_0}\frac{1}{r_0}\delta(r-r_0)$$

$$\left[\frac{1}{r}\frac{\mathrm{d}}{\mathrm{d}r}\left(r\frac{\mathrm{d}}{\mathrm{d}r}\right)-\frac{m^2}{r^2}\right]R_{m1}(r)=-\frac{1}{\pi\varepsilon_0 r_0}\delta(r-r_0)\cos m\varphi_0$$

$$\left[\frac{1}{r}\frac{\mathrm{d}}{\mathrm{d}r}\left(r\frac{\mathrm{d}}{\mathrm{d}r}\right)-\frac{m^2}{r^2}\right]R_{m2}(r)=-\frac{1}{\pi\varepsilon_0 r_0}\delta(r-r_0)\sin m\varphi_0$$

(1)$R_0(r)$ 的定解问题为

$$\begin{cases}\dfrac{1}{r}\dfrac{\mathrm{d}}{\mathrm{d}r}\left[r\dfrac{\mathrm{d}r_0(r)}{\mathrm{d}r}\right]=-\dfrac{1}{2\pi\varepsilon_0}\dfrac{1}{r_0}\delta(r-r_0)\\ R_0(0)\text{ 有界},R_0(a)=0\end{cases}$$

当 $r\neq r_0$ 时,$r\dfrac{\mathrm{d}r_0(r)}{\mathrm{d}r}=B_0$,即 $R_0(r)=B_0\ln r-D_0$;

若 $r>r_0$,代入 $R_0(a)=0$,有 $R_0(a)=B_0\ln a-D_0=0$,即 $D_0=B_0\ln a$. 故

$$R_0(r)=B_0\ln\frac{r}{a}$$

若 $r<r_0$,代入 $R_0(0)=$ 有界,$R_0(r)=A_0$.

$R_0(r)$ 在 r_0 处连续,即 $R_0(r_0+0)=R_0(r_0-0)$,可知 $B_0\ln\dfrac{r_0}{a}=A_0$ 对方程作积分 $\displaystyle\int_{r_0-0}^{r_0+0}\mathrm{d}r$,

可得

$$\frac{\mathrm{d}r_0(r)}{\mathrm{d}r}\bigg|_{r_0-0}^{r_0+0}=-\frac{1}{2\pi\varepsilon_0}\frac{1}{r_0}$$

即

$$\frac{B_0}{r_0}-0=-\frac{1}{2\pi\varepsilon_0}\frac{1}{r_0},\quad B_0=-\frac{1}{2\pi\varepsilon_0}$$

$$R_0(r)=\begin{cases}-\dfrac{1}{2\pi\varepsilon_0}\ln\dfrac{r_0}{a},&r<r_0\\[2mm]-\dfrac{1}{2\pi\varepsilon_0}\ln\dfrac{r}{a},&r>r_0\end{cases}$$

(2)$R_{m1}(r)$ 的定解问题为

$$\begin{cases}\left[\dfrac{1}{r}\dfrac{\mathrm{d}}{\mathrm{d}r}\left(r\dfrac{\mathrm{d}}{\mathrm{d}r}\right)-\dfrac{m^2}{r^2}\right]R_{m1}(r)=-\dfrac{1}{\pi\varepsilon_0 r_0}\delta(r-r_0)\cos m\varphi_0\\ R_{m1}(0)\text{ 有界},\quad R_{m1}(a)=0\end{cases}$$

思路同上,可得

$$R_{m1}(r)=\begin{cases}-\dfrac{1}{2\pi\varepsilon_0}\dfrac{1}{m}\left[\left(\dfrac{rr_0}{a^2}\right)^m-\left(\dfrac{r}{r_0}\right)^m\right]\cos m\varphi_0,&r<r_0\\[3mm]-\dfrac{1}{2\pi\varepsilon_0}\dfrac{1}{m}\left[\left(\dfrac{rr_0}{a^2}\right)^m-\left(\dfrac{r_0}{r}\right)^m\right]\cos m\varphi_0,&r>r_0\end{cases}$$

(3) $R_{m2}(r)$ 的定解问题为

$$\begin{cases} \left[\dfrac{1}{r}\dfrac{\mathrm{d}}{\mathrm{d}r}\left(r\dfrac{\mathrm{d}}{\mathrm{d}r}\right) - \dfrac{m^2}{r^2}\right]R_{m2}(r) = -\dfrac{1}{\pi\varepsilon_0 r_0}\delta(r - r_0)\sin m\varphi_0 \\ R_{m2}(0) \text{ 有界}, R_{m2}(a) = 0 \end{cases}$$

同理可得

$$R_{m2}(r) = \begin{cases} -\dfrac{1}{2\pi\varepsilon_0}\dfrac{1}{m}\left[\left(\dfrac{rr_0}{a^2}\right)^m - \left(\dfrac{r}{r_0}\right)^m\right]\sin m\varphi_0, & r < r_0 \\ -\dfrac{1}{2\pi\varepsilon_0}\dfrac{1}{m}\left[\left(\dfrac{rr_0}{a^2}\right)^m - \left(\dfrac{r_0}{r}\right)^m\right]\sin m\varphi_0, & r > r_0 \end{cases}$$

圆内泊松方程第一边值问题格林函数的级数解为

$$G(r; r_0) = \begin{cases} -\dfrac{1}{2\pi\varepsilon_0}\left\{\ln\dfrac{r_0}{a} + \displaystyle\sum_{m=1}^{\infty}\dfrac{1}{m}\left[\left(\dfrac{rr_0}{a^2}\right)^m - \left(\dfrac{r}{r_0}\right)^m\right]\cos m(\varphi - \varphi_0)\right\}, & r < r_0 \\ -\dfrac{1}{2\pi\varepsilon_0}\left\{\ln\dfrac{r}{a} + \displaystyle\sum_{m=1}^{\infty}\dfrac{1}{m}\left[\left(\dfrac{rr_0}{a^2}\right)^m - \left(\dfrac{r_0}{r}\right)^m\right]\cos m(\varphi - \varphi_0)\right\}, & r > r_0 \end{cases}$$

方法二:电像法:将边界上产生的感生电荷等价为一个点电荷.

电像法对空间的几何形状有相当严格的限制,优点:可以给出有限形式的解;缺点:适用范围有限.

将接地圆内的点电荷问题等价地转化为无界空间中的两个点电荷.

若等价电荷位于 $r_1(x_1, y_1)$ 处,则 r_1 必在真实电荷 r_0 的半径延长线上,位于圆外(感生电荷的电势在圆内处处连续),如图 17-3 所示.

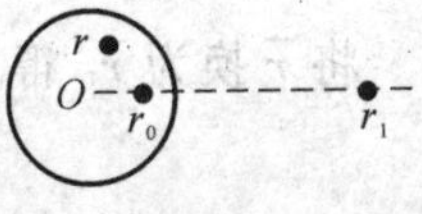

设等价电荷的电量为 e,则圆内的电势为

$$G(\vec{r}; \vec{r}_0) = -\dfrac{1}{2\pi\varepsilon_0}(\ln|\vec{r} - \vec{r}_0| + e\ln|\vec{r} - \vec{r}_1| + C)$$

图　17-3

上式中,C 的大小与与电势零点的选择有关.

在圆周 $r = a$ 上电势为零,即

$$-\dfrac{1}{2\pi\varepsilon_0}(\ln|\vec{r} - \vec{r}_0| + e\ln|\vec{r} - \vec{r}_1| + C)_{r=a} = 0$$

采用极坐标系,则

$$-\dfrac{1}{2\pi\varepsilon_0}(\ln\sqrt{a^2 + r_0^2 - 2ar_0\cos(\varphi - \varphi_0)} + e\ln\sqrt{a^2 + r_1^2 - 2ar_1\cos(\varphi - \varphi_0)} + C) = 0$$

$$-\dfrac{1}{2\pi\varepsilon_0}\left\{\dfrac{1}{2}\ln[a^2 + r_0^2 - 2ar_0\cos(\varphi - \varphi_0)] + \dfrac{1}{2}e\ln[a^2 + r_1^2 - 2ar_1\cos(\varphi - \varphi_0)] + C\right\} = 0$$

$$-\dfrac{1}{4\pi\varepsilon_0}\left\{\ln[a^2 + r_0^2 - 2ar_0\cos(\varphi - \varphi_0)] + e\ln[a^2 + r_1^2 - 2ar_1\cos(\varphi - \varphi_0)] + 2C\right\} = 0$$

$$\ln[a^2 + r_0^2 - 2ar_0\cos(\varphi - \varphi_0)] + e\ln[a^2 + r_1^2 - 2ar_1\cos(\varphi - \varphi_0)] + 2C = 0$$

$$\Downarrow \text{ 提出 } a^2(a > r_0) \qquad\qquad \Downarrow \text{ 提出 } r_1^2(a < r_1)$$

$$\ln\left\{a^2\left[1 + \dfrac{r_0^2}{a^2} - 2\dfrac{r_0}{a}\cos(\varphi - \varphi_0)\right]\right\} + e\ln\left\{r_1^2\left[\dfrac{a^2}{r_1^2} + 1 - 2\dfrac{a}{r_1}\cos(\varphi - \varphi_0)\right]\right\} + 2C = 0$$

$$2\ln a + \ln\left[1 + \left(\dfrac{r_0}{a}\right)^2 - 2\dfrac{r_0}{a}\cos(\varphi - \varphi_0)\right] + 2e\ln r_1 +$$

$$e\ln\left[1 + \left(\dfrac{a}{r_1}\right)^2 - 2\dfrac{a}{r_1}\cos(\varphi - \varphi_0)\right] + 2C = 0$$

因为 $\ln[1+z]=\displaystyle\sum_{m=1}^{\infty}\frac{(-1)^{m-1}}{m}z^m$，$|z|<1$，所以

$$\ln[1+t^2-2t\cos\theta]=\ln(1-te^{i\theta})+\ln(1+te^{i\theta})=$$

$$\sum_{m=1}^{\infty}\frac{(-1)^{m-1}}{m}(-te^{i\theta})^m+\sum_{m=1}^{\infty}\frac{(-1)^{m-1}}{m}(te^{i\theta})^m=$$

$$-2\sum_{m=1}^{\infty}\frac{1}{m}t^m\cos m\theta，\qquad |t|<1$$

$$2\ln a+2e\ln r_1+2C-2\sum_{m=1}^{\infty}\frac{1}{m}\left[\left(\frac{r_0}{a}\right)^m+e\left(\frac{a}{r_1}\right)^m\right]\cos[m(\varphi-\varphi_0)]=0$$

故

$$\begin{cases}\ln a+e\ln r_1+C=0\\ \left(\dfrac{r_0}{a}\right)^m+e\left(\dfrac{a}{r_1}\right)^m=0,\quad m=1,2,3,\cdots\end{cases}\Rightarrow\quad e=-\left(\frac{r_0r_1}{a^2}\right)^m\Rightarrow\quad\begin{cases}e=-1\\ r_1=\dfrac{a^2}{r_0}\end{cases}$$

可知

$$C=\ln\frac{r_0}{a}$$

$$G(\vec{r};\vec{r}_0)=-\frac{1}{2\pi\varepsilon_0}\left[\ln|\vec{r}-\vec{r}_0|-\ln\left|\vec{r}-\left(\frac{a}{r_0}\right)^2\vec{r}_0\right|+\ln\frac{r_0}{a}\right]$$

求出格林函数后就可以求出圆域静电场的定解问题

$$\begin{cases}\nabla^2 u(\vec{r})=-\dfrac{1}{\varepsilon_0}\rho(\vec{r}),\quad r<a\\ u\big|_{r=a}=f(\varphi)\end{cases}\tag{17.5}$$

将 $\vec{r}$ 换为 $\vec{r}_0$ 得

$$\begin{cases}\nabla_0^2 u(\vec{r}_0)=-\dfrac{1}{\varepsilon_0}\rho(\vec{r}_0),\quad r_0<a\\ u\big|_{r_0=a}=f(\varphi)\end{cases}\tag{17.6}$$

相应格林函数的定解问题分别为

$$\begin{cases}\nabla^2 G(\vec{r};\vec{r}_0)=-\dfrac{1}{\varepsilon_0}\delta(\vec{r}-\vec{r}_0),\quad r<a,r_0<a\\ G(\vec{r};\vec{r}_0)\big|_{r_0=a}=0\end{cases}\tag{17.7}$$

$$\begin{cases}\nabla_0^2 G(\vec{r};\vec{r}_0)=-\dfrac{1}{\varepsilon_0}\delta(\vec{r}-\vec{r}_0),\quad r<a,r_0<a\\ G(\vec{r};\vec{r}_0)\big|_{r_0=a}=0\end{cases}\tag{17.8}$$

$G(\vec{r};\vec{r}_0)\times$式$(17.6)-u(\vec{r}_0)\times$式$(17.8)$，得

$$G(\vec{r};\vec{r}_0)\nabla_0^2 u(\vec{r}_0)-u(\vec{r}_0)\nabla_0^2 G(\vec{r};\vec{r}_0)=-\frac{1}{\varepsilon_0}[G(\vec{r};\vec{r}_0)\rho(\vec{r}_0)-u(\vec{r}_0)\delta(\vec{r}-\vec{r}_0)]$$

再 $\displaystyle\iint_{r_0<a}d\vec{r}_0$，得

$$\iint_{r_0<a}[G(\vec{r};\vec{r}_0)\nabla_0^2 u(\vec{r}_0)-u(\vec{r}_0)\nabla_0^2 G(\vec{r};\vec{r}_0)]d\vec{r}_0=$$

$$-\frac{1}{\varepsilon_0}\iint_{r_0<a}[G(\vec{r};\vec{r}_0)\rho(\vec{r}_0)-u(\vec{r}_0)\delta(\vec{r}-\vec{r}_0)]d\vec{r}_0-$$

$$\varepsilon_0 \iint\limits_{r_0<a} [G(\vec{r};\vec{r}_0) \times \mathbf{\nabla}_0^2 u(\vec{r}_0) - u(\vec{r}_0) \times \mathbf{\nabla}_0^2 G(\vec{r};\vec{r}_0)] \mathrm{d}\vec{r}_0 =$$

$$\iint\limits_{r_0<a} G(\vec{r};\vec{r}_0)\rho(\vec{r}_0)\mathrm{d}\vec{r}_0 - u(\vec{r})$$

$$u(\vec{r}) = \iint\limits_{r_0<a} G(\vec{r};\vec{r}_0)\rho(\vec{r}_0)\mathrm{d}\vec{r}_0 + \varepsilon_0 \iint\limits_{r_0<a} [G(\vec{r};\vec{r}_0) \times \mathbf{\nabla}_0^2 u(\vec{r}_0) - u(\vec{r}_0) \times \mathbf{\nabla}_0^2 G(\vec{r};\vec{r}_0)] \mathrm{d}\vec{r}_0 =$$

$$\iint\limits_{r_0<a} G(\vec{r};\vec{r}_0)\rho(\vec{r}_0)\mathrm{d}\vec{r}_0 + \varepsilon_0 \int_0^{2\pi} \left[G(\vec{r};\vec{r}_0) \frac{\partial u(\vec{r}_0)}{\partial r_0} - u(\vec{r}_0) \frac{\partial G(\vec{r};\vec{r}_0)}{\partial r_0} \right]_{r_0=a} a\,\mathrm{d}\varphi_0$$

其中,当 $r_0=a$ 时,$G(\vec{r},\vec{r}_0) \dfrac{\partial u(\vec{r}_0)}{\partial r_0}=0$,$u(\vec{r}_0)=f(\varphi_0)$,故

$$u(\vec{r}) = \iint\limits_{r_0<a} G(\vec{r};\vec{r}_0)\rho(\vec{r}_0)\mathrm{d}\vec{r}_0 - \varepsilon_0 \int_0^{2\pi} f(\varphi_0) \frac{\partial G(\vec{r};\vec{r}_0)}{\partial r_0}\bigg|_{r_0=a} a\,\mathrm{d}\varphi_0$$

静电场的电势＝真实电荷的贡献＋感生电荷的贡献.

$$\int_0^{2\pi} f(\varphi_0) \frac{\partial G(\vec{r};\vec{r}_0)}{\partial r_0}\bigg|_{r_0=a} a\,\mathrm{d}\varphi_0 = \int_0^{2\pi} f(\varphi_0) \lim_{\Delta r\to 0} \frac{1}{\Delta r} [G(\vec{r};\vec{r}_0)_{r_0=a} - G(\vec{r};\vec{r}_0)_{r_0=a-\Delta r}] a\,\mathrm{d}\varphi_0 =$$

$$\iint\limits_{r_0<a} f(\varphi_0) \lim_{\Delta r\to 0} \frac{G(\vec{r};\vec{r}_0)}{\Delta r} [\delta(r_0-a) - \delta(r_0-a+\Delta r)] r_0\,\mathrm{d}r_0\,\mathrm{d}\varphi_0 =$$

$$-\iint\limits_{r_0<a} f(\varphi_0) G(\vec{r};\vec{r}_0) \frac{\delta(r_0-a) - \delta(r_0-a+\Delta r)}{\Delta r} r_0\,\mathrm{d}r_0\,\mathrm{d}\varphi_0 =$$

$$-\iint\limits_{r_0<a} f(\varphi_0) G(\vec{r};\vec{r}_0) \delta'(r_0-a) r_0\,\mathrm{d}r_0\,\mathrm{d}\varphi_0$$

$$u(\vec{r}) = \iint\limits_{r_0<a} G(\vec{r};\vec{r}_0) [\rho(\vec{r}_0) + \varepsilon_0 f(\varphi_0)\delta'(r_0-a)] \mathrm{d}\vec{r}_0$$

$$G(\vec{r};\vec{r}_0) = -\frac{1}{2\pi\varepsilon_0} \left[\ln |\vec{r}-\vec{r}_0| - \ln \left| \vec{r} - \left(\frac{a}{r_0}\right)^2 \vec{r}_0 \right| + \ln \frac{a}{r_0} \right]$$

$$u(\vec{r}) = \iint\limits_{r_0<a} G(\vec{r};\vec{r}_0) [\rho(\vec{r}_0) + \varepsilon_0 f(\varphi_0)\delta'(r_0-a)] \mathrm{d}\vec{r}_0 =$$

$$-\frac{1}{2\pi\varepsilon_0} \iint\limits_{r_0<a} \rho(\vec{r}_0) \left[\ln |\vec{r}-\vec{r}_0| - \ln \left| \vec{r} - \left(\frac{a}{r_0}\right)^2 \vec{r}_0 \right| + \ln \frac{a}{r_0} \right] \mathrm{d}\vec{r}_0 +$$

$$\frac{a^2-r^2}{2\pi} \int_0^{2\pi} \frac{f(\varphi_0)}{a^2+r^2-2ar\cos(\varphi-\varphi_0)} \mathrm{d}\varphi_0$$

对比格林函数的定义,可知该解也是下列定解问题的解为

$$\begin{cases} \mathbf{\nabla}^2 u(\vec{r}) = -\dfrac{1}{\varepsilon_0}[\rho(\vec{r}) + \varepsilon_0 f(\varphi)\delta'(r-a)], & r<a \\ u|_{r=a} = f(\varphi) \end{cases}$$

非齐次边界条件的定解问题 $\xrightarrow{\delta,\delta'}$ 增加特殊非齐次项的齐次边界条件定解问题.

参考文献

[1] 吴崇试.数学物理方法.北京:北京大学出版社,2003.
[2] 周治宁,等.数学物理方法习题指导.北京:北京大学出版社,2003.
[3] 姚端正.数学物理方法学习指导.北京:科学出版社,2001.
[4] 陆全康,等.数学物理方法.北京:高等教育出版社,2003.
[5] 刘连寿,等.数学物理方法.北京:高等教育出版社,2004.
[6] 梁昆淼.数学物理方法.北京:高等教育出版社,2010.
[7] 杨华军.数学物理方法与计算机仿真.北京:电子工业出版社,2005.